绍兴市重点建设教材

高等院校园林专业"十三五"规划教材

园林花卉学

主　编　王国夫

副主编　冯益民　朱向涛　施明朗

孙小红　沈　奕

ZHEJIANG UNIVERSITY PRESS
浙江大学出版社

图书在版编目（CIP）数据

园林花卉学 / 王国夫主编 .— 杭州：浙江大学出
版社，2018.12（2023.8 重印）
ISBN 978-7-308-18782-4

Ⅰ.①园…　Ⅱ.①王…　Ⅲ.①花卉—观赏园艺
Ⅳ.①S68

中国版本图书馆 CIP 数据核字（2018）第 286309 号

园林花卉学

王国夫　主编

责任编辑	王元新
责任校对	陈静毅　汪志强
封面设计	周　灵
出版发行	浙江大学出版社

（杭州市天目山路 148 号　邮政编码 310007）

（网址：http://www.zjupress.com）

排　　版	杭州青翊图文设计有限公司
印　　刷	浙江新华数码印务有限公司
开　　本	710mm×1000mm　1/16
印　　张	28.25
字　　数	547 千
版 印 次	2018 年 12 月第 1 版　2023 年 8 月第 2 次印刷
书　　号	ISBN 978-7-308-18782-4
定　　价	69.00 元

前　言

　　本书以花卉生长过程为轴线编写教学内容，从播种开始，沿着花卉种子的发育进程，讲述种子播种、幼苗生长、营养生长、生殖生长等阶段的栽培管理要点，把以知识点分类讲授的模式改为以花卉各生长阶段对知识能力的要求的模式来讲授，编写内容接轨花卉业生产实际，能提高阅读者的实践动手能力。

　　目前已出版的园林花卉学一般都是按照知识点来划分章节，有绪论、总论和各论，总论部分主要介绍一些通用的知识点，包括花卉的生长发育与环境、花卉的繁殖、花卉的栽培管理等。这样的优点是知识成体系，条理清晰，但理论性太强，缺乏应用针对性，看得懂但学不会，理论和实践脱节。比如花卉的生长发育与环境的关系，一般分温度、光照、水分等来讲解环境因子与花卉的关系，而对于行业岗位来说，工作任务则是要求掌握花卉播种技术，做好花卉幼苗期、开花结果期的管理，每一项工作都是对温度、光照、水分等环境因子的综合调控，而且不同的阶段，环境因子的调控都是不同的，这种传统编写和企业工作实际的错位，直接导致读者不适应花卉种植实际。为此，我们重构《园林花卉学》的编写内容，从花卉业实际任务出发，沿着花卉的发育进程，讲解种子播种、幼苗生长、营养生长、生殖生长、开花结果等各阶段的栽培管理要点，把原来分章节编写改为分阶段编写，把分知识点编写改为分任务编写，以花卉生长发育为主线，让读者真正掌握花卉业生产实际技能。

　　为了解决分阶段、分任务讲解引起的知识碎片化问题，我们统筹编写了"园林花卉学概述"这章，集中介绍花卉的分类、花卉的繁殖、花卉与环境、花卉的病虫害防治等共性较强的知识内容，使得碎片化的知识点能融合在一起。

　　花卉学学习既要重视实践性，也要重视应用性。花卉种植时，一般强调要与花卉的物候期同步，但更多的时候是与物候期完全错位。常规书本的内容往往告诉你，什么是某种花卉生长的适宜条件，而现实生活中往往是非正常（适宜）条件下，我们应该怎么做。所以，本教材在介绍花卉的生物学特性的同时，更加强调花卉的反季栽培和反季应用。

全书有5大块内容，重点是园林花卉生长发育阶段及栽培管理技术和园林花卉应用。考虑知识的系统性，把花卉的分类、花卉与环境、花卉的繁殖、病虫害防治等内容统筹到"园林花卉学概述"这一章中，"花卉学各论"重点介绍了几类常见花卉的应用和管理技术。具体编写分工如下："引言"、"绪论"、园林花卉学概述、花卉生长发育阶段及管理由王国夫和冯益民编写，"花卉应用"、花卉学各论由施明朗、王国夫、孙小红、沈奕编写。

书稿编写中参考了近期发表的有关花卉学研究的相关文献，在此向文献的作者表示感谢。另外，张逸宁、张鑫燕、沈小英、朱黎霞、姚宇宁、董双双、章佳倩、凌云志、黄艳萍、何梦琳、王云倩、徐晓玫等参与本书的编写工作，叶琦、张家苗、叶如燕、黄梦姣、孔若璇、刘洁、李煜婷、吴敏霞等参与了本书的最终校对工作，一并表示谢意。

本书的编写得到了绍兴市教育局的经费支持，得到了单位领导、相关职能部门和同事、学生的帮助，我们还特别邀请了冯益民和施明朗两位行业专家参与本书的编写，再次一并表示感谢。

由于编者水平有限，行业工作经验缺乏，书中难免存在不足之处，希望相关专家、同行及读者能给予批评指正，以便修改完善。本书适合作为应用型本专科高校园林、风景园林专业的教材使用，也适合于花卉爱好者自学使用。

目　录

01 绪 论

第一节 园林花卉学概念

一、花卉的狭义概念

狭义上，花卉是指具有观赏价值的草本植物

（一）观赏价值的含义

观赏价值具有两层意思：

1.具有观赏性。

2.很多植物还同时具有药用价值、生态价值等，但相对而言，重点是观赏（观看欣赏）价值。

（二）草本植物的含义

1.通常将草本植物称作"草"，而将木本植物称为"树"，草本植物是相对于木本植物而言的一种称呼。

2.多数草本植物在生长季节终了时，整体死亡。有些草本植物地上部分每年死去，而地下部分的根、茎能存活多年。

二、花卉的广义概念

广义上，花卉是指一切具有观赏价值的植物，包括草本植物和木本植物。目前我们说的花卉一般是指广义花卉。

（一）木本植物的概念

1.茎有木质层、质地坚硬的植物。

2.木本植物依形态、高低不同，可以分为乔木、灌木、铺地灌木和藤本类等。

（二）观赏树木的含义

1.观赏树木泛指一切可供观赏的木本植物。

2.观赏树木侧重于树形、树冠、树姿、花色的观赏。

3.果园里的桃树、山林里的野生玉兰树等，不具有观赏价值（或不以观赏为目的），一般称之为果树或树木，所以不属于花卉。

三、概念总结

花卉是指一切具有观赏价值的植物，但是山野里的各种树木、小草、野花，在没有被人工驯化，或者以观赏为目的进行人工种植之前，虽然也会开出非常漂亮的花朵，但只能叫作树木、野草、野花，而不能称之为花卉。

四、园林花卉的功能

园林花卉的功能包括生态功能、构建功能、观赏功能和美化功能。

（一）生态功能

1. 调节小气候：调节温度、湿度、太阳辐射。

2. 维持大气中的碳（CO_2）、氧平衡。

3. 净化水质，涵养土壤。

4. 阻滞烟尘、粉尘，降低噪声，分泌杀菌素，净化空气。

5. 吸收有害、有毒气体。

（二）构建功能

1. 构建植物空间（立体、地平面、顶平面）。

（1）虚实空间：虚实组合。

（2）开闭空间：开敞空间、半开敞空间、全封闭空间。

（3）方向空间：水平空间、垂直空间。

2. 障景：选择性地阻挡视线。

3. 私密空间：阻挡人们视线，围合并分割成一个独立的空间。

（三）观赏功能

1. 外形：圆锥形、圆柱形、圆锤。

2. 色彩：包括枝叶、树皮、花朵、果实等的色彩。

3. 质感：粗糙感或细腻感。

（四）美化功能

1. 构成主景：以花卉为主体。

2. 辅助配景：以花卉为背景衬托主体。

3. 两个建筑元素间的协调、过渡、联结。

4. 突出强调：植物在户外环境中突出或强调某些特殊的景物。

5. 建筑几何体的软化、装饰作用。

6. 框景作用：植物如同众多的遮挡物，围绕在景物周围，形成一个景框。

第二节 国内外园林花卉现状及发展趋势

一、花卉应用

（一）绿地应用 （一般指室外应用）

    1. 花坛。

    2. 花境。

    3. 立体景观。

    4. 水体绿化。

    5. 屋顶绿化。

    6. 地被设计。

（二）花卉装饰（包括室内外应用）

    1. 鲜切花。

    2. 干花（插花、贴花）。

    3. 盆花（土培、无土栽培）。

    4. 盆景（大盆景、微型盆景）。

二、产业现状

（一）国内园林花卉现状

    1. 生产面积约占世界总花卉生产面积的1/3。

    2. 花卉消费量持续增加，行业总产值稳步提升。

    3. 设施栽培比例越来越高。

    4. 花卉生产五大省份：浙江、江苏、河南、山东、四川。

    5. 花卉消费五大省份：江苏、浙江、广东、福建、河南。

    6. 单位面积产值较低，经济效益不高。

    7. 产品质量不高，人才缺乏。

    8. 科研滞后，自主知识产权的花卉品种很少，新品种依赖进口。

（二）国外园林花卉现状

    1. 生产专业化、工厂化、区域化、现代化，供求四季化。

    2. 市场一体化，具备完善的花卉销售和流通体系。

    3. 产品优质化、标准化。

    4. 欧洲、美国、日本是世界花卉消费三大市场。

    5. 荷兰、哥伦比亚、以色列是世界三大花卉出口国。

6. 花卉生产总量持续上升，但单体价格下降。

7. 花卉总体产量供大于求。

8. 能源支出增加，生产成本普遍提高。

三、需求现状

（一）国内园林花卉需求现状

1. 盆花供应充足，需求疲软。

2. 鲜切花产销两旺，价格稳中有升。

3. 苗木行情整体形势依然严峻。

4. 产品求新求异，营销模式不断创新：

（1）组合盆栽持续升温，艺术水平不断提高。

（2）体验式营销花店。

（3）"互联网+"花卉配套的包装、物流体系较快发展。

（二）国外园林花卉需求现状

1. 苗圃及庭院植物需求强劲，产值呈现正增长。

2. 切花类的产值明显减少。

3. 盆花的产值稍有降低。

4. 花卉生产总量持续上升，但单体价格下降。

分析国内外情况，发现花卉需求客观存在，但关键是能提供什么样的产品，能否满足消费者不断提高的消费需求。

四、花卉发展趋势

（一）国内园林花卉发展趋势

1. 花卉产业结构正逐步由集团消费向家庭消费转变。

2. 野生花卉资源的利用开发将进一步扩大。

3. 实现规模化生产，没有规模就没有效益。

4. 打造核心竞争力，发扬工匠精神。

（二）国外园林花卉发展趋势

1. 加速高新技术在花卉产业的应用。

2. 生产正从高成本发达国家向自然条件优越、生产成本低廉的发展中国家转移。

3. 花卉产品向多样化、新奇化发展。

4. 花卉业从以品质为主向以服务为主过渡。

第三节　园林花卉的分类

花卉的多样性体现在：①种类繁多，从苔藓、蕨类植物到种子植物，除了物种，还分品种。②栽培方式多样，有土培、无土栽培、水培、气培；有盆栽、地栽等。③观赏特性多样，有观根、观花、观果等。④生态习性多样，有喜光耐阴，有喜温耐寒，等。人们在花卉种植、应用中为了方便，对花卉进行了分类。

一、花卉分类的目的

1.方便学习交流（文字、语音），识别园林花卉。

2.便于归类，了解相关类别花卉的生物学习性。

3.利用同类花卉具有相同习性的特性，开发利用园林花卉，拓宽花卉的应用空间。

二、花卉分类的方法

（一）系统分类法

系统分类法是指花卉按门、纲、目、科、属、种等主要分类单位，依一定的阶层系统排列进行分类。

1.优点：

（1）简便易行，查找方便。每种花卉只在一处出现，不会有交叉重复或难以归类的问题。

（2）能明了彼此亲缘关系的远近，在栽培管理、遗传育种工作中都有实际意义。

2.缺点：

（1）专业性太强，难以掌握。若不清楚某种花卉的分类地位与学名，就难以找到此种花卉。

（2）此种分类有时与生产实践不一致，如现有的多浆花卉来自40个不同的科，但在形态、生理和生态上极其相似，栽培方法也基本一致。

（二）依生态习性分类

1.露地花卉

露地花卉是指能够在露地正常生长，完成整个生育史的花卉。

（1）一、二年生花卉

一、二年生花卉是指种子萌发后在一年或跨年完成生命周期的草本花卉。

①春播，夏秋开花结实的花卉，属于一年生花卉。

②秋播，次年春夏开花结实的花卉，属于二年生花卉。

③播种季节不能搞错，管理要求也不同。

（2）球根花卉

球根花卉是根或茎变态膨大的草本花卉，个体寿命超过两年，可以多次开花结实，从早春到晚秋都有花开。其常作为一、二年生花卉栽培，也可以尝试四季栽培。

（3）宿根花卉

宿根花卉是地下部分正常的多年生草本花卉，个体寿命超过两年，可以多次开花结实。不耐寒类花卉的地下部分可以生活多年，地上部分每年枯死，耐寒类花卉地上部分也可以跨年生存。其从早春到晚秋都有花开，常作为一、二年生花卉栽培，也可以尝试四季栽培。

（4）水生花卉

水生花卉泛指生长于水中或沼泽地的花卉，它对水分的要求和依赖远远大于其他各类花卉。

（5）木本花卉

花卉的茎，木质部发达，称本质茎。具有木质的花卉，叫做木本花卉。木本花卉主要包括乔木、灌木、藤本等类型。

2.温室花卉

温室花卉是指寒冷季节（或部分时节）需要在温室内培养才能完成整个生育史的花卉。

（1）一、二年生草本花卉

如彩叶草、报春花、瓜叶菊等。

（2）球根花卉

如花叶竹芋、万年青、蜘蛛抱蛋等。

（3）宿根花卉

如朱顶红、仙客来、球根秋海棠等。

（4）多浆和仙人掌类

如昙花、蟹爪兰、龙凤木等。

（5）室内观叶植物

以观叶为主的耐阴植物，适合室内观赏，耐阴怕低温。如发财树、绿萝、散尾葵等。

（6）兰科植物

如蝴蝶兰、文心兰、蕙兰等。

（7）水生植物

如原产热带的王莲、热带睡莲等。

（8）木本植物

如一品红、变叶木、米兰等。

（9）蕨类植物

蕨类植物是较原始花卉，生长在潮湿荫蔽的环境中。怕光，喜温暖潮湿环境，宜作室内观赏花卉，如铁线蕨、肾蕨、鸟巢蕨等。

（10）棕榈植物

棕榈植物多为乔木，喜温暖湿润环境。丛栽能营造南国情调。如蒲葵、椰子、海枣等。

注意：地被植物和草坪没有列入。

（三）其他分类法

其他分类法是指依据花卉不同的特性，人为进行分类。

1.依自然分布分类：便于了解花卉原来的生长习性。

（1）热带花卉：是指生长在赤道两侧南北回归线之间的观赏植物，如热带兰、红掌、观赏凤梨等高档花卉，是年宵花的主打产品，全国将近70%的室内观叶盆栽花卉属热带花卉。

（2）温带花卉：一般是指原产于亚热带及温带地区的花卉。

（3）寒带花卉：多为多年生植物，因冬季长而冷，夏季短而凉，所以花卉生长期短，受极端气候影响，本气候型花卉种类较少。

（4）高山花卉：高山植物通常是指分布在海拔3000m以上的植物。高山花卉中有许多珍奇花卉。它们大多因为分布在人迹罕至的高寒山区而鲜为人知，比如，杜鹃、报春和龙胆中的大部分种类就是高山花卉的典型代表。

（5）水生花卉：适应水体或湿地环境的花卉，可用于室内和室外园林绿化美化，特别适合营造水、岸景观。

（6）岩生花卉：外形低矮，常成垫状；生长缓慢；耐旱耐贫瘠，抗性强，适于岩石园栽种的花卉，如岩生庭荠、匍生福禄考等。

（7）沙漠花卉：生长在沙漠地区的花卉，根系比较发达且深，叶退化为针状，耐旱性非同一般。

2.依生态习性分类：不受地区和自然环境条件的限制，应用较为广泛。

总的可分为露地花卉和温室花卉，具体又可以细分为：

（1）草本花卉：一年生花卉、二年生花卉、宿根花卉、球根花卉。

（2）木本花卉：木质部发达，茎木质化的花卉。多年生，有一定抗力。

（3）多浆和仙人掌类：植株肉质化，抗旱喜热。怕低温，不喜水。

（4）水生花卉：在水中或沼泽地生长的花卉，如睡莲、荷花等。

3.依原产地分类：了解花卉原产地的生态习性，便于引种。花卉的生态习性与原产地有密切关系，如果花卉原产地气候相同，则它们的生活习性也大抵相似，可以采用相似的栽培方法。我们现在所栽培的花卉都是由世界各地的野生花卉，经人工引种或培育而成的，因此，了解花卉原产地很重要，对栽培、引种都有很大帮助。人工栽培中还可以采用设施栽培，创造类似于原产地的条件，使花卉可以不受地域和季节的限制而广泛栽培。值得注意的是，花卉的原产地并不一定是该种的最适宜分布区。如果它是原产地的优势种，才可能是适宜分布区的。此外，花卉还会表现出一定的适应性，许多花卉在原产地以外也可以旺盛生长，但中间适应性差异很大。比如欧洲气候型与中国气候型就有很大差异，原产于欧洲、北美和叙利亚的黄鸢尾在中国华东及华北地区也旺盛生长，可以露地过冬。马蹄莲，原产于南非，世界各地引种后出现夏季休眠、冬季休眠和不休眠的不同生态类型，但都实现了成功栽培。

（1）中国气候型：

①气候特点：冬寒夏热，年温差较大，夏季降雨较多。

②地理范围：包括中国大部分省份，还有日本、北美洲东部、巴西南部、大洋洲东部、非洲东南角附近。

③适合花卉：依冬季气温高低不同又可分为温暖型和冷凉型。温暖型（低纬度地区）包括中国长江以南（华东、华中、华南）、日本西南部、北美洲东南部、巴西南部、南非东南部、大洋洲东部，是喜欢温暖的球根花卉和不耐寒的宿根花卉的分布中心。冷凉型（高纬度地区）包括中国北部、日本东北部、北美洲东部，是耐寒宿根花卉的分布中心。

（2）欧洲气候型：

①气候特点：冬季气候温暖，夏季气温不高，一般不超过15℃，年温差小；降雨不多，但四季都有（欧洲西海岸地区降雨量较少）。

②地理范围：包括欧洲大部分地区、北美洲西海岸中部、南美洲西南角、新西兰南部。

③适合花卉：是一些一、二年生花卉和部分宿根花卉的分布中心。原产

于该区的花卉最忌夏季高温多湿，故在中国东南沿海各地栽培有困难，而适宜在华北和东北地区栽培。

（3）地中海气候型：

①气候特点：冬季温暖，最低气温6℃，夏季温度20~25℃，夏季气候干燥，为干燥期，春秋降雨。

②地理范围：包括地中海沿岸、南非好望角附近、大洋洲东南和西南、南美洲智利中部、北美洲西南部（加利福尼亚）。

③适合花卉：是世界上多种秋植球根花卉的分布中心，特别适合秋植球根花卉生长。原产的一、二年生花卉耐寒性较差，多年生花卉常成球根形态。

（4）热带气候型：

①气候特点：周年高温，温差小，离赤道远，温差逐渐加大。雨量大，有旱季和雨季之分，也有全年雨水充沛区。

②地理范围：包括中、南美洲热带（新热带），亚洲、非洲和大洋洲三洲热带（旧热带）两个区。

③适合花卉：是不耐寒一年生花卉及观赏花木的分布中心。花卉园艺上贡献很大。该区原产的花卉一般不休眠，对持续一段时期的缺水很敏感。原产的木本花卉和宿根花卉在温带均需要用温室栽培，一年生草花可以在露地无霜期栽培。

（5）沙漠气候型：

①气候特点：年降雨量很少，气候干旱，多为不毛之地，只有多浆类植物分布；夏季白天长，风大，植物常成垫状。

②地理范围：撒哈拉沙漠的东南部、阿拉伯半岛、伊朗、黑海东北部、非洲、大洋洲中部的维多利亚大沙漠、马达加斯加岛、墨西哥西北部、秘鲁与阿根廷部分地区、中国海南岛西南部。

③适合花卉：是仙人掌和多浆植物的分布中心。仙人掌类植物主要分布在墨西哥东部及南美洲东海岸。多浆植物主要分布在南非。

（6）墨西哥气候型（又称热带高原气候型）：

①气候特点：周年气温在14~17℃，温差小。降雨量因地区不同而异，有周年雨量充沛的，也有集中在夏季的。

②地理范围：包括墨西哥高原、南美安第斯山脉、非洲中部高山地区、中国西南部山岳地带（昆明）。

③适合花卉：是一些春植球根花卉的分布中心。原产于该区的花卉，一

般喜欢夏季冷凉、冬季温暖的气候，在中国东南沿海各地栽培较困难，夏季在西北生长较好。

（7）寒带气候型：

①气候特点：冬季漫长而寒冷，夏季短促而凉爽，夏季风大，植物生长季只有2~3个月，植株矮小。年降雨量很少，但在生长季有足够的湿气。

②地理范围：包括阿拉斯加、西伯利亚、斯堪的纳维亚等寒带地区。

③适合花卉：各地自生的高山植物。

4.依园林用途分类：

（1）花坛花卉：狭义是指用于花坛的花材，广义是指用于室外园林美化的草花。

（2）盆栽花卉：是花卉生产的一类产品，指主要观赏盛花时的景观的株丛圆整、开花繁茂、整齐一致的花卉，如杜鹃、菊花、一品红等。

（3）切花花卉：用来进行切花生产的花卉，如月季、菊花、香石竹等。

（4）庭院花卉：适合于庭院种植的花卉，如茶梅、玉兰等。

（5）水生花卉：在水中或沼泽地生长的花卉，如睡莲、荷花等。

（6）岩生花卉：耐旱性强，适合在岩石园栽培的花卉。一般为宿根性或基部木质化的亚灌木类植物，以及蕨类等好阴湿的花卉。

（7）地被花卉：低矮，抗性强，用做覆盖地面的花卉，如百里香、二月兰、白三叶等。

5.依观赏部位分类：

（1）观花类：以花朵为主要观赏对象的花卉。

（2）观叶类：以叶片作为观赏对象的花卉。

（3）观茎类：以茎杆作为观赏对象的花卉。

（4）观果类：以果实作为观赏对象的花卉。

（5）观芽类：以芽作为观赏对象的花卉，如银芽柳（银柳）等。

6.依开花季节分类：

（1）春季花卉。

（2）夏季花卉。

（3）秋季花卉。

（4）冬季花卉。

7.依经济用途分类：

（1）药用花卉：具有药用功能的花卉，如芍药、乌头等。

（2）食用花卉：可以食用的花卉，如兰州百合、黄花菜等。

（3）香料花卉：指含芳香成分或挥发性精油的花卉，如中国的薄荷、桂皮、桂叶等。

（4）纤维类、油料类花卉。

第四节　种子繁殖法

一、种子的概念

1. 狭义种子概念：植物中胚胎发育成的繁殖器官。

2. 广义种子概念：在农业生产上直接利用作为播种材料的植物器官：种子＋部分果实＋部分营养体。

二、种子繁殖

1. 种子繁殖的特点：种子细小质轻，采收、贮存、运输、播种均较简便；繁殖系数高，短时间内可以产生大量幼苗；实生幼苗长势旺盛，寿命长。

2. 种子繁殖的优点：长势旺，性状优；简便、快捷、大量；繁殖成本相对低；实生根根系发达。

3. 种子繁殖的缺点：有变异，后代性状不稳定；有退化现象；育苗期管理要求相对精细。

三、花卉种子来源与生产

1. 自留种子：性状不稳定，后代有变异。

2. 专业化生产的种子：均为商品种子，且多为杂交种子，不适宜留种。

四、花卉种子的休眠与处理方法

1. 种子的休眠：具有活力的种子在适宜条件下仍不发芽的现象。

（1）外源休眠：种壳休眠（不透水、不透气）。

（2）内源休眠：胚休眠（胚未成熟或存在抑制物质）。

2. 打破休眠处理：

（1）物理方法：温水浸泡、机械切割、损伤种皮。

（2）化学方法：激素处理。

（3）贮藏方法：低温层积处理、干燥处理、变温处理。

五、种子储藏与包装

（一）种子的寿命

种子和一切生命体一样，有一定的生命期限，即寿命。种子寿命的终结是以发芽力的丧失为标志的。生产上种子发芽率降低到原发芽率的 50% 时所经历的时间即为种子的寿命。

在自然条件下，园林花卉种子寿命可分为：短命种子（1 年左右）。有些观赏植物的种子如果不在特殊条件下保存，则保持生活力的时间不超过 1 年，如报春类、秋海棠类发芽力只能保持数个月，非洲菊更短。许多水生植物，如茭白、慈姑、灯芯草等也都属于这类。中命种子（2~3 年）。多数花卉的种子属于此类。长命种子（4~5 年以上）。如荷花种子在中国东北泥炭土中的生活力约有 1000 年时间，当完整的种皮破开后仍能正常发芽。这类种子一般都有不透水的硬种皮，甚至在温度较高情况下也能保持其生活力。

在观赏栽培和育种中，有时只要可以得到种苗，即使发芽率很低，也可以使用。了解花卉种子的寿命，对于花卉栽培，种子贮藏、采收、交换，以及种质保存都有重要意义。植物种子到生理成熟期，其活力也达到最高水平，以后随时间的推移，不断地发生变化，活力逐渐下降，直到死亡，这个过程的综合效应叫种子劣变。种子劣变是不可避免的生物学规律，其过程几乎是不可逆转的。这个过程发生得快慢，即种子寿命长短，既受种子内在因素（遗传和生理生化）的影响，也受环境条件，特别是温度和湿度的影响。目前，人类尚难以彻底改变种子的遗传特性，但可以通过控制种子贮存时的状态和贮存环境条件， 延缓种子劣变的进程。

（二）影响种子寿命的主要因素

1. 内在因素。

在相同的外界条件下，花卉种子寿命长短存在着天然差别，这是花卉的遗传性质所决定的。种子采收时的状态和质量不同，寿命也不同。成熟、饱满、无病虫害的种子寿命长。种子含水量是影响种子保存寿命的重要因子。种子采收处理后有一个含水量。这个值在不同的贮藏方法和条件下对种子寿命影响很大。不同贮藏方法都有一个安全含水量，而且不同花卉种子又有差异。如飞燕草的种子，在一般贮藏条件下，寿命为 2 年，充分干燥后密封于 –15℃

的条件下，18 年后仍能保持 54% 的发芽率。另外，一些花卉种子，如牡丹、芍药、王莲等，过度干燥时即迅速失去发芽力。常规贮藏时，大多数种子含水量以保持在 5%~8% 为宜。

表 2-1 自然条件下常见花卉种子的寿命

名称	年限 / 年	名称	年限 / 年
蒲草	2~3	山牵牛	2
乌头	4	博落回	1~3
千年菊	2~3	竹叶菊	3
麦仙翁	3~4	布洛华丽	2~3
蜀葵	3~4	金盏菊	3~4
庭荠	3	翠菊	2
三色苋	4~5	美人蕉	3~4
牛舌草	3	风铃草	3
春黄菊	3	矢车菊	2~3
金鱼草	3~4	卷耳	2~4
耧斗菜	2	鸡冠	3~4
南芥菜	2~3	桂竹香	5
灰毛菊	3	山字草	2~3
蚤缀	2~3	醉蝶花	2~3
紫菀	1	电灯花	2
臙脂	3~4	波斯菊	3~4
雏菊	2~3	蛇目菊	3~4
观赏南瓜	5~6	射干、鸢尾	1
大丽花	5	花葵	3
飞燕草	1	蛇鞭菊	2
石竹	3~5	百合	2
毛地黄	2~3	花亚麻	5

续　表

名称	年限/年	名称	年限/年
好望菊	2	半边莲	4
扁豆	3	羽扇豆	4~5
蓝刺头	2	剪秋罗	3~4
一点樱	2~3	千屈菜	2
伞形蓟	2	甘菊	2
藿香蓟	2~3	紫罗兰	4
花菱草	2	冰花	3~4
泽兰	2	猴面花	4
天人菊	2	勿忘草	2~3
扶郎花	1	龙面花	2~3
水杨梅	2	花烟草	4~5
古代稀	3~4	黑种草	3
霞草	5	罂粟	3~5
堆心菊	3	钓钟柳	3~5
向日葵	3~4	矮牵牛	3~5
麦秆菊	5	福禄考	1
赛菊芋	3	万寿菊	4
矾根	3~4	酸浆	4~5
黄金杯	2	桔梗	2~3
凤仙花	5~8	半枝莲	3~4
牵牛	3	报春	2~5
鸢尾	2	除虫菊	3~4
扫帚草	2	茑萝	4~5
五色梅	1	木槲草	3~4
香豌豆	2	旱金莲	3~5
薰衣草	2	洋石竹	2
一串红	1~4	缬草	3

名称	年限/年	名称	年限/年
百日菊	3	美女樱	3~5
肥皂草	3~5	威灵仙	2
轮峰菊	2~3	长春花	3
海石竹	2~3	三色堇	2
斯氏菊	2		

（引自：北京林业大学园林系花卉教研组 . 花卉学 . 北京：中国林业出版社，1990）

2. 环境条件。

影响种子寿命的环境条件有：

（1）空气湿度：高湿度环境不利于种子寿命延长，因为种子具有吸收空气中水分的能力。对于多数花卉种子来说，干燥贮藏时，相对湿度以维持在30%~60% 为宜。

（2）温度：低温可以抑制种子的呼吸作用，延长其寿命。干燥种子在低温条件下，能较长期地保持生活力。多数花卉种子在干燥密封后，以贮藏于1~5℃的低温下为宜。在高温多湿的条件下贮藏，则发芽力降低。

（3）氧气：可促进种子的呼吸作用。降低氧气含量能延长种子的寿命。将种子贮藏于其他气体中，可以减弱氧的作用。据多数实验表明，不同种类的种子贮藏于氢、氮、一氧化碳中，其效果各不相同，但均优于空气中。

（4）空气湿度常和环境温度共同发生作用，影响种子寿命。低温干燥有利于种子贮藏。多数草花种子经过充分干燥，贮藏在低温下可以延长寿命；一些实验证明，充分干燥的花卉种子，能提高对低温和高温的耐受力，即使温度增高，但因水分不足，仍可阻止其生理活动，减少贮藏物质的消耗。值得注意的是，对于多数树木类种子，在比较干燥的条件下，容易丧失发芽力。此外，花卉种子不应长时间暴露于强烈的日光下，否则会影响发芽力及寿命。

（三）种子的贮藏

一般花卉种子可以保存2~3 年或更长时间，但随着种子贮藏时间的延长，不仅发芽率降低，而且萌发后植株的生活力也降低，可见衰退程度与保存方法密切相关。但最好使用新种子进行繁殖。不能及时播种也要采用适宜的方法贮藏，不同的贮藏方法，对花卉种子的寿命影响不同。

低温干燥保存的种子寿命往往比常温未干燥的种子寿命高出十倍或数十倍。传统的干燥方法是自然晾晒，大规模的种子干燥采用现代化的机械加热处理。人类一直在坚持不懈地寻找更长时间的保存方法，如目前正在开发研究的超低温保存和超干燥保存已大大延长了种子的保存时间，理论上可以实现永久保存，为种质保存提供了光明前景。

1. 目前生产和栽培中主要贮藏方法如下：

（1）干燥贮藏法：耐干燥的一、二年生草花种子，在充分干燥后，放进纸袋或纸箱中保存。该方法适宜次年就播种的短期保存。

（2）干燥密闭法：把充分干燥的种子，装入罐或瓶一类容器中密封起来放在冷凉处保存。用该方法保存稍长一段时间，种子质量仍然较好。

（3）干燥低温密闭法：把充分干燥的种子，放在干燥器中，置于1~5℃（不高于15℃）的冰箱中贮藏，可以较长时间保存种子。

（4）湿藏法：某些花卉的种子，较长时间置于干燥条件下容易丧失生活力，可采用层积法，即把种子与湿沙（也可混入一些水苔）交互地作层状堆积。休眠的种子用这种方法处理，可以促进发芽。牡丹、芍药的种子采收后可以进行沙藏层积。

（5）水藏法：某些水生花卉的种子，如睡莲、王莲等必须贮藏于水中才能保持其发芽力。该方法采用将种子装入网袋，挂于水池中。

2. 需要长期保存的种子可以使用的贮藏方法如下：

（1）低温种质库：有长期、中期、短期之分。不同低温库（-20~20℃）采用不同种子含水量（库温低，含水量也低）和空气湿度（库温低，湿度也小，一般小于60%）下保存，预期种子寿命2~5年，有的可以达到50~100年。

（2）超干贮藏：采用一定技术，使种子极度干燥，含水量较低温贮藏时低得多，再真空包装后存于室内长期保存。

（3）超低温贮藏：种子脱水到一定含水量，直接或采用相关的生物技术存入液氮中长期保存，理论上可以永久保存。

（四）种子加工处理的现代化方法

用现代化方法加工制造的种子类型有：包衣、丸化、速生、高能种子：将杀菌剂、杀虫剂、微肥、植物生长调节剂、着色剂或填充剂等非种子材料，包裹在种子外面，以达到种子成球形或者基本保持原有形状，从而提高抗逆性、抗病性，加快发芽，促进成苗，增加产量，提高质量。

六、花卉种子的检验

花卉种子的主要检验内容如下：

种子的大小：千粒重。几类种子的千粒重如表2-2所示。

表2-2 几类种子的大小参数

等级	千粒重/克	每克种子数	代表
很大的种子	1388	<1	荷花
大粒种子	109	9	紫茉莉
中粒种子	10	100	仙客来
小粒种子	1.2	833	三色堇
很小粒种子	0.16	6250	矮牵牛
微粒种子	0.0004	2500000	兰花

种子的活力：发芽率，发芽势。发芽率是指足够的时间内种子萌发的百分比。发芽势是指规定时间内种子萌发的百分比。

种子的纯度：变异率。

第五节 分生法繁殖

一、分生的概念

分生是指丛生的植株分离，或将植物营养器官的一部分与母株分离，另行栽植而形成独立新植株的繁殖方法。

二、分生繁殖优点

分生能保持母株的遗传性状，方法简便、易于成活，成苗较快、开花早。

三、分生繁殖缺点

分生繁殖系数较低，短期内产苗量少，切面较大，易感染病毒等病害。

四、应用条件

生产中，分生主要用于丛生性强、萌蘖性强和能形成球根的宿根花卉、球根花卉及部分花灌木。

五、繁殖方式

分生是植物人工进行的繁殖方法，按分离器官的不同，分为分株法和分球法。

（一）分株法

分株法是将花卉的萌蘖枝、丛生枝、吸芽、匍匐枝等从母株上分割下来，分成数丛，每丛都带有根、茎、叶、芽，再另行栽植为独立新植株的方法，多用于宿根和易萌发根蘖的花卉以及丛生灌木。

一般早春开花的花卉在秋季生长停止后进行分株，秋冬季节分株要注意防冻害；夏秋开花的种类在早春萌动前进行分株。在春季分株时要注意土壤保墒，避免栽植后被风抽干。

1. 分株类型：

（1）丛生及萌蘖类分株。不论是分离母株根际的萌蘖，还是将成株花卉分劈成数株，分出的植株必须是具有根茎的完整植株。

将牡丹、蜡梅、玫瑰、中国兰花等丛生性和萌蘖性的花卉，挖起植株酌量分丛；蔷薇、凌霄、金银花等，则从母株旁分割，带根枝条即可。

（2）宿根类分株。对于宿根类草本花卉，如鸢尾、玉簪、菊花等，地栽3~4年后，株丛就会过大，需要分割株丛重新栽植。其通常可在春、秋两季进行，分株时先将整个株丛挖起，抖掉泥土，在易于分开处用刀分割，分成数丛，每丛3~5个芽，有利于分栽后能迅速形成丰满株丛。

（3）块根类分株对一些具有肥大的肉质块根的花卉，如大丽花、马蹄莲等所进行的分株繁殖。这类花卉常在根茎的顶端长有许多新芽，分株时将块根挖出，抖掉泥土，稍晾干后，用刀将带芽的块根分割，每株留3~5个芽，分割后的切口可用草木灰或硫黄粉涂抹，以防病菌感染，然后栽植。

（4）根茎类分株。对于美人蕉等有肥大的地下茎的花卉，分株时分割其地下茎即可成株。因其生长点在每块茎的顶部，所以分茎时每块都必须带有顶芽，才能长出新植株。分割的每株留2~4个芽即可。

2. 花卉分株时需注意：

（1）检查病虫害，如有发现，应立即销毁或彻底消毒后栽培。

（2）根部的切伤口在栽培前建议用草木灰消毒，可以防止腐烂。

3. 花卉分株时要考虑不同花卉的特殊性：

（1）君子兰出现吸芽后，必须待吸芽有自己的根系以后才能分株，否则影响成活。

（2）中国兰分株时，切勿伤及假鳞茎，假鳞茎一旦受伤会影响成活率。

（3）具有匍匐茎的花卉如虎耳草、吊兰、草莓、竹类等，分株时要确保分生植株根、茎、叶的完整性。

（二）分球法

分球法是指利用球根花卉地下部分分生出的子球进行分栽的繁殖方法。

球根花卉的地下部分每年都在球茎部或旁边产生若干子球，如水仙、唐菖蒲、美人蕉、大丽花等。时间可在春、秋两季进行。例如，百合在地上部分枯黄后，掘出鳞茎，将小鳞茎分开栽植即可。

1. 分球类型：

（1）球茎类繁殖。球茎为茎轴基部膨大的地下变态茎，短缩肥厚呈球形，为植物的贮藏营养器官。球茎上有节、退化叶片和侧芽。老球茎萌发后在基部形成新球，新球旁再形成子球。新球、子球和老球都可作为繁殖体另行种植，也可带芽切割繁殖。唐菖蒲球茎用此法繁殖。秋季叶片枯黄时将球茎挖出，在空气流通、温度 32~35℃、相对湿度 80%~85% 的条件下自然晾干，依球茎大小分级后，贮藏在 5℃、相对湿度 70%~80% 的条件下。春季栽种前，用适当的杀菌剂、热水等处理球茎。

（2）鳞茎类繁殖。鳞茎由一个短的肉质的直立茎轴（鳞茎盘）组成，茎轴顶端为生长点或花原基，四周被厚的肉质鳞片所包裹。鳞茎类繁殖发生于单子叶植物，通常植物发生结构变态后成为贮藏器官。鳞茎由小鳞片组成，鳞茎中心的营养分生组织在鳞片腋部发育，产生小鳞茎。鳞茎、小鳞茎、鳞片都可以作为繁殖材料。郁金香、水仙常用小鳞茎繁殖。百合常用小鳞茎和珠芽繁殖，也可用鳞片叶繁殖。

2. 花卉分球繁殖需注意的问题：凡球茎、鳞茎、块茎直径超过 3cm，大球才能开花；小仔球按大小分开种植，需经 2~3 年栽培后才能开花。

3. 花卉分球时要考虑不同花卉的特殊性：

（1）鳞茎类花卉如百合、水仙、郁金香等，在栽培中对母球采用割伤处理，使花芽受到破坏而产生不定芽，形成小鳞茎加大繁殖量。百合的叶腋间，可发生珠芽，这种珠芽取下后播种产生小鳞茎，经栽培 2~3 年可长成开花球。

（2）球茎类花卉如唐菖蒲、香雪兰、番红花等，栽培中的老球产生新球，新球旁侧产生仔球，仔球是繁殖材料；也可将大球切割成几块，每块具芽另行栽培成大球。

（3）根茎类花卉如美人蕉、鸢尾等，含水分多，贮藏期要防止冻害。切割时要保护芽体，伤口要用草木灰消毒，防止腐烂。

（4）块茎花卉如马蹄莲、花叶芋等，分割时要注意不定芽的位置，不能伤及芽，且每块带芽，以增加繁殖数量和提升繁殖效果。

（5）块根类花卉如大丽花、小丽花、花毛茛等，由根茎处萌发芽，分割时注意保护茎部的芽眼，一旦破坏就不能发芽，达不到繁殖的目的。

（三）花卉分生繁殖的管理

丛生型及萌蘗类的木本花卉，分栽时穴内可施用些腐熟的肥料。通常分株繁殖上盆、浇水后，先放在荫棚或温室蔽光处养护一段时间，如果出现凋萎现象，应向叶面和周围喷水来增加湿度。

对一些宿根性草本花卉以及球茎、块茎、根茎类花卉，在分栽时穴底可施用适量基肥，基肥种类以含较多磷、钾肥为宜。栽后及时浇透水、松土，并始终保持土壤适当湿润。

第六节　扦插法繁殖

一、扦插法的概念

扦插法是指利用植物营养器官（茎、叶、根）的再生能力或分生机能，从母体上切取植物体的一部分，插入土壤、河砂及水等基质中，在适宜条件下，使其生根、发芽，形成一新植株。

二、扦插的原理

在新的根系长成之前，扦插枝条因为失水枯萎而死亡，一旦新根出来，就可以正常生长。

（一）形态学基础

扦插成苗须具有两个条件：有根，有芽。不同扦插方式的根芽情况分析如下：

1. 茎插：具有芽，根可以通过产生根原基形成侧根。

2. 根插：具有根，需要重新产生不定芽，萌发新枝。

3. 叶插：既没有根也没有芽，需要重新形成根和芽，才能形成一个新的植株。

（二）生理学基础

1. 受内源激素和辅助物质的共同作用。

2. 内源激素既促生根，又促生芽。

3. 辅助物质的作用机理还有待明确。

（三）内源激素和辅助物质

对植物体内内源激素和辅助物质的丰富程度分析如下：

1. 二者丰富：如柳树，所以柳枝扦插成活率很高。

2. 辅助物质丰富，激素不足：可以通过增施人工激素，促进生根。

3. 激素充足，辅助物质不足：由于对辅助物质研究不足，所以对于这一类情况，目前还没有很好促进扦插成活的办法。

三、影响扦插成苗的因素

（一）内因

1. 基因型：不同花卉种类和品种决定了扦插的成活难易。

2. 器官：利用的插穗部位不同，插穗的叶面积大小不同，扦插的成活率也不同。

3. 器官状态：枝条的发育状况、贮藏营养状况、成熟程度，树龄、枝龄和枝条的部位，也影响成活。

（二）外因

1. 基质：一般选用疏松透气的沙粒或沙壤土，生根慢的花卉以及用嫩枝进行扦插时，对基质有较高的要求，常用蛭石、珍珠岩、泥炭、河沙、苔藓、林下腐殖土、炉渣灰、火山灰、木炭粉等。

2. 温度：保持室温 20~25℃，对扦插有利，温度过低生根慢，过高则易引起插穗切口腐烂。自然条件下，则以春秋两季温度为宜。室内苗床扦插最好基质温度高于空气温度 3~5℃，这样有利于生根。如果气温高于基质的温度，会造成假活现象。因此，特别是冬季在温室内进行扦插时，一定要注意提高基质温度。

3. 光照：光照能促进插穗生根，所以光照对于常绿树及嫩枝扦插是不可缺少的。但扦插过程中，强烈的光照又会使插穗干燥或灼伤，降低成活率，所以夏季散射光最合适。

4. 水分和空气湿度：

（1）插壤含水量合适，以 20%~25% 为宜。含水量低于 20% 时，插条生根和成活都受到影响。有研究表明，插条从扦插到愈伤组织产生和生根整个过程，各阶段对插壤含水量要求不同，通常以前者为高，依次降低。尤其是在完全生根后，应逐步减少水分的供应，以抑制插条地上部分的旺盛生长。

（2）空气相对湿度保持在 80%~90%，硬枝扦插可稍低一些，但嫩枝扦插空气的相对湿度一定要控制在 90% 以上，扦插后要注意使扦插基质保持湿润状态，但也不可使之过湿，否则引起腐烂。同时，还应注意空气的湿度，可用覆盖塑料薄膜的方法保持湿度，但要注意定期通风换气。

5. 氧气充足：这有利于根系的生长，所以必须保持基质的水气平衡。

6. 病害控制：高温高湿环境下，病害容易发生，影响枝条生长，要提前做好预防措施。

四、扦插的优缺点

（一）优点

繁殖材料充足、产苗量大、成苗快、开花早，并能保持原品种的固有优良特性，能获得与母株遗传性状完全一致的种苗，既适合大规模生产，也适用于家庭少量繁殖。

（二）缺点

扦插法获得的扦插苗以须根为主，不能形成主根，寿命较播种苗短，抗性不如嫁接苗。

五、扦插的应用条件

扦插是花卉的主要繁殖方法之一，凡是易生不定根的草本、木本花卉以及多肉类都可用扦插法繁殖。

六、扦插方式

（一）叶插

叶插用于能自叶上发生不定芽及不定根的种类。凡能进行叶插的花卉，大多具有粗壮的叶柄、叶脉或肥厚的叶片，但很多种类叶片虽然肥厚，但叶柄和叶的任何部位都不能产生不定芽。因此，能进行叶插的仅限于几个科的种类。叶插须选取发育充实的叶片，而且要在设备良好的繁殖床内进行，以维持适宜的温度及湿度，才能获得良好的效果。叶插在多肉花卉中有广泛的应用。

1. 全叶插。

全叶插指用完整的叶片扦插。有的种类是平置于扦插基质上，而有的要将叶柄或叶基部浅埋入基质中，叶片直立或倾斜都可以。

（1）平置法：切去叶柄，将叶片平铺于沙面上，以铁针或竹针固定于沙面上，叶下表面紧贴沙面。大叶落地生根从叶缘处产生幼小植株；螺叶秋海棠和彩纹秋海棠自叶片基部或叶脉处产生幼小植株；蟆叶秋海棠叶片较大，可在各粗壮叶脉上用小刀切断，在切断处产生幼小植株。

（2）直插法：也称叶柄插法，将叶柄插入沙中，叶片立于面上，叶柄基部就产生不定芽。大岩桐进行叶插时，首先在叶柄基部产生小块茎，之后产生根与芽。用此法繁殖的花卉还有非洲紫罗兰、豆瓣绿、球兰、虎尾兰等。百合的鳞片也可以扦插。

2. 片叶插。

片叶插是将壮实的叶片截成数小片，略干燥后分别进行扦插，使每块叶片上形成不定芽和不定根。用此法进行繁殖的有蟆叶秋梅棠、大岩桐、豆瓣绿、虎尾兰、八仙花等。

蟆叶秋海棠片叶插：将叶柄叶片基部剪去，按主脉分布情况，分切为数块，使每块上都有一条主脉，再剪去叶缘较薄的部分，以减少蒸发，然后将其下端插入沙中，不久就从叶脉基部产生幼小植株。

大岩桐片叶插：将各对侧脉下方自主脉处切开，再切去叶脉下方较薄部分，分别把每块叶片下端插入沙中，在主脉下端就可产生幼小植株。

豆瓣绿片叶插：豆瓣绿叶厚而小，沿中脉分切左右两块，下端插入沙中，在自主脉处可产生幼小植株。

　　虎尾兰片叶插：虎尾兰的叶片较长，可横切成5cm左右的小段，下端插入沙中（注意不可使其上下颠倒），自下端可产生幼小植株。

（二）茎插

　　茎插可以在露地进行，也可以在室内进行。露地扦插可以利用露地插床进行大量繁殖，依季节及种类的不同，可以覆盖塑料棚保温或荫棚遮光或喷雾，以利成活。少量繁殖时或寒冷季节也可以在室内采用扣瓶扦插、大盆密插及暗瓶水插等方法。应依花卉种类、繁殖数量以及季节的不同采用不同的扦插方法。

　　1. 叶芽插。

　　温室花卉类常用叶芽插。完整叶生带腋芽及着生的茎或一部分茎作为插条的方法。插穗仅有一芽附一片叶，芽下部带有盾形茎部一片，或一小段茎，插入沙床中，仅露芽尖即可。插后最好盖一玻璃罩，防止水分过量蒸发。

　　叶插不易产生不定芽的种类，宜采用此法。如橡皮树、山茶花、桂花、天竺葵、八仙花、宿根福禄考、彩叶草、菊花等。

　　2. 软枝扦插（生长期扦插）。

　　宿根花卉常用枝扦插。选取枝梢部分为插穗，长度依花卉种类、节间长度及组织软硬而异，通常为5~10cm。组织以成熟适中为宜，过于柔嫩易腐烂，过老则生根缓慢，若来自生长强健或年龄较幼的母本枝条，生根率较高。一般在夏季进行软枝扦插。

　　软枝扦插必须保留一部分叶片，若去掉全部叶片则难生根。对叶片较大的种类，为避免水分蒸腾过多，可把叶片的一部分剪掉。

　　枝剪切口位置宜靠近节下方，切口以平剪、光滑为好。多汁液种类应使切口干燥半日至数天后扦插，以防腐烂。对多数花卉宜在扦插之前剪取插条，以提高成活率。

　　3. 半软枝扦插。

　　温室木本花卉常用半软枝扦插。插穗应选取较充实的部分，如枝梢过嫩可弃去枝梢，保留下段枝条备用，如月季、冬青、茶花等。一般在生长期进行半软枝扦插。

　　4. 硬枝扦插。

　　硬枝扦插选取生长成熟、节间短而粗壮的一年生枝条，一般选南面枝条、上部枝条、外部枝条，剪成10cm左右长，3~4个节的插穗。硬枝扦插多在落叶后到来年萌芽前的休眠期进行，南方多行秋插，北方多行春插。

（三）根插

有些宿根花卉能从根上产生不定芽形成幼株，可采用根插繁殖。可用根插繁殖的花卉大多具有粗壮的根，粗度不应小于2mm。同种花卉，根较粗较长者含营养物质多，也易成活。晚秋或早春均可进行根插，也可在秋季掘起母株，贮藏根系过冬，至次年春季扦插。冬季也可在温室或温床内进行扦插。

可进行根插的花卉有蓍草、牛舌草、秋牡丹、灯罩风铃草、肥皂草、毛蕊花、白绒毛矢车菊、剪秋罗、宿根福禄考等。

根插时先把根剪成3~5cm长，撒播于浅箱、花盆的沙面上（或播种用土），覆土（沙）约1cm，保持湿润，待产生不定芽之后进行移植。还有一些花卉，根部粗大或带肉质，如芍药、荷包牡丹、博落回、宿根霞草、东方罂粟、霞草等，可剪成3~8cm的根段，垂直插入土中，上端稍露出土面，待生出不定芽后进行移植。

七、扦插繁殖技术

（一）枝条选取技术

光照充足，健康生长，没有虫病害的接穗，枝接的枝条还要求粗壮、节间距短。

（二）插条处理技术

1.茎的上方切口要水平，切口面积小，可以减少伤口水分蒸发。

2.下方切口要斜向，以增大接触面，有利于吸收水分。

3.软枝扦插的插穗采后应立即扦插，以防萎蔫影响成活。多浆植物（如仙人掌等），剪取后应放在通风处晾几天，等切口略有干缩再扦插，或用微火略烧烤下面切口，以防止腐烂。一般植物插穗的下面切口如沾一些刚烧完的草木灰，也有防止腐烂的作用。

（三）日常管理技术

根据环境因素对扦插成活的影响，尽可能利用有关设施为插条创造良好的生根条件。例如，插壤既湿润又空气流通，保持合适的温度和湿度，根据插条生根的快慢，逐步加强光照。

八、全光照喷雾育苗技术

（一）概说

硬枝扦插是最为传统和简便的无性繁殖方法，能满足大规模工业化生产的需要。但硬枝扦插育苗只适用于少数容易生根的树种，而大部分树种生根困难。然而，嫩枝扦插方法的出现大大提高了难生根树种的扦插成活率，逐渐成为扦插研究的方向。嫩枝扦插是在生长季节采取木质化程度较低（半木质化）的带叶嫩枝进行扦插。嫩枝扦插因为穗条比较幼嫩，内源生长物质较多，抑制物质较少，细胞分生能力强，所以生根容易；带叶扦插不仅能进行光合作用，提供生根所需的碳水化合物，而且可以合成内源生长素刺激生根；另外生长季节气温较高，有利于插穗迅速生根。

带叶嫩枝扦插对环境条件要求很高，必须创造一个适宜的高湿环境，才能保证插穗在生根前不失水萎蔫和腐烂。为了控制插条失水，保持水分平衡，以前生产中带叶嫩枝扦插一般在塑料大棚或小拱棚内进行，保湿效果较好，但在生长季节这种密闭的插床温度很高，容易灼伤插穗，这就需要遮阴和经常通风、浇水，遮阴后的低光照减弱了插条的光合作用，而高温下插条的呼吸强度却很高，碳水化合物积累很少，这就影响了生根速度。另外，高温高湿、低光照和通风不良易造成霉菌滋生，影响扦插成活。

全光照喷雾育苗技术是在露地全光照情况下通过喷雾使插穗表面常保持有一层水膜，确保插穗在生根前相当时间内不至于因失水而干死，这大大增加了生根的可能性。通过插穗表面水分的蒸发可以有效地降低插穗及周围环境温度，这样一来即使是在夏季扦插幼嫩插穗也不会被灼伤，相反强光照对插穗的生根成苗是十分有益的。采用这种方法可以使过去认为扦插不能生根或很难生根的植物扦插繁殖成功，可以替代许多植物的嫁接、压条和分株繁殖。

（二）特点

全光照喷雾育苗技术的特点：省工省地，成苗率高，苗床周转快，插条来源多，适应广，成本低。

全光照喷雾育苗技术在规模化生产中应用已较多。

九、促进生根的其他技术

（一）生长激素的辅助使用

对穗条进行植物生长激素处理，可以有效地提高扦插生根率，缩短生根时间和增加发根数量。目前生产中应用的生长激素主要有萘乙酸、吲哚丁酸和 ABT 生根粉等。其主要处理方法有以下三种：

1. 低浓度浸泡法：将插穗基部浸泡在较低浓度的植物生长激素中。具体培植方法为先将吲哚丁酸或萘乙酸溶解在少量 95% 浓度酒精中，然后再加水稀释至一定浓度（嫩枝扦插一般处理浓度为（10~100）×10^{-6}），浸泡时间为 12~24 小时。低浓度浸泡法效果比较稳定，但处理比较费时，在较大规模扦插时难以采用。

2. 高浓度速蘸法：将植物生长调节剂先溶解在少量 95% 浓度酒精中，再用水稀释到（500~2000）×10^{-6}，然后将插穗基部 2cm 左右在溶液中速蘸 1~5 秒取出扦插。

3. ABT 生根粉系列产品使用：一种新型的广谱高效复合型植物生长调节剂，能促进根系发育、普遍提高成活率、增加抗逆能力，并有明显的增产效果。

（1）ABT1 号生根粉主要用于难生根植物及珍贵植物的扦插育苗。

（2）ABT2 号生根粉主要用于较容易生根植物的扦插育苗。

（3）ABT3 号生根粉主要用于苗木移栽、播种育苗、造林和飞播造林以及城市绿化的大树移植上。

（二）环剥处理

环剥处理是指在生长期中，在拟切取插穗的下端，进行环状剥皮，使养分积聚于环剥部分的上端，而后在此处剪取插穗进行扦插，则易生根。此法常用于木本花卉。

（三）软化处理

软化处理对部分木本植物效果良好，即在插条剪取前，先在剪取部分进行遮光处理，使之变白软化，预先给予生根环境和刺激，促进根原组织形成。用不透水的黑纸或黑布，在新梢顶端缠绕数圈，待遮光部分变白，即可自遮光处剪下扦插。注意：软化处理不同于黄化处理。此外，扦插过程中增加地温是极广泛的应用方法。喷雾处理等也可大大促进扦插生根成活。

第七节　嫁接法繁殖

一、嫁接的概念

嫁接，也是植物的人工繁殖方法之一，即把一种植物的枝或芽，嫁接到另一种植物的茎或根上，使接在一起的两个部分长成一个完整的植株。嫁接是利用植物受伤后具有愈伤的机能来实现的。

嫁接的关键是让接穗形成紧贴砧木的形成层。

嫁接的方式分为枝接和芽接。接上去的枝或芽，叫作接穗；被接的植物体，叫作砧木或台。一般应在树液开始流动而芽尚未萌动时进行，枝接多在早春2~3月，芽接多在7~8月。

二、嫁接的原理

嫁接时应当使接穗与砧木的形成层紧密结合，以确保接穗成活。接穗时一般选用具有2~4个芽的苗，嫁接后成为植物体的上部或顶部，砧木嫁接后成为植物体的根系部分（见图2-1）。

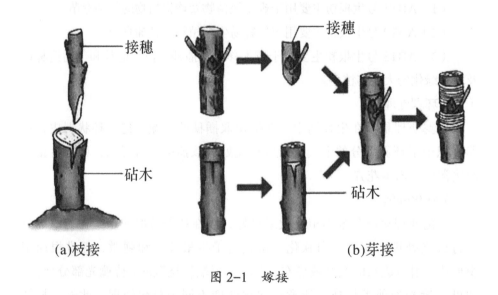

接穗

砧木

(a)枝接

接穗

砧木

(b)芽接

图 2-1　嫁接

嫁接时，要使两个伤面的形成层靠近并紧扎在一起，因细胞增生，彼此愈合成为维管组织连接在一起，成为一个整体。

三、嫁接成活的影响因素

（一）内在因素方面

1.砧木和接穗的亲和力：这是决定嫁接成活的主要因素。例如，龙眼不同品种间的亲和力表现并不一致。有些品种作砧木，与多个品种亲和良好，接活率高，生长正常；有些砧木与优良品种嫁接，其亲和力较差。

2.砧木与接穗的质量：由于形成愈合组织需要一定的养分，所以凡是接穗与砧木贮有较多养分的，一般比较容易成活。因此，要求嫁接时砧木生长健壮，茎粗直径在0.6cm以上；接穗要充分老熟，生长健壮，新鲜富有生活力。

（二）外在因素方面

1.温度：春季嫁接过早，温度偏低，砧木、接穗形成层刚刚开始，愈伤组织增生较慢，嫁接后不易成活。一般花木的枝条在0℃下，愈伤组织形成的能力十分微弱；4℃左右时，愈伤组织形成很慢；在5~32℃条件下，愈伤组织增生迅速，且随温度的升高而加快；32~39℃时速度变慢，而且会引起细胞的损伤；超过40℃时，愈伤组织死亡。因此，春季枝接时间一般在3月下旬至5月上中旬，虽然嫁接春夏秋三季均可进行，但也应避开高温或低温时段。

2.湿度：包括嫁接湿度、大气湿度和土壤湿度。湿度合适花木嫁接后容易成活。据试验，接穗和砧木自身含水量以50%左右为好。如果砧木和接穗自身含水量较低，就应提前浇灌，以保持应有的湿度。嫁接时的空气温度适宜，在切层表面能保持一层水膜，对愈伤组织有促进作用。嫁接时空气温度若过于干燥就要人为创造条件，如提前喷水或用湿布包裹覆盖接穗，也可用塑料膜扎紧伤口，用湿润土对嫁接面进行揣培。

3.光照和水分：在黑暗条件下，接穗削面上生出的愈伤组织呈乳白色，比较柔嫩，砧木和接穗的接面易愈合；在强光下形成的愈伤组织少而硬，呈浅绿色，不易愈合。因此，在接穗从离开母体到嫁接这段时间里，要保持接穗的无光保管。同时在嫁接包扎时，也要注意嫁接口的无光条件。另外，在嫁接时应避开光照少的天气时段，如阴雨天、雾天等，因为嫁接完成后需要较强的光照。因接穗上带有叶片，能在光照条件下进行光合作用，产生同化物质，可以促进接穗萌发。强光会使接穗水分蒸发快，嫁接部位覆盖材料温度上升快，接穗易凋萎，一般在遮光条件下嫁接，成活率较高。嫁接后下雨对成活不利，阴雨天常会造成愈伤组织滋生霉菌或因长期不见阳光而影响嫁接成活率。

4.风力：嫁接时遇到大风，易使砧木和接穗创伤面水分过度散失，影响愈合，降低成活率。当新梢长到 30cm 左右时，要贴近砧木立一个 1~1.5 米高的支柱，将新梢绑在支柱上，防止大风吹折新梢。

5.嫁接水平：嫁接技术的优劣直接影响接口切削的平滑程度，如削面不平滑，形成较厚隔膜，突破不容易，影响愈合，即使稍有愈合，发芽也晚，生长衰弱，以后还易在接口处断裂。另外，由于愈合组织是薄壁柔嫩细胞所组成，在接口处保持一层水膜，对愈合组织大量形成有促进作用，如果接口包扎不紧，接口湿度不够，会影响成活。用太厚或过多薄膜包扎接口，也会影响成活。

四、嫁接的优缺点

（一）嫁接的优点

嫁接既能保持接穗品种的优良性状，又能利用砧木的抗性，其主要表现出以下优点：

1.增强植株的抗性，培育壮苗。用黑籽南瓜嫁接的黄瓜，可有效地防治黄瓜枯萎病，同时还可推迟霜霉病的发生期；用刺茄、番茄作砧木嫁接茄子后，基本上可以控制黄萎病的发生。

2.扩大了根系吸收范围和能力。嫁接后的植株根系比自根苗成倍增长，在相同面积上可比自根苗多吸收氮钾 30% 左右，磷 80% 以上，且能利用土壤深层中的磷。

3.有利于克服连作危害。例如，黄瓜根系脆弱，忌连作，日光温室栽培极易受到土壤积盐和有害物质的伤害，换用黑籽南瓜根以后，可以大大减轻土壤积盐和有害物质的危害。

4.有利于提高产量和品质。嫁接苗茎粗叶大，可使产量增加四成以上。番茄用晚熟品种作砧木，早熟品种作接穗，不仅保留了早熟性，而且可以大大缩短结果期，提高总产量。

（二）嫁接的缺点

嫁接的缺点主要表现为以下几项：

1.需要提前培育大量砧木。

2.花费大量时间和人力。

3.技术要求比较高。

4.嫁接苗的寿命比较短。

5.影响花卉外形美观。

五、嫁接的应用条件

1.解决实生苗培育困难问题，对一些不产生种子的果木（如柿、柑橘的一些品种）的繁殖意义重大。

2.分生、扦插方法大量繁殖存在困难。

3.无叶绿素花卉的繁殖。

4.借用和保持花卉品种优良特性。

5.促进提早结果。

6.利用砧木的风土适应性扩大栽培区域、提高产量和品质。

7.使果树矮化或乔化等。

8.在观赏植物等的生产上，常用接根法来恢复树势，保存古树名木；用桥接法来挽救树干被害的大树；用高接法来改换大树原有的劣种，弥补树冠残缺等。利用高接换种还可以解决自花授粉不结实或雌雄异株果树的授粉问题，以及特殊观赏树木品种如龙爪槐、垂枝桃、垂枝梅的繁殖造型等。

9.增加附加值。有非常多的实例表明嫁接能提高经济价值。如普通的水杉，价值1元，而通过嫁接手段，培育成金叶水杉后，经济价值能提高20多倍，再如普通的大叶女贞树，价值几角钱，而通过嫁接手段，培育成彩叶桢树后，其经济价值提高了近百倍。

六、常用的嫁接方法

（一）枝接

1.靠接法：将有根系的两植株，在易于互相靠近的茎部都削去部分皮层，随即相互接合，待愈合后，将砧木的上部和接穗的下部切断，成为独立的新植株（见图2-2）。此法适用于切离母株后不易接活的植物，特别是不易成活的常绿木本盆花。靠接应在生长旺季进行，但要躲过雨季和伏天。靠接前，先把培养好的一、二年生砧木苗上盆栽植，待长出新根后把它们搬到用作接穗的母株附近，选择母株上与砧木苗粗细相当的枝条，在适当部位削成梭形切口，长3~5cm，深达木质部，削口平滑，砧木和接穗的削口长短和大小要一致，然后把两者的削伤面靠在一起，使四周的形成层相互对齐并紧密绑扎在一起。嫁接成活后，先自接口下面将接穗剪断，再把切口上面的木枝梢剪掉。

图 2-2　靠接

2. 劈接法：又称割接法，适用于大部分落叶树种，要求砧木粗度为接穗粗度的 2~5 倍，砧木在距地面 5cm 处切断，再在其横切面上中央垂直下切，劈开砧木，切口 2~3cm，将接穗下端两侧切削，呈一楔形，切口 2~3cm，将接穗插于砧木中，靠一侧使砧穗形成层对齐（见图 2-3）。

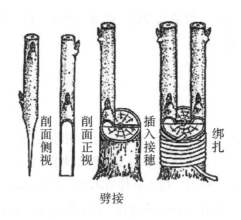

削面侧视　　削面正视　　插入接穗　　绑扎

劈接

图 2-3　劈接

3. 腹接法：在砧木腹部进行枝接，砧木不去头，待嫁接成活后再剪除上部枝条，多在生长季（4~9 月）进行（见图 2-4）。

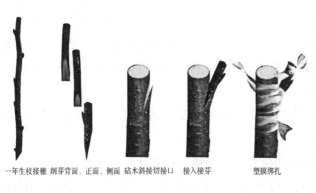

一年生枝接穗 削芽背面、正面、侧面 砧木斜接切接口 接入接芽 塑膜绑扎

图 2-4 腹接

4.插皮法：是枝接中最易掌握、成活率最高的方法。其要求砧木粗度在 1.5cm 以上，砧木在距地面 5cm 处截断，接穗削成长达 3.5cm 的斜面，厚度 0.3~0.5cm，背面削一小斜面，将大的斜面向着木质部，插入砧木的皮层中，若皮层过紧，可在接穗插入前先纵切一刀，将接穗插入中央（见图 2-5）。

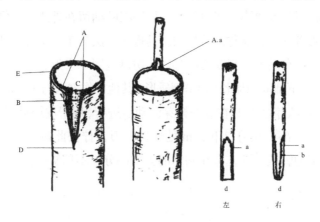

A:愈伤组织生长最多；B:愈伤组织生长少；C:没有愈伤组织；
D:有愈伤组织；E:与嫁接成活无关的愈伤组织；
左：背面不削的接穗a点有愈伤组织；右：背面削两刀的接穗
a点没有愈伤组织；b和d点有愈伤组织

图 2-5 插皮

（二）芽接

芽接，是从枝上削取一芽，略带或不带木质部，插入砧木上的切口中，并予绑扎，使之密接愈合。芽接宜选择生长缓慢期进行，因此时形成层细胞还很活跃，接芽的组织也已充实。今年嫁接愈合，明年春发芽成苗，非常适宜。嫁接过早，接芽当年萌发，冬季不能木质化，易受冻；嫁接过晚，砧木皮不易剥离。气候条件对嫁接也有影响，形成层和愈伤组织需在一定温度下才能活动，空气湿度接近饱和时对愈合最适宜。在室外嫁接，更要注意天气条件。芽接一般有以下几种方法：

1.T字形芽接。砧木一般选用1~2年的小苗，砧木过大，因皮层过厚不易操作，且接后不易成活。

（1）选削接穗。采用当年生枝条为接穗，除去叶片，只留叶柄。左手拿好枝条，右手持芽接刀，先在枝条上选定1个叶芽，在选定的叶芽上方0.5cm处横切一刀，长约0.8cm，再在叶芽下方1cm处横切一刀，然后用刀自下端横切处紧贴枝条的木质部向上削去，一直削到上端横切处，削成一个上宽下窄的盾形芽片用于接穗，芽在芽片的正中略偏上。为了保持接穗的湿度，可将接穗处用湿布盖好。

（2）切砧木，插接穗。砧木的切法是在距地面5cm左右处，选光滑部位切一个T字形切口，把芽片放入切口，往下插入，使芽片与T字形切口横切面对齐，然后用塑料薄膜将切口包严，最好将叶柄留在外边，以便检查成活。

2.倒T形芽接法，又称逆芽接法。其操作方法与T字形芽接法基本相同，不同之处在于：在砧木上割取切口时，其切口呈倒T字形；削取接穗时，自接穗上方下刀，向下削取，因此接穗呈倒盾形。其他操作方法与T字形芽接法相同。

3.套接（环状芽接）。其在春季树芽流动后进行，用于皮层易于脱离的树种。将砧木先剪去上部，在剪口下3cm处环切一刀，拧去此段树皮，用同样粗细的接穗取下芽的管状芽片，套在砧木的去皮部分，不用绑扎。

七、嫁接的工具

1.嫁接刀、芽接刀：用于枝条切割，芽的切取。

2.刀片：即一般剃须的双面刀片，嫁接时将其一掰两半，既节省刀片，又便于操作。

3.竹签：一种是插接时在砧木上插孔用的。其粗细程度与接穗苗幼茎粗细一致，一端削成楔形。另一种粗细要求不严，一端削成单面楔形，靠接时用它挑去生长点。

4.嫁接夹：用来固定接穗和砧木。市面上销售的嫁接夹有两种：一种是茄子嫁接夹；另一种是瓜类嫁接夹。旧嫁接夹事先要用200倍甲醛溶液泡8

小时消毒。操作人员手指、刀片、竹签用75%酒精（医用酒精）涂抹灭菌，间隔1~2小时消毒一次，以防杂菌感染伤口。但用酒精棉球擦过的刀片、竹签一定要等到干后才可用，否则将严重影响成活率。

5. 嫁接机器：有小型的和半自动式的嫁接机，能有效提高工作效率和嫁接质量，已在企业生产中广泛应用。

八、注意事项

（一）选择亲和力强的砧木和接穗

亲和力是指砧木和接穗经嫁接后能愈合的能力，一般情况下，亲缘关系越近，亲合力越强，嫁接的成活率也就越高。

（二）选择生活力强的砧木和接穗

生活力与砧木和接穗的营养器官积累的养分有关，营养器官积累的养分越多，发育越充实，则生活力就越强。因此，在嫁接前应加强砧木的水肥管理，让其积累更多的养分，并且选择发育成熟、芽眼饱满的枝条作接穗。

（三）选择最佳的嫁接时机

一般枝接宜在果树萌发前的早春进行，此时砧木和接穗组织充实，温度、湿度等也有利于形成层的旺盛分裂，加快伤口愈合。而芽接则应选择在生长缓慢期进行，以促进嫁接成活，有利于第二年春天发芽成苗。

（四）利用植物激素促愈合

在嫁接前，接穗应用植物激素进行处理，如用（200~300）$\times 10^{-6}$的萘乙酸浸泡6~8小时，促进形成层的活动，从而加快伤口愈合速度，提高嫁接的成活率。

（五）规范技术操作

1. 嫁接时动作要迅速，并严格按技术规范削好砧木和接穗，接面要平滑，使砧木和接穗的形成层紧密连接。接穗比砧木细小时，应使一侧形成层对接。

2. 用塑料带捆扎时，要松紧适度，防止接口处水分快速蒸发或外界的雨水进入，同时注意适时解绑。

第八节 压条法繁殖

一、压条的概念

压条又称压枝，是把花卉植株的枝条埋入湿润土中，或用其他保水物质

（如苔藓）包裹枝条，创造黑暗和湿润的生根条件，待其生根后与母株割离，使其成为新的植株。

它与扦插繁殖一样，是利用植物器官的再生能力来繁殖的，多用于一些扦插难以生根的花卉，或一些根叶较多的木本花卉。其基本特点是：割伤的部位具有细胞再生能力，能在伤口处长出不定根、不定芽，从而发展成为独立生活的植株。

压条的方法有单枝压条法、波状压条法、堆土压条法和高枝压条法。

二、压条的优点

压条的优点有：成活容易，成苗快，开花早，保持原有花卉的优良性状，繁殖时不需要特殊的养护条件，且繁殖速度较快，可以在短时间内大批量地培育出所需要的植物新个体，可以防止植物病毒的危害。

三、压条的缺点

压条的缺点有：占地面积较大，苗产量小，效益低。

四、压条方法

（一）单枝压条法

单枝压条法是一种比较通用的方法，适用于枝条离地面近且容易弯曲的树种。如木兰、迎春、栀子花、夹竹桃、大叶黄杨、无花果等大部分灌木。

选取接近地面的枝条，在压条部位的节下进行刻伤或环剥处理，然后将枝条压入土中，枝条顶端露出地面，覆土10~20cm并压紧即成（见图2-6）。

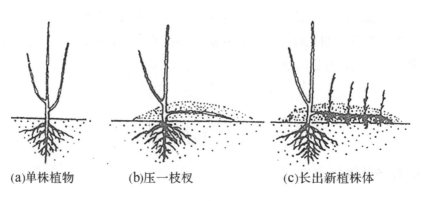

(a)单株植物　　　　　(b)压一枝杈　　　　　(c)长出新植株体

图2-6　单枝压条

（二）波状压条法

波状压条法适用于枝条长而柔软、弯曲或蔓性的树种，如葡萄、紫藤、铁线莲、薜荔等。

先将植株枝条弯曲成波状，在枝条上刻伤数处，将刻伤处埋入土中。待生根后，分别切断移植即成新个体（见图 2-7）。

图 2-7　波状压条

（三）堆土压条法

堆土压条法的苗木必须具有丛生多干的性能，被压枝条无须弯曲。凡有分蘖性、丛生性的植物均可用此法繁殖，如贴梗海棠、李、无花果、八仙花、栀子、杜鹃、木兰等。

先在丛生枝条的基部予以刻伤，然后堆土。待刻伤处生根后剪断移栽即行，即在植株基部直接用土堆盖枝条，待覆土部分发出新根后分离，每一株均可成为一新植株，故一次得苗较其他方法多（见图 2-8）。

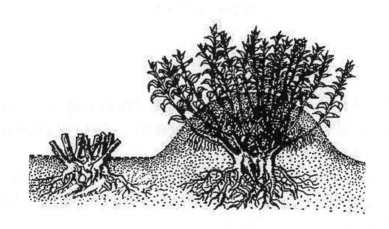

图 2-8　堆土压条

（四）高空压条法

高空压条法又称中国压条法。凡是植株较直立，木质坚硬，枝条不易弯曲或树冠太高，基部枝条缺乏，不易发生根蘖的树种，均可用此法繁殖，通常多用于珍贵树种。

选取成熟健壮、芽饱满的当年生枝条进行环状剥皮，再用塑料薄膜包住环剥处，环剥的下部用绳扎紧，内填以苔藓拌土，然后将上口也扎紧，并保持内部潮湿，一个月左右即会生出新根。然后剪断、解除塑料薄膜，植成独立的植株。生根慢的树种可适当涂抹促根剂或进行其他处理。然后用塑料薄膜或对开的花盆、竹筒等合包于割伤处，内填充湿润的基质，如苔藓、木屑、泥炭或沙壤土等，外面覆以湿润的苔藓等物，用稻草、麻等捆紧，因容器量小，要经常保持湿润，所以需适时浇水（见图 2-9）。

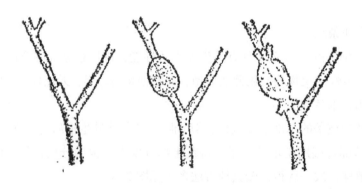

图 2-9　高空压条

五、促进压条生根的方法

促进压条生根的方法，都是为了阻滞有机物质的向下运输，而向上的水、矿物质的运输则不受影响，使养分集中于处理部位，有利于不定根的形成，同时也有刺激生长素产生的作用。

对于不易生根的，或生根时间较长的植物，可采取技术处理，以促进生根，常用的方法有刻痕法、切伤法、缢缚法、扭枝法、劈开法、软化法、生长刺激法、改良土壤法等。

六、压条的管理

（一）压条前期的管理

除了一些很容易产生不定根的种类，如葡萄、常春藤等压条前不需要进行处理外，大多数植物为了促进压条繁殖的生根，压条前一般在芽或枝的下方发根部分进行创伤处理后，再将处理部分埋于基质中。

这种前处理有环剥、绞缢、环割等，是将顶部叶片和枝端生长枝合成有机物质和生长素等向下疏松的通道切断，使这些物质积累在处理口上端，形成一个相对的高浓度区。

由于枝条的木质部又与母株相连，所以能继续得到源源不断的水分和矿物质营养的供给，再加上埋压造成的黄化处理，使切口处像扦插生根一样产生不定根。常用方法如下：

1. 机械处理：主要有环剥、环割、绞缢等。一般环剥是在枝条节、芽的下部剥去 2~4cm 宽的枝皮；环割是环状割 1~3 周；绞缢是使用金属丝在枝条的节下面进行环缢。以上都深达木质部，并截断韧皮部的筛管通道，使营养和生长素积累在切口上部。

2. 黄化处理：又叫软化处理，用黑布、黑纸包裹或培土包埋枝条使其黄化或软化，有利于根原体的生长。在早春发芽前将母株地上部分压伏在地面，覆土 2~3cm。待新梢黄化长至 2~3cm 再加土覆盖。至秋季黄化部分长出相当数量的根时，将它们从母株切断。

3. 激素处理：促进生根的激素处理（种类和浓度）与扦插基本一致。IBA、IAA、NAA 等生长素能促进压条生根，尤其是空中压条用生长素处理对促进生根效果很好。

4. 保湿通气：不定根的产生和生长需要一定的湿度、良好的通气条件和良好的生根基质，尤其是开始生根阶段，必须能保持不断的水分供应和良好的通气条件。松软土壤、锯屑混合物、泥炭、苔藓都是理想的生根基质。

（二）压条后期的管理

由于压条开始时不脱离母体，在生根过程中的水分及养料由母体供给，所以管理容易。

要根据不同的树种选用不同的压条方法，并给予适当的条件，如保持湿润、通气和适宜的温度，冬季要防冻害等。

压条后应随时检查横生土中的压条是否露出地面，若露出要重压，若留在地上的枝条长得太长，可适当剪去顶梢。

可根据生根的情况确定分离的时期，必须待形成良好的根群方可分割。对于较大的枝条应分 2~3 次切割。

初分离的新植株应特别注意保护，注意灌水、遮阴、防寒等。新植株切离母体的时间依其生根快慢而定。一般植物培土后 20 天左右生根。但蜡梅、桂花等需到翌年切离；月季等可在当年切离。切离之后带土移栽即可形成新植株。

七、影响因素

不定根的产生和生长需要一定的湿度和良好的通气条件，所以一定要协调好水气平衡，以维持良好的生根基质，保持充足的水分供应和良好的通气条件。

八、压条的应用条件

对于压条繁殖，其应用范围要次于种子繁殖与扦插繁殖，因为其费时，繁殖效率较低。当无法用种子或扦插繁殖时，才使用压条繁殖。

压条一般用于一些节或节间容易生根的种类，比如桂花、石榴、夹竹桃、葡萄、梅花、白兰、迎春花、紫荆花、樱花、玫瑰、连翘、蔷薇、八仙花、栀子花、紫檀、何首乌、茶花、薄荷、金雀花、桑、木瓜、仙丹花、苎麻属、铺地柏、吊钟、素方花、素馨花、榕属、马兜铃、金鸡纳树、月橘、金橘、变叶木、琼花、莲雾、玉兰、葛藤、蔓荆子、含笑等。

第九节　温度对花卉的影响

温度与植物的生长发育关系十分密切。花卉的一切生长发育过程都受到温度的显著影响。因此，地球上不同的温度带（热带、温带、寒带）有不同的植被类型，也分布着不同的花卉。它们的耐寒性和耐热性有明显的差异，温度对花卉自然分布的影响是这些差异形成的主要原因。它们应用于园林后，表现出对温度的要求不同，也就在一定程度上决定了人们对它们的栽培和应用方式也不同。如果不采用人为保护，就必须依据当地气候环境，选择适宜的花卉种类，才能成功栽培。

地球表面的任何一处，温度除了与其所在的纬度有关外，还与海拔高度、季节、日照长短、微气候因子（方向、坡度、植被、土壤吸热能力）等有关。在栽培园林花卉时，对这些特点要有充分的认识。

温度包括空气温度、土壤温度和叶表温度。土壤温度和叶表温度与花卉生长、发育关系更为密切。

一、相关概念

温度是影响花卉生长发育最重要的环境因子之一。由于温度直接影响着细胞酶的活性，所以也就影响着植物体内一切生理生化变化。

（一）温度三基点

温度三基点是指最低温度、最适温度和最高温度

植物对温度的反应：冷致死点←最低温度←最适温度→最高温度→热致死点。

1. 最低温度：指花卉开始生长、发育的下限温度，低于这个温度时，花卉就会停止生长和发育，最终导致死亡。

2. 最适温度：指维持生命最适宜和生长发育最迅速的温度，也就是最适于生长的温度。需要注意的是，最适温度不是固定不变的，它随影响花卉的生长发育的诸环境因子的相互作用而变化，随季节和地区而变化，随多年生花卉的年龄及不同的生长发育阶段而变化。园林花卉生长的最适温度是使花卉健壮生长，有较好的抗性，有利于后期开花良好的温度，与植物生理代谢的温度可能稍有不同。

3. 最高温度：指花卉维持生命所能忍受的上限，高于这个温度界限，就会影响花卉正常的生长发育，最终导致死亡。

（二）气温与地温差

一般花卉生长发育存在最适的气温与地温差异。有少数花卉要求一定的地温，如紫罗兰、金鱼草、金盏菊等一些品种以地温15℃最适宜。一般来说，较高的地温有利于根系生长和发育。大多数园林花卉对气温与地温差异要求没有这么严格，在气温高于地温时即可生长。

（三）昼夜温差

原产于温带的花卉要求最适昼夜温差，而原产于热带的花卉，如许多观叶植物则在昼夜温度一致的条件下生长最好。

（四）温度日较差

温度日较差 = 最高温度（14：00—15：00）- 最低温度（日出前）。

（五）温周期

温周期是指温度的年 / 日周期性变化。

（六）有效积温

1. 积温：某一时段内逐日平均气温累计之和；

2. 有效积温：某一时段内有效温度的总和；

3. 有效温度：高于生物学最低温度的日平均温度与生物学最低温度之差。

（七）春化作用

植物必须经历一段时间的持续低温才能由营养生长阶段转入生殖生长阶段的现象，我们称之为春化作用。例如，来自温带地区的耐寒花卉，需要较长的冬季和适度严寒，才能满足其春化阶段对低温的要求。春化作用在未完全通过前可因高温（25~40℃）处理而解除，称为脱春化。脱春化后的种子还可以再春化。有的植物在春化前进行热处理会降低其随后感受低温的能力，这种作用称为抗春化，或预先脱春化。

需要注意以下两点：

1. 春化作用与打破休眠而进行的低温处理在某些意义上是有差异的，低温打破休眠是启动生长，春化作用是让花卉从营养生长转入生殖生长。

2. 不同花卉完成春化作用所需的低温与时间是不一样的。

二、依据耐寒性分类

花卉满足生长所能忍耐的最低温和最高温，不同地区的花卉是不同的。依据花卉耐寒力的大小，花卉分为耐寒性花卉、半耐寒性花卉和不耐寒性花卉三类。

（一）耐寒性花卉

耐寒性花卉原产于温带及寒带的二年生花卉及宿根花卉，抗寒力强，一般能耐 0℃以上低温，其中一部分能耐 -5℃，甚至 -10℃以下的低温，比如北京三色堇、金鱼草、蛇目菊，能露地越冬，多数宿根花卉如玉簪、金光菊及一枝黄花等，当冬季严寒时，地上部分枯死，次年春季又萌发新梢而生长开花，这些二年生花卉多不耐高温。一般秋播花卉，春季开花，炎夏到来前完成其结实阶段而死亡。

（二）半耐寒性花卉

半耐寒性花卉原产于温带较暖地区，包括一部分秋播一年生草花、二年生草花、多年生宿根草花、落叶木本和常绿树种，引种栽于我国长江流域能露地安全越冬；在华北、西北和东北，有的需埋土防寒越冬，有的需包草保护越冬，有的则需进入温室或地窖越冬。它们的根系在冻土中大多不会受冻，只是宿根草花的地上部分枯萎；木本花卉的地上部分也不能忍耐北方冬季的严寒或者惧怕北方的寒风侵袭，需设立风障加以保护；秋播一年生草花及二年生草花具有一定的耐寒力，但因其冬季多不落叶，需进入冷床或低温温室。这一类花卉有芍药、梅花、石榴、夹竹桃、大叶黄杨、玉兰、五针松、三色堇、金鱼草、石竹、翠菊、郁金香、部分观赏竹等。

（三）不耐寒性花卉

不耐寒性花卉是指产于热带及亚热带的一年生花卉及不耐寒的多年生花卉，生长期间要求高温，不能忍受0℃以下低温，有些甚至不能忍受5℃左右的低温。因此，这类花卉能在一年无霜期中生长发育，一般多为春播花卉，春季晚霜过后开始生长发育，秋季早霜到来前完成开花结实，然后死亡，如报春花类、小苍兰类、瓜叶菊等。

在北方，这些原产热带、亚热带的不耐寒性花卉不能露地越冬，只能在温室里栽培。不耐寒植物依据原产地的不同，又可分为以下几种：

1. 低温温室花卉：大部分原产温带南部，如中国中部、日本、地中海、大洋洲等，生长期要求温度为5~8℃，如报春类、小苍兰类、紫罗兰、瓜叶菊、茶花等。在我国长江以南地区，这些花卉完全可以露地越冬；相反，若冬季温度过高，这类花卉则会生长不良。

2. 中温温室花卉：大部分原产亚热带，生长期要求温度为8~15℃，如仙客来、香石竹及天竺葵等，在华南地区可露地越冬。

3. 高温温室花卉：原产热带，生长期要求温度在15℃以上，也可高达30℃左右，有些当温度低至5℃时就会死亡。这类花卉低于10℃时，则生长不良，如变叶木、万年青、筒凤梨等，在15℃时生长良好，而玉莲及热带睡莲对温度要求更高。这类花卉在我国广东南部、云南南部、海南岛可露地栽培。

三、温度对花卉生长、发育的影响

温度不仅影响花卉种类的分布，而且影响着各种花卉生长发育的每一个进程。

（一）一年生花卉（即春播花卉）

种子萌发可在较高温度下进行，幼苗期要求温度较低，进入开花结实阶段，对温度的要求逐渐升高。

（二）二年生花卉（即秋播花卉）

种子的萌发一般在较低温度下进行，幼苗期所需的温度更低，才能通过春化阶段，而当开花结实时，则要求稍高于营养生长时期的温度。

（三）多年生花卉

多年生花卉常作为一、二年生花卉栽培，可参考一、二年生花卉要求。

（四）木本花卉

木本花卉也是要在一定的温度范围内生长的，过高或过低的温度对它都是有害的。

（五）花卉不同阶段对温度的要求

同一种花卉不同发育阶段、不同的器官生长对温度的要求也是有差异的，如郁金香花芽形成的最佳温度为 20℃，而茎的伸长最适温度为 13℃。

（六）昼夜温差对花卉生长发育的影响

一般来说，为使花卉生长迅速，要有合适的昼夜温差，适度的气温日较差对植物的生长发育是有利的，一般不超过 8℃。热带花卉：3~6℃；温带花卉：5~7℃；沙漠花卉：大于 10℃，夜晚呼吸作用弱，可积累更多的有机物质。

四、温度对开花的影响

有些花卉经春化阶段后，必须有适宜的温度，花芽才能正常分化、发育。根据花卉种类不同，花芽分化与发育所需的适温也不同，大体有以下两种情况。

（一）高温下进行花芽分化

这类花卉一般在 6~8 月，气温达 25℃时进行花芽分化，入秋后进入休眠，经过一段时间的低温后，打破休眠而开花，有时可用 GA3（赤霉素）处理代替低温来打破休眠。这一类型的花卉有杜鹃、山茶、梅、桃、樱花、紫藤等。

一些春植球根花卉在夏季生长季中进行花芽分化，如唐菖蒲、晚香玉、美人蕉等。一些秋植球根花卉在夏季休眠期中进行花芽分化，如郁金香、风信子等。

（二）低温下进行花芽分化

这类花卉的花芽分化多在 20℃以下较凉爽的气温条件下进行，如八仙花等。许多秋播花卉如金盏菊、雏菊也要求在低温下进行花芽分化。

温度不仅对花芽分化有很大影响，而且对分化后的发育也有很大影响。荷兰的一些研究者在温度对几种球根花卉花芽分化与发育影响的研究中发现，花芽分化以低温为最适温度的有郁金香、风信子、水仙。花芽分化后的发育，初期要求低温，以后对温度的要求逐渐升高。这里对低温要求的最适范围因品种不同而异：郁金香2~9℃，风信子9~13℃，水仙5~9℃，必要的低温时期是6~13周。

（三）花卉开花必须达到一定的有效积温

植物不但需要在一定的温度下才能开始生长发育，还需要有一定的温度总量才能完成其生活周期。在某一生长发育时期也是如此。我们把对植物生长发育起有效作用的高出的温度值（以天计则把日平均气温减去生长的最低温度），称为有效温度。植物在某个阶段或整个生命周期内的有效温度总和，称为有效积温。下面以月季"枯红绸"品种为例进行计算，它修剪后其侧芽从开始生长一直到其他花蕾开放这段时间，若日平均气温为20℃，经历91天，其生长低温限为5℃，那么这个芽从开始生长至开花所需的有效积温K=（20-5）×91=1365℃。

在观花花卉生产中，我们主要关注的是花期调节问题。在前面我们曾提到，通过提高温度可促进开花、降低温度可推迟开花，这也可以用有效积温来解释。比如月季"枯红绸"品种的芽从开始生长一直到开花的有效积温为1365℃，如果温度提高，达到这个有效积温所需的天数就少，也就是开花就早，反之则迟。在广州，夏天温度明显比冬天的要高，所以月季的芽从开始生长到开花所需的时间，夏天比冬天减少几十天。

一般情况下，温度高，有利于开花，但温度越高，花卉的花期越短。

五、温度对花色的影响

花色在低温和高温下是有变化的，不适宜的温度常常使花色不鲜艳，高温使花色浅淡，无光泽。如在矮牵牛蓝和白的复色品种中，在30~35℃高温下，花瓣完全呈蓝或紫色；而在15℃时则呈白色；在上述两温度之间，则为蓝和白的复色花。

六、温度对花卉的伤害

（一）寒害

寒害，又称冷害，是指温度在0℃以上的低温对喜温暖花卉的伤害。原产热带、亚热带的不耐寒花卉，当温度下降到 0~10℃范围时（因种类等而不同）就会被迫休眠及受害乃至死亡。珠江三角洲地区栽培这些花卉在冬季容易发生寒害，达到冷死点温度就死亡。

普遍认为寒害的根本原因是细胞膜系统受损，因而导致代谢混乱，如光合作用下降或停止，气孔导度减小，根系吸水能力下降，叶片物质运输受阻，合成能力下降等。外观上可能出现叶片出现伤斑，叶色变为深红或暗黄，嫩枝和叶片出现萎蔫、干枯掉落等现象，时间长了或达到生命的冷死点温度就死亡。

花卉的不耐寒性也有一些特点，小苗比成株更易受害，温度突然大幅下降比较缓慢下降伤害大，低温持续时间长比时间短伤害大。如观叶中的网纹草、喜阴花等，约 8℃的气温就会受到严重伤害。

花卉的耐寒能力虽然是由遗传性决定的，但可通过其他一些途径来提高其适应性和抵抗力，例如，通过低温驯化、化学物质处理以及采取一些栽培管理措施（如低温来临之前多施些 K 肥、减少浇水）等。

（二）霜害

霜害是指气温或地面温度下降到冰点时空气中过饱和的水蒸气凝结成白色的冰晶，即霜，由于霜的出现而使花卉受害。

（三）冻害

冻害是指 0℃以下的低温对花卉造成的伤害。

冻害的临界温度因花卉种类和低温经历时间长短而异。不同花卉存在明显结构上和适应能力上的差异，所以抗冻能力不同。不耐寒花卉受冻害易死亡。由于温度下降到冰点以下的速度不同，所以有细胞外结冰和细胞内结冰两种不同的结冰方式。

1. 细胞外结冰：当温度逐渐下降到冰点以下，首先在细胞壁附近的细胞间隙结冰，引起细胞间隙水浓度下降，并向水浓度较高的细胞内吸水，使细胞间隙的冰晶不断增大，细胞内水分不断流向外面，最终使原生质发生严重脱水，造成蛋白质变性和原生质不可逆的凝胶化。原生质脱水变性是胞间结冰伤害的根本原因。其次是胞间结冰，增大的冰晶体对细胞的机械压力使细胞变形。最后是当温度骤然回升，冰晶融化时，细胞壁容易吸水恢复原状，但原生质吸水复原较慢，因此有可能被撕裂损伤。细胞间结冰一般越冬花卉都能忍受，当温度慢慢回升至解冻后仍可照常生长。

2. 细胞内结冰：当温度骤然下降到0℃以下，或霜冻突然降临，在胞间结冰的同时，细胞的质膜、细胞质、液泡的水分也结成冰，这叫作细胞内结冰。细胞内结冰直接伤害原生质，破坏原生质的精细结构，导致致死性伤害。需要指出的是，超低温液氮保存花卉材料如花粉、茎尖组织的情况与此不同，将这些材料迅速投入液氮（−196℃），组织内水分来不及结冰就被玻璃化，后期将材料从液氮中取出迅速解冻，一样能保持原有的生命力。

3. 霜冻：是一种较为常见的农业气象灾害，是指空气温度突然下降，地表温度骤降到0℃以下，使农作物受到损害，甚至死亡。秋季出现第一次霜冻称作初（早）霜；次年春季，出现最后一次霜冻称作终（晚）霜。从初霜日起到次年的终霜日止的天数，称作霜期，其余天数则称为无霜期。我国各地无霜期的天数相差很大。春季正值萌芽，秋季往往正值成熟，因此初、终霜冻对花卉危害最大。珠江三角洲一带一般很少出现霜冻。

（四）过高温度对花卉的伤害

当温度超过花卉生长最高温度后，温度继续上升，会引起花卉失水，原生质脱水，蛋白质凝固变性，酶失去活性，使植株死亡。

超过花卉生长的最高温度会对花卉造成伤害。其生理变化主要有：呼吸作用大大增强，使植株出现"饥饿"状态，有机物的合成速率不及消耗速率；高温下蒸腾失水加快，水分平衡被破坏，气孔关闭，光合作用受阻；植株被迫休眠；引起体温上升，蛋白质变性，代谢功能紊乱等。在植株外观上可能出现灼烧状坏死斑点或斑块（灼环）乃至落叶，出现雄性不育现象以及花序、子房、花朵和果实脱落等，时间一长或到达生命的热死点温度，植株就开始死亡。高温使花卉的茎（干）、叶、果等受到伤害，通常称为灼伤，灼伤的伤口又容易遭受到病害的侵袭。

第十节　光照对花卉的影响

光是绿色植物进行光合作用不可缺少的条件。光照随地理位置、海拔高度、地形、坡向的改变而改变，也随季节和昼夜的不同而变化。此外，空气中水分和尘埃的含量、植物的相互荫蔽程度等，也直接影响光照强度和光照性质。而光照强度、光质、光照长度的变化，都会对植物的形态结构、生理生化等产生深刻影响。

一、光照强度对花卉的影响

（一）概念

光照强度是指单位面积上所接受可见光的光通量，简称照度，单位为勒克斯（lx）。其用于指示光照的强弱和物体表面积被照明程度的量。

光照强度常因地理位置、地势高低以及云量、雨量的不同而不同，随纬度的增加而减弱，随海拔的升高而增强；一年中以夏季光照最强，冬季光照最弱；一天中以中午光照最强，早晚光照最弱。光照强度，不仅直接影响光合作用的强度，而且影响到植物体一系列形态和解剖上的变化，如：叶片的大小和厚薄，颜色的深浅；茎的粗细、节间的长短；叶片结构与花色浓淡等。不同的花卉种类对光照强度的反应不同，多数露地草花，在光照充足的条件下，植株生长健壮，着花多而大；而有些花卉，在光照充足的条件下，反而生长不良，需半阴条件才能健康生长，如蕨类植物、竹芋类、苦苣苔科花卉、铃兰等。这些花卉主要来自热带雨林、林下、阴坡。还有一些花卉喜光但耐半阴或微阴，如萱草、耧斗菜、桔梗、白芨等。花卉处于不同生长发育阶段，对光的需求量也在变化，具体情况因种质和品种不同而异。

（二）花卉对光照强度的需求

1. 阳性花卉：光照强度 50000~80000lx。

阳性花卉必须在完全的光照下生长，不能忍受荫蔽，否则会生长不良。生长需全日照，多为一、二年生花卉，多年生球，宿根花卉，多浆多肉类花卉，如仙人掌科（仙人掌、柱、球）、景天科、百合科（芦荟）、萝摩科（吊金钱）、龙舌兰属等。

2. 中性花卉：光照强度 20000~40000lx。

多原产热带、亚热带地区，木本的有杜鹃、山茶、栀子、棕竹、海棠、丁香以及小部分宿根类和球根类。另外，一叶兰、玉簪、万年青都较耐荫，基本能越冬。

3. 阴性花卉：光照照度 10000~20000lx。

阴性花卉要求适度蔽荫方能生长良好，不能忍受强烈的直射光线，生长期间一般要求50%~80%蔽荫度的环境条件，在植物自然群落中，常处于中下层，或生长在潮湿背阴处。如兰科植物、蕨类植物以及苦苣苔科、凤梨科、姜科、天南星科、秋海棠科等，都为阴性花卉。许多观叶植物也属此类。

（三）光照强度对花卉生长、发育的影响

1. 对形态结构的影响：强光形成旱生结构。

2. 对生长状况的影响：

（1）光照足：健壮，花多，花大。

（2）光照不足：容易徒长。

3. 对花色的影响：

（1）光照足：鲜艳、香浓。

（2）光照不足：暗淡不香。

紫红色的花是由于花青素的存在而形成的。而花青素必须在强光下才能产生，在弱光下不易产生。如秋季红叶、春季芍药紫红色嫩芽等（还与光的波长和温度有关）。

（四）光照强度对花朵开放时间的影响

光照强弱对花蕾开放的时间也有很大影响。有的花蕾需在强光下开放，如半支莲、酢浆草等；有的需在傍晚开放，如月见草、紫茉莉、晚香玉等；有的需在夜间开放，如昙花；有的需在早晨开放，如牵牛花、亚麻等。

（五）光照强度影响一些花卉种子的萌发

在温度、水分、氧气条件适宜的情况下，大多数种子在光下和黑暗中都能萌发，因此播种后覆土厚度主要由种子粒径决定，起到保温保湿作用。但有些花卉种子还需要一定的光照刺激才能萌发，称为喜光种子，如毛地黄、报春花、秋海棠、杜鹃等。这类种子埋在土壤里则不能萌发，非洲凤仙等也属于这类种子。有的花卉在光照下萌发受抑制，在黑暗中易萌发，称为嫌光种子，如黑种草、苋菜、菟丝子等。光对种子萌发的影响是通过影响其体内的光敏素实现的。

二、光照长度对花卉的影响

（一）概念

1. 光周期：一天中日照和黑暗时间长短的变替变化。

2. 光周期现象：是指植物对昼夜日照长度交替的反应。日照对植物的发育，尤其是对开花结果具有决定性的影响，也就是说，花卉的生长发育是在一定的光照与黑暗交替的条件下才能进入开花期，这种现象在栽培学上称为光周期现象。

植物在发育上，要求不同日照长度的这种特性，是与它们原产地日照长度有关的，是植物系统发育过程中对环境的适应。一般说来，长日照植物大多起源于北方高纬度地带，短日照植物大多起源于南方低纬度地带。而日照中性植物，南北各地均有分布。长日照植物与短日照植物的区别，不在于临界日长是否大于或小于 12 小时，而在于要求日长大于或小于某一临界值。

日照长度对植物营养生长和休眠也有重要作用。一般来说，延长光照时数会促进植物的生长和延长生长期；反之，则会使植物进入休眠或缩短生长期。对从南方引种的植物，为了使其及时准备越冬，可用短日照的办法使其提早休眠，以提高抗逆性。

（二）分类

根据花卉对光照时间的要求不同，可分为以下三类：

1. 长日照花卉：需要大于 12 小时的光照，完成花芽的分化，一般 14 小时。

这类花卉要求较长时间的光照才能成花，在开花前的生长过程中，需保持一段昼长夜短的日照条件，即每天保持 12 小时以上的长日照条件，才有利于形成花蕾及花芽，从而顺利进入开花阶段，若在发育期始终达不到这一条件，则将推迟开花甚至不开花。通常以春末和夏季为自然花期的花卉多为长日照花卉，如唐菖蒲、瓜叶菊、紫罗兰、锥花福禄考、紫苑、凤仙花、鸡冠花、荷包花。如果在发育期始终得不到这一条件，就不会开花。长日照花卉在夏季开花的居多，就其起源来说，一般原产温带。

2. 短日照花卉：需要小于 12 小时的光照，完成花芽的分化，一般 10 小时。

这类花卉在每天日照长度小于 14 小时的情况下才能顺利绽蕾开放，否则会抑制生殖生长，推迟现蕾开花，一般秋冬早春开花的花卉多属于短日照花卉。如菊花和一串红就是典型的短日照植物，它们在夏季长日照下只进行营养生长，而不开花，入秋以后，当日照长度减少到 10~11 小时，花芽才开始分化。短日照花卉往往原产热带和亚热带。

3. 中性花卉：不受日照长度影响而开花的植物。

中性花卉对日照长短并不敏感，只要生长正常，就不影响开花，如月季、紫茉莉、石竹、仙客来、天竺葵等。

（三）敏感性

1. 敏感部位：

（1）成熟开展的叶片，嫁接可以传递这种感受。

（2）感受光周期的砧木 + 未感受光周期的芽，结果是花芽分化。

2. 敏感时长：

花卉按日照时间分类是基于一天 24 小时来定义的，如果不是 24 小时循环，那么主要看夜长时间，因为花芽分化决定于暗期的长短，所以中断黑暗补光可以算是长日照处理。

（四）光长对花卉生长、发育的影响

1.光照长度可以控制某些植物花芽分化和发育开放过程。

2.光照时间还影响植物的其他生长发育现象，如分枝习性、块茎、球茎、块根等地下器官的形成以及其他器官的衰老、脱落和休眠。

三、光质对花卉的影响

（一）概念

光质即光的组成，是指具有不同波长的太阳光谱成分，太阳光波长范围主要在 150~4000nm，其中可见光波长范围在 380~760nm，占全部太阳光辐射的 52%，不可见光中红外线占 43%，紫外线占 5%。光质对花卉的生长和发育都有一定的作用。一年四季中光的组成有明显的变化，如春季紫外线成分比秋季的少，夏季中午紫外线成分增加。

不同光谱成分对植物生长发育的作用不同。在可见光范围内，大部分光波能被绿色植物吸收利用，其中红光吸收利用最多，其次是蓝紫光。大部分绿光被叶子透射或反射，很少被吸收利用。红橙光具有最大的光合活性，有利于碳水化合物的形成；青、蓝、紫光能抑制植物的伸长，使植物形体矮小，并能促进花青素的形成，也是支配细胞分化的最重要的光线；不可见光中的紫外线也能抑制茎的伸长和促进花青素的形成。在自然界中，高山花卉一般都具有茎秆短矮、叶面缩小、茎叶富含花青素、花色鲜艳等特征，这除了与海拔高、低温有关外，也与高山上蓝、紫、青等短波光以及紫外线较多密切相关。

（二）光质对花卉生长、发育的影响

1.光质对光合器官形成的影响：如叶片的形成主要受红橙光和蓝紫光的影响。

2.光质对生理物质合成的影响：

（1）对叶片叶绿素含量有重要影响。

（2）蓝光促进新合成的有机物中蛋白质的积累，红、橙光有利于碳水化合物合成。

（3）蓝、紫光和紫外线能抑制茎的伸长和促进花青素的形成，紫外线还有利于维生素 C 的合成。

3.光质对植株生长及观赏性的影响：

（1）黄光下，植株最健壮；红光下，花头花青素和叶片脯氨酸含量较高，可以提高一品红等花卉的观赏价值。

（2）红光可促进幼苗的生长。红光处理过的幼苗物质积累多，生长旺盛。

（3）红、橙光加速长日植物发育，延迟短日植物发育，蓝、紫光加速短日植物发育，延迟长日照植物的发育。

（4）高山上紫外线多，能促进花青素的合成，故高山花卉的色彩比平地艳丽，热带花卉花色更艳丽。

（5）在自然光线中，散射光中50%~60%为红光、橙光，紫外线少；直射光中37%为红、橙光，紫外线多。因此，散射光对半耐阴性花卉的效用大于直射光，而直射光对防止徒长、植株矮化、花色艳丽有作用。

四、光的调节及人工补光

（一）调节光强

园林花卉育苗时，温室内的光照强度调节可以使用遮阴网和人工光源补光。

1. 遮阴网：

（1）黑色遮阴网：吸收太阳光，达到调节光强的目的。

（2）反光遮阴网：通过反射大量的太阳光，减少光照，调节光强。

2. 人工光源：

在温室生产中普遍应用的人工补光光源根据其使用情况及性能，大致可分为三类：普通光源、新型光源和LED光源。

（1）普通光源：

①白炽灯。白炽灯的效率是最低的，它所消耗的电能只有12%~18%可转化为光能，而其余部分都以热能的形式散失了。红外辐射占据了白炽灯辐射光谱的绝大部分，红外辐射的能量可达总能量的80%~90%，而对植物生长促进作用明显的红、橙光部分约占总辐射的10%~20%，蓝、紫光部分所占比例很少，几乎不含紫外线。也就是说，白炽灯的生理辐射量很少，能被植物吸收进行光合作用的光能更少，仅占全部辐射光能的10%左右。而白炽灯所辐射的大量红外线转化为热能，会使温室内的温度和植物的体温升高。

②荧光灯。荧光灯的光谱成分中不含红外线，其光谱能量分布为：红、橙光占44%~45%，绿、黄光占39%，蓝、紫光占16%。生理辐射量所占比例较大，能被植物吸收的光能占辐射光能的75%~80%，是较适于植物补充光照

的人工补光光源，也是目前生产实践中使用较为普遍的一种补光光源。

（2）新型光源：目前用于人工补光的新型光源有钠灯、镝灯、氖灯和氦灯等。其中，高压钠灯和日色镝灯是发光效率和有效光合成效率较高的光源，目前在温室人工补光中应用较多。

①钠灯。钠灯又分低压钠灯和高压钠灯。低压钠灯的放电辐射集中在589.0nm和589.6nm的两条双D谱线上，它们非常接近人眼视觉曲线的最高值（555nm），故其发光效率极高。高压钠灯是针对低压钠灯单色性太强、显色性很差、放电管过长等缺点而研制的。高压钠灯的光谱能量分布为：红、橙光占39%~40%，绿、黄光占51%~52%，蓝、紫光占9%，因含有较多的红、橙光，故补光效率较高。

②日色镝灯。日色镝灯又称生物效应灯，是新型的金属卤化物放电灯。它利用充入的碘化镝、碘化亚铊、汞等物质发出其特有的密集型光谱。该光谱十分接近于太阳光谱，从而使灯的发光效率及显色性大为提高。镝灯的发光波长范围为380~780nm，为各种波长光组成的密集型光源，主峰波长为530nm。该光源在蓝、紫光到红、橙光的广阔光谱区域内辐射强度大，红外辐射小，具有光线集中、光利用率高的特点，适用于各种人工气候箱温室、大棚等场合，为人工补光光源。其光谱能量分布为：红、橙光占22%~23%，绿、黄光占38%~39%，蓝、紫光占38%~39%。日色镝灯虽蓝、紫光比红、橙光强，但光谱能量分布近似日光，具有光效高、显色性好、寿命长等特点，是较理想的人工补光光源。但是在日色镝灯的使用过程中，需要注意根据规定选用合格的镝灯。应正确使用镝灯，注意保持照射距离，同时加强维护、检修，确保镝灯正常使用。因为镝灯一旦使用不当，其释放的紫外线将会对劳动者的眼睛造成不良的影响。

③氖灯和氦灯。氖灯和氦灯均属于气体放电灯。氖灯的辐射主要是红、橙光，其光谱能量分布主要集中在600~700nm的波长范围内，最具有光生物学的光谱活性。氦灯主要辐射红、橙光和紫光，各占总辐射的50%左右，叶片内色素可吸收的辐射能占总辐射能的90%，其中80%为叶绿素所吸收，这对于植物生理过程的正常进行极为有利。

（3）LED光源：是近年来发展起来的新型节能光源。与白炽灯、荧光灯和高压钠灯等人工光源相比，LED光源具有显著优点，如节能性好、良好的光谱可调性、良好的点光源性、冷光性好以及良好的防潮性等。LED光源可以对植物近距离照射和对空间的不同位置进行不同波长的逐点照射，进而使用耗能较少的光源达到优于传统灯具及照射方式的补光效果。这样不仅可以实现对密集种植作物的低矮位置和对分层种植作物的按需补光，还可以实现对同一种作物的不同部位的不同种类光的补光。但是，LED 光源的高成本极大限制了它的普及应用，由于此光源一次性投入太大，因此 LED 光源在作物种植方面并没有得到广泛的应用。

（二）调节光长

光照长短的调节可以使用黑布或黑塑料布遮光减少日照时间，用电灯补充照明延长日照时间。

（三）调节光质

光质可以通过选用不同的温室覆盖物来调节，也可以通过人工补光灯来调节。

第十一节　土肥对花卉的影响

"土肥"是"土壤肥料"的简称，通过研究土壤中所含肥料的比例，达到合理地补充土地营养与施肥管理。采用按花卉的营养特性、土壤的供肥特点确定花卉所需的肥料及施肥方法对提高花卉种植质量有重要的作用。

一、土壤对花卉的影响

土壤是指地球表面的一层疏松的物质，由各种颗粒状矿物质、有机物质、水分、空气、微生物等组成，能生长植物。土壤由岩石风化而成的矿物质、动植物，微生物残体腐解产生的有机质、土壤生物以及水分、空气，氧化的腐殖质等组成。

固体物质包括土壤矿物质、有机质和微生物通过光照抑菌灭菌后得到的养料等。液体物质主要指土壤水分。气体是指存在于土壤孔隙中的空气。土壤中这三类物质构成了一个矛盾的统一体。它们互相联系、互相制约，为作物提供必需的生活条件，是土壤肥力的物质基础。

1.土壤是花卉进行生命活动的场所，花卉从土壤中吸收生长发育所需的营养元素、水分和氧气。土壤的理化性质及肥力状况，对花卉生长发育具有重大影响。

2. 土壤性质决定土壤有机质含量。

3. 土壤物理性质与花卉。土壤物理性质包括土壤结构和孔隙性、土壤水分、土壤空气、土壤热量和土壤耕性等。其中，土壤水分、空气和热量作为土壤肥力的构成要素直接影响着土壤的肥力状况，其余的物理性质则通过影响土壤水分、空气和热量制约着土壤微生物的活动以及矿质养分的转化、存在形态及其供给等，进而对土壤肥力状况产生间接影响。

土壤质地是土壤物理性质之一，是指土壤中不同大小直径的矿物颗粒的组合状况。根据土壤质地不同，土壤可以分为砂质土、黏质土、壤土三类，不同质地的土壤，适合不同的花卉栽培。

（1）砂土：透气排水好，保水性差，昼夜温差大，有机质少，适用于改良黏土，或者作为扦插，播种基质。砂土具有含沙量多、颗粒粗糙、渗水速度快、保水性能差、通气性能好等性质。

（2）黏土：保水保肥能力强，但透气排水性差，适合与其他土壤基质配用。黏土具有含沙量少、颗粒细腻、渗水速度慢、保水性能好、通气性能差等性质。

（3）壤土：既透气排水，又保水保肥，而且有机质含量多，土温稳定，适用于大多数植物栽植。壤土具有含沙量一般、颗粒一般、渗水速度一般、保水性能一般、通气性能一般等性质。

4. 土壤化学性质与花卉。土壤化学性质包括土壤酸碱度和土壤胶体性质、土壤氧化还原反应、土壤缓冲性。

（1）土壤酸碱度与花卉。土壤酸碱度亦称"土壤 pH"，是土壤酸度和碱度的总称，通常用以衡量土壤酸碱反应的强弱。其主要由氢离子和氢氧根离子在土壤溶液中的浓度决定，用 pH 表示。pH 在 6.5~7.5 为中性土壤；6.5 以下为酸性土壤；7.5 以上为碱性土壤。土壤酸碱度一般分 7 级。

①酸性土花卉：在土壤 pH 小于 6.5 时能生长良好的花卉，如栀子花、山茶、杜鹃、仙客来、朱顶红、柑橘等。这类植物多分布于 pH 较小的土壤上，其灰分中往往含铁、铝等成分较多，含钙甚少。其中有些种类生态幅度较广，人工栽植在中性及微碱性土壤上，也能正常生长。

②碱性土花卉：能耐土壤 pH 大于 7.5 的花卉，如石竹、香豌豆、非洲菊、天竺葵等。

③中性土花卉：在中性土上生长良好的花卉。绝大多数花卉都是中性土花卉。这类花卉适于在中性土壤上生长，有的略能耐酸或碱性。

（2）土壤缓冲性。土壤具有一定的抵抗土壤溶液中 H^+ 或 OH^- 浓度改变的能力，称为土壤的缓冲性能。由于土壤具有缓冲性，因而有助于缓和土壤酸碱变化，为植物生长和微生物活动创造比较稳定的生活环境。土壤缓冲作用是因土壤胶体吸收了许多代换性阳离子，如 Ca^{2+}、Mg^{2+}、Na^+ 等可对酸起缓冲作用，H^+、Al^{3+} 可对碱起缓冲作用。土壤缓冲作用的大小与土壤代换量有关，其随代换量的增大而增大，当然对某一具体土壤而言这种缓冲性是有限的。

二、肥料对花卉的影响

土壤中矿质元素和有机物质的多少直接影响花卉的生长和发育，肥料的种类和使用量可改变土壤中养分的比例关系，为植物生长提供良好的养分环境。

肥料通常分为有机肥和无机肥两大类。目前已确定 16 种元素为植物生长发育所必需的，称为必要元素或必需元素。其中，需求量较大的 9 种元素称为大量元素：C、H、O、N、P、K、S、Ca、Mg；剩下的 7 种元素为微量元素：Fe、B、Cu、Zn、Mn、Cl、Mo。从中可以看出，必要元素中除 C、H、O、N外，其余全部为矿质元素，但 N 的施用方式与矿质元素相同，它们主要通过植物根系被植物所吸收。

（一）土壤有机质与花卉

土壤有机质泛指土壤中来源于生命的物质。土壤中除土壤矿物质以外的物质都可以叫作土壤有机质，动植物、微生物残体和施入的有机肥料是土壤有机质的主要来源。土壤有机质是土壤固相部分的重要组成成分，是植物营养的主要来源之一，能促进植物的生长发育，改善土壤的物理性质，促进微生物和土壤生物的活动，促进土壤中营养元素的分解，提高土壤的保肥性和缓冲性。它与土壤的结构性、通气性、渗透性、吸附性和缓冲性有密切的关系，通常在其他条件相同或相近的情况下，在一定含量范围内，有机质的含量与土壤肥力水平呈正相关。

1. 土壤腐殖质：是土壤有机质的主要部分，是黑色的无定形的有机胶体。腐殖质是具有酸性、含氮量很高的胶体状的高分子有机化合物。腐殖质在土壤中，在一定条件下缓慢地分解，释放出以氮和硫为主的养分来供给植物吸收，同时放出二氧化碳加强植物的光合作用。

土壤有机质能有效调控土壤养分的数量，提高养分的利用率。土壤有机质的作用主要是通过土壤腐殖质来实现的，土壤腐殖质的蓄水保肥能力是土壤黏粒的十几倍以上。

2. 土壤有机质的作用如下：

（1）花卉养分的主要来源。有机质含有花卉生长发育所需要的各种营养元素，特别是土壤中的氮，有 95% 以上是以有机状态存在于土壤中的。此外，有机质也是土壤中磷、硫、钙、镁以及微量元素的重要来源。所以，有机质多的土壤，养分含量也就多，可以适当少施化肥。

（2）促进花卉的生长发育。有机质中的胡敏酸，可以增强植物呼吸，提高细胞膜的渗透性，增强对营养物质的吸收，同时有机质中的维生素和一些激素能促进花卉的生长发育。

（3）提高保肥保水能力。有机质含量多的土壤，其土壤肥力水平较高，不仅能为花卉生长提供较丰富的营养，而且保水保肥能力强，能减少养分的流失，节约化肥用量，提高肥料利用率。因此，增施有机肥料，提高土壤有机质的含量，从而充分发挥化肥的增产效益。

（4）改善土壤团粒结构。提高土壤有机质含量，可促进土壤微生物和动物的生长繁殖，改善土壤的结构和养分状况，疏松土壤。

3. 常用土壤有机质如下：

（1）厩肥：家畜的粪便，以含氮为主，也有一定的磷和钾。

（2）鸡鸭粪：适合于各类花卉，特别适合观果花卉使用。

（3）草木灰：含钾较多，是钾肥的主要来源，属于碱性肥料。

（4）花生麸或花生饼：含氮较多，也含磷和钾，比动物粪便干净卫生。

（5）骨粉：是磷肥的主要来源之一。

（二）土壤矿质元素与花卉

矿质元素是指除碳、氢、氧以外，主要由根系从土壤中吸收的元素。矿质元素是植物生长的必需元素，缺少这类元素植物将不能健康生长，包括大量元素：碳、氢、氧、硫、磷、钾、钙、镁、铁等，微量元素：硼、锰、锌、铜、钼等。

1. 大量元素：植物生长发育所需的各种矿质元素，需要量最大，最主要的是氮、磷、钾。

（1）氮（N）。氮肥也称叶肥。它能使植物生长迅速，枝叶繁茂，叶色浓绿。幼苗期和观叶花卉，应施氮肥为主。植株生长前期，即营养生长期，更不能缺氮。一般多在春季至初夏施用，如在植株生长发育停止时（夏季以后），再继续施用氮肥，会使茎叶徒长，植株最后难以成熟，严重影响开花挂果，且茎叶柔弱，易遭病虫害。所以，在植株进入生殖生长期（花芽分化期）前，应停止施用氮肥。人粪尿、豆饼、硫酸铵、尿素等都是氮肥。

（2）磷（P）。磷肥也称果肥。它能促进花芽分化和孕蕾，使花朵色艳香浓，果大质好，还能促进植株生长健壮。在植株生长发育后期（生殖生长期），施用最为有效。因而开花前，挂住果后，可多施磷肥。植物具有在体内贮藏磷肥的能力，并能根据生长需要而调节使用，因此可以一次施足在基肥中。植株对磷肥的吸收能力有一定限度，磷酸钙、磷酸二氢钾、磷矿粉等都是磷肥。

（3）钾（K）。钾肥也称根肥。它能使茎干、根系生长苗壮，不易倒伏，增强抗病虫害和耐寒能力，是植株发育前期不可欠缺的。在幼苗期、抽梢期和苗木移栽后可多施钾肥。在植株发育后期，钾肥有助于光合作用的完成，对水化合物的产生具有重要的作用，尤其对可以大量储存碳水化合物的球根花卉，作用更为显著。所以，在植株生长全过程中，钾肥都是不可缺少的。长期放在室内的盆花，由于光照不足，而使光合作用减弱，可大量施用钾肥。钾肥不会因施用过量而产生肥害。草木灰、氯化钾、硫酸钾等都是钾肥。

（4）钙（Ca）。钙肥可促进根的发育，可增加植物的坚韧度，还可以改进土壤的理化性状，黏重土壤施用后可以变得疏松，砂质土壤可以变得紧密；可以降低土壤的酸碱度；但过度施用会诱发缺磷、锌。

（5）硫（S）。硫肥能促进根系的生长，与叶绿素的合成有关，可以促进土壤中豆科根瘤菌的增殖，可以增加土壤中氮的含量。

2. 微量元素：

（1）使用。虽然植物对微量元素的需要量很少，但它们对植物的生长发育的作用与大量元素是同等重要的，当某种微量元素缺乏时，植物生长发育会受到明显的影响，产量降低，品质下降。另外，微量元素过多会使作物中毒，轻则影响产量和品质，严重时甚至危及人畜健康。随着作物产量的不断提高和化肥的大量施用，微量元素缺乏的问题越来越严重。在微量元素肥料中，通常以铁、锰、锌、铜的硫酸盐、硼酸、钼酸及其一价盐应用较多。

微量元素施用必须均匀。为了保证均匀，可施用含微量元素的大量元素肥料，如含硼的过磷酸钙、含某种微肥的复合肥等。也可以将微量元素肥料混拌在有机肥料中施用。根外喷施肥的用量，一般只是土壤施肥量的1/10~1/5，常用的浓度是 0.01%~0.2%。根外喷肥是既经济又有效的方法。

另外，过多地使用某种营养元素除了会对作物产生毒害外，还会妨碍作物对其他营养元素的吸收，引起缺素症。例如，施氮过量会引起缺钙，硝态氮过多会引起缺钼失绿，钾过多会降低钙、镁、硼的有效性，磷过多会降低钙、锌、硼的有效性。因此，施肥时必须控制好肥料与水的比例、用量。

（2）作用。

①铁（Fe）。铁对叶绿素合成有重要作用，缺铁时植物不能合成叶绿素会出现黄化现象。一般在土壤呈碱性时才会缺铁，因为此时铁变成不可吸收态，土壤中虽有铁，植物也吸收不了。

②镁（Mg）。镁对叶绿素合成有重要作用，对磷的可利用性有重要影响。过量使用会影响铁的利用。一般需要不多。

③硼（B）。硼能改善氧的供应；促进根系发育；促进根瘤菌的形成；促进开花结实，与生殖过程有密切关系。

④锰（Mn）。锰对种子萌发和幼苗生长、结实都有良好作用。

（3）缺乏症状。

①缺硼：顶端停止生长并逐渐死亡，根系不发达，叶色暗绿，叶片肥厚、皱缩，植株矮化，茎及叶柄易开裂。

②缺锌：叶小簇生、中下部叶片失绿，主脉两侧有不规则的棕色斑点，植株矮化，生长缓慢。

③缺钼：生长不良，植株矮小，叶片凋萎或焦枯，叶缘卷曲，叶色暗淡发灰。豆科根瘤发育不良。

④缺锰：从新叶开始，叶片脉间失绿，叶脉仍为绿色，叶片上出现褐色或灰色斑点，逐渐连成条形，严重时叶色失绿并坏死。

⑤缺铁：引起失绿病，幼叶叶片失绿，老叶仍保持绿色。

⑥缺铜：顶端生长停止和顶枯。禾本科表现为叶片尖端失绿、干枯和叶尖卷曲，分蘖多而不抽穗或抽穗很少。

3.矿质元素的吸收态和在体内的移动性。了解矿质元素的吸收态对花卉施肥有一定的帮助。矿质元素只有以一定的离子状态存在时，才能被植物吸收利用。移动性则表明元素在花卉体内的再利用状况。

（1）氮（N）：铵态氮或硝态氮，易移动，缺乏时老叶先显出症状。

（2）磷（P）：易移动，缺乏时老叶先显出症状。

（3）钾（K）：钾离子，易移动，缺乏时老叶先显出症状。

（4）硫（S）：硫酸根离子，不易移动，缺乏时幼叶先显出症状。

（5）镁（Mg）：镁离子，易移动，缺乏时老叶先显出症状。

（6）钙（Ca）：钙离子，不易移动，缺乏时幼叶先显出症状。

（7）铁（Fe）：Fe^{2+} 和 Fe^{3+}，生理上有活性的是 Fe^{2+}，花卉吸收的 Fe^{3+}

在体内要还原为 Fe^{2+} 才能起作用。

（8）硼（B）：BO_3^{3-}，不易移动，缺乏时幼叶先显出症状。

（9）铜（Cu）：Cu^{2+} 和 Cu^+，不易移动，缺乏时幼叶先显出症状。

（10）锌（Zn）：Zn^{2+}，易移动，缺乏时老叶先显出症状。

（11）锰（Mn）：Mn^{2+}，不易移动，缺乏时幼叶先显出症状。

（12）氯（Cl）：Cl^-，不易移动，缺乏时幼叶先显出症状。

（13）钼（Mo）：MoO^{4-}，不易移动，缺乏时幼叶先显出症状。

4. 花卉栽培常用无机肥（化肥）。长期使用化肥会使土壤板结，最好配合使用有机肥，但与有机肥混用时有禁忌。

（1）氮肥：一般在花芽分化形成时停用。

①硫酸铵 $(NH_4)_2SO_4$：简称硫铵，生理酸性肥；含氮 20%~21%；土壤使用浓度 1%；根外追肥 0.3%~0.5%；作基肥 30~40g/m²；适宜促进幼苗生长，切花生产时若使用量大，会导致茎叶柔软，降低切花品质。

②尿素 $CO(NH_2)_2$：中性肥，含氮 45%~46%；土壤使用浓度 1%；根外追肥 0.1%~0.3%。

③硝酸铵 NH_4NO_3：中性肥。易燃易爆，不能与有机肥混合使用或放置。含氮 32%~35%，土壤使用浓度 1%。

④硝酸钙 $Ca(NO_3)_2$：不破坏土壤结构，含氮 15%~18%；土壤使用浓度 1%~2%。

（2）磷肥：

①过磷酸钙 $CaH_4(PO_4)_2$：又称普钙，长期施用会使土壤酸化；土壤使用浓度 1%~2%；根外追肥 0.5%~2%，花芽分化前施用效果好；作基肥 40~50g/m²，不能与草木灰、石灰同时施用。

②磷酸二氢钾 KH_2PO_4：磷钾复合肥，含 P 53%，含 K 34%；花芽形成前喷施可促进开花，花大色艳。

③磷酸铵：磷酸一铵 $NH_4H_2PO_4$ 和磷酸二铵（NH_2）$_2HPO_4$ 的混合物，含 P 46%~50%，含 N 14%~18%。

（3）钾肥：

①硫酸钾 K_2SO_4：含 K_2O 48%~52%，适宜作基肥（15~20g/m²）。也可以用 1%~2% 做追肥。其适用于球根、块根、块茎花卉。

②氯化钾 KCL：生理酸性肥，含 K_2O 50%~60%。球根、块根花卉忌用。

③硝酸钾 KNO_3：含 K 45%~46%，N 12%~15%。其适用于球根花卉。

（4）微量元素：

①铁肥：硫酸亚铁 $FeSO_4 \cdot 7H_2O$，用（1~5）：100 的比例与有机肥堆制后施入土中，可以提高铁的有效性。还可以用 0.1%~0.5% 加 0.05% 的柠檬酸，给黄化的花卉喷叶。

②硼肥：硼酸 HBO_3(含 B 17.5%)；硼砂 $NaB_4O_7H_2O$(含 B 11.3%)。

③锰肥：硫酸锰 $MnSO_4H_2O$(含 Mn 24.6%)，主要作追肥，开花期和球根形成期施用。其对石灰性土壤或喜钙花卉有益。

④铜肥：硫酸铜 $CuSO_4$(含 Cu 25.9%)；追肥使用浓度一般 0.01%~0.5%。

⑤锌肥：硫酸锌 $ZnSO_4$(含 Zn 40.5%)；氯化锌 $ZnCl_2$(含 Zn 48%)；追肥使用浓度一般 0.05%~0.2%；在石灰性土壤上施用良好。

⑥钼肥：钼酸铵（NH_4)$_2MO_4$ (含 MO 50%)；追肥使用浓度一般为 0.01%~0.1%；对豆科根瘤菌、自生固氮菌的生命活动有良好作用。

三、肥料的使用方法

施肥分为基肥和追肥两大类。

（一）基肥

基肥是指在种植花苗前施入土壤中的肥料，露地栽种花卉，先在土壤中拌入基肥，然后覆土栽苗；室内盆栽花卉，可在盆土底层放入基肥，如豆饼、鱼骨粉等。

（二）追肥

追肥是指在花苗生长季节追施的肥料。

1. 使用方式：

（1）露地花卉：可在花苗四周施干肥，而后浇水，也可直接水溶液浇灌。

（2）盆栽花卉：可在盆土表面洒干肥末，然后松土、浇水。

（3）根外追肥：指在花苗地上部分（枝叶上）喷洒营养液，浓度为 0.1%，可使花苗叶色浓绿且具光泽，同时还可防止花卉落花、落果。

2. 施用原则：

要掌握适时、适量，同时还要掌握季节和时间。一般来说，花卉生长季节施肥，尤其叶色淡黄、植株细弱时施肥最佳；苗期施全素肥料；花果期以施磷肥为主；处于休眠期的花卉停止施肥。观叶花卉以氮肥为主。

此外，还要掌握"薄肥勤施"的原则，即"少吃多餐"。花苗生长期最好10天左右施用一次稀薄肥水,傍晚施肥效果最佳,中午前后土温高易伤根,忌施肥。

第十二节　水、气对花卉的影响

一、水对花卉的影响

（一）水的作用

水是植物体的重要组成部分，草本植物体重的70%~90%是水。植物体的一切生命活动都是在水的参与下进行的，如光合作用、呼吸作用、蒸腾作用以及矿质营养的吸收、运转与合成等。水能维持细胞膨压，使枝条挺立、叶片开展、花朵丰满，同时植物还依靠叶面水分蒸腾来调节体温。

1.水是植物体的重要组成部分，植物体的一切生命活动都是在水的参与下进行的，如光合作用、呼吸作用、蒸腾作用。

2.水使细胞保持紧张度，使枝条挺立、叶片开展、花朵丰满。

3.水能调节植物体温度，保护植物免受温度变化的潜在伤害。

4.水分缺乏，会萎蔫死亡（见图2-10）；水分太多，一些花卉会因为缺乏氧气而腐烂（见图2-11）。

2-10　缺水花卉　　　　　　　图2-11　水分过多花卉

（二）水对花卉的影响

自然条件下，水分通常以雨、雪、冰雹、雾等不同形式出现，其数量的多少和维持时间长短对植物影响非常显著。

环境中影响花卉生长发育的水分主要是空气湿度和土壤水分。花卉必须有适当的空气湿度和土壤水分才能正常生长和发育。不同种类的花卉需水量差别很大，这种差异与花卉原产地及分布地的降雨量和空气湿度有关。旱生花卉，能在较长时间忍耐干燥的空气或土壤。它们在外部形态和内部构造上都产生许多适应性的变化和特征，例如根系发达，茎叶变态肥大，叶上有发达的角质层，植株体上有厚的绒毛，如仙人掌类。湿生花卉，生长期要求充足的土壤水分和空气湿度，体内通气组织较发达，如热带兰、蕨类、凤梨类花卉。中生花卉，对空气湿度和土壤水分的要求介于以上两者之间，大多数花卉均属于此类。

1. 空气湿度对花卉生长发育的影响。花卉可以通过气孔或气生根直接吸收空气中的水分，这对原产于热带和亚热带雨林的花卉，尤其是一些附生花卉极为重要；对于大多数花卉而言，空气中的水分含量主要影响花卉的蒸发，进而影响花卉从土壤中吸收水分，从而影响植株的含水量。

空气中的水分含量用空气湿度表示，日常生活中用空气相对湿度表示。花卉的不同生长发育阶段对空气湿度的要求不同，一般来说，在营养生长阶段对湿度要求大，开花期要求低，结实和种子发育期要求更低。不同花卉对空气湿度的要求不同。原产干旱、沙漠地的仙人掌类花卉要求空气湿度小，而原产于热带雨林的观叶植物要求空气湿度大。湿生植物、附生植物、一些蕨类和苔藓植物、苦苣苔科花卉、凤梨科花卉、食虫植物及气生兰类，在原生境中附生于树的枝干、生长于岩壁上或石缝中，吸收湿润的云雾中的水分，对空气湿度要求大。这些花卉向温带及山下低海拔处引种时，其成活与否的主导因子就是保持一定的空气湿度，否则极易死亡。一般花卉要求 65%~70% 的空气湿度。空气湿度过大对花卉生长发育有不良影响，往往使枝叶徒长，植株柔弱，降低对病虫害的抵抗力；会造成落花落果；还会妨碍花药开放，影响传粉和结实。空气湿度过小，花易产生红蜘蛛等病虫害；影响花色，使花色变浓。

2. 土壤水分对花卉的影响。用于园林中的园林花卉，主要栽植在土壤中。土壤水分是大多数花卉所需水分的主要来源，也是花卉根际环境的重要因子，它不仅本身提供植物需要的水分，还影响土壤空气含量和土壤微生物活动，从而影响根系的发育、分布和代谢，如根对水分和养分的吸收，根呼吸等。健康苗壮的根系和正常的根系生理代谢是花卉地上部分生长发育的保证。

（1）对花卉生长的影响。花卉在整个生长发育过程中都需要一定的土壤水分，只是在不同生长发育阶段对土壤含水量要求不同。一般情况下，种子发芽需要的水分较多，幼苗需水量减少，随着生长，对水分的需求量逐渐减低。因此，花卉育苗多在花圃进行，然后移栽到园林中应用的场所，以给花卉提供良好的生长发育环境。

不同的花卉对水分要求不同，耐旱性也不同。这与花卉的原产地、生态习性及形态有关。一般而言，宿根花卉较一、二年生花卉耐旱，球根花卉次之。球根花卉地下器官膨大，是旱生结构，但这些花卉的原产地有明确的雨旱季之分，在其旺盛生长的季节，雨水很充沛，因此大多不耐旱。

（2）对花卉发育的影响。土壤水分含量影响花芽分化。花卉花芽分化要求一定的水分供给，所以在此前提下，控制水分供给，可以控制一些花卉的营养生长，促进花芽分化，球根花卉尤其明显。一般情况下，球根含水量少，花芽分化较早。因此，同一种球根花卉，生长在沙地上，由于其球根含水量低，花芽分化早，开花就早。采用同样的水分管理，种植采收早而含水量高，开花就早；栽植在较湿润的土壤中或采收晚，则开花较晚。

（3）影响花卉的花色。花卉的花色主要由花瓣表皮及近表皮细胞中所含有的色素而呈现。已发现的各类色素，除了不溶于水的类胡萝卜素以质体的形式存在于细胞质中，其他色素如类黄酮、花青素、甜菜红系色素都溶解在细胞的细胞液中。因此，花卉的花色与水分关系密切。花卉在适当的细胞水分含量下才能呈现出各品种应有的色彩。一般缺水时花色变浓，而水分充足时花色正常。由于花瓣的构造和生理条件也参与决定花卉的颜色，水分对花色素浓度的直接影响是有限度的，更多情况是间接的综合影响，因此大多数花卉的花色对土壤中水分的变化并不十分敏感。

（三）水的调节

1. 空气湿度的调节。在园林中大面积的人工空气湿度的调节是很难实现的，主要通过合理的配植植物和充分利用小气候来满足花卉的需要。室内和小环境中可以通过换气和喷水来降低或增加空气湿度。有条件的可以设计水面来增加空气温度。

2. 土壤水分的调节。园林中可以依靠降水和各种排灌设施来满足花卉对水分的要求，也可以通过改良土壤质地来调节土壤持水量。

（四）依据花卉对水分的要求分类

各种花卉由于原产地不同，长期生活在不同的水条件下，形成了不同的生态习性和适应类型。

根据对土壤水分的要求不同，可以把花卉大体分为以下四种类型：

1. 水生花卉：泛指生长于水或沼泽地中的观赏植物，与其他花卉明显不同的习性是对水分的要求和依赖远远大于其他各类，因此也构成了其独特的习性（见图2-12）。其常见种类有以下四类：

（1）挺水植物：即叶离开水面，根生长在泥里，如荷花、慈姑、千屈菜等。

（2）浮水植物：即叶浮在水面上，根生长在泥里，如睡莲、芡实等。

（3）漂浮植物：即叶浮在水面，根不生在泥土里，可随水漂动，如凤眼莲等。

（4）沉水植物：即平时根系生长在水里，开花时才露出水面，如金色藻等。

2. 湿生花卉：这类花卉原产于热带雨林或阴湿森林中，生长期间要求经常有大量水分存在，如蕨类、热带兰类和天南星科、鸭跖草科、凤梨科等。

3. 中生花卉：大多数花卉都属于这一类，对水分要求介于以上两者之间。有些种类偏于旱生花卉特征，有些则偏重于湿生花卉的特征（见图2-13）。

图 2-12　水生花卉　　　　　　　图 2-13　中生花卉

4. 旱生花卉：这类花卉大多原产于炎热干旱的荒漠地带，耐旱性强，能忍受较长时间的空气和土壤干旱。如仙人掌及多浆类植物，为了适应干旱的环境，它们茎肥厚呈柱状或球状，内具发达的贮水组织，叶片变小或退化成刺状，以减少蒸腾（见图2-14）。

图 2-14　旱生花卉

二、气体对花卉的影响

对于需氧生物，氧气和二氧化碳是生命中不可缺少的。花卉生长发育过程受气体成分的影响十分明显。在正常环境中，空气成分主要是氧气（占21%）、二氧化碳（占0.03%）、氮气（占78%）和微量的其他气体。在这样的环境中，花卉可以正常生长发育。

花卉和动物一样，在其生命活动过程中需要不断地进行呼吸，昼夜都要吸进氧气，放出二氧化碳。花卉白天除了呼吸作用外，还要进行光合作用，合成所需要的有机物质来供给自己。大气的组成十分复杂，有益、有害气体共存。

（一）有益气体

花卉需要不断地与周围环境进行气体交换，若一旦受阻，便立即表现出生长不良。

1. 氧气（O_2）对花卉生长发育的影响。氧气与花卉生长发育密切相关，它直接影响植物的呼吸和光合作用。空气中的氧气含量降到20%以下，植物地上部分呼吸速率开始下降，降到15%以下时，呼吸速率迅速下降。由于大气中氧含量基本稳定，一般不会成为花卉生长发育的限制因子。在自然条件下，氧气可能成为花卉地下器官呼吸作用的限制因子：氧气浓度为5%，根系可以正常呼吸；低于这个浓度，呼吸速率降低；当土壤通气不良，氧含量低于2%时，就会影响花卉的呼吸和生长。

2. 二氧化碳（CO_2）对花卉生长发育的影响。正常的空气成分，二氧化碳浓度不会影响花卉的生长发育。多数试验表明，在温度、光照等其他条件适宜的情况下，增加空气中的CO_2浓度，可以提高植物光合作用强度。因此，在温室生产中可以施用CO_2，但适宜的浓度因花卉种类不同、栽培设施不同、其他环境条件不同而有较大的差异，需要实验确定。一般情况下，空气中CO_2浓度为正常时的10~20倍对光合作用有促进作用，但当含量增加到2%~5%（30~80倍）时，则对光合作用有抑制，超高CO_2浓度导致呼吸速率降低。在土壤通气差的条件下会发生这种情况，从而影响生长发育。

3. 氮气（N_2）对花卉生长发育的影响。氮气对大多数花卉没有影响。对豆科植物（具有根瘤菌）及非豆科但具有固氮根瘤菌的植物是有益的。它们可以利用空气中的氮气，生成氨或铵盐，经土壤微生物的作用后被植物吸收。所以，氮气既是生物固氮的底物，也是促进叶片生育、制造叶绿素的主要成分。

（二）有害气体

有害物质经大气直接侵入植物叶片或其他器官引起的伤害可分为急性伤害和慢性伤害。急性伤害是指空气中有害气体浓度突然升高，持续较短的时间，超过花卉的耐受能力，短时间内表现出受害症状。慢性伤害是指花卉长时间暴露在低浓度有害气体中，表现出受害症状。除了伤害外，大气污染会影响花卉的生理反应，如减慢花卉的生长，减弱花卉的光合作用，使叶组织的呼吸升高或降低，伤害花、种子或萌发的幼苗。

1. 二氧化硫（SO_2）

二氧化硫是当前最主要的大气污染物，也是全球范围造成植物伤害的主要污染物。火力发电厂、黑色和有色金属冶炼、炼焦、合成纤维、合成氨工业是主要排放源，其达到一定浓度后，破坏叶绿体使细胞脱水坏死。

2. 氟化氢（HF）

（1）危害幼叶、幼芽，新叶受害比较明显。气态氟化物主要从气孔进入植物体，但并不伤害气孔附近的细胞，而沿着输导组织向叶尖和叶缘移动，然后才向内扩散，积累到一定浓度会对植物造成伤害。因此，慢性伤害先是叶尖和叶缘出现红棕色至黄褐色的坏死斑，在坏死区与健康组织间有一条暗色狭带。急性伤害症状与 SO_2 急性伤害相似，即在叶缘和叶脉间出现水渍斑，以后逐渐干枯，呈棕色至淡黄的褐斑。严重时受害后几小时便出现萎蔫现象，同时绿色消失变成黄褐色。

另外，氟化氢易使花卉产生病斑、矮化。

（2）氟化氢还会导致植株矮化、早期落叶、落花与不结实。

3. 氯气（Cl_2）

氯气对花卉的伤害和氯化氢一样，表现为组织急性坏死，在叶脉间产生不规则的白色或浅褐色的坏死斑点、斑块，有的花卉叶缘出现坏死斑。受害初期呈水渍状，严重时变成褐色，卷缩，叶子逐渐脱落。

4. 氨气（NH_3）

在保护地中太过施用肥料会产生氨气，含量过高对花卉生长不利。当空气中氨气含量达到 0.1%~0.6% 时就会发生叶缘烧伤现象，严重时为黄绿色，干燥后保持绿色或转为棕色；含量达到 4% 后，经过 24 小时，植物即中毒死亡。施用尿素后也会产生氨气，所以最好施用后盖土或浇水，以免发生氨害。

5. 其他气体

（1）如氧化剂类的臭氧和过氧乙酰硝酸酯（PAN）是光化学烟雾的主要成分，对植物有严重毒害。它们主要来源于内燃机和工厂排放的碳氢化合物和氧氮化合物，在有氧条件下依靠日光激发而形成。

①敏感植物在 0.1μL/L 臭氧中 1 小时就会产生症状，能忍受 0.35μL/L 者即属于抗性植物；伤害症状表现为叶上表皮出现杂色、缺绿或坏死斑；急性伤害也可能出现褪绿症状（叶片颜色变白），严重时两面坏死。

② 0.02μL/L 过氧乙酰硝酸酯 2~4 小时就敏感植物在 0.02μL/L 过氧化酰硝酸酯环境中 2~4 小时就会受害，使敏感植物受害，但抗性植物可耐 0.1μL/L 以上；伤害症状是叶的下表皮呈半透明或古铜色光泽，上表皮无伤害症状，随着叶生长，叶片向下弯曲呈杯状；急性伤害出现散乱的水渍斑，然后干燥成白至黄褐色的带；PAN 的伤害仅出现在中龄叶片上，幼叶和老叶都不受害。

（2）乙烯：含量达 1μL/L 就可使植物受害。伤害症状是生长异常，如叶偏上生长，幼茎弯曲，叶子发黄、落叶、组织坏死。

（3）硫化氢：达到 40~400μL/L 可使植物受害。冶炼厂放出的沥青气体，可使厂房附近 100~200m 内的草花萎蔫或死亡。

（三）气体敏感指示花卉

对有害气体特别敏感的植物可以作为监测使用。在低浓度有害气体下，往往人们还没有感觉时，它们已表现出受害症状。如二氧化硫在 1~5μL/L 时人才能闻到气味，在 10~20μL/L 才感到有明显的刺激，而敏感植物则在 0.3~0.5μL/L 时便产生明显受害症状。有些剧毒的无色无臭气体，如有机氟很难使人察觉，而敏感植物能及时表现出受害症状。

常见的敏感指示花卉如下：

1. 监测二氧化硫：向日葵、紫花苜蓿、波斯菊、百日草等。

2. 监测氯气：百日草、波斯菊等。

3. 监测氮氢化物：秋海棠、向日葵等。

4. 监测臭氧：矮牵牛、丁香等。

5. 监测氟：地衣类、唐菖蒲等。

6. 监测过氧乙酰硝酸酯：早熟禾、矮牵牛等。

第十三节　花卉栽培设施

我国幅员辽阔，各地的地理条件和气候条件相差极大，所以花卉种类不同，产地不同，对环境条件的要求也不同。为了使花卉在不适宜生长的地区和季节也能生长开花，就需要提供一个合适的人工环境。

另外，由于消费水平的提高，往往需要反季节生产，四季有花、周年供应，以便满足花卉市场对商品花的要求。因此，进行花卉栽培和生产，必须具备一定的设施条件。

目前，世界各国的花卉栽培已转入设施栽培，不再受地区、季节的限制，而且花卉栽培更加精细、可控，按订单生产，质量更高。

花卉常用的设施有温室、塑料大棚、荫棚、风障和阳畦等。在设施内进行花卉栽培又称为花卉设施栽培，或保护地栽培。今后花卉生产将伴随着大型化、自动化和工厂化而完全进入大规模的商品化生产。

一、设施的作用

1. 不适合的季节栽种：利用设施进行反季节花卉生产，供应市场。

2. 不适合的区域栽种：为引进的花卉新品种，营造接近于原产地的生长环境。

二、设施种类

（一）温室（包括玻璃温室和薄膜连栋温室）

温室是以采光覆盖材料作为全部或部分围护结构材料，可在冬季或其他不适宜露地植物生长的季节供栽培植物的建筑，是覆盖着透光材料，并附有防寒、加温设备的特殊建筑。其多用于低温季节喜温花卉、树木等栽培。

在寒冷季节，用温室来栽培花卉，可以周年进行花卉生产，以满足人们的需要。原产热带、亚热带的花卉，其原产地的气温较高，年温差小，如在温带地区栽培，必须设置温室，以满足冬季对温度的要求。一些露地栽培的花卉，在冬季利用温室促成栽培，可使其提早开花，并延长花期。一些原产温暖地区的花卉，在北方不能露地越冬，可利用低温温室来保护越冬。总之，温室能有效地调控温度、湿度、光照、营养、通风等各种因子，既可进行花卉的周年生产，又可提高花卉的产量与品质。

1. 温室的种类。依不同的屋架材料、采光材料、外形及加温条件等，有很多分类方法，如玻璃温室、塑料聚碳酸酯温室；单栋温室、连栋温室；单屋面温室、双屋面温室；加温温室、不加温温室等（见表2-3）。

温室结构应密封保温，但又应便于通风降温。现代化温室中具有控制温湿度、光照等条件的设备，用电脑自动控制创造植物所需的最佳环境条件。

表2-3　温室覆盖材料性能一览表

覆盖材料		透光率/%	散热率/%	使用寿命/年	优点	缺点
玻璃	加强玻璃	88	3	>25	透光率高，绝热，抗紫外线照射，抗划伤，热膨胀收缩系数小	重，易碎，价格高
	低铁玻璃	91~92	<3	>25		
丙烯酸塑料板	单层	93	<5	>20	透光率极高，抗紫外线照射，抗老化，不易变黄，质软	易划伤，膨胀收缩系数高，老化后略变脆，造价高，易燃，环境温度不能过高
	双层	87	<3	>20		
聚碳酸酯板PC	单层板	91~94	<3	10~15	使用温度范围宽，强度大，弹性好，轻，不太易燃	易划伤，收缩系数较高
	双层中空板	83	<3	10~15		
聚酯纤维玻璃FRP	单层	90	<3	10~15	成本低，硬度高，安装方便	不抗紫外线照射，易沾染灰尘，随老化变黄，降解后产生污染
	双层	60~80		7~12		
聚乙烯波浪板PVC	单层	84	<25	>10	坚固耐用，阻燃性好，抗冲击性强	透光率低，延伸性好，随老化逐渐变黄
聚乙烯膜PE	标准防紫外线膜	<85	50	3	价格低廉，便于安装	使用寿命短，环境温度不宜过高，有风时不易固定
	无滴膜		50	3		

2.温室内的设施。良好的温室必须具备良好的室内设施，以调节内部的温、光、水、气，使花卉植物获取适宜的生长环境。随着温室向着大型化、科学化、机械化、电气化、管道化发展，进而用电脑控制，温室内的设施已越来越复杂，设备要求越来越高。下面为几项主要的温室内设施。

（1）加温、降温设施。

①加温和保温设施。温室除了利用太阳辐射自然升温外，还需进行人工加温。加温设备有以下几种：

烟道加温，是直接用火力加温的方法，其设备组成有：火炉、烟囱和烟道。火炉与烟囱置于室外，烟道设置在温室内一侧或两侧地面上。烟道有瓦筒的，也有用砌砖的。这是最简单易行的方法，在我国花卉生产的土温室中常见，设备费用低，但温度不易调节，近烟道处与远离烟道处冷热不均，室内空气干燥，二氧化硫污染严重。

锅炉加温，有水暖和气暖两种，即在锅炉房内将热蒸气或热水送入温室内的散热器，使温室升温。回水再流入锅炉循环加热。气暖升温快，但冷却也快。水暖较优于气暖，可保持室内温度均衡，是较为实用的加温方法。

电加温，多用于温室内局部加热。其由电源、散热电线、自控装置组成。将有绝缘装置的散热电线埋入土中，用以提高土温。所需的散热量可用电热线摆放的疏密情况来决定。

地热及工厂余温加热，某些地区可利用当地充裕的地热资源或附近工厂排放的废热水给室温加热，十分经济。但同时要注意加强管理和建立自控系统。

保温幕，现代化温室中均采用其作保温装置，夏季还可用来遮阴、降温。保温幕架在温室上空，依靠机械传动，覆盖整个温室，与屋面之间形成隔热层，有效地保持住室内温度；夏天可以减弱热空气的进入，保持室内凉爽。

②降温设备。现代温室中一种必不可少的装备，称为水帘，它通常是用经过特殊处理的瓦棱状的纸制物组装而成，吸水性强，不易腐烂，厚约10cm，可以通过完全的小空隙通水，温室的北面（从顶部一直到近地面1m处）全部装置这种材料。水帘工作时，从上至下水流不断。从水帘的对面，也就是南面，对应装有几组大型排风扇，排风扇由电脑操纵，当温室内的温度超过某一规定数值时，排风扇开始启动。这时热空气经过水帘被冷却后进入温室，加上室内的水分快速蒸发吸收热量降温，在两者共同作用下，可使温室内气温明显下降。

（2）加光、遮光设备。

①补光。温室多是以自然光作为主要光源。为了在阴雨天使喜光植物得到充分光照，又为了使长日照花卉能够周年供花，就需要在温室内设置灯源，以增强光照强度和延长光照时数。

②遮光。设置有遮光幕及自动控光装置。

③遮阴。夏季在温室内栽培花卉时，常由于光照太强而导致室内温度过高，影响花卉正常生长发育，需要遮阴。

（3）喷雾设备。温室内需要保持一定的空气湿度，因此必须备有喷雾设施，安装在高处，能根据需要自动喷雾，达到一定湿度要求时自动停止。喷雾设备必须有水管、喷头、旋转器、自控装置等。

（4）灌溉设备。

①灌水法。将供水管高架在温室内，从上面向植物全株进行喷灌，既使植物和土壤得到了水分，又能起到降温和增加空气湿度的作用，是大型化温室花卉生产较理想的一种灌水方式。

②滴管法。滴管设备在现代化温室中被广泛采用。采用这种方式进行盆花灌溉有很多优点，如节水，保持土质疏松，不会溅起泥土和沾湿叶片，可与施肥、用药结合。缺点是安装费用高，使用时需经常检查有无堵塞等情况。滴管设备中的细小塑料管的一端有小喷头和固定器，另一端插在总管上，总管上共有 20 根细管，总管与水管连接，用定时器控制。

（5）通风、换气装置。温室为了蓄热保温都有良好的密闭条件，然而密闭的同时造成了高温、低二氧化碳及高有害气体浓度等情况。温室通常利用温室天窗、侧窗进行换气。在大型温室中，均设有自动启闭门窗的装置，以及安装一定数量的排风扇，进行通风换气。另外，温室中还必须有二氧化碳充气设备，以便随时补充二氧化碳，满足植物生长需要。

（6）花床或花架。为了节省劳动力和温室面积，现代化温室对花床做了十分重要的改革。

①滑动花架。一般每间温室，除了纵向的花床外，还需留出许多通道，以便进行操作，致使温室的有效利用面积只有总面积的 2/3 左右。20 世纪 80 年代初出现了滑动花架，使用它，每间室温只需留有一条通道，温室的有效面积可以提高到 86%~88%，并节约燃料及各种费用。

②活动花框。这种大量节约劳动力的活动花框在 20 世纪 70 年代中出现于荷兰。其可以减少人工搬摆盆花的劳动消耗，能够使大量盆花很轻易地从温室移到工作室、荫棚、冷室或装车的地方。

花框呈长方形的浅盘状，大小一般为 1.2m×3.6m 或 1.5m×6m，框边高 10~12cm，用铝制成，很轻，框放在两条固定的钢管上，框底有滚筒，能在钢管上滚动。每个花框可以推滚到过道，装车后移向目的地。这种框除了能沿钢管纵向移动外，还能左右滑动 40~50cm，留出人行通道。固定钢管在冬天还可以通热水，兼作加温用。

（7）传送装置。国外大型生产温室内用来运输盆花的传送带装备，形式多样。一般每节长为 3m，宽为 15cm，并装有轮子，以便移动。如用多节连接起来安放在花架间的过道里，传送东西的能力更强，可上坡、下坡、转弯，直达目的地。

3. 几种温室的特点。

（1）单屋面温室。仅有一个向南倾斜的透光屋面，构造简单，小面积温室多采用此种结构。其跨度一般为3~7m，屋面倾斜角度较大，可充分利用冬季和早春的太阳辐射，温室北墙可以阻挡冬季的西北风，温度容易保持，适宜在北方严寒地区采用。这种温室光线充足，保温良好，结构简单，建筑容易。但由于前部较低，不能种植较高花卉，空间利用率低，不便于机械化操作，且容易造成植物向光弯曲。

（2）双屋面温室。这种温室有两个相等的屋面，因此室内受光均匀，植物没有弯向一边的缺点。其通常建筑较为宽大，室内环境稳定性好，但光照强烈时，温度过高，通风不良。同时由于采光屋面较大，散热较多，夜间降温较快，必须有完善的加温设备。

（3）不等面温室。这种温室有南北两个不等宽屋面，向南一面较宽，采光面积大于同体量的单屋面温室（见图2-15）。由于来自南面的照射较多，室内植物仍有向南弯曲的缺点，但比单屋面温室稍好。其北面保温性不及单屋面温室。此类温室在建筑和日常管理上都有不便，一般较少采用。

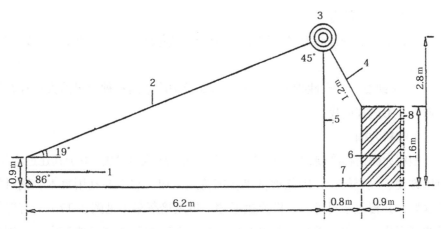

1.前窗　2.无滴膜　3.草帘　4.后屋面　5.脊柱　6.后墙　7.走道　8.外墙砖

图2-15　不等面温室

（4）连栋式温室。这种温室除结构骨架外，一般所有屋面与四周墙体都为透明材料（见图2-16），如玻璃、塑料薄膜或硬质塑料板，温室内部可根据需要进行空间隔离。在冬季北风较强的地区，为提高温室的保温性，温室的北墙可选用保温性能强的不透明材料。连栋式温室的土地利用率高，内部作业空间大，光照充足，自动化程度较高，内部配置齐全，可实现规模化、工厂化生产和自动化管理。

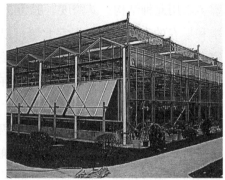

图 2-16　连栋式温室

4. 温室的应用条件。

（1）温室是北方地区栽培热带、亚热带植物的主要设施。

（2）温室适合企业、单位使用，具有规模效应。

5. 温室的优缺点。

（1）优点：调控能力强；空间大，便于机械化操作；种植密度高，数量多，产值大。

（2）缺点：一次性投入成本大；后期维护成本高；种植风险大；存在连作障碍，不适宜地栽。

（二）塑料大棚

塑料大棚俗称冷棚，是一种简易实用的保护地栽培设施，由于其建造容易、使用方便、投资较少，因此被世界各国普遍采用。它主要利用竹木、钢材等做框架，并覆盖塑料薄膜，搭成拱形棚，供栽培蔬菜（见图 2-17），有能提早或延迟供应、提高单位面积产量的作用，并有利于防御自然灾害，特别是能让北方地区在早春和晚秋淡季有鲜嫩蔬菜供应。

塑料大棚能充分利用太阳能，有一定的保温作用，我国北方通过卷膜能在一定范围调节棚内的温度和湿度。因此，塑料大棚在我国北方地区，主要起到春提前、秋延后的保温栽培作用，一般春季可提前 30~35 天，秋季能延后 20~25 天，但不能进行越冬栽培。在我国南方地区，塑料大棚除了冬春季节用于蔬菜、花卉的保温和越冬栽培外，还可更换遮阴网用于夏秋季节的遮阴降温和防雨、防风、防雹等。

图 2-17　塑料大棚

1. 塑料大棚的类型如下：

（1）根据屋顶的形状分类。

①拱圆形塑料大棚：这种类型大棚在我国使用很普遍，屋顶呈圆弧形，面积可大可小，可单幢亦可连幢，建造容易，搬迁方便。小型的塑料棚可用竹片做骨架，光滑无刺，易于弯曲造型，成本低。大型的塑料棚常采用钢管架结构，用 6~12mm 的圆钢制成各种形式的骨架。

②屋脊形塑料大棚：采用木材或角钢为骨架的双屋面塑料大棚，多为连幢式，具有屋面平直、压膜容易、开窗方便、通风良好、密闭性能好的特点，是周年利用的固定式大棚。

（2）根据耐久性能分类。

①固定式塑料大棚：使用固定的骨架结构，在固定的地点安装，可连续使用 2 年以上。这种大棚多采用钢管结构，有单幢或连幢，拱圆形或屋脊形等多种形式，面积常有 667~6667m²。其多用于栽培菊花、香石竹等切花，或观叶植物与盆栽花卉等。

②简易式移动塑料大棚：用比较轻便的骨架，如竹片、条材或 6~12mm 的圆钢，弯成半圆形或其他形式，罩上塑料薄膜即成。这种塑料大棚多作为花卉的扦插繁殖、促成栽培、盆花的越冬等使用。露地草花的防霜防寒，也

多就地架设这种塑料棚，用后即可拆除，十分方便。

2. 大棚覆盖材料有以下几种：

（1）普通膜：以聚乙烯或聚氯乙烯为原料，膜厚 0.1mm，无色透明，使用寿命约为半年。

（2）多功能长寿膜：是在聚乙烯吹塑过程中加入适量的防老化料和表面活性剂制成的。比如，浙江省新光塑料厂生产的多功能膜，宽 7.5m、厚 0.06mm，使用寿命比普通膜长一倍，夜间棚温比其他材料高 1~2℃；而且该膜不易结水滴，覆盖效果好，成本低，效益高。

（3）草被、草扇：用稻草纺织而成，保温性能好，是夜间保温材料。

（4）聚乙烯高发泡软片：是白色多气泡的塑料软片，宽 1m、厚 0.4~0.5cm，质轻能卷起，保温性与草被相近。

（5）无纺布：是一种涤纶长丝，为不经织纺的布状物。其分为黑、白两种，并有不同的密度和厚度，除保温外还常作遮阳网用。

（6）遮阳网：是一种塑料织丝网，常用的有黑色和银灰色两种，并有数种密度规格，遮光率也各有不同。其主要用于夏天遮阳防雨，也可作冬天保温覆盖用。

3. 应用条件：

（1）能在早春和晚秋供应相关花卉。

（2）因为不具有加温条件，所以不适合冬季防寒栽培。

4. 塑料大棚的优点：建造容易、使用方便、投资较少、不影响土地再次利用。

5. 塑料大棚的缺点：适用范围受限制、防自然灾害能力有限、调控能力弱，难以实现自动化、难以采取机械化操作。

（三）荫棚

荫棚是为园林植物生长提供遮阳的栽培设施。其中一种是搭在露地苗床上方的遮阳设施，高度约为 2m，支柱和横档均用镀锌铁管搭建而成，支柱固定于地面（见图 2-18）。这种荫棚也可在温室内使用。使用时，根据植物的不同需要，覆盖不同透光率的遮阳网。另一种是搭建在温室上方的温室外遮阳设施，对温室内部进行遮阳、降温。荫棚的作用：一是在夏秋强光、高温季节，进行遮阳栽培；二是在早春和晚秋霜冻季节对园林植物起到一定的保护作用，使园林植物免受霜冻的危害。

温室花卉大部分种类属于半阴性植物，不耐夏季温室内的高温，一般均于夏

图 2-18 荫棚图

季移出温室，置于荫棚下养护；夏季嫩枝扦插及播种等均需在荫棚下进行；一部分露地栽培的切花花卉如设荫棚保护，可获得比露地栽培更为良好的效果。刚上盆的花苗和老株，有的虽是阳性花卉，也需在荫棚内养护一段时间才能渡过缓苗期。

1. 使用类型如下：

（1）临时性荫棚。春季搭建、秋季拆除：搭建在露地苗床上方；用木材、竹材搭建骨架，东西延长，高 2.5m，宽 6~7m，上覆塑料薄膜，薄膜上盖苇帘、草帘等遮阴物，东西两侧应下垂至距地面 60cm 处。棚内地面铺炉渣、沙砾等，以利于排水，并减少泥水溅污枝叶。

（2）永久性荫棚。温室内外使用，分外遮阳和内遮阳；钢制骨架，用于经济价值较高的喜阴性花卉，如兰花、杜鹃等。

2. 荫棚的地点选择如下：应建在地势高、干燥、通风和排水良好的地段，保证雨季棚内不积水，有时还要在棚的四周开小型排水沟。棚内地面应铺设一层炉渣、粗沙或卵石，以利于排出盆内多余的积水。

荫棚的位置应尽量搭在温室附近，这样可以减少春、秋两季搬运盆花时的劳动强度，但不能遮挡温室的阳光。荫棚的北侧应空旷，不要有挡风的建筑物，以免盛夏季节棚内闷热而引起病虫害。如果在荫棚的西、南两侧有稀疏的林木，对降温、增湿和防止西晒都非常有利。

（四）风障

风障由基埂、篱笆组成，披风风障还包括披风部分，篱笆是风障的主体，高度为 2.5~3m，一般由芦苇、高粱秆、玉米秸、细竹、松木等构成；基埂是篱笆基部北面筑起来的土埂，一般高约 20cm，用以固定篱笆；披风是附在篱笆北面的柴草层，用来增强防风、保温功能，其基部与篱笆一并埋入土中（见图 2-19）。冬季设在苗圃起防风保温作用的屏障设施。其分为披风风障和无披风风障两类。

图 2-19　风障

1. 风障的使用：

（1）用于露地花卉的越冬，多见于北方。

（2）多与冷床结合使用。

2. 风障的作用：可作为引导风流的设施。其是在菜畦旁边用苇子、高粱秆等编成的屏障，用来挡风，保护秧苗。在绿化生产中，风障可阻挡寒风，防寒作用很大，可提高局部环境的温度与湿度。

（五）温床

温床本意是指有加温、保温设施的苗床，主要供冬、春季育苗用。温床是在冷床基础上增加人工加温条件，以提高床内地温和气温的保护设施。根据地下水位高低、保温程度等不同，温床又分为地上式、地下式和半地下式三类。其中半地下式温床因建造省工，床内通风与保温效果好而广为应用。温床热源除太阳辐射热外，还有酿热热源、电热、地热、气热及火热等，尤以酿热温床和电热温床应用最为广泛。

1. 温床的主要使用类型介绍如下：

（1）电加温：准备长 100m、功率为 800W 的电热线一根；直径 1cm、长 10cm 短棍 20 根；碎草、树叶、锯末若干；宽 1~4cm、长 2m 左右的竹片 8~10 根，农用塑料薄膜 1.5~2.0kg。选电源、水源较近，背风向阳的地块面积不少于 10m²。挖东西走向长 10.5m、宽 1.2m、深 18~20cm 的一床坑，然后将准备好的碎草、树叶、锯末等铺于床底整平踏实后，厚度在 5cm 左右，作为隔热层。最后在上面再铺一层厚约 1cm 的细沙。将细沙用木板刮平即可布线。先按 10cm 间距在苗床两端距东西两侧床边 15cm 处各插一排短棍，然后将电热线贴地面沙层绕好，并使电热线两端导线部分从床内同侧伸出，以便连接电源。布线完毕用少量细沙把电热线盖严，然后铺床土。布好的电热线不能交叉和重叠，防止两线交叉受热时漆皮脱落，造成短路。床土要过筛，厚度为 8~10cm。最后，用竹片插拱作棚，然后盖上塑料薄膜，再盖上一层草苫即做成了一个简易电热温床（见图 2-20）。

图 2-20　电热温床

（2）酿热温床：是利用好气性微生物（如细菌、真菌、放线菌等）分解有机物时产生的热量加温的一种苗床或栽培床。酿热温床的温度调节可以用调节酿热物碳氮比及紧密度、厚度和含水量来实现。根据酿热物含有的碳氮不同，可分为高温型酿热物（如新鲜马粪、新鲜厩肥、各种饼肥、棉籽皮和纺织屑等）和低温型酿热物（如牛粪、猪粪、落叶、树皮及作物秸秆等）两类。一般采用新鲜马粪、羊粪等做酿热材料，适合培育喜温园艺植物幼苗。也可根据要培育的幼苗种类，将高温、低温酿热材料混用，但低温酿热材料不宜单独使用。除选用酿热材料外，还应通过调节床内不同部位的酿热物厚度来调节床温，以减少局部温差。

2. 温床的作用：

（1）实现早春提前播种。

（2）帮助花卉越冬。

（3）提高花卉扦插成活率。

（六）其他设施

1. 冷床。冷床是利用太阳辐射热和人工加温来维持栽培畦内的温度的苗床。它不需要人工加温而只利用太阳辐射维持一定温度，使植物安全越冬或提早栽培繁殖。它是介于温床和露地栽培之间的一种保护地类型，又称阳畦。其广泛用于冬、春季节日光资源充足且多风的地区，主要用于二年生花卉的越冬及一、二年生花卉的提前播种，耐寒花卉促成栽培及温室种苗移栽露地前的锻炼。

2. 冷库。冷库是促成栽培中常用的设备，用来提前完成春化作用等。

3. 冷窖。冷窖是我国北方用于储存宿根、球根花卉的临时性设施。

第十四节　花卉栽培器具

一、花盆

花盆既是栽花的容器，也可以作为观赏的艺术品。世界上有许多工艺精致、造型美观、适于不同条件栽培的花盆类型。

经常使用的花盆大体可分为以下几类：

（一）素烧盆（泥盆、瓦盆）

素烧盆是一种透水透气良好、结实耐用、价格比较便宜的花盆。使用比较普遍，栽植效果良好，多作为前期培养用盆。其又称瓦盆，黏土烧制，有红盆和灰盆两种。它通常为圆形，规格多样，但不利于长途运输，目前用量已逐年减少（见图2-21）。

（二）陶瓷盆

陶瓷盆为瓷质上釉盆，工艺精巧常附有各种图案，有方形、圆形、菱形、多边形等形状，比较美观，最适于作室内栽培或展览之用。陶瓷盆为上轴盆，常有彩色绘画，外形美观，但通气性差，排水不良，栽培效果不如素烧盆，仅适合作套盆，供室内装饰之用（见图2-22）。

图2-21　泥盆

图2-22　陶瓷盆

（三）木花盆

木花盆是一种用于栽培花草树木的容器，常用于街道、社区、公园和大型游乐园等。它不仅保护了花草树木，还起到了美化作用，是城市建设不可缺少的装饰物。需要用 40cm 以上口径的盆时可采用木花盆。木盆形状仍以圆形较多，但也有方形的（见图 2-23）。盆的两侧应设把手，以便搬动。目前木盆正在被塑料盆或玻璃钢盆所取代。

木花盆为木材质制成，不易破碎，易于移动，可栽植大株花木，还可以悬空吊挂。

（四）紫砂盆

紫砂盆表里都不施釉，烧结强度坚韧，质地致密，有较微的吸水率，因此具备缓慢的排水性，又保持着一定的透气性（见图 2-24）。

紫砂盆宜于花木生长，盆花相配，诗趣怡然。

图 2-23　木花盆　　　　　图 2-24　紫砂盆

（五）塑料盆

塑料盆是一种用塑料制作的花盆（见图 2-25），较于传统的瓷器花盆来说，浇水次数少，价格相对比较便宜，不易破坏。

当今塑料花盆款式多样，功能齐全，有长方形花盆、壁挂花盆、吊盆、蓄水花盆、自动浇水花盆等。塑料盆质轻且坚固耐用，可制成各种形状，色彩也极为丰富。由于塑料盆的规格多、式样新、硬度大、美观大方、经久耐用及运输方便，目前已成为国内外大规模花卉生产及流通贸易中主要的容器，尤其是在规模化盆花生产中应用更加广泛。虽然塑料盆透水、透气性能较差，但只要注意培养土的物理性状，使之疏松通气，便可以克服其缺点。

（六）兰花盆

兰花盆是一类特殊的花盆，为高脚盆（见图 2-26），专用于栽培气生兰及附生蕨类植物。其盆壁有各种形状的孔洞，既利于排水，也便于空气流通。

此外，也常用木条制成各种式样的兰筐代替兰花盆。

图 2-25　塑料盆　　　　　　　图 2-26　兰花盆

（七）水养盆

　　水养盆的盆底无排水孔，盆面阔大但较浅，专用于水生花卉盆栽。如北京的"莲花盆"，其形状多为圆形。球根水养用盆多为陶制或瓷制的浅盆，如"水仙盆"。

（八）玻璃容器

　　玻璃容器透明，所以在容器内栽种植物有清凉之感，如玻璃制的缸、杯、盘、箱等（如图 2-27），其有敞口式和封闭式两种。封闭式容器比较奇妙，能激发人的种植想象。

（九）金属容器

　　金属容器表面具光泽，线条硬朗，形状各异，常给人坚实、沉着的感觉，如啤酒罐、壶、缸等（见图 2-28）。

图 2-27　玻璃容器　　　　　　图 2-28　金属容器

近年来，栽培容器已突破传统的范围，向家庭日常器具发展，应用的种类也极其繁多，只要配制得当，无不适宜。常见的底部和四周有网孔的塑料容器，如自行车筐、菜篮、花篮、筷笼、水果筐等。为保土，可用水苔、棕榈皮等植物材料铺设一层后，再放培养土。另一种无孔的塑料容器，如杯、盘、碗、冷饮盆等，使用肘或在底部烫孔，或用砾石做成积水层，以贮多余肥水。因为家庭日常器具来源广泛，选用时尽可以别出心裁、五花八门。可根据各人的爱好，体现出各种层次的趣味和美感。

二、育苗盆

（一）育苗盆栽培的特点

1. 育苗盆容器育苗便于管理，可根据幼苗的生长状况，随时调节花卉间的距离，也便于管理、运输。

2. 由于育苗盆栽培是控根栽培，移栽成活率高，能确保花卉的生长和品质。

3. 育苗盆育苗在填料、播种、催芽等过程中均可利用机械完成，操作简单、快捷，适于规模化生产。

（二）育苗盆种类

花卉种苗生产中常用的育苗容器有穴盘、育苗盘、育苗钵等

1. 穴盘。

穴盘是用塑料制成的蜂窝状的、有同样规格的小孔的育苗容器（见图2-29）。盘的大小及每盘上的穴洞数目不等。这是因为：一方面满足不同花卉种苗大小差异以及同一花卉种苗不断生长的要求；另一方面也与机械化操

图2-29 穴盘

作相配套。一般规格为 128~800 穴 / 盘。穴盘能保持种苗根系的完整性，节约生产时间，减少劳动力，提高生产的机械化程度，便于花卉种苗的大规模工厂化生产。20 世纪 80 年代初，中国开始利用穴盘进行种苗生产。常用的穴盘育苗机械有混料、填料设备和穴盘播种机，这是穴盘苗生产的必备机械。

2. 育苗盘。

育苗盘也叫催芽盘，多由塑料制成，也可以用木板自行制作（见图 2-30）。用育苗盘育苗有很多优点，如对水分、温度、光照容易调节，便于种苗贮藏、运输等。

图 2-30　育苗盘

3. 育苗钵。

育苗钵是指培育小苗用的钵状容器，规格很多。育苗钵按制作材料不同可分为两类：一类是塑料育苗钵，由聚氯乙烯和聚乙烯制成，多为黑色，个别为其他颜色；上口直径 6~15cm，高 10~12cm，外形有圆形和方形两种。另一类是有机质育苗钵，是以泥炭为主要原料制作的，还可用牛粪、锯末、黄泥土和草浆制作（见 2-31）。这种容器质地疏松、透气透水，装满水后能在底部无孔情况下，40~60 分钟内全部渗出。由于钵体会在土壤中迅速降解，不会影响根系生长，移植时育苗钵可与种苗同时栽入土中，不会伤根，无缓苗期，成苗率高，生长快。

三、盆浸盘

盆浸盘是利用盆浸法浇水的一种专用花盆（见图 2-32），塑料制成，盆底无孔，四周围边，能贮存一定的水分。

图 2-31　育苗钵　　　　　　　　图 2-32　盆浸盘

四、滴管

滴管是花卉补充水分时，运输水的一种塑料毛管。花卉需要大面积补充水分时，为了节约用水减少人工劳动力，毛管上加装相关设备后能存放控制水的流量，出水量非常少，能使得水一滴一滴地、均匀而缓慢地滴在花卉根部附近的土壤中，所以这类毛管又叫滴管（见图 2-33）。

图 2-33　滴管

五、常用工具

1.园艺剪刀：其刃口是圆形的，剪枝的时候，用力使上刃口渐入枝条，下口起到托住枝条的作用，这种剪刀剪枝光滑平整，枝条不易断裂（见图 2-34）。

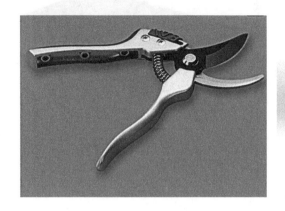

图 2-34　枝剪

2.园艺锄头：盖土、除草、碎土、中耕、培土作业时的小型工具。

3.浇水壶：浇水的工具。

4.喷雾器：叶面喷雾清洗、微量补水、喷洒农药的重要农具。

5.移植铲：花卉换盆、换地移栽和上盆的工具。

6.橡皮榔头：主要用于黏性土壤的破碎，是基质配制的工具。

7.嫁接刀：用于花卉嫁接的专门工具，刀刃锋利，能使嫁接面光滑、整齐（见图 2-35）

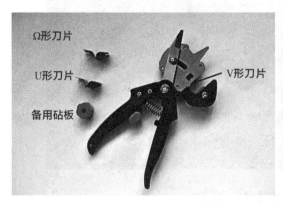

图 2-35　嫁接刀

六、栽培床（槽）

栽培床主要用于各类保护地中。栽培床通常直接建在地面上，形状根据温室走向和所种植花卉的需求而定，一般是沿南北方向用砖在地面上砌成一长方形的槽，槽壁高约30cm，内宽80~100cm，长度不限。也有的将床底抬高，距地面50~60cm，槽内深25~30cm，床体材料多采用混凝土，现在也常用硬质塑料板折叠成槽状，或用发泡塑料或金属材料制成。

在现代化的温室中，一般采用可移动式栽培床。床体用轻质金属材料制成，床底部装有"滚轮"或可滚动的圆管用以移动栽培床。使用移动式苗床时，可以只留一条通道的空间，通常宽50~80cm，通过苗床滚动平移，可依次在不同的苗床上操作。使用移动式苗床可以使温室面积利用率达86%，而设在苗床间固定通道的温室的面积利用率只占62%~66%。提高温室利用面积意味着增加了产量。

移动式栽培床一般用于生产周期较短的盆花和种苗的生产。栽培槽常用于栽植期较长的切花栽培。

不论何种栽培床，在建造和安装时，都应注意：①栽培床底部应有排水孔道，以便及时将多余的水排掉；②床底要有一定的坡度，便于多余的水及时排走；③栽培床宽度和安装高度的设计，应以有利于人员操作为准。一般情况下，如果是双侧操作，床宽不应超过180cm，床高（从上沿到地面）不应超过90cm。

第十五节　花卉病虫害防治

一、防治目的

地球上的所有生物本身没有好坏之分，都是生物圈的有机组成部分，除了自养型生物，都要以其他生物为生。

从生态学角度看，花卉病害防治的目的是减少或控制病害的发生，把病害造成的损失控制在允许的水平以下，而不是绝对的杀灭。

二、防治原则

1. 从生态学角度出发，认为园林植物、病原（病虫）、天敌三者之间相互依存，相互制约。

2. 从安全的观念出发，认为生态系统的各组成部分关系密切，要针对不同的防治对象，考虑对整个生态系统的影响，协调选用一种或几种有效的防治措施，优先采用生物防治技术，加强农用抗生素、微生物杀虫杀菌剂的开发利用。

3. 从保护环境、促进生态平衡、有利于自然控制病虫害的角度出发，应科学地选择和使用农药，减少对环境的污染，保护和利用天敌，不断增强自然控制力。

4. 从提高经济效益的角度出发，防治病虫害的目的是为了控制病虫害的危害，使其危害程度不足以造成经济损失。根据经济允许水平确定防治指标，危害程度低于防治指标，可不防治。

5. 从病害发生角度出发，掌握病虫来源，及时预测、消灭或压低病虫发生基数。

6. 从花卉种植技术出发，创造一个适合作物生长、不利于病虫发生危害的生态环境。

三、害虫病菌种类

根据侵染对象，害虫病菌可分为露地类和室内类两大类群。

露地类：为害城镇露地栽培的各种乔木、灌木、藤本植物、地被植物、草坪等。这些虫害除了园林植物自身特有的害虫外，还有许多来自其他植物的害虫，它们互相转主为害或成为越夏、越冬的寄主。因而害虫种类多，为害严重。

室内类：为害各种盆花及鲜切花（包括保护地栽培）。由于品种单一，种植密集，加上保护地内栽培，环境湿度大，虫害易于暴发成灾，防治难度大；同时因花卉植株相对体量较小，侵染后短时间内就可造成大的危害，甚至死亡。

（一）害虫种类

根据为害方式，害虫大致可分为刺吸害虫、食叶害虫、蛀干害虫和地下害虫四大类。

1. 刺吸害虫：主要有蚜虫、红蜘蛛、粉虱、蚧壳虫、蓟马、蟥象等。这类害虫用针状口器刺吸花卉组织汁液，引起卷叶、虫瘿，或是叶片上出现灰黄等色小点，或是叶片、枝条枯黄等症状。

2. 食叶害虫：主要有刺蛾、襄蛾、卷叶蛾、夜蛾、毒蛾、天蛾、舟蛾、枯叶蛾、凤蝶、粉蝶等幼虫及金龟子、象甲、叶蜂等。这类害虫用咀嚼式口器，取食固体食物，有的将叶片咬得残缺不全，有的卷叶为害，有的把叶子吃光，仅留下粗的叶脉，等。

3. 蛀干害虫：主要有天牛、木蠹蛾、吉丁虫、茎蜂等。这类害虫的为害特点是钻蛀花木枝条、茎干内食害，造成孔洞或隧道。

4. 地下害虫：是指在土中为害花根部或近土表主茎的害虫，常见的有蛴螬、蝼蛄、地老虎、金针虫、大蟋蟀、地蛆等。这类害虫的生活特点是多潜伏在土中，不易发现，同时为害盛行期多集中在春、秋两季。

（二）病菌种类

1. 细菌病害：是由细菌引起的。细菌比真菌个体更小，是一类单细胞的低等微生物，在显微镜下才能观察到它的形态。它们一般借助雨水、流水、昆虫、土壤与花卉的种苗和病株残体等传播。它们主要是从植株体表气孔、皮孔、水孔、蜜腺和各种伤口侵入花卉体内，引起危害，表现为斑点、溃疡、萎蔫和畸形等症状。常见的细菌病害有樱花细菌性根癌病，碧桃细菌性穿孔病，鸢尾、仙客来的细菌性软腐病等。

2. 真菌病害：是由真菌引起的。真菌是一类没有叶绿素的低等植物，个体大小不一，多数要在显微镜下才能看清。真菌的发育分为生长和繁殖两个阶段。菌丝为营养体，无性和有性孢子为繁殖体。它们主要借助风、雨、昆虫或花卉的种苗及土壤传播，通过花卉植物表皮的气孔、水孔与皮孔等自然孔口和各种伤口侵入体内，也可直接侵入无伤表皮。在生病部位上表现出白粉、锈粉、煤污、斑点、腐烂、枯萎和畸形等症状。常见的真菌病害有月季黑斑病、白粉病、菊花褐斑病、芍药红斑病、兰花炭疽病、玫瑰锈病、花卉幼苗立枯病等。

3. 病毒侵害：是由病毒引起的。病毒是没有细胞结构的极微小的一类寄生物，它们的体积比细菌更小，必须用电子显微镜才能看到它们的形态，它们只能寄生在寄主植物的活细胞内。它们主要通过有刺吸式口器的昆虫（如蚜虫、叶蝉和粉虱等）传播；它们要通过土壤中的线虫和真菌，以及植物的种子与花粉传播。嫁接，病株与健株接触摩擦，无性繁殖材料，包括接穗、块茎、球茎、鳞茎、块根和苗木等的使用，都是花卉病毒病的重要传播途径，甚至在修剪、切花和锄草时，工人的手和园艺工具上沾染的病毒汁液，都能起到传播作用。以上传播媒介，在花卉植物上造成微小伤口并将病毒带入植株体内，使其发病，表现为花叶、花瓣碎色、环斑、坏死、明脉、耳突和畸形丛枝等症状。常见的病毒病有郁金香碎色病、仙客来病毒病、一串红花叶病及大丽花病毒病等。

4.线虫病害：是由线虫寄生引起的。线虫是一种低等动物，身体很小，需在显微镜下才能看清它们的形态。它们一般为细长的圆筒形，两端尖，形似人们所熟悉的蛔虫，少数种类的雌虫呈梨形。线虫头部口腔中有一矛状吻针，用以刺破植物细胞提取汁液。生活在土壤中的线虫，有些寄生在花木根部或球茎上，使根系上长出小的瘤状结节，有的引起根部或球茎腐烂。常见的线虫病害，有仙客来、凤仙花、牡丹与月季等花木的根结线虫病，水仙、郁金香等茎腐病。有的线虫寄生在花卉叶片上，引起特有的三角形褐色枯斑，最后叶枯下垂，如菊花和珠兰的叶枯线虫病。

5.非侵染性病害：又称生理病害。它是由不良的环境因素、植株本身代谢受阻、某些营养元素的缺乏及栽培技术不当所造成的。如温度过低或过高，都会使花卉生长发育不良，甚至受到伤害。温度过高，常造成叶片、枝条灼伤和枯萎，如君子兰在夏季强光照后，不但会引起叶片局部灼伤坏死，还会影响孕蕾和开花。温度过低，如早霜或晚霜，常使花卉的叶芽、花芽、嫩叶或枝条、嫩梢受到冻害。土壤水分过多造成通气不良，在缺氧条件下，花卉根部呼吸困难，易窒息死亡。同时，在此情况下，土壤中积累了过量的有毒化学物质，能直接毒害根部造成烂根，妨碍植株从土壤中吸收水分和养料。相反，土壤干旱，水分不足，植株发生凋萎，缺水严重时，会造成全株枯死。施肥不当或土壤中营养物质含量失调，也会引起花卉发病。如碱性土壤中，因缺铁造成花卉叶片黄化，常见的有栀子黄化病；缺少磷肥会影响开花；氮肥过多，易造成植株徒长而不开花。

在花卉的病害中，以真菌性病害发生最普遍，分布广，危害大。然而近年来，病毒病和线虫病的危害也日趋严重，已成为花卉品种退化和品质变劣的重要原因之一。此外，还有藻斑病、菟丝子害（寄生性种子植物）等，在个别年份也引起了一定程度的伤害。

四、病虫害防治

（一）植物检疫

植物检疫，是指一个国家或地区由专门机构依据有关法律法规对植物及其产品进行检验和处理，禁止或限制危险性病、虫、杂草等人为的传入或传出，或者传入后为限制其继续扩散所采取的一系列植物保护措施。

植物检疫是植物保护领域中的一个重要部分，其内容涉及植物保护中的预防、杜绝或铲除的各个方面，也是最有效、最经济、最值得提倡的一个方面，有时甚至是某一有害生物综合防治计划中唯一一项具体措施。但植物检疫具有的特点却不同于植物保护通常采用的化学防治、物理防治、生物防治和农业防治等措施。其特点是从宏观整体上预防一切（尤其是本区域范围内没有的）有害生物的传入、定植与扩展。由于它具有法律强制性，在国际上常把"法规防治""行政措施防治"作为它的同义词。中国的植物检疫始于20世纪30年代。

（二）园林技术防治

园林技术防治是指利用园林栽培技术来防治病虫害的方法，即创造有利于园林花卉生长发育而不利于病虫害危害的条件，促使园林植物生长健壮，增强其抵抗病虫害危害的能力，是病虫害综合治理的基础。

1. 优缺点：

（1）优点：防治措施结合在园林栽培过程中完成，不需要另外增加劳动力，因此可以降低劳动力成本，增加经济效益。

（2）缺点：见效慢，不能在短时间内控制暴发性强的病虫害。

2. 防治技术：

（1）选育抗病虫品种。

（2）生长季节及时摘除有病枝叶，清除病株，对病土进行消毒处理。

（3）园艺操作中避免传带病原。

（4）温室中的有病土壤及有病盆钵在未处理前不可继续使用。

（5）可选择非寄主植物轮作，以减少病原物的数量。

（6）避免两种互为转主的植物栽培在一起，花卉混栽可能加重病害的发生。

（7）使用有机肥应充分腐熟。

（8）注意通风透气，降低湿度。

（三）物理机械防治

物理机械防治是指利用各种物理因素，人工和器械防治病虫害的方法。

土壤病虫害、地上害虫、气传病害的物理防治方法可用于植物全生育期病虫害的防治，这种方法没有农药引起的药物残留问题，是一种环保、安全、可持续发展的植保方式，如土壤电消毒法、空间电场防病促生法等。

物理机械防治法是应用各种物理因素和器械防治病虫害的方法。如利用害虫的趋光性进行灯光诱杀；根据有病虫害的种子重量比健康种子轻，可采用风选、水选淘汰有病虫的种子；使用温水浸种等。利用等离子体种子消毒法、气电联合处理法、辐射技术进行防治取得了一定进展。

1.物理机械防治的特点：见效快，效果好，不发生环境污染。这类方法可用于有害生物大量发生之前，或作为有害生物已经大量发生为害时的急救措施。

2.物理机械防治的种类：

（1）物理防治包括光、电、声、温度、放射能、激光、红外线辐射防治等。

（2）机械防治包括人力扑打、使用简单的器具、器械装置，直至应用近代化的机具设备防治等。

（四）生物防治

生物防治是利用生物及其代谢产物来控制病虫害的方法。

1.生物防治的特点：对人、畜、植物比较安全，不伤害天敌，不污染环境，不会引起害虫的再猖獗和产生抗性，对一些病虫害有长期的控制作用。但是，生物防治也存在着一些局限性，不能完全代替其他防治方法，必须与其他防治方法相结合才能发挥其应有的作用。

2.生物防治的种类：

（1）利用天敌昆虫治虫。天敌治虫包括寄生性天敌和捕食性天敌。利用寄生性天敌防治，主要有寄生蜂和寄生蝇，最常见的有赤眼蜂、寄生蝇防治松毛虫等多种害虫，肿腿蜂防治天牛，花角蚜小蜂防治松突圆蚧。利用捕食性天敌防治，主要为食虫、食鼠的脊椎动物和捕食性节肢动物两大类。鸟类如山雀、灰喜鹊、啄木鸟等捕食害虫的不同虫态；鼠类天敌如黄鼬、猫头鹰、蛇等；节肢动物中捕食性天敌除瓢虫、螳螂、蚂蚁等昆虫外，还有蜘蛛和螨类。

（2）利用微生物及其代谢产物杀虫、治病。常见的有应用真菌、细菌、病毒和能分泌抗生物质的抗生菌，如应用白僵菌防治马尾松毛虫（真菌），苏云金杆菌各种变种制剂防治多种林业害虫（细菌），病毒粗提液防治蜀柏毒蛾、松毛虫、泡桐大袋蛾病毒等，5406防治苗木立枯病（放线菌），微孢子虫防治舞毒蛾等的幼虫（原生动物），泰山1号防治天牛（线虫）。

（3）利用昆虫激素防治害虫。昆虫激素及其类似物是十分理想的一类杀虫剂。

（4）利用植物内激素及其类似物防治害虫。人为地施加保幼激素和蜕皮激素或其类似物，将会干扰昆虫体内激素的平衡，严重影响其正常生长发育，甚至死亡。

①保幼激素类似物的应用。至今已从植物中提取并合成了多种保幼激素类似物，比较常用的 ZR-515、ZR-512、ZR-777 等，分别用来防治泛水伊蚊、蚜虫、蜚蠊和仓储害虫。另一类有应用前景的为抗保幼激素或早熟素，可从熊耳草和胜红蓟中提取，现已人工合成早熟素Ⅰ号和早熟素Ⅱ号。其能使昆虫过早变态、过早成熟、畸形。

目前，在蚕业生产上，可施用保幼激素类似物保持幼体状态，以增加蚕丝的产量。

②蜕皮激素类似物的应用。很多植物体中含有类似蜕皮激素的物质，如百日青甾酮、川膝酮、牛膝甾酮等，施用后可使害虫提早蜕皮，不能正常发育。另外，还有一类抗蜕皮激素，能有效阻止昆虫蜕皮，抑制形成新表皮。如已被开发利用灭幼脲Ⅰ、Ⅱ、Ⅲ号，噻嗪酮，等。

③外激素的用途。外激素及其类似物被用来防治害虫主要有两个途径：一是进行害虫预测预报，利用性诱剂进行预测预报是害虫测报的很有效的方法，专一性强，灵敏度高，诱集准确；二是直接进行害虫防治，利用性诱剂，采用诱捕法、迷向法等，能有效地控制或杀死害虫。另外，聚集激素、疏散激素、利它素等外激素在害虫防治方面都有不同程度的应用。

（五）化学防治

化学防治又叫农药防治，是用化学药剂的毒性来防治病虫害。化学防治是病虫害防治最常用的方法，也是综合防治中一项重要的措施。

1.优缺点：

（1）优点：化学防治适用范围广、收效快、方法简单。

（2）缺点：对环境造成污染。

2.农药类别：

广义上的农药是指用于预防、消灭或者控制危害农业、林业的病、虫、草和其他有害生物，以及有目的地调节、控制、影响植物和有害生物代谢、生长、发育、繁殖过程的制剂。其包括化学合成或者来源于生物、其他天然产物及应用生物技术产生的一种物质或几种物质的混合物。

狭义上的农药是指在农业生产中，为保障、促进植物和农作物的成长，所施用的杀虫、杀菌、杀灭有害动物（或杂草）的一类药物的统称；特指在农业上用于防治病虫以及调节植物生长、除草等的药剂。

（1）按防治对象分类，农药可分为杀虫剂、杀菌剂、杀螨剂、杀线虫剂等。

（2）按化学成分分类，农药可分为无机农药、有机农药、植物性农药、微生物农药等。

（3）按加工剂型分类，农药可分为粉剂、可湿性粉剂、可溶性粉剂、乳剂、乳油、浓乳剂、乳膏、糊剂、胶体剂、熏烟剂、熏蒸剂、烟雾剂、油剂、颗粒剂和微粒剂等。

3. 农药的加工剂型列译如下。

（1）粉剂。粉剂是农药制剂中产量最多、应用最广泛的一种剂型。粉剂容易制造和使用，如用原药和惰性填料（滑石粉、黏土、高岭土、硅藻土、酸性白土等）按一定比例混合、粉碎，使粉粒细度达到一定标准。粉剂在干旱地区或山地水源困难地区深受群众欢迎，因它使用方便，不需用水，用简单的喷粉器就可直接喷撒于作物上，而且工效高，在作物上的黏附力小，残留较少，不易产生药害。除直接用于喷粉外，还可以拌种、土壤处理、配制毒饵粒剂等方法防治病虫害。

喷粉宜在早、晚作物叶面较湿或有露水时进行，因为粉粒在作物表面上的沉积主要靠附着作用或静电吸附作用，但其附着力很小，在有水膜的作物表面上，粉粒的黏附能力得到改善，可提高防治效果。

粉剂的缺点：使用时，直径小于 $10\,\mu m$ 的微粒，因受地面气流的影响，容易飘失，浪费药量，还会引起环境污染，影响人们身体健康。同时加工时，粉尘多，对操作人员身体健康影响较大。

粉剂的优点：用于温室和大棚的密闭环境进行喷粉防治病虫害，可充分利用细微粉粒在空中的运动能力和飘浮作用，使植物叶片正、背面均匀地得到药物沉积，提高防治效果，而且不会对棚室外面的环境造成污染。使用粉剂是温室、大棚中一个较好的施药方法。

（2）乳油。乳油是原药加入一定量的乳化剂和溶剂制成的透明状液体。乳油适于兑水喷雾用，是目前生产上应用最广的一种剂型。乳油是农药原药按比例溶解在有机溶剂（甲苯、二甲苯等）中，加入一定量的农药专用乳化剂（如烷基苯磺酸钙和非离子等乳化剂）配制成透明均相液体，有效成分含量高，一般在 40%~50%。乳油使用方便，加水稀释成一定比例的乳状液即可使用。乳油中含有乳化剂，有利于雾滴在农作物、虫体和病菌上黏附，所以施药且沉积效果比较好，持效期较长，药效好。

乳油除用喷雾器喷洒外，也可涂茎、灌心叶、拌种、浸种等。使用乳油时应注意，由于乳油中含有机溶剂，有促进农药渗透植物表皮的作用，要根据使用说明中规定的使用浓度施药。乳油的残留时间较长，所以要严格控制药量和施药时间，以免发生药害及中毒事故。

（3）烟雾剂。烟雾剂是原药中加入燃料、氧化剂、消燃剂、引芯制成，一般用于防治温室、大棚及仓库病虫害。

（4）可湿性粉剂。可湿性粉剂是在原药中加入一定量的湿润剂和填充剂，经机械加工成粉末状物。可湿性粉剂可兑水喷雾，一般不用做喷粉。目前我国绝大多数的原药可加工制成可湿性粉剂和乳油两种剂型。可湿性粉剂是在粉剂的基础上发展起来的一种剂型，它的性能优于粉剂。使用时加水配成稳定的悬浮液，使用喷雾器进行喷雾。喷在植物上的黏附性好，药效也比同种原药的粉剂好。但可湿性粉剂如果加工质量差、粒度粗、助剂性能不良，容易引起产品黏结，不易在水中分散悬浮，或堵塞喷头，出现在喷雾器中沉淀等现象，造成喷洒不匀，易使植物局部产生药害，特别是经过长期贮存的可湿性粉剂，其悬浮率和湿润性会下降，因此在使用前最好对上述两项指标进行验证。

（5）颗粒剂。颗粒剂是原药中加入载体（黏土、煤渣等）制成的颗粒状药物，如 3% 呋喃丹颗粒剂，主要用于土壤处理，残效期长，用药量少。

4. 农药的使用方法：根据目前农药加工不同的剂型种类，施药方法也不尽相同。目前常用的方法有以下几种。

（1）喷粉法。喷粉法是利用机械所产生的风力将低浓度或用细土稀释好的农药粉剂吹送到作物和防治对象表面上，它是农药使用中比较简单的方法。但要求喷洒均匀、周到，使农作物和病虫草的体表上覆盖一层极薄的粉药。用手指轻摸叶片能看到有点药粉沾在手指上为宜。

喷粉法的优点：①操作方便，工具比较简单；②工作效率高；③不需用水，可不受水源的限制，就可做到及时防治；④对作物一般不易产生药害。

喷粉法的缺点：①药粉易被风吹失和易被雨水冲刷，致使药粉附着在作物表体的量减少，缩短药剂的残效期，降低防治效果；②单位耗药量要多些，在经济上不如喷雾来得节省；③污染环境，且对施药人员的身体不利。

（2）喷雾法。喷雾法是将乳油、乳粉、胶悬剂、可溶性粉剂、水剂和可湿性粉剂等农药制剂，兑入一定量的水混合调制后，即能成均匀的乳状液、溶液和悬浮液等，再利用喷雾器使药液形成微小的雾滴。其雾滴的大小，随喷雾水压的高低、喷头孔径的大小和形状、涡流室大小而定。通常水压愈大、喷头孔径愈小、涡流室愈小，则雾化出来的雾直径愈小，雾滴覆盖密度愈大。而且乳油、乳粉、胶悬剂和可湿性剂等的展着性、黏着性比粉剂好，不易被雨水淋失，残效期长，与病虫接触的药量增多，其防效也会愈好。20 世纪 50

年代前，主要采用大容量喷雾，每亩每次喷药液量大于 50L，但近 10 多年来喷雾技术有了很大的发展，主要是超低容量喷雾技术在农业生产上得到推广应用后，喷药液量便向低容量发展，每亩每次喷施药液量只有 0.1~2L。目前工业比较发达的国家，多采用小容量喷雾方法，因其有许多优点：①用药液量少；②用工少；③机械动力消耗少；④工效高；⑤防治效果好；⑥经济效益高。

（3）毒饵法。毒饵法主要是用于防治为害农作物的幼苗并在地面活动的地下害虫。如小地老虎以及家鼠、家蝇等卫生害虫。它利用害虫、鼠类喜食的饵料和农药拌合而成，诱其取食，以达到毒杀目的。例如，每亩可用 90% 晶体敌百虫 50g，溶于少量水中，与切碎的鲜草 40kg 拌匀，在傍晚成堆撒在棉苗或玉米苗根附近，其防治效果很显著。作毒饵的饵料有麦麸、米糠、玉米屑、豆饼、木屑、青草和树叶等，不管用哪一种作饵料，都要磨细切碎，最好把这些饵料炒至能发出焦香味，然后再拌和农药制成毒饵，这样可以更好地诱杀害虫、家蝇等。此外，毒谷也是毒饵的一种，主要也是用来防治蝼蛄、金针虫等地下害虫。由于配制毒谷需要粮食等，现已不大采用。其实近来有些新农药，可直接作拌种或在土壤中撒施毒土，都能有效地防治一些地下害虫。

（4）熏蒸法。熏蒸法是利用药剂产生有毒的气体，在密闭的条件下，用来消灭仓储粮棉中的麦蛾、豆象、谷盗、红铃虫等。例如，用溴甲烷熏蒸粮食、棉籽、蚕豆等，冬季每 1000m³ 实仓用药量为 30kg，熏蒸 3 天。夏季熏蒸用药量可少些，时间也可短些。

（5）土壤处理法。土壤处理法是用药剂撒在土面或绿肥作物上，随后翻耕入土，或用药剂在植株根部开沟撒施或灌浇，以杀死或抑制土壤中的病虫害。例如，用 2.5% 敌百虫粉剂 2~2.5kg 拌和细土 25kg，撒在青绿肥上，随撒随耕翻，对防治小地老虎很有效；又例如，每亩用 3% 克百威颗粒剂 1.5~2kg，在玉米、大豆和甘蔗的根际开沟撒施，能有效防治上述作物上的多种害虫。

（6）其他的方法。如烟雾法、熏烟法、施拉法、飞机施药法、擦抹施药法、覆膜施药法、种子包衣技术、挂网施药法、水面漂浮施药法、控制释放施药技术等。农药使用方法的发展，是农药剂型发展的反映。一种新的使用方法的出现，一定要以新的农药剂型为后盾。它们是互相促进、相辅相成的。

5.常用农药剂型主要有以下几类。

（1）杀虫剂。其主要有以下几种：

①乐果：中等毒性，有强烈刺激性气味，可杀大多数害虫，尤其对蚧壳虫较为有效，也可用于杀螨。其对昆虫具有触杀、胃杀等作用。乐果易被植物吸收并输导至全株，在酸性溶液中较稳定，在碱性溶液中迅速水解，故不能与碱性农药混用，一般使用浓度1000~1500倍液，具体根据病虫害情况选择。但要注意，有些植物对1500倍液敏感，因此使用乐果时浓度要避免过大，且第一次使用时要先进行试验，以免引起药害。

②吡蚜酮：属于吡啶类或三嗪酮类刹剂，是全新的非杀生性刹剂，最早由瑞士汽巴嘉基公司于1989年开发，该产品对多种作物的刺吸式口器害虫表现出优异的防治效果。吡蚜酮对害虫具有触杀作用，同时还有内吸活性。在植物体内既能在本质部输导也能在韧皮部输导；因此既可用作叶面喷雾，也可用于土壤处理。由于其良好的输导特性，在茎叶喷雾后新长出的枝叶也可以得到有效保护。

③氯氰菊酯：菊酯类农药毒性较低，有气味但气味较轻，可用于室内；在碱性或土壤中易分解，具有杀虫、抑螨作用。常用的多为菊酯类、氯氰菊酯，别名有安绿宝、赛波凯等，对昆虫有触杀、胃毒等作用，对光热稳定，可杀虫卵，在防治对有机磷类产生抗性的害虫效果较好；对螨类、盲蝽类效果较差，残效期相对较长。药量、使用次数勿随便增加、勿与碱性药混合使用，安全间隔期为7~10天，一般使用浓度1500~2000倍液，具体根据病虫情况选择。

④螨克：为中等毒性杀螨剂；杀螨谱广，具有多种毒杀机制；有触杀、拒食、驱避作用，也有一定的胃毒、熏蒸和内吸作用。其稀释为1000~2000倍喷雾，配制和使用时注意穿戴防护用品，操作完毕用肥皂水洗净手、脸、盖好瓶盖，存放于阴凉干燥处；避免与碱性农药混用；对鱼有毒，勿使药剂污染池塘、河道。

⑤克线丹：高毒性杀虫剂，是一种无熏蒸作用的有机磷类触杀性线虫剂，防治线虫效果较好。其在碱性条件下分解，残留量少。

（2）杀菌剂。其主要有以下几种：

①代森锰锌：低毒性，遇酸碱会分解，对炭疽、早疫、叶斑等病起防治作用；注意防潮，不能与铜制剂及碱制剂混用，根据病虫情况进行选择。

② 70%甲基托布津：低毒性，一般使用浓度1000~1500倍液，能与铜制剂混用。

③百菌清：低毒性，无内吸性，对真菌病害有预防作用，当病菌进入植物体后杀菌作用很小，无内吸及传导作用，因此喷药时要注意喷洒均匀，多

于病菌发作前使用，残留期长，附着力强，会在植株上留下白色粉痕，因此室内少用。其使用浓度 1000~1500 倍液。

④多菌灵：低毒性广谱杀菌剂，对立枯、茎腐、根腐、菌核、褐斑、炭疽、白粉病等有防治作用，使用浓度 1000~1500 倍液。

（3）除草剂。其主要有以下几种：

①选择性除草剂：在一定剂量范围内使用，可以有选择地杀灭某些有害植物，而作物安全。在作物地里正确使用，可以达到只杀灭杂草而不伤害作物的目的。

②灭生性除草剂：对所有植物均有杀灭作用，如克无踪、五氯酚钠、草甘膦等。此类除草剂限于休闲田、空闲地的灭草。

③触杀型除草剂：只伤害植株接触到药剂的部位，对没有接触到药剂的部位无影响，如敌稗、除草醚等。

④内吸传导型除草型：有效成分可被植物的根、茎、叶吸收，并迅速传导到全株，从而杀灭有害植物，如草甘膦、盖草能、稳杀醚等。

6. 常见病虫害的化学防治。

（1）虫害。其主要有以下几种：

①刺蛾：俗称刺毛虫、痒辣子。这种害虫咬食月季、白兰、牡丹、石榴、梅花、荷花、蔷薇等叶片。受害严重时，不到几天整盆花卉的叶片就被吃光。刺蛾专门潜伏在叶子背面，很容易被忽视。一年中发生 2 次，6 月上旬发生一次，6 月下旬发生一次，10 月中旬后就结茧越冬。

刺蛾的防治方法：

A. 如害虫少，危害轻时，可将受害叶片摘除，烧毁。

B. 喷施 90% 晶体敌百虫 1000~1200 倍液（即 1kg 水加入敌百虫 1g 或多一点），或 50% 杀螟松乳剂 500~800 倍液。

②天牛：又名蛀干虫、蛀心虫。这种害虫常危害葡萄、月季、杜鹃花以及桃、杏、梅等。

天牛的防治方法：剪去受害树干，捕捉消灭之；或用小刀清除虫粪、木屑后，从蛀洞口注入氧化乐果 1∶50 倍液，再用泥浆封住洞口。

③金龟子：又名白地蚕、白土蚕。其幼虫叫蛴螬，食性很杂，是多种花卉的主要地下害虫。

金龟子的防治方法：冬耕深翻可促使越冬代的死亡；活动期浇灌 50% 马拉松乳剂 800~1000 倍液；保护其天敌。

④角蜡蚧：此虫的若虫和成虫专聚集在叶片、枝条上吸取花卉液汁，造成树势衰弱，影响花木的光合作用，加重危害程度。

角蜡蚧的防治方法：

A. 剪去有虫枝集中烧毁，减少越冬基数。

B. 用竹片刮除或用麻袋片抹除虫体。

C. 若虫期用 25% 亚胺硫磷乳油 1000 倍液或 49% 氧化乐果乳油 1000 倍液或 80% 敌敌畏乳油 1000 倍液喷雾防治，7 天 1 次。

⑤苹果蚜：此虫群集在叶背及嫩梢上危害花卉。初期，叶片周缘下卷，以后由叶尖向叶柄方向弯曲、横卷，影响新梢生长和花芽分化。

苹果蚜的防治方法：

A. 在植株发芽前喷波美 5 度石硫合剂，杀灭越冬卵。

B. 在蚜虫危害期，喷 50% 对硫磷乳油 2000 倍液或 50% 西维因可湿性粉剂 800 倍液防治。

（2）病害。其主要有以下几种：

①白粉病：亦称粉霉病，危害月季、蔷薇、大叶黄杨、金橘等，主要部位为花木的叶、茎和花柄等。受害处表面出现一层白色粉末，病情严重时叶片枯萎。这种病害在闷热、潮湿、不通风的环境中容易发生。

白粉病的防治方法：可喷洒托布津、多菌灵等药剂。

②白绢病：危害月季、茉莉、君子兰、小石榴、桃叶珊瑚、兰花、菊花等。发病时，茎基部呈褐色并腐烂，菌丝体呈绢丝状，起初为白色，后变黄至褐色。此病多发生在土壤潮湿、多雨、高温的盛夏季节。

白绢病的防治方法：盆土应消毒，同时注意环境通风，避免栽培过密，修去病枝。发病前定期喷洒 50% 多菌灵可湿性粉剂 500 倍液。

③叶斑病：也称黑斑病、褐斑病等，对月季、茶花、杜鹃花、蔷薇、菊花等危害较多，首先叶片中间出现黑色斑点，然后叶色变黄脱落。其发生原因多为环境闷热、不通风和潮湿。

叶斑病的防治方法：注意改善环境条件，在初发病时可摘除被害叶片，并将其烧毁。可喷施 1% 波尔多液予以防治，每隔 7 天喷施 1 次，全生长期共喷施 4~5 次。

④炭疽病：主要危害温室中的山茶、茶梅、也门铁、八仙花、君子兰、万年青、兰花、蜘蛛抱蛋、昙花、橡皮树、仙客来等。其主要危害叶片、嫩梢、果实，病斑近圆形，呈灰褐色，后期病斑转为灰白色，有明显的同心轮纹和轮生（或

散生）的小黑点。

炭疽病的防治方法：调整整盆花摆放密度和地栽种植株株距、行距，改善通风透气条件。盆土发干时适当浇水，增加植株的抗性。发病初期，用80%的炭疽福美可湿性粉剂500倍液，或50%的多·硫悬浮剂800倍液，交替喷洒，每10天1次，连续2~3次。

⑤灰霉病：当气温回升，空气湿度过大、通风不良时，灰霉病将是室内花卉的主要病害之一。其危害非洲菊、橡皮树、瓜叶菊、仙客来、一品红、天竺葵、丽格海棠、绿萝、龙船花、扶桑、红掌等盆栽花卉，特别是叶片、花瓣感病严重。

灰霉病的防治方法：3月后，要加强通风透光，降低室内的空气湿度，禁止傍晚给叶面喷水，防止湿气长时间滞留叶面。对于发病初期的植株，可于中午前后用65%的代森锌可湿性粉剂500倍液，或50%的多霉灵可湿性粉剂1000倍液，交替喷洒，每10天1次，连续2~3次。

⑥煤污病：由于室内通风透气条件不佳、湿度大，蚧壳虫、蚜虫、粉虱等刺吸式口器害虫无法彻底消灭，在柑橘、米兰、扶桑、白兰、含笑、鱼尾葵、榕树、山茶、棕竹、杜鹃、栀子、枸骨冬青、福建茶等植物的叶花果上，仍然会发生煤污病。

煤污病的防治方法：加强室内通风透气，及时杀灭蚜虫、蚧壳虫、粉虱等诱发煤污病的虫媒。个别植株上的少量叶片感染了煤污病，可用湿布蘸低浓度的洗衣粉水擦洗煤污层，再用清水冲洗干净。发病初期，可用50%的甲·硫悬浮剂500倍液，或75%的百菌清可湿性粉剂500倍液喷洒染病植株的枝叶，每15天1次，连续2~3次。

（3）病虫害化学防治的注意事项。

科学用药是提高花卉病虫害防治效果的重要保证。在药剂施用中，应注意以下几点：

①要对症下药。根据防治对象、药剂性能和使用方法，选择有效的药剂品种，对症下药，才能做到有的放矢，获得良好的防治效果。例如，乙膦铝（疫霜灵）和甲霜灵（瑞毒霉），对花卉霜霉病和疫病有良好的防治效果，但它不能防治白粉病。抗蚜威（劈蚜雾）对桃蚜有特效，对瓜蚜效果差。扑虱灵对白粉虱若虫有特效。因此，必须对症选药，避免造成无效投入，浪费人力和物力。

②要掌握用药时机。在花卉生产和栽培中，注意观察和掌握病虫害发

生规律，找出它的薄弱环节，及时施药，以取得较理想的防治效果。如果种苗和土壤带菌的病害，在播种或移栽之前，进行药剂拌种或浸种和土壤消毒，可以集中消灭侵染源，提高防治效果，避免病害扩散后投入更多的人力和物力。防治花卉蚧壳虫，抓住若虫孵化活动阶段施药，可以收到事半功倍的效果。

③要交替用药。采用药剂治病虫害时，如果长期只用某单一药剂品种，往往容易引起某些病原物和害虫对它产生的抗药性，从而降低防治效果。因此，提倡将不同类型和种类的药剂合理交换使用，以防止病原物和害虫产生抗药性。

④要安全用药。不同种类或品种的花卉，以及花卉在不同的发育阶段，对药剂的敏感程度有差异。用药时，应严格掌握各种药剂的使用浓度，控制用药量，不要随意增加浓度或用量，防止花卉产生药害。药剂喷不均和在高温条件下喷药，均易发生药害。在公园游览区，严禁施用高毒、高残留的药剂，以免人中毒或污染环境。家庭养花者，更应注意人、畜的安全。施药人员应严格按照农药包装上的说明来使用，并且要有安全防护措施，以防中毒。

7. 常见病虫害的非化学防治。

（1）蚜虫类：俗称腻虫、蜜虫，为害多种花卉，主要聚集在嫩梢、花蕾和叶背刺吸植物汁液，使叶片卷曲、枯黄，植株生长缓慢，影响正常开花。同时，蚜虫排出的大量蜜露，可诱发煤污病，严重影响光合作用。

蚜虫类的防治方法：

①刷下的蚜虫要及时处理干净，以防蔓延。

②取 2~3 片臭椿叶剪碎，加 10~15 倍体积的水煮沸 1h，将其滤液用喷雾器喷杀蚜虫。

③取一个鸡蛋或鸭蛋打碎倒入瓶中，加 1~2mL 食油，再加 200mL 冷水，盖上瓶盖，上下振荡若干次，稍停片刻，待液面无油花浮起即可喷施，对蚜虫、叶螨的防治也有一定效果。

④取干辣椒 20g，加水 1kg 煮沸，用其清液可喷杀蚜虫类、螨类等害虫。

（2）叶螨类：又称火龙，体形小，红色，肉眼可看到，在温度高的条件下发生最多，常大量聚集叶背刺吸汁液。有的具有结网习性，可为害多种花卉，如月季、牡丹、蜀葵、迎春、茶花、天竺葵等。受害叶片正面出现黄色斑点，严重时叶片枯黄脱落，对花卉生长危害最大。

叶螨类的防治方法：

①增加湿度和适当通风，可减少叶螨的滋生。

②喷洒烟草水，配方：烟草末40g，加水1kg，浸泡48h后过滤，使用时将原液再加1kg水，另加洗衣粉2~3g，搅匀后喷洒。

③取面粉4g，放入瓷瓶内，加少许水调成糊状，再加200mL开水，冷却过滤后喷施。

④取洗衣肥皂切成薄片，用开水溶化（按1:（60~70）比例加水），冷却后喷施可防治叶螨、蚜虫，如用肥皂水浸泡烟头，可提高防效，并兼治粉虱、叶蝉等。

（3）蚧壳虫类：俗称树虱子，种类繁多，为害多种花卉，如无花果、月季、牡丹、刺玫、绣球、茶花、扶桑等，受害植株生长缓慢、枝叶枯黄，同时蚧壳虫排出的大量蜜露又可诱发煤污病的发生。

蚧壳虫类的防治方法：

①及时检查，早期防治，虫量少时，可用毛刷或竹片进行人工刷除或剪掉被害枝叶，集中烧毁。

②取烟灰缸内的烟头、烟灰各1份，加水40~50份，浸泡1昼夜，捣烂过滤后喷施，对初孵的蚧壳虫有一定的效果。

③可参考白粉虱的防治措施。

（4）白粉虱：又称小白蛾，是温室或居室中常见的害虫，为害多种花卉，如倒挂金钟、扶桑、月季、瓜叶菊、兰花、牡丹、无花果等。其常聚集叶背。刺吸汁液，尤以嫩叶受害最重，严重时叶片枯死、脱落，成虫的排泄物又常导致煤污病的发生。

白粉虱的防治方法：

①将夹竹桃的枝叶切碎，加水煮沸半小时，过滤可喷杀白粉虱和蚜虫、蚧壳虫。

②取一根小木棍，一端捆上小棉球蘸氧化乐果药液，将另一端插在受害植株的盆中，白粉虱、蚜虫等害虫很快会被杀死，如果虫害比较严重，可再用一个塑料袋把花盆套上，经4~5h后害虫会被熏死。

③将洗衣粉用水稀释400倍，对虫体喷雾，每隔5~6天喷1次，连喷2~3次，可杀死白粉虱成虫、卵和若虫，同时还可防治蚜虫、蚧壳虫。肥皂水和洗衣粉水不宜长期使用，否则盆栽土易成碱性，不利于花卉生长。

第十六节 植物激素在花卉中的应用

一、概说

　　植物激素是通过化学合成和微生物发酵等方式研究并生产出的一些与天然植物激素有类似生理和生物学效应的化学物质。为了便于区别，天然植物激素称为植物内源激素，植物生长调节剂则称为外源激素。两者在化学结构上可能相同，也可能有很大不同，不过其生理和生物学效应基本相同。有些植物生长调节剂本身就是植物激素。

　　公认的植物激素有生长素、赤霉素、乙烯、细胞分裂素和脱落酸五大类。油菜素内酯、多胺、水杨酸和茉莉酸等也具有激素性质，故有人将其划分为九大类。而植物生长调节剂的种类仅在园艺作物上应用的就达40种以上。如植物生长促进剂类有赤霉素、萘乙酸、吲哚乙酸、吲哚丁酸、2，4-二氯苯氧乙酸、防落素、6-苄基氨基嘌呤、激动素、乙烯利、油菜素内酯、三十烷醇、ABT增产灵、西维因等；植物生长抑制剂类有脱落酸、青鲜素、三碘苯甲酸等；植物生长延缓剂类有多效唑、矮壮素、烯效唑等（见表2-4）。

表2-4 常用花卉生长激素

类别	学名	缩写
生长促进剂类	赤霉素	GA3
	萘乙酸	NAA
	吲哚乙酸	IAA
	吲哚丁酸	IBA
	2，4-二氯苯氧乙酸	2，4-D
	细胞分裂素	6-BA
	生根粉	ABT
	乙烯利	
生长抑制剂类	脱落酸	ABA
	青鲜素	
	三碘苯甲酸	
生长延缓剂剂类	多效唑	PP333
	矮壮素	CCC
	烯效唑	

二、植物生长调节剂的作用机理

1.活化基因表达,改变细胞壁特性使之疏松来诱导细胞生长;诱导酶活性,促进或抑制核酸和蛋白质形成;改变某些代谢途径,促进或抑制细胞分裂和伸长;诱导抗病基因表达。

2.促进细胞伸长、分裂和分化,促进茎的生长;促进发根和不定根的形成;诱导花芽形成,促进坐果的果实肥大,促进愈伤组织分化;促进顶端优势,抑制侧芽生长。

3.打破休眠,促进发芽;抑制横向生长,促进纵向生长,促进花芽形成;诱导单性结实。

4.阻止茎的伸长、生长;增加呼吸酶和细胞壁分解酶活性;促进果实成熟、落叶、落果和衰老;打破休眠,促进花芽形成和发根。

5.促进休眠,阻止发芽;促进落叶、落果,形成离层和老化;促进气孔关闭;抑制 α-淀粉酶形成;促进乙烯形成。

三、植物生长调节剂的配制

(一)配制方法

不同的植物生长调节剂需要不同的溶剂来溶解, 多数植物生长调节剂不溶于水,而溶于有机溶剂。可湿性粉剂可直接配制。

(二)用药量的计算方法

一般浓度用量（50~500）×10^{-6}。平时先配高浓度溶液进行短时间储存,使用时再稀释。

四、植物生长调节剂在园林植物上的应用

(一)打破种子休眠,促进萌发

赤霉素可打破柑橘、桃、葡萄、甜橙、榛、番木瓜等种子的休眠。乙烯处理可打破草莓和苹果种子的休眠。将柑橘种子放入 1000mg/L 赤霉素水溶液中浸泡 24 小时,可提高发芽率。

(二)促进生根

葡萄插条用 50mg/L 的 IBA 浸基部 8 小时,或用 50~100mL/L 的 NAA 浸基部 8~12h,或用 50~100mg/L 的 ABT 生根粉 1 号浸基部 2~3h 可促进插条生根;用 50mg/L 的 α-NAA 液浸番茄、茄子、辣椒、黄瓜等枝条基部 10 分钟

可促进生根；或用 2000mg/L 的 α–NAA 液速蘸茄子、辣椒、黄瓜插条基部可促进生根。

（三）提高坐果率，防止落果

在苹果、梨、山楂的盛花期开始喷 25~50mg/L 的 GA_3，或在桃新梢生长 1030cm 时喷 1000mg/L 的多效唑可提高坐果率。番茄、茄子、辣椒和西瓜在花期喷 20mg/L 的 2，4–D 或 20~40mg/L 的防落素可提高坐果率，防止落花落果。

（四）诱导或促进雌花形成

黄瓜幼苗 1–3 片真叶期叶面喷 100~200mg/L 的乙烯利，或 1–3 片真叶期叶面喷 10mg/L 的 α–NAA，3–4 片真叶期叶面喷 500mg/L 的 IAA 均可诱导或促进雌花形成；或南瓜 3–5 片真叶期叶面喷 150~300mg/L 的乙烯利可诱导雌花形成。

（五）诱导单性结实，形成无籽果实

在山楂花期喷 50mg/L 的 GA 可诱导单性结实；葡萄开花前用 200mg/L 的 GA 加少量链霉素液浸蘸花蕾，一周后再蘸花可诱导形成无籽果实。

（六）增大果个，提高产量，改进品种

苹果盛花期喷 20mg/L 的 6–BA 可增加果重；在梨和桃的幼果膨大期喷 50mg/L 的助壮素可促进果实肥大。在黄瓜花期喷（或浸花）50mg/L 的 GA_3 可促进瓜肥大；胡萝卜和萝卜苗期的肉质根肥大期喷整形素（10mg/L，4–5 叶期）、三十烷醇（0.5mg/L，肉质根肥大期喷 2~3 次，每 8~10 天 1 次）和多效唑 (100~1500mg/L，肉质根形成期) 均能促进生长和肉质根肥大。

（七）促进果实成熟

苹果成熟前 3~4 周喷 800~1000 倍的乙烯利或成熟前 2 周喷 1mg/L 的 BA 均可催熟；在桃盛花期后 70~80 天喷 400 倍的乙烯利可催熟；番茄果实白熟期 / 着色期和采收前分别喷施乙烯利 300~500 倍、1000mg/L 和 3000mg/L 可促进着色和提早成熟，而采后喷乙烯利或用乙烯利浸蘸都有催熟作用。

（八）疏花疏果

苹果盛花期后 10~15 天喷 5~20mg/L 的 NAA，或盛花期后 10~25 天喷 600~1000mg/L 的西维因，或盛花期后 14~20 天喷 25~150mg/L 的 6–BA 可疏花疏果；梨盛花期后 1 周喷 1500mg/L 的西维因，或梨、桃盛花期后 1~2 周喷 20~40mg/L 的 α–NAA 可疏花疏果。

（九）抑制茎叶和新梢生长，促进花芽分化

猕猴桃在 5 月喷 2000mg/L 的多效唑可控制新梢生长，节间缩短；春季当桃的新梢长至 10~30cm 时喷 1000mg/L 的多效唑可控制新梢徒长，提高坐果率；土施 500mg/L 的 CCC 可防止番茄徒长；番茄 2-4 片真叶期喷 300mg/L 的 CCC 可防止茎叶徒长，5-8 片真叶期喷 10~20mg/L 的多效唑可防止苗徒长；辣椒苗高 67cm 时喷 10~20mg/L 的多效唑可防止苗期徒长；豆类蔬菜用 10~100mg/L 的 CCC 浸种后，可防止徒长，增加结荚数和产量。

（十）控制抽薹与开花

当芹菜、莴苣 3-4 片真叶期喷 50 或 100mg/L（低浓度）的 MH（昆虫蜕皮激素）可促进抽薹开花；在大白菜 37 片真叶期喷高浓度（500~1000mg/L）的 MH 或在大白菜花芽分化初期喷 0.125% 的 MH 可抑制花芽分化。

（十一）化学去雄

当黄瓜第 1 片真叶展开后开始在叶面喷 150~200mg/L 的乙烯利，每次间隔 4~6 天（春季）或 3~4 天（秋季），连续喷 3~4 次即可去雄。

（十二）保鲜

水杨酸可用于插花和水果保鲜。

五、植物生长调节剂应用举例

（一）赤霉素

1. 赤霉素在牡丹上的应用。

（1）牡丹一般在春季 4~5 月开花，可以利用赤霉素让它提前半年开花：

选用易于催花的品种如"赵粉"等，3 月摘蕾，4~8 月增施追肥，7~8 月进行短日照和用冰降温等措施促进其落叶，7 月上盆或栽荫棚下，8 月下旬至 9 月上旬每天用（200~1000）×10^{-6}赤霉素涂抹花芽一次，可以实现 9 月下旬、10 月上旬开花。

试验成功的品种，有"赵粉""何白""青龙卧墨池"等，花期仅有 3 天。

（2）国庆节前开放：可给以 5~10℃温度处理，即可适当延期开花。每天（500~1000）×10^{-6}赤霉素处理最好，4~7 天后即可起解除花芽休眠、促使提前萌发的作用。在品种选择方面，除"赵粉"外，发现"雨露苗壮""群英""紫蓝魁"催花表现良好。

2. 赤霉素在含笑上的应用。含笑是 4~5 月开香花的常绿灌木。现选用盆栽多年而当年无花的含笑，夏季置荫棚下，每周施肥，7 月下旬着花蕾，

8月初摘除嫩叶，后每周用 100×10^{-6} 赤霉素涂花蕾一次，再逐增其浓度至（$200{\sim}500$）$\times 10^{-6}$。直至9月中旬剥去花蕾外壳，约3天后即开放。花期3天，花径4cm。因花梗伸长，香味亦浓，颇引人注意。

赤霉素的主要作用是促进花蕾长大并开出鲜花，所以能让含笑提前开花，一般从涂赤霉素到开花约需一个月。

3. 赤霉素在栀子花上的应用。用叶痕点涂催花法，10月下旬用高浓度 $(2500{\sim}4000) \times 10^{-6}$ 赤霉素处理栀子花，花芽附近摘去叶芽的叶痕，只需滴1次，即可在1个月后始花，且可促使花瓣增多，品种以"芙蓉五宝"等为好，比对照花期提早 $2{\sim}3$ 个月。

4. 赤霉素促进坐果或无籽果的形成。黄瓜开花期用 $50{\sim}100$mg/kg 赤霉素药液喷花1次促进坐果、增产。葡萄开花后 $7{\sim}10$ 天，玫瑰香葡萄用 $200{\sim}500$mg/kg 药液喷果穗1次，促进无核果形成。

5. 赤霉素打破休眠促进发芽。如土豆播种前用 $0.5{\sim}1$mg/kg 赤霉素药液浸块茎30分钟；大麦播种前用 1mg/kg 药液浸种，都可促进发芽。

6. 赤霉素延缓衰老及保鲜作用。如蒜苔用 50mg/kg 药液浸蒜薹基部 $10{\sim}30$ 分钟，柑橘绿果期用 $5{\sim}15$mg/kg 药液喷果1次，香蕉采收后用 10mg/kg 药液浸果，黄瓜、西瓜采收前用 $10{\sim}50$mg/kg 药液喷瓜，都可起到保鲜作用。

7. 赤霉素促进幼树生长。对一、二年生的槭树、橡树、桦树及樟树等，用 $200{\sim}400$mg/L 赤霉素药液喷洒植株，可促进幼树生长，高度也显著增加。

8. 注意事项：

（1）赤霉酸水溶性小，用前先用少量酒精或白酒溶解，再加水稀释至所需浓度。

（2）使用赤霉酸处理的作物不孕籽增加，故留种田不宜施药。

（3）如果使用赤霉素过量，会造成倒伏，所以要使用助壮素进行调节，同时增施钾肥。

（二）生根粉

生根粉是一种高效、广谱性的生根促进剂，有利于扦插成活，一般海棠砧木嫁接扦插育苗成活率可达 $80\%{\sim}90\%$。

"1号生根粉"主要用于玫瑰、米兰、海棠、佛手、罗汉松、雪松、银杏等。

"2号生根粉"主要用于月季、茶花、栀子花、杜鹃、菊花、蔷薇、倒挂金钟、石榴、小叶黄杨等。

"3号生根粉"主要用于苗木移栽时根系恢复，提高成活率。

（三）萘乙酸、吲哚乙酸

1. 在花卉的扦插繁殖中，为促进插穗生根，提高成活率，加快繁殖，培育壮苗，常用激素萘乙酸处理。处理方法有水溶液浸泡和粉剂涂抹两种。水溶液浸泡有低浓度和高浓度之分。低浓度水溶液浸泡，就是将插穗作较长时间浸泡后再扦插。所有萘乙酸的浓度为 10~200mg/L，处理时间为 8~24h。在切口 1~2cm 处浸渍即可，不需要将整个插穗浸泡。

幼嫩枝条用较弱的吲哚乙酸处理，成熟枝条用吲哚丁酸或萘乙酸处理。高浓度快速浸蘸处理可提高工效，常用浓度为 1000~10000mg/L，浸渍 2~5min 即可。粉剂处理是先将药剂溶解在少量 95% 酒精中，然后将溶解液均匀撒拌在滑石粉等惰性粉中，再稍加热，使酒精蒸发掉，即成粉剂。通常 1g 滑石粉中混入 1~20mg 生长素。处理时将用水浸蘸过的插穗基部在粉剂中沾一下即可，但处理浓度比溶液浸渍时高 10 倍。

2. 观叶花卉用 5μg/g 萘乙酸溶液喷洒，即可防止落花。又如盆栽金橘，在坐果前用 500μg/g 浓度的萘乙酸溶液喷洒，即可抑制花芽分化，防止落果。

（四）矮壮素

矮壮素的功效同赤霉素的效果正好相反，它是赤霉素的拮抗剂，其生理功能是控制植株的营养生长（即根茎叶的生长），促进植株的生殖生长（即花和果实的生长），使植株的间节缩短、矮壮并抗倒伏，促进叶片颜色加深、光合作用加强，提高植株的坐果率、抗旱性、抗寒性和抗盐碱能力。

1. 天竺葵定植时土壤中拌入 500μg/g 的矮壮素，植株高度可降低 10cm 左右，并能提前 1~2 周开花。

2. 矮壮素对一品红、山茶、八仙花、杜鹃、火棘、五色梅、百合、仙来客、香石竹、翠菊、彩叶草、鸡冠花、紫罗兰、矮牵牛、万寿菊、百日草等花木均有明显的矮化作用。

3. 当木槿新芽长到 5~7cm 时，用 1000mg/L 矮壮素喷洒叶面使植株矮化，效果明显。

4. 当苏铁新叶弯曲生长时，用 1~3mg/L 矮壮素药液喷洒，每周 1 次，连续喷洒 3 次，可使弯曲的新叶矮化，叶色更加浓绿，提高观赏价值。

5. 用矮壮素溶液浇灌唐菖蒲植株，可以促进侧生花枝，还能提早开花。

6. 在辣椒和土豆开始有徒长趋势时，在现蕾至开花期，土豆用 1600~2500mg/L 的矮壮素喷洒叶面，可控制地面生长并促进增产；辣椒用 20~25mg/L 的矮壮素喷洒茎叶，可控制徒长和提高坐果率。

7. 用浓度为 4000~5000mg/L 矮壮素药液在甘蓝（莲花白）和芹菜的生长点喷洒，可有效控制抽薹和开花。

8. 番茄苗期用 50mg/L 的矮壮素水剂进行土表淋洒，可使番茄株型紧凑且提早开花。如果番茄定植移栽后发现有徒长现象时，可用 500mg/L 的矮壮素稀释液按每株 100~150mL 浇施，5~7 天便会显示出药效，20~30 天后药效消失，恢复正常。

9. 使用矮壮素的注意事项：水肥条件要好，群体有徒长趋势时效果好。若地力条件差，长势不旺时，勿用矮壮素。初次使用，要先小面积试验。矮壮素遇碱分解，不能与碱性农药或碱性化肥混用。使用时，应穿戴好个人防护用品；使用后，应及时清洗。

（五）多效唑

多效唑对一些花卉植株的矮化作用也十分显著。

1. 盆栽秋菊，在其生长中期（约 8 月中下旬），用浓度 20μg/g 的多效唑溶液喷洒，每隔 10~15 天喷 1 次，共喷 2 次，可使植株变矮，节间缩短，叶色变绿，茎秆变硬，此时辅之以摘心和适当施肥，即可使花形增大，花期延长，花朵艳丽。

2. 当盆栽桂花达到矮化整形效果时，可在春季萌发新梢前，用 800mg/L 多效唑药液喷洒植株，促进节间缩短，新叶增厚，株形紧凑，提高观赏性。

3. 在盆栽扶桑移出室外前，用 500~1000mL 多效唑药液浇施盆土中，可使枝条粗短，缩小冠幅，多开花，达到矮化效果；并根据矮化程度，可在 6 月中旬再浇施药液 1 次。

4. 春季盆栽柑橘开始生长时，在盆土中浇施 125~250mg/L 多效唑药液，可有效抑制枝梢伸长，提高矮枝比例，增加当年结果率和翌年花芽分化率。

5. 在盆栽桃开花后，每盆用 0.5g 40% 多效唑可湿性粉剂加水浇施盆土，以防止桃株徒长，提高观赏效果。

（六）比久

大丽花、菊花等用"比久"处理，矮化作用十分明显。

1. 日本女贞春季萌芽生长 10~15 天，或者修剪后，用 2500~5000mg/L 比久药液喷洒植株叶面，可抑制植株长高，控制侧枝生长，改善株形。

2. 当年生盆栽紫薇新枝生长至 5cm 时，用 1000mg/L 比久药液喷洒叶面，可矮化植株，提高观赏价值。

3. 盆栽桃进入春季生长，新梢生长至 5~10cm 时，用 1000~1500mg/L 比久药液喷洒叶面，间隔 10~15 天后，再喷 1 次。

（七）清鲜素

在春季（2~3 月），用 4.6%~9.2% 青鲜素药液喷洒白杨树，或用 1500~3000mg/L 青鲜素药液喷洒白蜡树，均可控制枝芽萌发，抑制枝条生长。

六、应用植物生长调节剂应注意的问题

1. 植物生长调节剂具有两重性，若使用不当，往往会起到相反的作用，甚至造成重大损失。因此，在花卉栽培中使用时应先进行试验摸索，对调节剂的种类、施用剂量、浓度、使用时间、应用部位以及使用时的环境条件等都要严格控制，通过试验找到最佳方案，才能取得最佳效果。

2. 园艺作物种类、品种、生长势和环境条件差异较大，对植物生长剂的不同浓度的反应也各不相同，所以在大量应用前要做预备试验，以免发生药害或效果不显著。

3. 不论溶于水还是溶于乙醇都必须将计算出的用量放进较小的容器内先溶解，然后再稀释至所需要的量，并要随用随配，以免失效。

4. 喷药时间最好在晴天傍晚前进行。不要在下雨前或烈日下进行，以免改变药液浓度，降低药效或发生药害。

02　花卉生长发育阶段及管理

第一节　花卉的生长发育阶段

一、花卉的生命周期与生长发育阶段

（一）花卉的生命周期

花卉从播种开始，经生长、发育、开花、结果，至衰老、死亡的全过程，称为生命周期。

1.大发育周期（观赏树木的生命周期）：是从种子萌发起，经过幼年、青年、成年、老年，多年的生长、开花或结果，直到树体死亡的整个时期。其是观赏树木生命活动的总周期。

2.年周期：一年中的生长、发育过程，随一年中气候条件的变化而变化，主要有生长期和休眠期两个阶段。

3.一、二年生草本花卉的生命周期：在1~2年内完成发芽、生长、开花、结果、死亡等过程。

4.多年生草本花卉的生命周期：包括许多个年周期，与观赏树木的生命周期类似。

（二）花卉生长发育阶段

1.草本花卉的生长发育大致可以分为幼苗期、开花期、结果期、播种期、发芽期5个阶段（见图3-1）。

图3-1　花卉生长发育阶段

2. 观赏树木的生长发育大致可以分为播种期、发芽期、幼年期、青年期、成年期、老年期和衰老期 7 个阶段（见图 3-2）。年生长阶段分为生长阶段和休眠阶段（见图 3-3）。

图 3-2　树木生长发育期　　　　　图 3-3　树木年生长阶段

二、各生长阶段大致时间界定

（一）播种期

1. 大致时间：从种子播种开始，到种子露白。

2. 阶段任务：促进种子萌动。

3. 种子露白：种子在合适的温度条件下，吸水后膨胀，种子内部酶的活性急剧增强，种子内部养分开始转化，从胚乳或子叶中分解、运输到胚根、胚芽中，胚根伸长，露出白点，叫露白（见图 3-4）。

图 3-4　种子露白　　　　　　　图 3-5　幼苗出土

（二）发芽期

    1.大致时间：从种子萌动开始，到第1片真叶显露（见图3-5）。

    2.阶段任务：根生长，芽发育，培育壮苗。

（三）幼苗期

    1.大致时间：从第1片真叶显露，到花序开始现蕾（见图3-6）。

    2.阶段任务：促进根、茎、叶快速生长。

（四）开花期

    1.大致时间：从第1花序现蕾，到坐果（见图3-7）。

    2.阶段任务：完成开花、传粉和受精。

图 3-6　幼苗阶段　　　　　　图 3-7　开花阶段

（五）结果期

    1.大致时间：从第1花序坐果，到生产结束（见图3-8）。

    2.阶段任务：培育高质、高产的果实。

图 3-8　结果阶段

（六）树木幼年期

1. 大致时间：种子萌发，到第 1 次开花（见图 3-9）。

2. 阶段任务：营养积累。

（七）树木青年期

1. 大致时间：从第 1 次开花，到开始大量开花之前（见图 3-10）。

2. 阶段任务：促进树冠和根系加速生长。

图 3-9　树木幼年期

图 3-10　树木青年期

（八）树木成年期

1. 大致时间：开始大量开花结实，到开花结实连续下降的初期（见图 3-11）。

2. 阶段任务：花芽发育完全，树冠分枝最大化。

（九）树木老年期

1. 大致时间：大量开花结果的状态遭到破坏，到几乎失去观花观果价值（见图 3-12）。

2. 阶段任务：防衰老，促树枝更新。

图 3-11　树木成年期

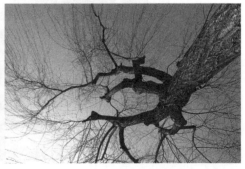
图 3-12　树木老年期

（十）树木衰老期

1. 大致时间：骨干枝、根逐步衰亡，到植株死亡（见图 3-13）。
2. 阶段任务：延缓树体衰老。

图 3-13　树木衰老期

（十一）树木生长期

1. 大致时间：树木正常生长、发育时期（见图 3-14）。
2. 阶段任务：积累营养，长高长大，分化成熟。

（十二）树木休眠期

1. 大致时间：植物体或其器官在发育的过程中，生长和代谢出现暂时停顿的时期。不同树木的休眠时间不尽相同，常绿树木一般没有休眠期（见图 3-15）
2. 阶段任务：适应不良环境。

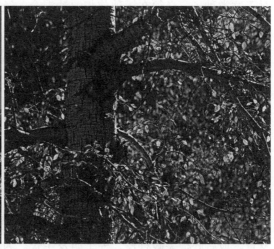

图 3-14　树木生长期　　　　图 3-15　树木休眠期

第二节　种子播种及管理

一、影响种子播种的因素

（一）种子自身因素

1.保质期：市面上购买的花卉种子比较多，在购买时，不论是国产种子还是进口种子，请留意包装袋上标明的生产日期及保质期。没有标明生产日期和保质期的种子不要购买。因为过期的种子多半已丧失生命力，是不会发芽出苗的。

2.类别：在种植时，应对种子有一个基本的了解，确认是一、二年生花卉还是多年生花卉，是春播种子还是秋播种子，春季播的种子一般在夏秋季开花；秋季播的种子一般在春夏季开花（木本花卉除外）。如果弄反了，在没有一定培养设备的条件下，是很难达到预期开花目的的。对购买的种子，尤其是对未曾莳养（栽种或移植）过的花卉品种，更应该引起高度注意。

3.外观：是否受到外力作用而被碾碎或破损。

4.生理活力：是指种子发育和成熟的程度。

5.休眠期：是否有休眠期，是否处于休眠期。

有些花卉，如丁香、蜡梅及一些秋播的草本花卉的种子，需经过一定时间的低温（0~10℃）处理，才能促进后熟，打破种胚的休眠而发芽。

有些花卉，如流苏、芍药的种子，具有胚根和胚轴双休眠的特性，即其胚根需要通过1~2个月或更长时间，在25~32℃的高温下，才能打破休眠。对于这类种子，必须在播种前与湿沙混合，经过一段时间高温，再转入低温，经高温处理后，春季播种就能很快发芽出苗。

有些花卉存在化学抑制物质。这些抑制物质分别存在于果实、种皮和胚中。如ABA就是常见的一种抑制激素，使种子不过早地在植株上萌发。如拟南芥的突变体由于缺乏ABA而在母株上就开始萌发。采取层积、水浸泡、GA处理等可以消除ABA的抑制作用。

（二）环境因素

1.水分：种子吸水使种皮变软开裂、胚与胚乳吸胀，同时，透气性增加，酶活化起来，增强了胚的代谢活动，原生质由凝胶态变成溶胶态，大分子储藏养分分解，束缚态生长刺激物质转化为游离态，从而启动和保证了胚生长发育，最后胚根突破种皮，种子萌发生长。为保持一定的湿度，可采用覆盖、遮阴等办法。直到幼苗出土，再逐步去除覆盖物。

2. 氧气：种子发芽时要摄取空气中的氧气并放出二氧化碳，假如播后覆土过深，压得太紧，或土壤中水分过多，种子就会因缺氧而腐烂。

3. 温度：适宜的温度能够促进种子萌发。一般而言，温带植物以 15~20℃ 为最适，亚热带和热带以 25~30℃ 为宜。变温处理有利于种子的萌发和幼苗的生长。干种子的发芽除必须有一定水分条件外，还必须具备一定的适温。比如十字花科的香雪球发芽适温必须在 5~20℃，非洲菊的发芽适温必须在 20~25℃，报春花的发芽适温必须在 15~18℃。温度太高或太低都会影响花卉出苗率，尤其会引起种子霉烂、腐烂现象的发生，大大降低了种子的发芽率和成苗率。

二、种子萌发条件及播种前的种子处理

一般花卉的健康种子在适宜的水分、温度和氧气的条件下都能顺利萌发，仅有部分花卉的种子要求光照感应或打破休眠才能萌发。

（一）种子萌发所需要的条件

1. 水分：种子萌发需要吸收充足的水分。种子吸水膨胀后，种皮破裂，呼吸强度增大，各种酶的活性也随之加强，蛋白质及淀粉等贮藏物进行分解、转化，被分解的营养物质输送到胚，使胚开始生长。

种子的吸水能力随种子的构造不同差异较大。如文殊兰的种子，胚乳本身含有较多的水分，播种时吸水量就少；有一些花卉种子较干燥，吸水量就大。播种前的种子处理，很多情况就是为了促进吸水，以利萌发。

2. 温度：花卉种子萌发的适宜温度，依种类及原产地的不同而有差异。通常原产热带的花卉需要温度较高，而亚热带及温带的花卉次之，原产温带北部的花卉则需要一定的低温才易萌发。如原产美洲热带地区的王莲在 30~35℃ 水池中，经 10~21 天才萌发。而原产于南欧的大花葱是一种低温发芽型的球根花卉，在 2~7℃ 条件下较长时间才能萌发，高于 10℃ 则几乎不能萌发。

一般来说，花卉种子的萌发适温比其生育适温高 3~5℃。原产温带的一、二年生花卉萌芽适温为 20~25℃，萌芽适温较高的可达 25~30℃，如鸡冠花、半支莲等，适于春播；也有一些种类适温为 15~20℃，如金鱼草、三色堇等，适于秋播。

3. 氧气：是花卉种子萌发的条件之一，供氧不足会妨碍种子萌发。但对于水生花卉来说，只需少量氧气就可满足种子萌发需要。

4. 光照：大多数花卉的种子，只要有足够的水分、适宜的温度和一定的氧气，都可以发芽。但有些花卉种子萌发受光照影响。不同种子发芽对光的依赖性不同。

需光种子常常是小粒的，发芽靠近土壤表面，在那里幼苗能很快出土并开始进行光合作用。这类种子没有从深层土中伸出的能力，所以在播种时覆土要薄。如草本开花植物、报春花、毛地黄、瓶子草类等。

嫌光性种子在光照下不能萌发或萌发受到光的抑制，如黑种草、雁来红等需要覆盖黑布或提供暗室等进行种子萌发。

（二）花卉播种前的种子处理

不同花卉种子发芽期不同，发芽期长的种子给土地利用和管理都带来问题；有些种子在一些地区无法获得萌发需要的气候条件，不能萌发。播种前对种子的处理可以解决上述问题，从而达到打破种子休眠或促进种子萌发或使种子发芽迅速整齐的目的。目前专业生产中使用的种子类型主要有未处理的种子（只经过清洁加工）、预发芽（已经过发芽诱导，不便久存）种子、适于机播的丸粒（微小粒种子包泥等改变大小和形状）和包衣（种子外包润滑剂或杀菌剂）种子等。在园林应用中，大田露地播种多用未处理的种子。

1. 胚未成熟的处理办法有如下几种。

（1）晒种软化：以果实或种子为播种材料的花卉，播种前晒种能促进种子成熟，增强种子酶的活性，降低种子含水量，提高发芽率，同时还能杀死寄生在种子上的病菌和害虫。晒种宜选晴天进行，注意勤翻动，使之受热均匀。

（2）层积处理：将种子与潮湿的介质（通常为湿沙）一起贮放在低温条件下（0~5℃），利用低温处理解除种子休眠的一种方法，也称沙藏处理。春播种子常用此方法来促进萌芽。层积前先用水浸泡种子5~24小时，待种子充分吸水后，取出晾干，再与洁净河沙混匀。沙的用量是：中小粒种子一般为种子容积的3~5倍，大粒种子为5~10倍。沙的湿度以手捏成团不滴水即可，约为沙最大持水量的50%。种子量大时用沟藏法，选择背阴高燥不积水处，挖深50~100cm，宽40~50cm，长度视种子多少而定的沟，沟底先铺5cm厚的湿沙，然后将已拌好的种子放入沟内，到距地面10cm处，用河沙覆盖，一般要高出地面呈屋脊状，上面再用草或草垫盖好。种子量小时可用花盆或木箱层积。层积日数因不同种类而异，如八棱海棠40~60天，毛桃80~100天，山楂 200~300 天。层积期间要注意检查温、湿度，特别是春节以后更要注意防霉烂或过早发芽，春季大部分种子露白时要及时播种。

（3）激素处理：如牛膝、白芷、桔梗等种子用 10~20mg/kg 的赤霉素溶液处理可显著提高发芽率。番红花种茎放在 25mg/kg 的赤霉素溶液中浸 30min，金莲花在 50mg/kg 的赤霉素溶液中浸 12h，不仅发芽早且发芽率高。

2. 种皮限制的处理办法有如下几种。

（1）温水浸种：以果实或种子作为播种材料的花卉，播种前通过温水浸种对种子消毒，能使种皮软化，种皮透性增强，有利于种子萌发，并可杀死种子表面所带病菌。不同药材的种子所需要的水温和浸种时间不同，如白术，一般在 25~30℃温水中浸种 24h，而颠茄种子要求在 50℃温水中浸泡 12h。

（2）机械破皮：破皮是开裂、擦伤或改变种皮的过程，用于使坚硬和不透水的种皮（如山楂、樱桃、山杏等）透水透气，从而促进发芽。砂纸磨、榔头、锤砸、碾子碾及老虎钳夹开种皮等，适用于少量大粒种子。对于大量种子，则需要用特殊的机械破皮机。

（3）化学处理：种壳坚硬或种皮有蜡质的种子（如山楂、酸枣及花椒等），亦可浸入有腐蚀性的浓硫酸（95%）或氢氧化钠（10%）溶液中，经过短时间的处理，使种皮变薄、蜡质消除、透性增加，有利于萌芽。大量元素肥料如硫酸铵、尿素、磷酸二氢钾等，可用于拌种。硼酸、钼酸铵、硫酸铜、高锰酸钾等微肥和稀土，可用来浸种，使用浓度一般为 0.1%~0.2%。用 0.3% 碳酸钠和 0.3% 溴化钾浸种，也可促进种子萌发。

3. 休眠或存在抑制物质处理办法有如下几种。

（1）清水浸泡清洗：清水浸泡种子可软化种皮，除去发芽抑制物，促进种子萌发。清水浸种时的水温和浸泡时间是重要条件，有凉水（25~30℃）浸种、温水（55℃）浸种、热水（70~75℃）浸种和变温（高温 90~100℃，低温 20℃以下）浸种等。后两种适宜有厚硬壳的种子，如核桃、山桃、山杏、山楂、油松等，可将种子在开水中浸泡数秒钟，再在流水中浸泡 2~3 天，待种壳有一半裂口时播种，但切勿烫伤种胚。

（2）光温处理：日照时间的长短，对于大多数植物而言，是诱导休眠的一个重要的环境因子。此类植物对光照时间长短比较敏感，一定时间的短日照即可诱导芽进入休眠期，而一定时间的长日照则又可以解除休眠。如杨树在 21~25℃条件下，单一的短日照能够诱导进入休眠。对桑树的研究发现，日照是诱导芽进入休眠的主要因子，在维持光照时间不变的条件下，即使温度降低，也不起作用。除日照时间外，光质也影响到休眠的形成与解除，而光敏色素和蓝光受体在这种类型的植物中发挥了独特的作用。

温度是与休眠有重要关系的另一个环境因子。一些研究表明，蔷薇科的植物如苹果和梨树等对短日照并不敏感，而低温则是诱导休眠的主要因子。在寒冷地区的某些木本植物也可被低温单独诱导进入休眠。如研究发现桦树的休眠的解除受温度影响很大。这一类型的其他植物如桃树、葡萄等果树也必须经过一定限度的低温后才能通过休眠。长日照对榆树休眠的解除没有效果，温度才是主要的。

（3）激素处理：赤霉素可打破柑橘、桃、葡萄、甜橙、榛、番木瓜等种子休眠。乙烯处理可打破草莓和苹果种子的休眠。将柑橘种子放入 1000 mg/L 赤霉素水溶液中浸泡 24h，可提高发芽率。

4.种子消毒杀菌的方法如下。

（1）物理消毒：晒种、温水浸泡。

将干燥的种子放在 70℃ 的干燥箱中处理 2~3 天，可使种子上附着的病毒钝化，失去活性，并且能增加种子活力，促进种子萌发整齐一致。此方法可以防治西瓜、辣椒、番茄病毒病等。

温水浸种又叫热水烫种，是一种适用于多种花卉、蔬菜种子的消毒方法，可以杀灭潜伏在种子表面的和内部的病原菌，方法简单易行，操作性强，可与浸泡种子结合进行。该方法是将种子放在 5~8 倍于种子重量的 55~60℃ 的热水中浸泡 10~15min，边浸边搅（朝一个方向旋转），等烫种时间到了以后，把水温降到 30℃ 左右，开始转入温水浸种。浸种时间依据品种而定，如黄瓜、番茄、甜椒、甜瓜等浸种 5~6h，茄子、苦瓜、西瓜、冬瓜、丝瓜等浸种 22~24h，黑南瓜籽子、葫芦籽等皮壳比较厚硬的品种应该浸种 46~48h。

（2）化学药剂消毒。

①福尔马林（甲醛）：用 100~300 倍的福尔马林浸种 15~30min，捞出，清水洗净催芽播种。其适合黄瓜、茄子、西瓜、菜豆等，能防治瓜类枯萎病、炭疽病、黑星病、茄子黄萎病、绵腐病和菜豆炭疽病。

②磷酸三钠：将种子用清水浸 4h 后，再浸于 10% 磷酸三钠溶液中 20~30min 后捞出，清水洗净催芽播种。其能防治番茄、辣椒的病毒病。

③多菌灵：用 50% 多菌灵 500 倍液浸白菜、番茄、瓜类种子 1~2h 后捞出，

清水洗净催芽播种。其能防治白菜白斑病、黑斑病、番茄早（晚）疫病、瓜类炭疽病和白粉病。

④氢氧化钠：用 2% 氢氧化钠溶液浸瓜类、茄果类蔬菜种子 10~30min，清水洗净后播种。其能防治各种真菌病害和病毒病

⑤氯化钠（食盐）：用 4% 氯化钠 10~30 倍液浸种 30min，清水洗净后播种。其能防治瓜类细菌性病害。

⑥代森铵：用 50% 代森铵 200~300 倍液浸白菜、菜豆、瓜类种子 20~30min，捞出清水洗净后播种。其能防治瓜类霜霉病、炭疽病、白菜白斑病、黑斑病、菜豆炭疽病。

⑦高锰酸钾液：用 0.2%~0.4% 的高锰酸钾溶液浸种 10~30min，减轻和控制茄果类蔬菜病毒病、早疫病。

⑧甲基托布津：用 0.1% 甲基托布津浸种 1 小时，取出再用清水浸种 2~3h，充分晾干后播种，可预防立枯病、霜霉病等真菌性病害。

⑨农用链霉素：用 1000 万单位农用链霉素 300~500 倍液浸蔬菜种子 2~3h，捞出洗净催芽播种。其能防治蔬菜细菌性病害和炭疽病、早（晚）疫病。

5. 土壤消毒的方法如下。

（1）物理消毒：包括太阳下暴晒、蒸汽消毒等。国内主要采取烧土法。具体做法：可在圃地放柴草焚烧，使土壤耕作层加温，进行灭菌。这种方法能起到灭菌和提高土壤肥力的作用。另外，面积比较小、用土量较少的圃地，也可以把土壤放在铁板上，在铁板底下加热，起到消毒作用。

（2）化学药剂消毒。

①福尔马林（甲醛）：每平方米用福尔马林 50mL，加水 6~12L，在播种前 10~20 天，洒在播种地上，用塑料布或草袋子覆盖。在播种前一周打开塑料布，等药味全部消散后播种。

②五氯硝基苯与敌克松或代森锌的混合剂：其中五氯硝基苯占 75%，敌克松或代森锌占 25%，每平方米施用量 4~6g。也可用 1∶10 的药土，在播种前撒在播种沟上，然后再播种。

③硫酸亚铁：一般使用 2%~3% 的硫酸亚铁溶液，用喷壶浇灌苗床，每平方米用溶液 9L 后即可播种。

④高锰酸钾：用 1% 的高锰酸钾对土壤进行消毒后播种。

⑤其他：如有地下虫害，在耕地前可用敌百虫、辛硫磷等药剂进行消毒；也可制成毒饵杀死地下害虫。

三、种子播种技术

（一）播种时期

1.露地花卉：主要是春秋两季。

（1）春播：从土壤解冻后开始，以 2~4 月份为宜。

春季是很多地区，许多树种的主要播种季节。因为春季播种，土壤水分充足，种子在土壤里的时间短，受害机会少。

春播的播种期因地区气候条件而异。中国北方应在 3~5 月中旬，南方在 3 月，在幼苗出土后不致遭受低温危害的前提下，以早为好。因为早播的幼苗出土早，延长花卉的生长期，当干旱或炎热的夏季到来时，花卉生长已较健壮，提高了抗性。在春旱的北方早春播种效果更为显著。

（2）秋播：多在 8~9 月份，至冬初土壤封冻前为止。

一般多用于休眠期长的种子，如山桃、山杏、白蜡等种子。其优点：秋播时间长，便于劳力安排；休眠期长的种子，冬季在苗圃地完成催芽过程，来春发芽早；种皮厚的种子通过冬冻、春化促使种皮开裂，便于种子吸水发芽。因此，秋播的种子，春土壤容易板结，或遭风蚀、土压、圃地冻裂等自然灾害，常使场圃发芽率低，出现严重缺苗现象，影响花卉产量。因此，在北方寒冷或风害严重等地区，应尽量在春季播种。秋播的时间，要根据树种特性和当地气候条件而定，休眠期长的种子要早播，强迫休眠的种子宜晚播。在北方以当年秋季种子不发芽为原则。如果要求当年早秋幼苗出土，要早播。

2.温室花卉（或利用温室设施播种）没有严格季节限制，常随需要而定。

（1）温度的控制：要经常使其多见阳光，所以应放置在室外，这样还可以加大温差，有利于出苗整齐。

（2）湿度的控制：播种后立即将盆用保鲜膜盖上，用橡皮筋夹紧，白天气温高时，掀开一个小角通风，下午重新盖严，并保持空气湿度（土壤表面干燥时进行浇水，期间也要注意种子的营养度，在 2~3 个月后进行施肥）。

（二）播种类型

1.露地苗床直播：在温室外或无其他遮盖物的土地上种植花木。露地栽培相对于保护地种植而言，面积大，受外界环境影响大（见图 3-16）。

图 3-16 露地苗床

2. 盆播：家庭养花通常采用盆播来培育幼苗。盆播最好选用高 10cm 左右的浅花盆，其他花盆亦可。先用碎盆片盖好盆底排水孔，下层放粗粒培养土，中层放中等粒度的培养土，上层则放细土，八分满后用小木板将表面培养土刮平，稍加镇压。播种时，有的花种，如瓜叶菊，均匀撒播在土面即可。四季海棠等的种子极细小，可先用细土拌匀再撒播。有的花种，如仙客来，种子较大，可用点播法一粒粒地放在表土上。播种后要用细土覆土，覆土厚度视种子大小而定，一般为花种粒径的 2~3 倍。播种后，可用细孔喷壶喷水，也可将种盆浸于存水的木盆内，水要比种盆低 6~7cm，至整个土面浸润后取出，盆面上盖好玻璃，放于半阴之处，等待发芽出苗（见图 3-17）。

3. 穴盘播种：穴盘播种是采用草炭、蛭石等轻基质无土材料做育苗基质，机械化精量播种，一穴一粒，一次性成苗的现代化育苗技术（见图 3-18）。

图 3-17 盆播

图 3-18　穴盘播种

4.设施播种方法（湿巾催芽播种为例）：

（1）适用条件：大多数种子，包衣种子、细小种子除外。

（2）要求：湿巾的含水量要适宜，容器内的空气湿度较高。

（3）步骤：

①将纸巾平铺在器皿里，然后用矿泉水或凉白开浸湿，尽量别用自来水，这样可以防止纸巾发霉。

②等纸巾全部湿透，倒去多余的水，因为水多了，种子会"飘"，不利于种子发芽，特别是香草类，遇水后，有层像果冻的胶膜，太湿了就会影响发芽。然后放上你想播的种子，不要放太密，种子会发胀（见图 3-19）。如果是大颗粒的种子，可以使用双层纸巾，即上下各一层，种子放中间，这样能使种子保持更高的湿度环境，从而提前发芽。

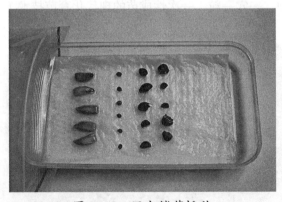

图 3-19　湿巾催芽播种

③要用保鲜膜之类的保温保湿。不管是用保鲜膜盖住，还是塑料袋盖住，

目的都是一样的。

④日常管理，即将种子放到没有阳光直射、有散光的地方，每天打开袋口半小时左右透气，观察发芽情况。一般不加水，因为水分蒸发得很慢。看到有芽头冒出来（记住，是冒出芽头，而不是等小叶子长出来），就把发芽的及时种到土里，别等芽长出好长才种。在准备好的基质挖个小洞，让芽有个下脚的地方，然后轻轻盖上薄土，浇上水。

⑤等小苗叶子张开，需要把苗循序渐进地移到光亮处，接受正常管理。注意：发芽后，光照是很重要的，缺少光照，苗就会徒长，又细又长，很容易死亡。不过，中午阳光太厉害的时候，要适当躲避，因为新出生的小苗还很脆弱。要记得经常给小苗喷雾，保持湿润。

（4）优点：发芽率较高，发芽时间大多会提前5~6天。

（5）缺点：对环境条件、技术水平要求较高，产苗量相对较少。

（三）播种方法

1.撒播：是将种子均匀地播于苗床上（见图3-20）。

（1）适用条件：小粒种子播种。

（2）要求：撒播要均匀，不可过密，撒播后用耙轻耙或筛过的土覆盖，稍埋住种子为好。

（3）优点：省工，而且出苗量多。

（4）缺点：出苗稀密不均，管理不便，苗子生长细弱。

2.点播（穴播）：根据要求的间隔距离按穴种植（见图3-21）。

（1）适用条件：大粒种子播种。

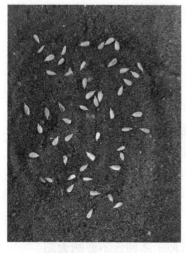 

图3-20 撒播　　　　　图3-21 点播

（2）要求：每穴播种 2~4 粒，待出苗后根据需要确定留苗株数。

（3）优点：苗分布均匀，营养面积大，生长快，成苗质量好。

（4）缺点：产苗量少；

3.条播：把种子均匀地播成长条，行与行之间保持一定距离，且在行和行之间留有隆起，方便通行。

（1）适用条件：大多数种子。

（2）要求：用条播器在苗床上按一定距离开沟，沟底宜平，沟内播种，覆土填平。

（3）优点：可以克服撒播和点播的缺点。

（4）缺点：技术要求高，前期准备工作量大。

（四）播种深度

1.播种深度依种子大小、气候条件和土壤性质而定。

（1）一般为种子横径的 2~5 倍，在不妨碍种子发芽的前提下，以浅播为宜，小粒种子不盖土或少盖土。

（2）土壤干燥，可适当深播。

（3）秋、冬播种要比春季播种稍深。

（4）砂土比黏土要适当深播。

（5）为保持湿度，可在覆土后盖稻草、地膜等，种子发芽出土后撤除。

2.播种深度依种子喜光程度而定。

（1）需光种子：如矮牵牛属好光性，种子播后可不覆土。

（2）避光种子：如三色堇等嫌光性种子，播后必须覆土并不得露出种子，如果种子在未发芽之前因其他原因露出土面则还要补土直到看不到种子。

四、种子播后管理

（一）温度管理

1.大多数种子的发芽适温在 20~25℃。

2.有的种子必须在低温条件下才能发芽，如花毛茛、飞燕草。

3.大多数香草和秋冬播的种子温度不要高于 25℃。

4.春夏播种子温度不要低于 20℃。

5.冬季播种要注意保暖与防霜冻。

（二）光照管理

1.除一些品种发芽需光之外，一般种子播种后不要晒太阳。

2.夏季的时候，所有的种子都要放在阴凉的地方催芽。

（三）水分管理

1.大面积花卉播种一般在保护地区进行，至少应有遮雨设备。

2.细粒种子（如百里香、矮牵牛、瓜叶菊和海棠种子等）因播种盖土较少（或不盖土），要注意保持土壤、种子湿度，用细嘴喷壶喷雾状水来保湿，大水流易把种子冲走或冲到土层深处，细小种子不易顶土出芽。

3.种子发芽前还没有长根，需要人为补充水分来维持生命，所以土壤要保持湿度但不能渍水，出芽之前不得缺水，这对于细粒种子尤其重要。

（四）氧气管理

种子萌发需要消耗大量的能量，而种子必须在氧气充足的条件下，进行有氧呼吸，才能确保能量的供应，所以播种基质的水气平衡很重要。

（五）其他要求

1.一旦发现种子露白，必须马上把种子种到土里，进一步培育。

2.发现有种子霉变腐烂的话，必须马上清理，以免影响其他种子发芽。

3.种子播种期一般不增施任何肥料。

第三节 发芽期管理

一、概说

（一）获得全苗、壮苗的条件

要获得全苗、壮苗，首先要有健全饱满的种子，其次要有适宜的环境条件，即充足的水分、足够的氧气、适宜的温度和光照。

种子萌发是指种子从吸胀作用开始的一系列有序的生理过程和形态发生过程。种子的萌发需要适宜的温度、适量的水分、充足的空气。种子萌发时，首先是吸水。种子浸水后使种皮膨胀、软化，可以使更多的氧透过种皮进入种子内部，同时二氧化碳透过种皮排出，里面的物理状态发生变化。其次是空气。种子在萌发过程中所进行的一系列复杂的生命活动，只有种子不断地进行呼吸，得到能量，才能保证生命活动的正常进行。最后是温度。温度过低，呼吸作用受到抑制。种子内部营养物质的分解和其他一系列生理活动，都需要在适宜的温度下进行。

1.充足的水分：休眠的种子含水量一般只占干重的10%左右。种子必须吸收足够的水分才能启动一系列酶的活动，开始萌发。不同种子萌发时吸水量不同。含蛋白质较多的种子如豆科的大豆、花生等吸水较多；而禾谷类种子如小麦、水稻等以含淀粉为主，吸水较少。一般种子吸水有一个临界值，在此以下不能萌发。一般种子要吸收其本身重量的25%~50%或更多的水分才能萌发，如水稻为40%、小麦为50%、棉花为52%、大豆为120%、豌豆为186%。种子萌发时吸水量的差异，是由种子所含成分不同而引起的。为满足种子萌发时对水分的需要，农业生产中要适时播种，精耕细作，为种子萌发创造良好的吸水条件。

2. 足够的氧气：种子吸水后呼吸作用增强，需氧量加大。一般作物种子要求其周围空气中含氧量在10%以上才能正常萌发。含油种子，如大豆、花生等种子萌发时需氧量更多。

空气含氧量在5%以下时大多数种子不能萌发。土壤水分过多或土面板结使土壤空隙减少，通气不良，均会降低土壤空气的氧含量，影响种子萌发。

3. 适宜的温度：温带植物种子萌发，要求的温度范围比热带的低。如温带起源植物小麦萌发的三个基点温度分别为：0~5℃，25~31℃，31~37℃；而热带起源的植物水稻萌发的三个基点则分别为10~13℃，25~35℃，38~40℃。还有许多植物种子在昼夜变动的温度下比在恒温条件下更易于萌发。例如，小糠草种子在21℃下萌发率为53%，在28℃下只有72%，但在昼夜温度交替变动于28℃和21℃之间时发芽率可达95%。种子萌发所要求的温度还常因其他环境条件（如水分）不同而有的差异，幼根和幼芽生长的最适温度也不相同。

不同植物种子萌发都有一定的最适温度。高于或低于最适温度，萌发都受影响。超过最适温度到一定限度时，只有一部分种子能萌发，这一时期的温度叫最高温度；低于最适温度时，种子萌发逐渐缓慢，到一定限度时只有一小部分能勉强发芽，这一时期的温度叫最低温度。了解种子萌发的最适温度以后，可以结合植物体的生长和发育特性，选择适当季节播种。

4. 充足的阳光：一般种子萌发和光线关系不大，无论在黑暗或光照条件下都能正常进行，但有少数植物的种子，需要在有光的条件下，才能萌发良好，如黄榕、烟草和莴苣的种子在无光条件下不能萌发，这类种子叫需光种子。有些植物如早熟禾、月见草和毛蕊花等的种子在有光条件下萌发得好些。还有一些百合科植物和洋葱、番茄、曼陀罗的种子萌发则为光所抑制，这类种子称为嫌光种子。需光种子一般很小，贮藏物很少，只有在土面有光条件下萌发，才能保证幼苗很快出土进行光合作用，不致因养料耗尽而死亡。嫌光种子则相反，因为不能在土表有光处萌发，避免了幼苗因表土水分不足而干死。

此外，还有些植物如莴苣的种子萌发有光周期现象。

（二）发芽期

1.从种子露白（见图3-22）到第1片真叶出现为发芽期，一般为10天左右。发芽期的养分主要靠种子供给，幼根吸收能力很弱。

2.发芽期要促进根系生长，适当控制茎叶生长（见图3-23）。

3.种子发芽标准：胚根长度与种子长度相等，胚芽长度达到种子长度的一半。

图 3-22　蚕豆发芽

图 3-23　发芽期根系

二、发芽期水气调节

（一）水分

1.种子萌发所需的基质水分条件：一般以基质饱和含水量的 60%~70% 为宜，防止缺氧腐烂。

2.总体上控制基质略偏干，诱导根系向下生长。

3.土壤干旱不宜播种（会导致水分倒渗）。

4.在子叶展开前，土要保持湿润；在子叶展开后，就可以转为见干则浇透的方式。

（二）足够的氧气

种子萌发期间，新的细胞、组织形成需要有氧呼吸，以提供大量的能量和各种物质合成中间原料。

三、发芽期温度要求

1.有适宜的温度满足种子萌发期间的各种代谢（酶促反应）需求。

2.掌握各类花卉种子萌发时的温度三基点，是决定适宜播种期的主要依据之一。

3. 一般来说，变温比恒温更有利于种子萌发，自然界中的种子都是在变温情况下萌发的（一般变温幅度相差10℃左右）。

4. 发芽期温度管理要掌握"一高一低"，即出苗时温度要高，控制在25~28℃，苗出齐后温度要低，白天20~25℃，夜间18℃左右，防止徒长苗。

四、发芽期光照要求

1. 适度接受阳光照射，控制茎叶生长。

2. 根据季节和天气变化，控制光照时间和光照强度，防止小苗倒伏或萎蔫。

3. 结合环境温度一起调节。

五、发芽期肥料管理

一般在种子播种时做好底肥，发芽初期不可以施肥，等长出叶子后，看花卉生长状态进行合理施肥。一般小苗抵抗力较弱，施肥不当，容易造成幼苗被"烧死"，所以等幼苗略大一点再进行施肥。

六、发芽期其他管理

苗期管理是从播种后幼苗出土，一直到冬季花卉生长结束，对花卉及土壤进行的管理，如间苗、中耕、遮阳、截根、灌溉、施肥、除草。

（一）遮阳

遮阳可使日光无法对地面形成直接的照射，能使育苗地的地表温度降低，防止幼苗遭受日灼危害，减少土壤水分的蒸发，在一定程度上也能避免幼苗的霜冻害。遮阳的材料通常采用苇帘、竹帘、黑色遮阳网等，搭设遮阳棚。通常以上方遮阳的荫棚较好，透光均匀，通风良好。上方遮阳又分为两种，即水平式和倾斜式。水平式荫棚南北两侧高度相同，倾斜式荫棚则南低北高。实际的高度要按照花卉生长的高度来做出决定，通常距床面40~50cm。

花卉品质会受到遮阳透光度的大小和遮阳时间长短的影响。为了确保花卉品质，透光度最好大点，通常的透光度为1/2~2/3；遮阳的时间尽量短点，实际的时间根据花卉或地区的气候条件来确定，原则上从气温较高、会使花卉受伤时开始，到花卉不易受日灼危害时即止。一般多为从幼苗期开始遮阳。一天中，为了对光照进行调节，可在每天10：00开始遮阳，到16：00以后撤开。

（二）地面覆盖和喷灌降温

在播种行的行间盖草，能有 8~10℃的降温幅度，效果较好。喷灌或用地面灌溉都可以降低地表的温度。

1. 覆盖的作用：对播种地要进行覆盖，尤其是对小粒种子、覆土厚度在 2cm 左右的树种都应该加以覆盖，为的是播种后避免表土干燥、板结，减少浇水次数，减少幼苗出土的阻力，并减少鸟害。

2. 覆盖材料：原则上在不妨碍幼苗出土，不给播种地带来杂草种子和病虫害前提下，应就地取材、经济适用。帘子、塑料薄膜、稻草、秸秆、苔藓、树木枝条（如松树和云杉）以及腐殖质土和泥炭等为适宜的覆盖材料。春天要想提高土壤温度，就用暗色覆盖物，使种子发芽加快，缩短出苗期。

3. 覆盖方法：要想取得最好的效果，就用塑料薄膜覆盖播种地，不但能避免土壤水分蒸发，保持土壤湿润、疏松，又能增加地面温度，加快发芽的速度。

在使用塑料薄膜覆盖时，应使薄膜与床面紧紧贴住，同时将周围用土压实。要常对床面的温度进行检查，当苗床温度达到 28℃以上时，要打开薄膜的两端，使其通风，达到降温的目的，也可以在薄膜上遮以苇帘从而实现降温。

第四节　幼苗期管理

一、幼苗期概说

无论是播种育苗还是营养繁殖法育苗。幼苗期是花卉生长期中的重要阶段。自幼苗地上部已出现初生叶或真叶，地下部已出现侧根，幼苗能独立进行营养时起，到幼苗高生长量大幅度上升时止。一般从第 1 片真叶出现到第 1 个花蕾出现为幼苗期。

根据幼苗期生长情况，可以把幼苗期分为以下两个阶段：

1. 小苗期：3~4 片真叶以前，基本为营养生长阶段。

2. 生长旺期：4 片真叶以后，营养生长与生殖生长同时进行。真叶展开如图 3-24 所示。

图 3-24　真叶展开

二、小苗期管理

1. 总体要求：此时幼苗生长缓慢，根系浅，抗性弱，容易被灼伤，对水肥敏感。

2. 光照管理：随幼苗生长逐步增加光照时间和光照强度。

3. 温度管理：严格控制温度，一般不要超过 20℃，以免徒长。

4. 水气管理：注意控水，见干见湿有利于根系生长。

5. 肥料管理：本阶段，根浅苗小，用园土种植的植物，基本上无须追肥；但对于用缺肥的基质种植的植物，在温度适宜的情况下，可以酌情追肥，注意量一定要比生长旺盛期少一些。

三、生长旺期管理

1. 总体要求：花卉生长迅速，生长量最大，纵向生长和横向生长显著加快，叶子的面积和数量都迅速增加，是需要水肥的关键时期之一。这个阶段的生长质量基本上决定了花卉的质量。

2. 光照管理：

（1）每天保证花卉幼苗得到充足的光照，只有在充足的光照条件下，才能培育出壮苗。

（2）尽可能利用自然光源，长时间阴雨天气（或冬季少光季节）应积极采用人工补光措施，但要根据不同花卉的特性，选择性地应用。

3. 温度管理：温度适宜，促进花卉生长。在干旱炎热的夏季，要采取降温措施或其他替代技术。比如加强灌水、施肥等养护措施，可消除因气温过高而对花卉产生的不良影响。

4. 水气管理：

（1）水分：生长旺期，代谢旺盛，供水要充足，必要时要增加每天浇水次数和每次浇水量。

（2）氧气：生长旺期，需氧量也大，要保持基质疏松透气。

（3）水气协调：基质调控；通过浇水方法调控，浇则浇透，不能让土出现过湿或过干的情况。

5. 肥料管理：

（1）无论是盆栽，还是地栽，只要温度合适，都可以酌情用肥。

（2）对于观叶为主的植物，肥料中含氮量可适当多一些。

（3）对于观花、观果为主的植物，可以适当追加磷、钾肥。

（4）植物需要量最大的是含氮、磷、钾的无机盐，植物缺乏无机盐时会出现相应的缺乏症。

（5）补充植物所需无机盐的方式是施肥。无机盐只有溶于水才能被吸收，因此，施肥的同时应注意补充水分。

（6）注意一次施肥应适量，若施肥过多可能造成"烧苗"。

（7）关注气温情况，温度过高或过低时不适合追肥。

（8）追肥有一个重要原则，不见新叶（蕾）不用肥。

四、不同花卉的苗期管理

（一）君子兰幼苗期管理

当从播种至第一片真叶长到3~5cm，要经100天左右，即进入君子兰苗期。君子兰幼苗第一片真叶长出来，就能进行光合作用，新陈代谢活动就开始了。播种当年只长出一片叶，个别的植物可长出两片叶。第一片真叶从胚芽鞘中长出来，经过50天生长，就可从育苗容器中移出来了。移苗时，要对幼苗进行一次选择：没有莳养价值的幼苗应淘汰；生长弱的幼苗要单独莳养；生长旺盛的幼苗集中莳养，可5~6株栽入4寸盆中或10株栽入5寸盆中。君子兰幼苗（见图3-25）。

图 3-25　君子兰幼苗

1. 具体操作：

（1）制营养土：用森林腐殖土或马粪土掺入 30%（按容积计算）河沙配制成。

（2）将配好的营养土装入要移植的花盆里，整平。

（3）用细木棍或竹签（筷子粗细为宜）在整平营养土的小花盆里扎孔。可将幼苗的肉质根轻轻插入营养土的孔中（注意：在同一个盆内的幼苗叶片正面都要朝一个方向）。

（4）移栽后的花盆要浇透水，摆放在 20~25℃的环境中莳养。

2. 注意事项：

（1）摆放时叶片的正面一定要向阳。

（2）幼苗的肉质根很脆，种子还有营养物质供给幼苗。

（3）移栽时注意不要折断幼苗的肉质根，也不要碰掉未干瘪的种子。如果幼苗的肉质根折断，则应单独莳养。

（4）幼苗时期要每天（特别是夏季）浇一次水。阴雨天不干可不浇。

（5）幼苗期营养主要来源于种子。幼苗期种子内营养仍供给植物生长，此期间可不施肥。

（二）葡萄幼苗期管理

1. 幼树树体管理。不论当年春栽、夏栽或上年秋天栽植的葡萄，当嫩枝生长至 10cm 左右时，每株只选留 1 个壮枝，多余嫩梢贴根抹除（见图 3-26）。

当苗高达 20cm 左右时，应用吊绳缠绕垂直拴在架上离地面第一道铁线上，使之直立生长并避免被风刮断。长势较强的植株当苗高达 1.2m 时实施摘心，摘心前后主蔓上长出的副梢，除离地面 60cm 以下全部抹除外，其余副梢都留

图 3-26 葡萄幼苗

1~2 片叶子反复摘心，主蔓顶端延长枝可留 0.3~0.5m 二次摘心，所有二次副梢均留 1~2 片叶反复摘心；长势较弱的植株，不论高矮，应在 7 月 20 日之后的 3~5 天内全部对主梢顶点摘心，摘心后长出的所有副梢除顶端 1 个留 5 片叶外，其余全部留 1 片叶子反复摘心。做到：枝到不等时，时到不等枝。这样做的目的是把后期的无效生长和消耗转变成有效积累，使主梢增粗，木质化程度提高，根系增大，为安全过冬和第二年的旺盛生长奠定坚实的基础。

2. 幼树肥水管理。为了促进植株生长旺盛，早日成形，前期的肥料供应应以氮肥为主，同时配合有机肥。在每年 6 月 1 日左右，根据天气情况，每隔 10~12 天从膜下浇水一次，每次浇水不走空水，水、肥结合，随水浇灌经化粪池发酵过的粪液，鸡粪、羊粪、猪粪、人粪尿均可。浇灌前在植株旁 15cm 处穴施尿素 5~10g，每隔 15 天左右叶面喷 0.2% 尿素溶液一次。开始时粪液的浓度应小些，随着植株和根系生长，可逐次加大粪液浓度和浇水量以及穴施氮肥量。

进入生长后期，即 7 月 20 日以后，为使植株营养积累高，根系增大，主蔓充实，枝条木质化程度良好，则应控制生长，在此期间应停止一切氮肥供给，根施适量磷钾肥，叶面喷雾 0.3~0.5% 磷酸二氢钾，每 10~15 天 1 次，同时减少浇水次数和浇水量，甚至停止浇水。

3. 幼树秋季修剪。去秋或当年栽的幼苗，生长到 9 月中旬，为最大限度地减少无效生长和消耗，需及时进行一次回缩修整，就是去掉所有小枝小叶（第二次以上的副梢和小于正常叶片二分之一的小叶片），留下粗枝大叶。10 月份，叶片全部霜打后修剪。

修剪时：对高度超出 1m 的主蔓，应在枝条成熟度良好、剪口粗度达 1cm 处剪截；高度不足 1m 的主蔓，应在枝条成熟良好、剪口粗度达 0.8cm 处剪截；

高度不足 0.5m 的主蔓，应在地面以上保留 3~5 个饱满芽眼后剪截。主梢剪留后所有副梢全部剪去。

（三）仙客来幼苗期管理

花木栽培进入到三四月份，此时气候多变，穴盘抵抗力极弱，因此苗期的管理非常重要。仙客来幼苗如图 3-27 所示。

图 3-27　仙客来幼苗

1. 环境调节。定植后，温室温度可以控制在 20℃左右，缓苗后幼苗对温度的适应范围增加，可控制在 15~28℃。在此期间，可在适合的温度范围内尽量拉大昼夜温差，促进种苗球茎增大，培育壮苗，并根据仙客来种苗的根系和种球生长情况施用对应的肥料。

2. 病害防治。仙客来幼苗期最重要的管理措施就是防病，只要把好这一关，后续生产就比较容易了。在仙客来定植时需要浇一遍透水，还要配合喷药一起进行。由于镰刀菌等病菌有很长的潜伏期，而仙客来又特别容易感染，所以定植后应当每周进行一次杀菌喷药的工作。

3. 虫害防治。定植后，要在温室开窗处安装防虫网，温室内悬挂黄板，加强对蓟马、蚜虫和螨虫的监控，防止虫害大面积发生。定期对温室及周边环境喷洒杀虫剂，对虫害进行有效的药物防治。

4. 注意事项。对病害的防治要从环境控制入手，调控温室内的环境条件，定期喷施广谱性杀菌剂进行药物防治。要选择仙客来常用的杀虫剂和杀菌剂，浓度应根据农药有效成分含量和使用说明确定，并且要交替使用，防止植株产生抗药性。对于未在仙客来上应用过的药物，在大面积使用前要进行小规模试验，防止造成药害。

第五节　开花结果期管理

一、开花结果期管理概说

1.花卉开花结果期的管理，主要应掌握适宜的温度、光照（依据原产地）和水肥等管理技术，否则，开花不良，花朵提早凋落，小果劣果增加。

2.开花期和结果期管理关系紧密，一般不可逆转，开花期管理到位，结果期管理压力就较小。当然，开花期管理遗留的问题，有一部分可以通过结果期管理来调节。

3.开花多，意味着结果多，但从结果的质量看，只能允许保持合适的结果数，所以需要疏花疏果（见图3-28）。

图 3-28　石榴开花结果

二、温度管理

1.温度是影响花芽分化的重要因素，特别是春化作用的影响。球根类花卉温度管理不当，易发生脱分化作用。

2.温度要均衡，不可突高突低。温度突然变化，极易造成一些花卉落蕾，春季要防止"倒春寒"，秋季要防止"秋老虎"。

3.要考虑昼夜温差的影响。保护地栽培时要防止昼夜温差太大和昼夜温差太小对花形、花色的影响。

三、光照管理

1.大多数阳性花木，虽然在幼苗期也能耐阴，但进入开花结果期喜光性增强，需要给予足够的光照，每天要保证6h以上的光照。

2.极端天气（如连续阴雨天气）情况可导致花果败落，带来严重影响，必须采取人工补光或其他应急措施加以应对（见图 3-29）。

图 3-29　鹤望兰冬季补光栽培

3. 保护地栽培时，温度的任何调控都必须考虑对病虫发生的影响。

四、水分管理

环境中的水分形式表现为：空气湿度和土壤含水量。

（一）空气湿度

1. 空气湿度过低则花期短，花色变淡。

2. 有些花卉发芽需要较高的空气湿度，反之花卉发芽率明显降低。

3. 空气中相对湿度过大，往往使一些花卉的枝叶徒长，常有落蕾、落花、授粉不良或花而不实现象，故开花后尽量不要往植株上喷水。

（二）土壤含水量

1. 大多数花卉进入花芽分化阶段，即由营养生长转入生殖生长的转折时期，应适当控制水分，以抑制枝叶生长，促进花芽分化。

2. 一旦进入孕蕾和开花阶段，水分不能短缺，否则会造成开花不良，花期变短。

3. 浇水也不可过多，土壤长期过度潮湿易引起落花落果。

春夏秋冬，开花季节不同，水分管理也应有所不同，比如秋、冬季由于温度开始下降，浇水次数要相对减少，浇水时间最好在中午水温较高时进行。

五、肥料管理

1. 花卉在孕蕾期，需要大量养分，应施以磷、钾为主的肥料，促进花芽分化，多着花蕾多开花。

2.花开时不要施肥，特别不要施氮肥，以免过早诱发营养生长，迫使花朵早谢，缩短花期。

3.花谢后，体内有机物已大量被消耗，需要及时补足氮、磷、钾全效肥。

六、疏花疏果管理

1.一些观果花卉，如花蕾过密，诱发营养竞争，易造成落蕾，应及时疏花（见图3-30）。

图 3-30　花蕾过密

2.为应付突发自然灾害，疏花时不能一步到位，后期可以根据实际情况，再进行疏果，确保观赏效果。

七、不同花卉开花结果期管理

（一）葡萄开花结果期管理

葡萄从萌芽到开花的时间与气候条件特别是温度密切相关，一般需6~9周时间。一般昼夜平均温度达20℃时，即开始开花。葡萄开花期的长短，因品种和气候条件而变化，大多为6~10天，若气温低或连续阴雨，开花就晚且花期也长。

1.开花期管理:葡萄开花期也正值第二年花芽的分化期、新梢快速生长期,开花、花芽分化、新梢生长都需要大量的营养,因此,这个时期是葡萄管理的一个关键时期。开花期在管理上应重视抓好以下工作:

(1)花前花后必须追施速效肥料。

(2)抓好新梢管理,改善通风透光条件;及时摘心、绑蔓,控制副梢生长(见图3-31)。

图 3-31　初花至谢花

(3)对雌雄异花品种和授粉不良的品种,要进行人工辅助授粉。

(4)对落花落果严重的品种,应在见花时摘心,并喷施硼肥。

2.结果期管理:葡萄浆果生育期是一个较长的生育过程。这一过程包括幼果迅速膨大期、硬核期、浆果第二次膨大期、浆果成熟期。而幼果迅速膨大期是这一生育过程中最关键的一个时期,管理是否到位,对当年的葡萄产量和质量有着重大影响。因此在幼果迅速膨大期,管理上应重点抓好以下几点。

(1)切实抓好花穗的梳理和整理。这是合理控制产量、保持果穗均匀整齐的一项重要措施,必须抓好。在幼果自然生理落果以后,有条件的园地,可根据实际情况,做好疏果工作,疏去不能正常发育的小果,保证果穗的整齐美观(见图3-32)。

图 3-32　坐果至果实第一次膨大

（2）果穗套袋。为了减少病害发生、防止农药使用对果穗造成的污染，应大力提倡和推广果穗套袋。果穗套袋应在疏果和浸穗后及时进行。套袋前应喷洒一次内吸性杀菌剂，用药后抓紧套袋。套袋前药剂的选择，应考虑病虫害的防治点：对于红地球葡萄，套袋前的防治重点为灰霉病、炭疽病、白腐病、链格孢菌；对于巨峰系列葡萄套袋前的防治重点为炭疽病、白腐病、链格孢菌。不管气候如何、葡萄品种是什么，套袋前都必须进行灭菌处理，做好病菌的预防工作。

（3）使用好追肥。果实膨大需要足够的营养，所以在幼果膨大前期，根部追施尿素 15~20kg/ 亩、复合肥 15~20kg/ 亩，施后浇水；或施用花果膨大专用肥 3~6 次，采用高磷高钾，促进果实均匀膨大，提高果实糖分含量和单果量。

（4）田间管理。这主要是控水、中耕除草、摘心和去副梢。控制水分是这一时期管理工作的重点。土壤过分干旱、缺水，影响果实的膨大和植株的生长；土壤水分过足，容易引起烂根。因此，这一时期要切实抓好土壤水分管理。天气干旱时，要及时灌溉抗旱，但切忌漫灌。遇连续阴雨，应及时排水降渍。同时，要抓好摘心、去副梢，适当控制营养生长，以利于集中营养供应果实的生长发育；及时绑缚新梢，改善通风透光条件和田间小气候，以利于葡萄植株的正常生长和浆果的发育。

（5）抓好病虫害防治。这一时期以防治霜霉病、炭疽病为重点。雨季是霜霉病容易爆发的时期，所以在这一时期应重点加以防治。

（二）菊花开花结果期管理

1.肥料管理。进入 9 月，菊花开始孕蕾，这个时候应多施磷肥，结合施氮、钾肥，每周 1 次，浓度逐次增大。肥水比例：第一次 1：15；第二次 1：10；第三次 1：（8~10），以后与第三次相同。与此同时，叶面喷施磷酸二氢钾液，双管齐下，以充分保证养分供给。

2.光照管理。9 月是菊花生长最旺盛季节，那时气温一般在 20~28℃，可全天接受光照。如果缺少光照，光合作用不足，容易造成植株下部叶子发黄，甚至掉叶，影响孕蕾和花开，尤其在花朵展开时，光照不足，花朵不艳不鲜，观赏效果不佳。

3.水分管理。秋天是菊花快速生长期，根、茎、叶、花蕾需要大量的水分，盆土容易干燥，所以要有足够的水分供给，除早、晚浇水之外，还要进行叶面喷水，地面洒水，以保持盆土的湿润。但也要防止过湿、泥土的板结，从而影响盆土空气畅通及根系的呼吸。

4.修剪整形。自 8 月立秋之后最后一次摘心，至 9 月初新生侧枝已长到 20cm 左右，且侧枝多少不等，分布不匀，此时，及时将多余枝剪去，每棵留 3、5、7 枝为宜。若不及时修剪，不仅消耗养分，还影响造型上的美观。修剪时要注意留强去弱，同时还要照顾叶的整体上和谐统一及赏心悦目之感。

5.高度控制。植株修剪之后，在肥水管理适当的条件下，生长较快，为了控制其疯长，达到标准的理想高度（30cm 以下），要采取控高措施。但一棵中的枝条往往高低不一，喷洒多效唑液或 B9 液时要区别对待，即抑高扶矮，可用塑料薄膜将矮的枝条遮挡住，只喷高的枝条，矮的不喷；亦可用毛笔蘸多效唑液或 B9 液涂高的枝条，以达到齐头共长、同时开花的目的。

（三）桃树开花结果期管理

桃树的开花期和幼果期是对水分反应的敏感期，同时也是病虫害发生最严重时期。各种病虫害相互交叉发生，所以也是桃树植保工作的关键；同时是贯穿着疏花疏果、节约营养，决定幼果果肉细胞分裂最重要的时期。这一时期各种工作做好了，最后果个才能长得大，丰产优质才能有保证。

1.疏花疏果：桃树上疏果不如疏花，疏花不如花前复剪（见图 3-33）。

图 3-33　桃花盛开

（1）花前复剪（包括花期复剪）。冬剪往往有时很难识别花的质量和树的强弱，所以必须进行一次修剪，剪去花芽膨大、结果迟缓的弱枝，对于弱树可重新疏去一部分结果枝，使结果枝留量达到合理数量。这样能使树势恢复，负载合理。

（2）极易坐果丰产性强的品种，要及时进行疏花，减少养分消耗。全部开花会消耗掉贮藏营养的 60%~70%，对幼果果肉细胞分裂和新梢长势影响很大。可用小棍或两指在花露红明显膨大时进行，一只手拽直结果枝，另一只手用小棍或手指向上转动，即可拔去花蕾，留结果枝两边花蕾减少坐果。

（3）难坐果品种（包括异花坐果品种）。开花时最好进行人工授粉，每天用花粉只点授白花（刚开的花），可连续进行3~4天。每个结果枝根据所需留果数授粉就行。花粉多的也可用授粉枪进行。对于有些花粉品种授精较差的可以用鸡毛掸子每天在花枝滚动，可以提高坐果率，也可以在花期喷2%~3%白糖水招引昆虫授粉。

（4）及时疏果。花脱壳后即可进行，时间4月下旬至5月上旬中，越早越好。早熟品种幼果期时间短，应先疏早熟品种，后疏中晚熟品种。这样有利于恢复新梢长势和果肉细胞分裂，也有利于开源节流。可疏去偏斜果、病虫害果、畸形果，留下端正果。

（5）及时定果。根据树势和冠大小合理定果留果，达到合理产量，尽量不留梢头果。不管主杆形还是开心形，借着顶端优势和向上生长优势。上部结果枝可多留果，中部适当留，下部要少留。这样既能平衡上下树势，也能使上下果实发育良好，还能增加产量达到优质，一举多得。

2.病虫害防治：以防治蚜虫为主线，兼治各种病虫害。

（1）虫害有桃蚜、卷叶蛾、拆梢虫（梨小）、盲蝽象（嗅八虫）、红蜘蛛、蚧壳虫等。

（2）病害有褐腐病、疮痂病、炭疽病、溃疡病、细菌性穿心病等。春季和夏初温度适宜，加上雨水多、湿度大，会诱发病害的发生和传播，必须做好预防工作。坚决不能见病才治，那样防治效果太差。因为大多数病菌散发孢子传播侵染后，是有潜伏期的，只是有的时间长，有的时间短。潜伏期过后才在果实和枝叶上发病。比如，疮痂病果实侵染后潜伏期长达20~25天，若发病再治根本来不及，导致损失惨重。

（3）适时用药，交替使用：幼果期防治病虫害，要根据病虫害发生规律，有先有后，及时调整药剂配方和防治时间，绝不能使用对病虫害针对性不强的农药，更不能连续使用同一类农药，以免使病虫害发生抗性，所以要交替使用。根据各类病虫害的发生规律，有针对性地及时调整药剂配方和时间，防治效果才能事半功倍，反之，效果就差，损失就大。一般防治蚜虫需4~5次，刚好处在幼果期至硬核期初。

农药配方如下，仅供参考：

① 10%吡虫啉或60%霹雳马＋好身手＋络安3号＋风向标。梨小严重

的可加克迅捷。

②10% 吡虫啉或 60% 霹雳马 + 毒死蜱 + 弯刀或菲亮。毒死蜱油桃慎用。

③温度达 28℃时可换成酷豹 + 海亮或好身手 + 靓赞或络安 3 号 + 风向标或弯刀。

④酷豹 + 启锐 + 克迅捷 + 细美。

平时要及时检查病虫防治效果，要有主次，及时调整配方，把病虫害消灭在萌芽侵染前期，越早防治越好，确保桃树果实健壮成长。

3. 禁止开花幼果期浇水

大部分品种在此阶段对水分反应敏感，浇水容易降低地温造成机体生理紊乱，使营养生长虚旺，造成营养生长与生殖生长不平衡，容易引起大量幼果脱落，造成花而不实。

第六节　花期调控理论基础

一、花期调控的意义

1. 花期调控的定义：用人工的方法控制花卉的开花时间和开花数量的技术。

2. 开花调控的意义：

（1）节庆活动的需要；

（2）花卉均衡周年供应的需要；

（3）追求特定时期高利润的需要；

（4）充分利用设施、场地，提高经济效益的需要。

3. 总结：在当今花卉生产规模化、专业化、商品化的条件下，花期调控是一门既实用又有效的技术，是花卉商品化生产必须掌握的关键技术。

二、调控类型

1. 抑制栽培：比自然花期延后的栽培方式。

2. 促成栽培：比自然花期提前的栽培方式。

3. 四季栽培：让某种花卉一年四季开花的栽培方式。

三、开花理论基础

（一）开花理论概说

1. 成花 = 花芽分化 + 花的发育。

2. 花芽分化是重要的一环，生产上形成了一系列的方法和技术来促进这一生命过程。

3. 花芽分化的研究从形态学发展到了现代分子水平，但对花芽分化机理的研究还处于探索阶段，没有形成定论，只有几个学说。

（二）花芽分化的类型

1. 夏秋分化型：夏秋分化，春天开花，郁金香等球根类。

2. 冬春分化型：冬春分化，春天开花，二年生花卉。

3. 当年 1 次分化开花型：夏秋分化开花，如紫薇。

4. 多次分化型：四季开花，如月季、四季桂。

5. 不定期型：视营养状态而定，如葡萄。

（三）成花学说

1. 春化作用：有些花卉需要低温条件，才能促进花芽形成和花器发育，这一过程叫作春化阶段；这种低温诱导植物开花的效应叫作春化作用。

2. 光周期现象：昼夜光照与黑暗的交替对花卉发育，特别是对开花有显著影响的现象。

3. 成花的碳氮比（C/N）学说：

（1）花芽分化的物质基础是植物体内糖类的积累，以 C/N 表示，即含氮化合物与同化糖类的比例。含糖充足，含氮化合物中等，能促进花芽的分化；否则不进行花芽分化，导致徒长。

（2）生产现象：氮肥过多，只长叶，不长花；整体肥料不足，植物过分瘦弱，也不开花。

4. 成花的成花素学说：

（1）成花素（开花激素）是开花的关键因素。各种激素在植物体内促进花原基的分化形成，花原基又在营养和激素的制约下进一步发育。

（2）目前对于成花素的了解较少，许多处理方式如低温、光周期为此提供了许多佐证。

5. 积温现象：每一种花卉都需要温度达到一定值时才能够开始发育和生长，但温度达到所需还不足以完成发育和生长，还需要一定的时间，即需要一定的总热量，称为总积温或者有效积温。

第七节　花期调控常用方法

一、通过定值调控花期

（一）概念

通过种苗种球定植的早晚调控花期。操作中要注意生产对象的特性，再结合具体的繁殖、生长条件来确定定植期，实现调整开花时间的目的。

（二）类别

1. 管理简单型：只需控制繁殖定植期即可实现预期开花的目的。

2. 管理复杂型：除繁殖时间外，还应满足某些环境条件才能在预定时间开花。

（三）举例

1. 管理简单型——矮牵牛

预定花期：春节前后。

播种：9 月下旬—10 月上旬，在通风、凉爽、光照充足的设施育苗。

定值：苗出现 5~7 片真叶第一次摘心，定值营养袋中，枝条长到 6cm 摘心一次，80 天左右开花。

2. 管理复杂型——蒲包花

预计花期：春节前后。

播种：8 月中旬—9 月中旬，南方气温高，播种不宜，应在相关设施内（比如高山度夏基地）播种。

栽培：要有防雨、防晒、通风的设施，散射光培育，保持空气湿度 70%~80%，防叶面积水，防花盆过湿。

二、通过光照调控花期

（一）概念

通过调节光照时间长短来调节花期，适用于一些对光周期敏感的花卉，比如长日照和短日照花卉。

（二）类别

1. 延长光照时间。

2. 缩短光照时间。

（三）举例—切花菊花

预定花期：春节前后。

扦插：农历八月十五扦插，10 天生根。

摘心：从菊苗到花芽分化只需 15 天左右。用摘心方法延迟花期，扩大株型。

灯光控制：延长光照时间，抑制花芽形成，增加枝长，达到切花标准。

停灯：春节前 60~65 天停止长日照处理，10 天进入花芽分化，保证春节开花。

三、通过温度调控花期

（一）概念

温度可以促进植物进入花芽分化阶段，低温促进花芽分化，较高的温度促进花器官的发育进程。

1. 花芽分化：根据春化作用要求计算时间。

2. 花卉器官发育：可用有效积温来推测花期。

（二）类别

1. 保持低温，完成春化作用。

2. 调控温度以调整花期，高温促进开花，低温延缓开花。

（三）举例：麝香百合

1. 促成栽培：

预定花期：春节前后。

打破休眠：1℃左右低温储藏，8 周。

生根期：10 月播种，14~16℃诱导生根，4 周。

生长期：22~26℃，10 周后开花。

2. 抑制栽培：

预定花期：随时。

打破休眠：1℃左右低温储藏，8 周。

生根、生长期：采取低温的办法抑制生根与萌芽。通过休眠后，以一层微潮湿的锯末、一层鳞茎交互叠放于箱中，可放 2~3 层，将箱储存于 1℃的冷库中，保持 50% 的相对湿度，4 周后降至 −2~0℃冷冻，直至欲开花期前 12 周取出，出库后先放于 5~8℃冷凉处化冻。

四、通过修剪调控花期

（一）概念

修剪可以有效地抑制生长，相对延缓它的发育进程，从而控制花卉的花期。

（二）类别

1. 修剪。

2. 摘心。

（三）举例：一串红

预定花期：春节前后。

扦插繁殖：8~10月扦插，7~10天发根，两周后移栽，25天后上盆定值。

修剪控制：扦插成活后一月可开花，想延迟花期，可通过修剪、摘心，重新在侧枝上形成花蕾，摘心到再次开花只需25天。

五、通过生长调节剂调控花期

（一）概念

通过生长调节剂调控花期是指利用植物激素（天然和人工合成）来影响花期。由于植物激素种类多，花卉对激素的使用浓度又比较敏感，所以激素调控将是应用最广泛，但生产使用又有较大的难度的一种花控技术。

（二）类别

1. 代替日照长度，促进开花。

赤霉素可以代替长日照抽苔开花。如紫罗兰、矮牵牛、丝石竹，可用300mg/L喷施。

2. 打破休眠，代替低温。

赤霉素可以完全代替低温的作用，促进开花。如用100mg/L每周喷杜鹃花1次，共喷5次，能促进开花，并提高花的质量。

3. 促进花芽分化。

赤霉素、乙烯利可以促进花芽分化。如6—苄基嘌呤在7~8月间叶面喷施蟹爪兰能增加花头数，乙烯利处理凤梨类花卉可促进成花。

4. 延迟开花。

使用抑制剂B9、多效唑可以推迟花期。如用1000mg/L B9喷洒杜鹃蕾部，可延迟杜鹃开花10天；用100~500mg/L B9喷洒菊花蕾部，可延迟菊花开花1周。

03　花卉应用

第一节　花卉应用概说

一、四季景观

园林中主要的构成因素和环境特色是以绿色植物为第一位的，而植物设计要从四季景观效果考虑，不同地理位置、不同气候带各有特色。中国北方地区，尽可能做到"三季有花，四季常青"。中国南方地区，尤其热带，要"四季常绿，花开周年"。四季变化的植物造景，要令游人百游不厌，流连忘返。在杭州西湖景区内，春天有玉兰，夏天有荷兰，秋天有桂花，冬天有梅花。

二、种植类型设计

园林植物造景的素材，无非是常绿乔木、落叶乔木、常绿灌木、落叶灌木、花卉、草皮、地被植物和水生植物、攀缘植物等几类。

在造景设计过程中，首先要有整体观点。以公园为例，要从全园的植物造景从平面布局的块状、线状、散点、水体等角度统筹安排，利用各种植物类型，创造出四季烂漫、景观各异、色彩斑斓、引人入胜的植物景观。

（一）块状或称之为片状的成面形布局的密林、草坪类型

密林与草坪构成园林植物景观中虚实对比最强的构图，"草坪"宽可"走马"，"密林"密不"容针"，灵活调节，可构成不同的环境效果，不同的景观效果，不同的景观特色。

1.树林、密林均可与草坪构成不同的景观，如柳树草坪、白皮松草坪、合欢草坪等。

2.凡郁闭度（即种植密度）在70%以上的树林，可称为密林。密林可以由一种树种或多种树种组成，称为纯林或混交林。

3.混交密林是园林中十分重要的植物群落。混交密林可以是3层，即乔木层、灌木层、草本层，或乔木层、亚乔木层、草本层；也可以是5层，即

大乔木层、小乔木层、大灌木层、小灌木层、草本层。具体配置方案可根据实际环境、地形情况而定。

密林下部大多处于浓荫、半荫而湿润、阴森的环境。由于阳光不能投入林下，土壤水分较多，适宜种植鸢尾科、天南星科、莎草科等阴性草本植物和百合、石蒜等；林缘的草本植物，可选择沿阶草、酢浆草、鸢尾、金针菜、吉祥草等。

林下地被植物选择：疏林下用阳性植物和中性植物，密林下用阴性植物。

（二）线状种植

线状种植主要指园界树、园路树、湖岸树等植物的种植，采用乔木作线状种植，包括规则的直线、折线、曲线和自然错落的线状景观。规则式园林中多数乔木成排成行栽植；而自然式布置往往考虑与道路、湖岸的有机结合，不等距、不列队，疏密有致，往往与造景和组织透视线相结合，同时还要考虑起伏、错落的天际线与平面曲折变化的效果。

（三）散点种植

散点种植包含孤赏树、庭荫树等的种植。选用花叶色彩艳丽的树木，如花色迷人的树种：凤凰木、木棉、玉兰、大花紫薇、合欢、梅花、樱花、海棠等；叶色吸引人的树种：银杏、鹅掌楸、水杉、金钱松等。

三、花卉的色彩配置

在植物配置当中，不同花卉色彩（见表 4-1）的组合，会产生不同的视觉效果，而色彩之间的作用有时是强烈和富有冲击性的。设计时应从使用者、色彩心理学的角度来考虑，结合色彩对情绪的情感效果、色彩的性质和色彩的选择等综合因素来表达。

（一）单色配置

单色配置是指在同一颜色之中，浓淡明暗互相配合。不同明度或饱和度的同一色相的色彩，易取得统一、和谐的效果，并且能使观赏者的注意力集中于设计的细节与精细上，种植的构成和韵律得到强调，植物的花则更易引起人的注意，整体效果和谐、柔缓，并体现光的作用，如桃花和海棠的配置，为深浅不一的粉色，既可以达到统一的效果，也可以表现出柔和的气氛。

（二）近似色配置

近似色既有相当强的共同调和关系，又有比较大的差异，统一中又有变化，所以比较容易取得和谐的色彩效果。

（三）对比色配置

对比色的配色平常较多使用，因为其可以得到现代、活泼、明视性高的效果，如红色和绿色。最成功的对比色组合是基于所选植物在色彩、质感或结构上既有共同点的存在，也有对比的存在。在一个相似色的配置中，加入对比色，也能有效地吸引视线并造成停留，从而形成焦点。

（四）三色配置

三色配置是指色轮上间距相等的三种色彩的搭配，如红、黄、蓝或绿、紫、橙等。这种配置与其他配置相比提供了较多的色彩，在应用时也算和谐。

（五）混色配置

混色配置包含了各种色彩，只是量都不大，通常在空间有限而又不拘泥于色彩限制时使用该设计，它易造成繁杂、喧嚣的感觉，但成功的设计者仍可以在多色彩中营造出流畅的感觉。

表 4-1　一年 12 月花卉、花色、花期一栏表

月份	名称	花色	花期
一月	墨兰	白色具紫褐条纹	1—2 月
	兜兰	橙黄带紫褐斑点、条纹	1—3 月
	水仙	白	1—2 月
	四季报春	玫红、深红、白	1—5 月
	山茶	红、玫红、浅红、白、紫	1—3 月
二月	报春	淡紫、粉红	2—3 月
	旱金莲	黄、红、橙、乳白等	2—5 月
	马蹄莲	白，有红、黄变种	2—4 月
	迎春	黄	2—3 月
	梅花	白至水红，变种纯白、肉红、桃红、粉紫及红白二色等	2—4 月
三月	三色松叶菊	粉、淡青、白	3—5 月
	三色堇	蓝、黄、白、紫	3—5 月
	二月兰	紫	3—5 月
	雏菊	白、淡红、黄、浅红	3—6 月
	金盏菊	淡黄至深橙	3—6 月
	白芨	淡紫红	3—5 月

续　表

月份	名称	花色	花期
三月	郁金香	洋红、紫、白、粉、褐、黄、橙	3—5 月
	风信子	白、粉、黄、红、蓝、淡紫	3—4 月
	天竺葵	白、紫	3—5 月
	白玉兰	白	3 月
	木兰	外部紫、内白	3 月
	二乔玉兰	内白、外浅紫，或外鲜红、内淡红，外白、内紫条纹	3 月
	垂丝海棠	粉	3—4 月
	杏	白至粉	3—4 月
	日本樱花	白至淡红	3—4 月
	李	白	3—4 月
	紫荆	紫红	3—4 月
	瑞香	纯白	3—4 月
	金钟	深黄	3—5 月
四月	石竹	红、粉、白、紫红	4—5 月
	紫罗兰	红、紫、变种白、淡红、玫红	4—5 月
	勿忘草	蓝、白、红	4—6 月
	美女樱	白、粉至蓝色	4—10 月
	矮牵牛	白，各种红及深紫	4—10 月
	矢车菊	浅蓝、深蓝、淡红、玫红	4—6 月
	三色菊	蓝、白、深红、淡红	4—6 月
	芍药	白、黄、粉、红、紫	4—5 月
	花毛茛	白、黄、橙、红、紫	4—5 月
	石菖蒲	黄绿（观叶地被）	4—5 月
	扶郎花	红、粉、淡黄、橘黄	4—5 月
	鸳鸯茉莉	紫蓝、淡蓝至白	4—6 月
	含笑	淡黄	4—5 月
	刺桐	橙红、紫红	4—5 月
	紫藤	淡紫、白	4—5 月
	云南黄馨	黄	4—5 月
	牡丹	红、紫、白、黄、绿、粉	4—5 月
	杜鹃	深浅不同的红、紫、白	4—5 月

续 表

月份	名称	花色	花期
五月	虞美人	白经红至紫	5—6月
	花葵	红、玫红	5—6月
	锦葵	紫红	5—6月
	福禄考	玫红、白、紫	5—6月
	金鱼草	白、黄、红、紫	5—6月
	毛地黄	紫红、变种白、黄、红	5—6月
	朱顶红	红带白色条纹	5—6月
	鸢尾类	蓝、紫、白、黄、红	5月
	香石竹	红、黄、粉、白、紫	5—10月
	木槿	紫、白、红、淡紫	5—10月
	金银花	白、黄	5—7月
	木香	白、黄	5—7月
	绣线菊	淡红、深红	5月
	石榴	橙红	5—8月
六月	蜀葵	粉红	6月
	牵牛	白、浅红、紫、浅蓝	6—10月
	万寿菊	黄、淡黄、金黄、橙黄	6—10月
	松果菊	紫、橙黄	6—7月
	百合类	白、橙红、褐红	6—8月
	萱草	橘红至黄	6—7月
	美人蕉	粉红、大红、橘红、黄、乳白	6—10月
	睡莲	白、黄、粉红	6—9月
	荷花	粉红至白	6—8月
	金丝桃	橙黄	6—7月
	八仙花	绿白至粉红、蓝紫	6—7月
	十姐妹	淡红、朱红、粉白	6月
	栀子	白	6—8月
七月	黄蜀葵	淡黄紫心	7—10月
	长春花	深玫红	7—10月
	向日葵	金黄	7—9月
	百日草	紫、黄、橙、蓝	7—10月
	大丽花	白、黄、橙、粉、红、紫	7—11月

续　表

月份	名称	花色	花期
七月	硫黄菊	黄、淡黄、金黄	7—10 月
	唐菖蒲	黄、红、紫、白、蓝、乳白	7—8 月
	吊钟海棠	红、白、紫	7—10 月
	紫薇	红、紫、白	7—9 月
	凌霄	鲜红、橘红	7—8 月
八月	紫茉莉	红、紫、黄白	8—11 月
	千日红	紫红，变种白	8—10 月
	一串红	大红	8—10 月
	麦秆菊	淡红、黄、变种白、暗红	8—10 月
	吉祥草	紫红	8—9 月
九月	波斯菊	白、粉、红紫	9—10 月
	石蒜	鲜红	9 月
	九里香	白	9—10 月
	木芙蓉	白、粉红、紫红	9—10 月
	桂花	黄、淡黄、橙、橘红	9—10 月
十月	仙客来	白、玫红、紫红、大红	10—5 月
	菊花	白、粉、玫红、黄	10—12 月
	红花油茶	红	10—12 月
十一月	狗尾红	鲜红	11—1 月
	茶梅	白或红	11—1 月
十二月	一品红	花黄，苞叶朱红、乳黄	12—2 月
	瓜叶菊	墨红、红、玫红、淡红、白、紫、蓝和复色	12—4 月
	蜡梅	蜡黄	12—3 月
	云南山茶	白、粉、桃红至深紫、红白相间	12—4 月

第二节　花坛花台

花坛花台是园林花卉应用中最为常用的形式，其类型丰富多样，适用于各种绿化场合，深受人们的喜爱。

一、花坛

（一）花坛的概念

1.花坛传统的定义：在具有几何形状轮廓的植床内种植各种不同色彩的花卉，运用花卉的群体效果来体现图案纹样，同时观赏盛花时景观的一种花卉应用形式。

花坛以鲜艳的色彩或华丽的图案来展现花卉的群体美，是绿地花卉布置中最精细的表现形式之一。传统意义上的花坛具有以下特征：

（1）通常具有几何形的栽植床（见图4-1），属于规则式种植设计，多用于规则式园林构图中。

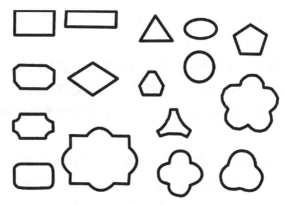

4-1　花坛常见的平面形式

（2）花坛主要表现花卉群体组成的图案纹样或华丽色彩，不表现花卉个体的形态美。

（3）花坛多以时令性花卉为主体材料，因而需随季节更换，以保证最佳的景观效果。气候温暖地区也可用终年具有观赏价值且生长缓慢、耐修剪的多年生花卉及木本花卉组成花坛。

2.现代意义的花坛：利用盆栽观赏植物进行摆设或各种形式的盆花组合成华美图案和立体造型的造景形式。随着园艺技术的发展，花坛的形式在变化和拓宽，由最初平面地床或沉床花坛拓展到斜面、立面及活动式等多种类型。花坛这一园林艺术形式正在随着时代的发展而表现出蓬勃的生命力。

（二）花坛的作用

1.装饰美化：花坛在园林构图中常作为主景或配景。盛开的花卉给现代城市增加五彩缤纷的色彩，尤其能烘托节日的欢乐气氛，弥补园林中季节性景色欠佳的缺憾。随着季节更替的花卉能产生形态和色彩上的变化，具有很好的环境效果和心理效应，能协调人与城市环境的关系，提升人们进行艺术欣赏的兴趣。

2.组织交通：花坛具有划分和装饰地面、分隔空间的效果，可以起到组织交通的作用。通过布置各类分车绿带、交通岛花坛，能够组织和区分路面交通功能，集中驾驶员的注意力，增加人行、车行的美感与安全感。

3.游览休憩：利用若干个花坛组合形成花坛群，实际上是一种小游园的形式，为人们提供了休息和娱乐场所。

（三）花坛的类型

1.根据表现主题分类。这是花坛最基本的分类方法。据此可以将花坛分为盛花花坛、模纹花坛和混合花坛。

（1）盛花花坛：又名花丛花坛，以观赏花卉群体的艳丽色彩为主，是花卉盛花时的整体景观，表现盛花时群体色彩美或绚丽的景观，可有同种花卉不同品种或不同花色群体组成，也可由不同种类的多种花色花卉群体组成。

盛花花坛图案简单，以色彩美为其表现主题，要求图案轮廓鲜明，对比度强，因此必须选用花期较长且一致、高矮一致、开花整齐、色彩艳丽的花卉，常用花卉有三色堇、金鱼草、金盏菊、万寿菊、翠菊、百日草、福禄考、紫罗兰、石竹、一串红、夏堇、矮牵牛、长春花、美女樱、鸡冠花等。一些色彩鲜艳的一、二年生观叶花卉也较常用，如羽衣甘蓝、银叶菊、地肤、彩叶草等。此外也可用宿根花卉或球根花卉，如鸢尾、菊花、郁金香、风信子、水仙花等。

（2）模纹花坛：主要由低矮的观叶植物或花、叶俱美的植物组成，表现群体组成的精美图案或装饰纹样。其包括毛毡花坛、浮雕花坛和彩结花坛。毛毡花坛是由各种色叶植物组成同一高度、表面平整的花坛，宛若绚丽的地毯；浮雕花坛是依植物高度不同的组合色块，和花坛纹变化的，由常绿小灌木（凸）和低矮草本（凹）组成高度不一的组合，整体上具有浮雕效果；彩结花坛是花坛纹样模仿绸带的绳结式样，图案线条粗细一致，并以草坪、砾石或卵石为底色。

（3）混合花坛：盛花花坛和模纹花坛的混合形式，兼有华丽的色彩和精美的图案。常结合花卉立体造型、水景、雕塑等形成混合花坛景观（见图4-2

和图 4-3）。

图 4-2　混合花坛（杭州 G20 花坛）

图 4-3　混合花坛（2017 年国庆花坛）

2. 根据空间形式分类，花坛可以分为平面花坛、斜面花坛和立体花坛。

（1）平面花坛：花坛表面与地面平行，主要观赏花坛的平面效果，也包括沉床花坛。平面花坛是道路、广场及园林绿地中最常见的花坛形式。

（2）斜面花坛：花坛设在斜坡或阶地上，也可以布置在建筑的台阶两旁或台阶上，花坛表面为斜面，是主要观赏面。

（3）立体花坛：花坛向立面延展，以表现花卉的三维立体造型为主。其常用于景区入口、重要的广场和道路交叉口以及各类花卉和园林展览，适用于表现重大节日庆典的氛围及刻画大型活动的标志物。

立体花坛是模纹花坛的一种立体形式，以四面观为多，常用五色草或小菊等草本观叶植物做成各种立体造型，如动物、花篮、花瓶、亭、塔等。由于此类花坛施工复杂，需要精细管理，所以一般在重大节日或花展时进行设置。

3. 根据组合布局分类，花坛可以分为独立花坛、带状花坛和花坛群。

（1）独立花坛：即单体花坛，作为园林局部构图的主体而存在，常布置在广场中央、道路交叉口、公园入口、建筑正前方等处。独立花坛的平面外形是对称的几何图形，有的是轴线对称，有的是辐射对称。长形的花坛，短轴与长轴之比，一般以 1∶2.5 为宜。独立花坛面积不宜过大，否则远处的花卉就会模糊不清。花坛内不设道路，游人也不能进入。

（2）带状花坛：长度为宽度 3 倍以上的长形花坛。它是一种连续构图，以一定的规律布置在人行道两侧、公园道路中央、建筑墙垣、广场边缘等地。

（3）花坛群：由多个花坛组成一个不可分割的构图整体。花坛群的构图是规则对称式的，其构图中心，可以是一个独立花坛，也可以是水池、喷泉、纪念碑、雕塑物等。花坛群宜布置在大面积建筑广场的中央、大型公共建筑的前方或是规则式园林的构图中心。花坛群内部的铺装场地及道路允许游人进入活动并近距离欣赏花坛。有条件的还可以设置座椅等休憩设施。

（四）常用的花坛花卉

1. 一、二年生花卉：

（1）春：雏菊（3—6 月）、香雪球（3—6 月）、金盏菊（1—6 月）、紫罗兰（4—5 月）、石竹（4—5 月，羽瓣石竹、锦团石竹、矮石竹、须苞石竹、石竹梅、少女石竹、瞿麦）、金鱼草（5—6 月）、矮雪轮（4—5 月）、矢车菊（4—5 月）、大花三色堇（3—5 月，紫花地丁、香堇菜、角堇）、飞燕草（5—6 月）、风铃草（5—6 月）、诸葛菜（3—5 月）。

（2）夏：翠菊（秋播 5—6 月，春播 7—10 月）、麦秆菊（7—9 月）、重瓣矮向日葵（6—9 月）、半支莲（6—8 月）、百日草（6—9 月，小百日草、细叶百日草）、凤仙花（6—8 月）、毛地黄（5—8 月）、黑心菊（5—9 月）、矮牵牛（3—11 月）、旱金莲（7—9 月，小旱金莲、盾叶旱金莲、五裂叶旱金莲、多叶旱金莲）、长春花（8—10 月）、烟草花（夏秋）、美女樱（4 月至降霜）、藿香蓟（7—9 月）、鸡冠花（5—10 月）、醉蝶花（6—9 月）、夏堇（夏秋）。

（3）秋：硫华菊（7—10 月）、波斯菊（8—11 月）、一串红（7—11 月一串白、一串紫、矮一串红，红花鼠尾草、蓝花鼠尾草）、万寿菊（6 月至降霜，细叶万寿菊、香叶万寿菊）、孔雀草（6—10 月）、雁来红（9 月开始梢叶变色）、千日红（7—11 月）。

（4）冬：羽衣甘蓝、五色苋（红色、黄色、紫褐色、绿色）。

2. 宿根花卉：

（1）春：常夏石竹、芍药（4—5月）、鸢尾（5月），德国鸢尾（5—6月）、蝴蝶花（4—5月）、银莲花（5—6月）、羽扇豆（5—6月）。

（2）夏：文殊兰（6—7月）、蛇鞭菊（7—9月）、蓍草（6—7月）、宿根福禄考（6—10月）、随意草（7—9月）、火炬花（6—10月）、金光菊（7—10月）、萱草（6—8月）、玉簪（7—9月）、射干（7—8月）、荷兰菊（8—10月）。

（3）秋冬：菊花（10—12月）、四季秋海棠（常年开花，以秋冬为主）、沙参、落新妇、新几内亚凤仙等通过延后栽培，实现秋冬开花。

3. 球根花卉：

（1）春：郁金香（3—5月）、风信子（3—5月）、球根鸢尾类（5月，西班牙鸢尾、网脉鸢尾、英国鸢尾）、朱顶红（5—6月）、大花葱（5—7月）。

（2）夏：大丽花（6—10月）、大花美人蕉（7—10月，意大利美人蕉、美人蕉、黄花美人蕉、鸢尾花美人蕉）。

（3）秋：球根秋海棠（夏秋）。

（4）冬：水仙（12月至次年3月，中国水仙、喇叭水仙、红口水仙、明星水仙）。

4. 木本花卉：

（1）春：牡丹（4—5月）、杜鹃（2—4月）、茶梅（2—3月）。

（2）夏：八仙花（6—7月）、月季（4—9月）、金丝桃（5—8月）。

（3）秋：紫薇（6—10月）。

（4）冬：一品红（11月至次年3月）、天竺葵（10月至次年5月，银边天竺葵、金边天竺葵、彩叶天竺葵、大花天竺葵、马蹄纹天竺葵、芳香天竺葵）。

（五）花坛设计

1. 花坛设计有如下原则。

（1）主题性原则：植物造景讲究立意在先。为突出花坛特色，必须确立鲜明主题，特别是主景花坛应在文化、保健、美化、教育等方面充分体现主题功能和目的。

（2）功能性原则：花坛除了观赏功能以外，因其位置不同，常常具有组织交通、分隔空间等功能，尤其是交通环岛花坛、道路分车带花坛、广场出入口花坛等，必须考虑车流和人流，不能造成遮挡视线、影响分流、阻塞交通等问题。

（3）艺术性原则：形式美是花坛设计的关键。花坛设计应遵循艺术规律，并做到与周边环境相协调，给欣赏者以美的感受。

（4）生态性原则：花坛设计需要考虑地域、气候、立地条件、季节等因素，适地适花，正确选择植物材料及合理的工程技术。

（5）经济性原则：与其他花卉应用形式相比，花坛不仅建设费用高，而且需要较高的维护管理费。特别是一些大型立体造型花坛，需要大量的财力和人力投入。应本着节约性的原则，按需设计，反对攀比，宜繁则繁，该简则简。

2.花坛设计的要点如下。

（1）花坛布置的形式要和环境统一。花坛在园林中不论是做主景还是配景，都应与周围的环境协调。花坛的布置必须从属于整个空间的安排。

①在自然式布局中不适合用几何轮廓的独立花坛，如果要用也要用自然式花坛。

②忌用数个形式不同的花坛，与环境不协调。

③作为主景的花坛，在各方面都要突出，才可以丰富多彩。

④构图中心为装饰性喷泉或雕塑时，花坛就是配角，图案和色彩都要居于从属地位，布置简单，以充分发挥陪衬主体景物的作用。

⑤广场上的花坛，其面积要与广场面积成一定比例，一般为广场面积的1/5~1/3，平面轮廓也要和广场的外形统一协调，并应注意交通功能上的要求，不妨碍人流交通和行车拐角的需要。

⑥花坛大小要适度，观赏轴线以8~10m为度，图案简单的花坛，面积可以稍大，而且内部图案也要简洁明了，不宜在有限的面积上设计过分烦琐的图案。

（2）花坛植物的选择因花坛类型和观赏时期而异。

①花丛式花坛是以色彩构图为主，故宜应用一、二年生草本花卉，也可运用一些球根花卉，很少运用木本植物和观叶植物。在观赏花卉中要求有矮生、开花繁茂、花期一致、花期较长、花色鲜明、移栽容易、花序高矮规格一致等特点。常用的有金鱼草、雏菊、金盏菊、翠菊、鸡冠花、石竹、矮牵牛、一串红、万寿菊、三色堇、百日草等。

②模纹花坛以表现图案为主，最好是用生长缓慢的多年生观叶草本植物，也可以少量运用生长缓慢的多年生木本观叶植物，要求植物生长矮小，萌蘖

性强、分枝密、叶子小，生长高度可控制在 10cm 左右，不同纹样要选用色彩上有显著差别的植物，以求图案明晰。最常用的是各种五色苋和雀舌黄杨。

（3）花坛栽植床的要求：为了突出地表现轮廓变化和避免游人践踏，花坛栽植床一般都高于地面 7~10cm，为便于排水，还可以把花坛中心堆高形成四面坡，一般以 5% 的坡度为宜。种植土厚度视植物种类而异，种植一年生花卉为 20~30cm，多年生花卉及灌木为 40cm。花坛边缘常用砖、卵石、大理石等建筑材料围边，也可因地制宜，就地取材，但形式要简单，色彩要朴素，以突出花卉的色彩美。一般高度 10~15cm，厚度为 10cm。还可以利用盆栽的花卉来布置花坛，优点是比较灵活，不受场地限制。

3.盛花花坛设计的方法。盛花花坛可以是偏重某一季节观赏，如春季花坛、夏季花坛等，至少保持一个季节内有较好的观赏效果。但设计时可同时提出多季观赏的实施方案，如可用同一图案更换花材，也可另设方案，一个季节花坛景观结束后立即更换下季材料，完成花坛季相交替。

（1）植物选择：以观花草本为主体，可以是一、二年生花卉，也可以用多年生球根或宿根花卉，可适当选用少量常绿、彩叶及观花小灌木作辅助材料。一、二年生花卉为花坛的主要材料，其种类繁多，色彩丰富，成本较低。球根花卉也是盛花花坛的优良材料，色彩艳丽，开花整齐，但成本较高。适合作花坛的花卉应株丛紧密、着花繁茂，理想的植物材料在盛花时应完全覆盖枝叶，要求花期较长，开放一致，至少保持一个季节的观赏期。如球根花卉，花色明亮鲜艳，有丰富的色彩幅度变化，纯色搭配及组合较复色混植更为理想，更能体现色彩美，要求栽植后开花期一致。不同种花卉群体配合时，除考虑花色外，也要考虑花的质感相协调才能获得较好的效果。植株高度依种类不同而异，但以 10~40cm 的矮性品种为宜。此外还要移植容易，缓苗较快。

①春季花坛：以 4~6 月开花的一、二年生草花为主，再配合一些盆花。常用的种类有三色堇、金盏菊、雏菊、桂竹香、矮一串红、月季、瓜叶菊、旱金莲、大花天竺葵、天竺葵、茼蒿菊等。

②夏季花坛：以 7~9 月开花的春播草花为主，配以部分盆花。常用的有石竹、百日草、半枝莲、一串红、矢车菊、美女樱、凤仙、大丽花、翠菊、万寿菊、地肤、鸡冠花、扶桑、五色梅、宿根福禄考等。夏季花坛根据需要可更换一两次，也可随时调换花期过了的部分种类。

③秋季花坛：以 9~10 月开花的春季播种的草花为主，配以盆花。常用花卉有早菊、一串红、荷兰菊、滨菊、翠菊、日本小菊、大丽花及经短日照处

理的菊花等。配置模纹花坛可用五色草、半枝莲、香雪球、彩叶草、石莲花等。

④冬季花坛：长江流域一带常用羽衣甘蓝及红甜菜作为花坛布置花材，能正常露地越冬。

（2）色彩设计：盛花花坛表现的主题是花卉群体的色彩美，因此在色彩设计上要精心选择不同花色的花卉巧妙搭配，一般要求鲜明、艳丽。如果有台座，花坛色彩还要与台座的颜色相协调。盛花花坛常用的配色方法有以下三种：

①对比色应用。这种配色较活泼而明快。深色调的对比较强烈，给人兴奋感，浅色调的对比配合效果较理想，对比不那么强烈，柔和而又鲜明。如堇紫色＋浅黄色（堇紫色三色堇＋黄色三色堇、藿香蓟＋黄早菊、荷兰菊＋黄早菊＋紫鸡冠＋黄早菊），橙色＋蓝紫色（金盏菊＋雏菊、金盏菊＋三色堇），绿色＋红色（扫帚草＋星红鸡冠）等。

②暖色调应用。类似色或暖色调花卉搭配，色彩不鲜明时可加白色以调剂，并提高花坛明亮度。这种配色鲜艳、热烈而庄重，在大型花坛中常用。如红＋黄或红＋白＋黄（黄早菊＋白早菊＋一串红或一品红、金盏菊或黄三色堇＋白雏菊、白色三色堇＋红色美女樱）。

③同色调应用。其适用于小面积花坛或花台，起装饰作用，一般不作主景。

此外，花坛色彩设计中尚需注意下列问题。

A. 一个花坛配色不宜太多。一般花坛 2~3 种颜色，大型花坛 4~5 种。配色多而复杂难以表现群体的花色效果，显得杂乱。

B. 在花坛色彩搭配中注意颜色对人的视觉及心理的影响。如暖色调给人在面积上有扩张感，而冷色则收缩，因此设计各色彩的花纹宽窄、面积大小时要有所考虑。例如，为了达到视觉上的大小相等，冷色用的比例要相对大些才能达到设计意图。

C. 花坛的色彩要和它的作用相结合考虑。装饰性花坛、节日花坛要与环境相区别，组织交通用的花坛要醒目，而基础花坛应与主体相配合，起到烘托主体的作用，不可过分艳丽，以免喧宾夺主。

D. 花卉色彩不同于调色板上的色彩，需要在实践中对花卉的色彩仔细观察才能正确应用。比如，同为红色的花卉，如天竺葵、一串红、一品红等，在明度上有差别，分别与黄早菊配用，效果不同，一品红较稳重，一串红较鲜明，而天竺葵较艳丽，后两种花卉直接与黄菊配合，也有明快的效果，而一品红与黄早菊中加入白色的花卉才会有较好的效果。

（3）图案设计：花坛的外部轮廓主要是几何图形或几何图形的组合。花坛大小要适度，在平面上过大在视觉上会引起变形。一般观赏轴线以 8~10m 为度。现代建筑的外形超于多样化、曲线化，在外形多变的建筑物前设置花坛，可用流线或折线构成外轮廓，对称、拟对称或自然式均可，以求与环境协调。内部图案要简洁，轮廓明显。忌在有限的面积上设计烦琐的图案，要求有大色块的效果。

4.模纹花坛设计的方法。模纹花坛主要表现植物群体形成的华丽纹样，要求图案纹样精美细致，有长期的稳定性，可供较长时间观赏。

（1）植物选择：植物的高度和形状对模纹花坛纹样表现有密切关系，是选择材料的重要依据。低矮细密的植物才能形成精美细致的华丽图案。典型的模纹花坛材料如五色草类及矮黄杨都符合下述要求：

①以生长缓慢的多年生植物为主，如红绿草、白草、尖叶红叶苋等。一、二年生草花生长速度不同，图案不易稳定，可选用草花的扦插、播种苗及植株低矮的花卉作图案的点缀。前者如紫菀类、孔雀草、矮串红、四季秋海棠等；后者有香雪球、雏菊、半支莲、三色堇等。但把它们布置成图案主体则观赏期相对较短，一般不使用。

②以枝叶细小、株丛紧密、萌蘖性强、耐修剪的观叶植物为主。通过修剪可使图案纹样清晰，并维持较长的观赏期。枝叶粗大的材料不易形成精美的纹样，在小面积花坛上尤不适用。观花植物花期短，不耐修剪，若使用少量作点缀，也以植株低矮、花小而密者效果为佳。因此材料选择以植株矮小（或通过修剪可控制在 5~10cm 高）、耐移植、易栽培、缓苗快为佳。

（2）色彩设计：模纹花坛的色彩设计应以图案纹样为依据，用植物的色彩突出纹样，使之清晰而精美。如选用五色草中红色的小叶红或紫褐色小叶黑与绿色的小叶绿描出各种花纹。为使之更清晰，还可以用白绿色的白草种在两种不同色草的界限上，突出纹样的轮廓。

（3）图案设计：模纹花坛以突出内部纹样华丽为主，因而植床的外轮廓以线条简洁为宜，可参考盛花花坛中较简单的外形图案。面积不易过大，尤其是平面花坛，面积过大在视觉上易造成图案变形的弊病。内部纹样可较盛花花坛精细复杂些。但点缀及纹样不可过于窄细。以红绿草类为例，不可窄于 5cm，一般草本花卉以能栽植 2 株为限。设计条纹过窄则难以表现图案，纹样粗宽色彩才会鲜明，使图案清晰。

模纹花坛内部图案可选择的内容广泛，如仿照某些工艺品的花纹、卷云等，设计成毡状花纹；用文字或文字与纹样组合构成图案，如国旗、国徽、会徽等，设计要严格符合比例，不可改动，周边可用纹样装饰，用材也要整齐，使图案精细，多设置于庄严的场所；名人肖像，设计及施工均较严格，植物材料也要精选，从而真实体现名人形象，多布置在纪念性园地；也可选用花篮、花瓶、建筑小品、动物、花草、乐器等图案或造型，可以是装饰性，也可以有象征意义。此外，还可利用一些机械构件与模纹图案共同组成有实用价值的各种计时器，常见的有日晷花坛、时钟花坛及日历花坛等。

5. 立体花坛设计。设计立体花坛时要注意高度与环境相协调。种植箱式可较高，台阶式不易过高。除个别场合利用立体花坛作屏障外，一般应在人的视觉观赏范围之内。此外，高度要与花坛面积成比例。以四面观圆形花坛为例，一般高为花坛直径的 1/6~1/4 较好。设计时还应注意各种形式的立面花坛不应露出架子及种植箱或花盆，充分展示植物材料的色彩或组成图案。此外，还要考虑实施的可能性及安全性，如钢木架的承重及安全问题等。

（1）标牌花坛设计：位置选择以东西向观赏效果好，南向光照过强，影响视觉，北向逆光，纹样暗淡，装饰效果差。也可设在道路转角处，以观赏角度适宜为准。标牌花坛一般有两种做法，一种是用五色苋等观叶植物为表现字体及纹样的材料，栽种在 15cm×40cm×70cm 的扁平塑料箱内。完成整体的设计后，每箱依照设计图案中所涉及的部分扦插植物材料，各箱拼组在一起构成总体图样。之后，把塑料箱依图案固定在竖起（可垂直，也可斜面）的钢木架上，形成立面景观。另一种是以盛花花坛的材料为主，表现字体或色彩，多为盆栽或直接种在架子内。架子为台阶式则以一面观为主，架子呈圆台或棱台样阶式可作四面观。设计时要考虑阶梯间的宽度及梯间高差，阶梯高差小形成的花坛表面较细密。用钢架或砖及木板成架子，然后花盆依图案设计摆放其上，或栽植于种植槽式阶梯架内，形成立面景观。

（2）造型花坛设计：造型物的形象依环境及花坛主题来设计，有花篮、花瓶、动物、图徽及建筑小品等，色彩应与环境的格调、气氛相吻合，比例也要与环境相协调。运用毛毡花坛的手法完成造型物，常用的植物材料有五色草类及小菊类等。为了施工布置方便，可在造型物下面安装有轮子的可移动基座。

（六）花坛施工

1. 种植床土壤准备。花坛施工首先要翻整土地，将石块、杂物拣除或过筛剔除，若土质过劣则换以好土；如土壤贫瘠，则应施足基肥。不同的花材要求的土壤厚度不同，通常一、二年生草花及草坪需要至少20cm厚，多年生花卉及灌木需40cm厚。

2.施工放线。整好苗床以后，按图纸要求以石灰粉在花坛中定点放线，以便按设计进行栽植。

3.砌边。按照花坛外形轮廓和设计确定的边缘材料、质地、高低、宽窄进行花坛砌边。

4.栽植。植株移植前，给苗床浇一次水，使土壤保持一定的湿度，以防起苗时伤根。移栽最好选择阴天或傍晚，避免烈日曝晒。起苗时，要根据花坛设计要求的植株高矮、花色品种进行掘取，然后放入筐内，避免挤压。倘若植株高度不一致，则高的深栽，矮的浅栽，保证图案纹样平整。株间距以不露出地面为宜。栽好之后充分灌水一次。

模纹花坛则应先栽模纹图案，然后栽底衬，全部栽完后，立即进行平剪，高矮要一致，株行距由植株大小或设计要求而定。

（七）花坛的养护管理

为了保持花坛良好的观赏效果，对花坛的日常管理要求非常精细。首先要根据季节、天气安排浇水的频率。在交通频繁、尘土较重的地区，每隔2~3天还须喷水清洗一次。枯萎的植株要随时更换，枝叶要及时、精心修剪。对于季节性和临时性花坛中的植株一般不再追肥，永久性和半永久性花坛中的植物可在生长季节喷施液肥或结合休眠期管理进行固体追肥。除此之外，还要做好病虫害的防治。

二、花台

（一）概念

花台又名高设花坛，是将花卉种植于高出地面、外形规则、类似花坛、规模较小的台座中的园林应用形式。花台多以砖石砌筑，一般面积较小，台座高度多在40~60cm，多设于广场、庭院、阶旁、墙下、窗前以及出入口两侧等处。

（二）分类

1.花台按平面形式分，可分为规则式花台和自然式花台。

（1）规则式花台：有圆形、椭圆形、梅花形、正方形、长方形、菱形等形状。这类花台一般布置在规则式的园林环境中，尤其是形状和大小不同的几何图形相互穿插组合，或者高低错落而成的组合式花台（见图4-4），最宜用于现代的建筑广场、园林中，还常常布置各种雕塑来强调花台的主题。中国传统园林中亦有砖石砌筑的规则式花台应用（见图4-5和图4-6）。

（2）自然式花台：常布置于中国传统的自然式园林中，结合环境与地形，形式较为灵活，如布置在山坡、山脚的花台，其外形根据坡脚的走势和道路的安排等呈现富有变化的曲线，边缘常砌以山石，既有自然之趣，又可以起到挡土墙的作用。在中国传统园林中，常在影壁前、庭院中、漏窗前、粉墙下或角隅之处，以山石砌筑自然式花台，通过植物配置，组成一幅生动的立体画面，成为园林中的重要景观甚至点睛之笔（见图4-7）。

图4-4　规则式花台（组合式花台）

图4-5　规则式花台（留园明代牡丹花台）

图4-6　规则式花台（留园古木交柯）

图4-7　自然式花台（拙政园海棠春坞）

2. 花台按配植形式分，可分为整齐式布置和盆景式布置。

（1）整齐式布置：选材与花坛相似，由于面积小，一个花台通常选用一种或数种植物（见图4-8）。由于花台高于地面，所以适宜选用株型低矮、枝叶繁茂并下垂的花卉（如矮牵牛、美女樱、沿阶草等）。

（2）盆景式布置：把花台视为一个大盆景，按照盆景的造型艺术配植花卉，常用的植物材料有松、竹、梅、牡丹等，配以山石、观赏草等。配景式花台注重整体的艺术造型，犹以意境取胜（见图4-9）。

图4-8　整齐式布置的花台　　　图4-9　盆景式布置的花台（武汉东湖梅园）

（三）花台设计

参照花坛设计。

第三节　花境应用

一、花境的概念

花境是指位于地块边缘、种植花卉灌木的一种狭长的自然式园林景观布置形式，它是模拟自然界中林地边缘地带多种野生花卉交错生长的状态，创造"源于自然，高于自然"的植物景观。

花境管理方便，应用广泛，独具特色。在国外，尤其是居家小庭院中，花境应用非常普遍。在中国，花境这种花卉应用形式尚处于早期发展阶段。广州、上海、杭州等一些大城市的公共绿地、庭院中，花境的应用日渐增多。花境应用形式从经典的庭院花境发展到林缘花境、临水花境、岛状花境、路缘花境、岩石花境、专类花境等并存的多种形式。相较过去采用单一品种的花卉种植方式，花境的自然植物群落形式，更符合当今人们的审美情趣和生态要求。过去，人们多是把植物当作一种构图要素，硬性地使其渗入城市景观中。追求秩序的美，纯粹花卉品种的几何布置，使植物脱离了持续生长的生态环境，城市的绿地需要大量人力和财力进行维护。而人们所希望的是通过绿化来改善人类的生存环境。植物要成为生产者，它就必须处于能够自身持续发展的生态系统中。所以真正的生态设计，一定是群落的营造。花境其实就是一个小的群落，当然其还只是一种人工模仿自然的群落，这种模仿主要还停留在审美层面，但不可否认已是一种进步。

二、花境的特点

（一）物种多样性丰富，季相变化明显

　　群落式的植物配置，各种花卉高低错落排列、层次丰富，既表现了植物个体生长的自然美，又展示了植物自然组合的群体美。花境的一个突出特点就是花卉种类丰富，花境植物材料以宿根花卉为主，包括花灌木，球根花卉，一、二年生花卉等，有的花境选用的植物可以多达四十余种。多样性的植物混合组成的花境在一年中三季有花、四季有景，能呈现一种动态的季相变化。

（二）立面丰富，景观多样化

　　花境中配植多种花卉，花色、花期、花序、叶型、叶色、质地、株型等主要观赏对象各不相同，通过对植物这些主要观赏对象的组合配置，可起到丰富植物景观的层次结构，增加植物景观变化等作用，创造出丰富美观的立面景观，使花境具有季相分明、色彩缤纷的多样性植物群落景观。

（三）适应性强，种植和维护成本低

　　花境所用的植物材料，以能越冬的观花灌木和多年生花卉为主，四季美观又有季相交替。

　　花境布置适应性强，无须大面积的专用花坛，林间、水边、路旁、岩沿等都可布置。花境一旦成景可保持数年不衰。另外，种植花境植物成本相对较低、维护费用也低，不需要经常、大量地更换植物材料，一般栽植后3~5年不用更换。

（四）从规则式构图向自然式构图的一种过渡

　　花境在设计形式上是沿着长轴方向演进的带状连续构图，平面轮廓与带状花坛相似，植床两边是平行的直线或有几何规则的曲线。花卉布置采取自然式块状混交，能表现花卉群体的自然景观。

三、花境的类型

（一）按设计形式分

　　花境按设计形式分，可分为单面观赏花境、双面观赏花境和对应式花境。

　　1.单面观赏花境：常以建筑物、矮墙、树丛、绿篱等为背景，前面为低

矮的边缘植物，整体上前低后高，供一面观赏（见图4-10和图4-11）。

2.双面观赏花境：没有背景，多设置在草坪上或树丛间，植物种植中间高、两侧低，供两面观赏（见图4-12）。

3.对应式花境：对应式花境在园路的两侧、草坪中央或建筑物周围设置相对应的两个花境（见图4-13）。在设计上统一考虑，作为一组景观，多采用拟对称的手法，以求有节奏地变化。

图4-10　单面观赏花境（一）　　　图4-11　单面观赏花境（二）

图4-12　双面观赏花境　　　　　图4-13　对应式花境

（二）按植物选材分

花境按植物选材分，可分为宿根花卉花境、混合式花境和专类花卉花境。

1.宿根花卉花境：花境全部由可露地过冬的宿根花卉组成。

2.混合式花境：花境种植材料以耐寒的宿根花卉为主，配置少量的花灌木、球根花卉或一、二年生花卉。

3.专类花卉花境：由同一属不同种类或同一种不同品种植物为主要种植材料的花境。作专类花境用的花卉要求花期、株形、花色等有较丰富的变化，如百合类花境、鸢尾类花境、某些观赏草花境等。

四、花境设计

（一）位置选择

园林中常见的花境布置位置及背景如下。

1. 建筑物周围

建筑物墙基前低矮的楼房、围墙、挡土墙、游廊、花架、栅栏、篱笆等构筑物的基础前都是设置花境的良好位置，可软化建筑物的硬线条，将它们和周围的自然景色融为一体，起到巧妙的连接作用。

在建筑物的外围设置一定宽度的混合花境，起到基础绿化的作用。但它所选用的植物材料在株高、株形、叶形、花形、花色上都有区别，如叶色有浅绿、浓绿、彩叶之分；叶形有线条状和圆形之别；花色更是有白色、红色、黄色等不同，因而所产生的效果是五彩斑斓的群体景观。

2. 道路的两侧。

在游览路线的旁边可以设置花境，尤其是线路较长、两旁景观较单一时，体量适宜的花境可以起到很好的活跃气氛的作用，如在道路的旁边设置大型的混合花境，丰富了景观，各种各样的植物也成了人们瞩目的对象。

3. 长列的绿篱、树墙前。

这类人工化的植物景观显得过于呆板和单调，让人觉得很沉重，如果以绿篱、树墙为背景来设置花境，则能够打破这种沉闷的格局，绿色的背景又能使花境的色彩充分显现出来。

在英国爱丁堡植物园，以高达7~8m的绿墙为背景设置花境，显得颇为壮观。但在追求庄严肃穆意境的绿篱、树墙前，如纪念堂、墓地陵园等场合，不宜设置艳丽的花境，否则对整体效果会有一种消极的作用。

4. 宽阔的草坪上、树丛间。

这类地方最宜设置双面观赏的花境，以丰富景观，增加层次。在花境周围辟出游步道，既便于游人近距离观赏，又可创造空间，组织游览路线。

5. 住宅区、庭院露台。

随着时代的发展，人们越来越注重生活质量，也希望能将自然景观引入生活空间，花境便是一种很好的应用形式。在小的花园里，花境可布置在周边，依具体环境设计成单面观赏、双面观赏或对应式花境。沿建筑物的周边和道路布置花境，四季花香不断，使园内充满了大自然的气息。

目前，我国园林应用的花境大多为单面观赏的混合式花境，形式较单一。

随着花境应用的不断发展，位置选择可以更加灵活多变，花境的形式也随之变化，尝试双面观赏、对应式、岛屿式和专类花卉花境，并结合水体和岩石布置，从而丰富花境的应用形式。

上海辰山植物园的"旱溪"花境，就是很成功的尝试。上海辰山植物园旱溪总长超过240m，横卧于植物园内北美区的底部，整个花境两侧的地形落差最大达5m，犹如一条自然干涸的溪流贯穿其中。自然天成的地形变化以及蜿蜒曲折的花溪给游人留下了深刻的印象（见图4-14和图4-15）。

图 4-14　辰山植物园旱溪花境（一）　　图 4-15　辰山植物园旱溪花境（二）

（二）植床设计

植床多是带状、直线或曲线。植床长轴的长短取决于具体的环境条件，对于过长的花境，可将植床分为几段，每段不超过20m，段与段之间设座椅、园林小品、草坪等。要考虑长轴的朝向。短轴的宽度有一定要求，矮的花境可窄些，高的则宽些。但过窄不易体现群落景观，过宽超出视觉范围，也不便于管理。种植床可设计成平床或高床（高30~40cm），有2%~4%的坡度。

（三）背景及边缘设计

背景一般选用实际场地中的具体物体，如建筑物、围墙、绿篱、树墙、树丛、栅栏、篱笆等；如果背景的色彩或质地不理想，可在背景前选种高大的观叶植物或攀缘植物，形成绿色屏障，再布置花境。

花境的边缘确定了花境的种植范围。高床的边缘可用石头、碎瓦、砖块、木条等垒筑而成；平床的边缘用低矮的植物镶边，其外缘一般就是道路或草坪的边缘，不用过分装饰。

（四）植物选择

花境的植物选择当遵循以下几点：

1.适应性强。以耐寒、耐旱、管理粗放的多年生花卉为主。所选植物应当能在当地露地越冬。花境种植好以后，进行常规性的管理，应该能够保持3~5年的景观效果。

2.观赏性强。应根据观赏特性选择植物，考虑立面与平面构图相结合，植物的株高、株形、叶形、质感、花形、花色、花香、花期都需要精心选择和搭配。

3.花境中常用的植物材料有：

（1）宿根花卉：芍药、宿根霞草、大金鸡菊、宿根飞燕草、少女石竹、常夏石竹、白头翁、珠蓍、凤尾蓍、沙参、蜀葵、射干、落新妇、金光菊、美国紫菀、荷兰菊、野菊、蝎子草、一枝黄花、萱草、玉簪、紫萼、香根鸢尾、德国鸢尾等。

（2）球根花卉：风信子、水仙、郁金香、麝香百合、美人蕉、大丽花、唐菖蒲、兰州百合、卷丹、大花葱、晚香玉、铃兰、石蒜、鹿葱、冠状银莲花等。

（3）一、二年生花卉：金鱼草、雏菊、金盏菊、翠菊、凤尾鸡冠、矢车菊、蛇目菊、波斯菊、香雪球、紫茉莉、月见草、矮牵牛、福禄考、一串红、孔雀草、三色堇、线叶百日草。

（4）木本植物：凤尾兰、丝兰、鸡爪槭、丁香、杜鹃、山茶、锦带花、黄杨、紫叶小檗、矮紫杉、铺地柏、地锦、络石等。

（5）花境植物的配置要注意以下几个方面：

①植物不是单株而是3~5株组成团块，每种成一不规则团块。

②每个团块相接，互相支持、依赖并作为前者的背景。

③花朵之外叶片及全株的形态都有群体美可赏。

④花境植物尽量选取生长容易、不需要特殊照顾的种类，开过花后凋萎或死亡，旁边的枝叶会长过来遮掩地面。

⑤背景十分重要，它是整个花境的背景，要连续而隽永，用一种植物当背景会形成完整统一性，但前面的植物应该选许多种，在花境中允许呈不规则的重复出现，相互混合，使花期不断，十分自然。

⑥花境前面的边缘应该是最矮的装缘植物，如多年生银叶蒿、葱兰等。

⑦花境的长度不限，主要是根据环境的情况而定，10~100m均可。

⑧除一、二年生草花需要年年栽种外，其余3~5年才调整一次。作为花境的植物设计者应了解它的高矮和花期后才好排列次序，达到高的在后、矮的在前的合理布局，并且自春至秋均有花可赏。

（五）色彩设计

花境的色彩主要由植物的花色、叶色来体现。在不同的场合、季节，选用不同的色彩。如在较小的空间里，宜选用冷色系，可以在视觉上扩大空间；在炎热的夏季，也宜选用冷色系，给人带来丝丝凉意；而在早春或深秋，则宜选用暖色调。如果为了增加热烈的气氛，也可用暖色调来烘托。

花境色彩设计中主要有以下四种基本配色方法：

1. 单色系设计。这种配色法不常用，只为强调某一环境的某种色调或一些特殊需要时才使用。如牛津大学植物园的一个花境，专以开黄花的植物种类组成，富有特色。

2. 类似色设计。如淡黄和枯黄，红色和粉色等。这种配色法常用于强调某种特殊的景观，如盛夏的浓绿、秋天的金黄等。

3. 补色设计。如红与绿，黄与紫，蓝与橙，都互为补色。这种设计多用于花境的局部配色，使色彩鲜明、艳丽。

4. 多色设计。这是花境中常用的方法，使花境五彩缤纷。威斯利花园的一个大型混合花境，选用的植物材料十分丰富，实现了百花齐放、姹紫嫣红。

（六）季相设计

花境的季相变化是它的特征之一。理想的花境应四季可观，即使在较冷的地方也应做到三季有景。

花境的季相是通过种植设计实现的，即利用植物材料的花期、花色及各季节的代表性植物来创造季相景观，如早春的水仙、夏日的福禄考、秋天的菊花等。花境中开花植物应连续不断，以保证各季的观赏效果。在某一季节中，开花植物应散布在整个花境内。

（七）平面设计

花境平面种植采用块状混植的方式。每块为一个花丛，花丛大小没有定式。一般来说，开花后叶丛景观差的植物面积要相对小些，并在其前方配植其他花卉予以补充。为使开花植物分布均匀，又不因种类过多造成杂乱，可把主花材植物分为数丛种在花境不同位置，再将配景花卉自然布置。

（八）立面设计

花境要有较好的立面观赏效果，植株高低错落有致，花色层次分明。立面设计应充分利用植株的株形、株高、花序及质地等观赏特性，创造出丰富美观的立面景观。

1. 植株高度：单面观的前低后高，双面观赏花境的中央高、两边低。但整个花境中前后应有适当的高低穿插和掩映，才可形成自然丰富的景观效果。

2.株形与花序：花境花卉可分成水平形、直线形以及独特形三大类。水平形植株丰满，开花较密集，开花时形成水平方向的色块，如八宝景天、金光菊等；直线形植株耸直，形成明显的竖线条，如羽扇豆、火炬花、一枝黄花等；独特形兼有竖向及水平效果，如鸢尾类、石蒜等。设计时要充分考虑植物的株形和花序特点，使立面景观更加丰富自然。除此之外，还可以加入小型的灌木来丰富花境的立面层次（见图 4-16）。

图 4-16　具有丰富立面层次的花境

最后还需强调一点，花境无论是立面还是平面设计，都不应单从景观角度出发，还应注意植物的习性，以维持生态的稳定性，使花境的最佳观赏效果能够较长久地保持，取得事半功倍的效果。

五、花境的施工管理

由于花境所用植物材料多为多年生花卉，故第一年栽种时整地要深翻，一般要求深达 40~50cm，若土壤过于贫瘠，要施足基肥；若种植喜酸性植物，需混入泥炭土或腐叶土，整平后即可放样栽种。栽种时，需先栽植株较大的花卉，再栽植株较小的花卉。先栽宿根花卉，再栽一、二年生草花和球根花卉。

花境虽不要求年年更换，但日常管理非常重要。每年早春要进行中耕、施肥和补栽。有时还要更换部分植株，或播种一、二年生花卉。对于不需人工播种、自然繁衍的种类，也要进行定苗、间苗，不能任其生长。在生长季中，要经常注意中耕、除草、除虫、施肥、浇水等。对于枝条柔软或易倒伏的种类，必须及时搭架、捆绑固定，还要及时清除枯萎落叶以保持花境整洁。怕寒植物需要掘起放入室内过冬，或者在苗床采取防寒措施越冬。

第四节　地被设计

地被植物是现代城市绿化造景的主要材料之一，也是园林植物群落的重要组成部分。随着人民生活水平的提高，人们对环境质量也提出了较高的要求。应用多种类的观赏植物，多层次地进行绿化，使得地被植物的作用也越来越突出。

一、地被植物的概念

地被植物是指那些株丛密集、低矮，经简单管理即可用于代替草坪覆盖在地表，防止水土流失，能吸附尘土、净化空气、减弱噪声、消除污染并具有一定观赏和经济价值的植物。它不仅包括多年生低矮草本植物，还有一些适应性较强的低矮、匍匐型的灌木和藤本植物。

注意：本教材所指的地被植物，特指"园林地被植物"。

二、地被植物的特点

地被植物和草坪植物一样，都可以覆盖地面，涵养水分，但地被植物有许多草坪植物所不及的特点：

1.地被植物个体小、种类繁多、品种丰富。地被植物的枝、叶、花、果富有变化，色彩万紫千红，季相纷繁多样，能营造多种生态景观。

2.地被植物适应性强，生长速度快，可以在阴、阳、干、湿多种不同的环境条件下生长，弥补了乔木生长缓慢、下层空隙大的不足，在短时间内可以收到较好的观赏效果。

3.地被植物中的木本植物有高低、层次上的变化，而且易于造型时修剪成模纹图案。

4.繁殖简单，一次种下，多年受益。在后期养护管理上，地被植物较单一的大面积草坪，病虫害少，不易滋生杂草，养护管理粗放，不需要经常修剪和精心护理，减少了人工养护花费的精力。

三、地被植物的分类

地被植物的种类很多，可以从不同的角度加以分类，一般多按其生物学、生态学特性，并结合应用价值进行分类，可分为以下六个大类。

（一）草本地被植物

在园林绿地中，草本地被植物的应用最为广泛，尤以多年生宿根、球根花卉最受欢迎。如鸢尾、葱兰、麦冬、地被石竹、酢浆草等（见图4-17）。宿根观花地被植物花色丰富，品种繁多，种源广泛，作为地被应用不仅景观美丽，而且繁殖力强，养护管理粗放。所以被广泛应用于花坛、路边、假山园及池畔等处，尤其是耐阴的观花地被植物更受欢迎。

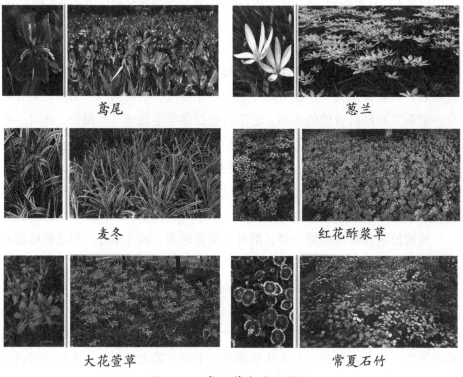

鸢尾　　　　　　　　　　　葱兰

麦冬　　　　　　　　　　　红花酢浆草

大花萱草　　　　　　　　　常夏石竹

图4-17　常见草本地被植物

一、二年生草花是鲜花类群中品种最丰富的家族，其中有不少是植株低矮、株丛密集自然、花团似锦的种类，如紫茉莉、太阳花、雏菊、金盏菊、香雪球等。它们风格粗放，是地被植物组合中不可或缺的部分，在阳光充足的地方，一、二年生草花作地被植物，更显出其优势和活力。

有些一、二年生草本地被，如春播紫茉莉，秋播二月兰，因具有自播能力，连年萌生，持续不衰，同样起着宿根草本地被的作用。二月兰耐寒性强，冬季常绿，耐阴性强，适合作为林下地被大面积布置。每年早春开放，形成梦幻般的淡紫色花海（见图4-18）。

图 4-18　林下二月兰地被效果

（二）藤本地被植物

藤本植物一般作垂直绿化使用。但其实藤本植物同样可作地被栽植，且效果甚佳，如常春藤、络石、花叶蔓长春花等。

大部分藤本地被植物可以通过吸盘或卷须爬上墙面或缠绕攀附于树干、花架。凡是能攀缘的藤本地被植物一般都可以在地面横向生长覆盖地面。而且藤本地被植物枝蔓很长，覆盖面积能超过一般矮生灌木几倍，具有其他地被植物所没有的优势。

现有的藤本植物可以分为木本和草本两大类：草本藤蔓枝条纤细柔软，由它们组成的地被细腻漂亮，如草莓、细叶茑萝等；木本藤蔓枝条粗壮，但绝大部分都具有匍匐性，可以组成厚厚的地被层，如常春藤、五叶地锦、山葡萄、金银花等。

（三）蕨类地被植物

蕨类植物如肾蕨、铁线蕨、凤尾蕨、石松、贯众等，大多喜欢阴暗潮湿的环境，是园林、绿地、林下的优良耐阴地被材料。肾蕨广泛地应用于室内观赏，尤其用作吊盆式栽培更是别有情趣，同样它也可以应用于室外较为阴湿处（见图4-19）。

图 4-19　肾蕨应用于水边、石隙、林下

（四）矮竹地被植物

低矮丛生的竹类适应性强，除东北、西北外，我国其他地区都可栽植，且终年不枯，枝叶潇洒，景观独特，尤为适合配置在假山岩石处。常见品种有菲白竹、菲黄竹、凤尾竹、箬竹、鹅毛竹、花叶芦竹等。苏州沧浪亭假山上就应用了大量矮竹地被，如阔叶箬竹、鹅毛竹等（见图 4-20 和图 4-21）。

图 4-20　阔叶箬竹　　　　　　　　　　图 4-21　鹅毛竹

（五）矮灌木地被植物

灌木在园林植物中是一个很大的类群，其中植株低矮、枝条开展、茎叶茂盛、匍匐性强、覆盖效果好的种类和变种是组成植物群落下层不可缺少的类型。其作为地被有其他地被植物所不及的优点：矮生灌木生长期长，不用年年更新，管理也比草本植物粗放，移植、调整方便，大部分品种可以通过修剪进行矮化定向培育；一般均具有木本植物的骨架，形成的群落比较稳定，如南天竹、栀子花、铺地柏、杜鹃、棣棠、小檗等。

（六）芳香地被植物

芳香地被植物是比较特殊的一类。紫茉莉、茉莉花、栀子花等香花植物作为地被，既可观花观叶，又可以应用到一些特殊的场合，如康复花园、感官花园等。

四、地被植物的设计与应用

地被设计一直是园林绿化中的重要一环，宿根花草、时令花卉、铺地植物、彩叶植物、灌木藤本都是可供选择的地被植物。地被植物在环境设计中主要作为配景，有时也担纲主角，具有美化环境、组织空间、渲染气氛、区分主次、引导游览等作用。地被植物在设计中应注意以下几点。

（一）深入了解立地条件和地被植物的特性

立地条件是指种植地的气候特征、土壤理化性状、光照强度及湿度等情况。地被的特性包括植株高度、绿色期、开花期、花色、适应性等。只有在深入了解种植地的环境后，才能合理地进行配置，否则会造成人力、物力和财力上不必要的浪费。

以植物的光照适应性为例，在空旷地带种植阳性地被，如太阳花、孔雀草、金盏菊、一串红、矮石竹、羽衣甘蓝、香雪球、白花三叶草、红花三叶草、银叶菊、匍地柏、爬山虎、长春花、过路黄、彩叶草、蝴蝶花等；在林下配置则选用阴性地被，如虎耳草、玉簪、八角金盘、桃叶珊瑚、杜鹃、紫金牛、八仙花、万年青、一叶兰、麦冬、吉祥草、活血丹等；而在林缘地带、行道树树池、疏林等不同程度的半蔽荫环境下，可根据具体情况选用十大功劳、南山竹、八仙花、爬山虎、六月雪、雀舌栀子、鸭跖草、紫鸭跖草、垂盆草、鸢尾、常春藤、蔓长春花、鹅毛竹、菲白竹等。

（二）根据绿地的不同性质和功能进行配置

绿地的种类很多，如公园绿地、风景区绿地、防护绿地、城市街道绿地等。其中，公园绿地是布局最为复杂、造景要求最高的绿地之一。其既有开阔的草地，又有郁蔽的林带，既有规则的花坛，又有自然的花境。因此，要根据实际需要，恰当地选用不同的地被植物。如在规则式布局中，应选择植株整齐一致、花序顶生或是耐修剪的品种；而在自然式的环境中，则可选择植株高低错落、花色多样的品种，从而呈现出活泼自然的野趣。

（三）高度搭配要适当

园林置景中的植物群落一般由乔木、灌木和草本层组成，为使整个群落层次分明，有较强的艺术感染力，除了树种选择应简单、协调外，植株高度也是一个重要的因素。当上层的乔、灌木分枝点比较高，而且种类较少时，下面的地被植物就可以适当高一些。种植区面积较小时，则应选择较为低矮的种类，否则会使人有局促感。在花坛边缘，应选择一些更为低矮或蔓生种类，使其高度保持在 5cm 以下，更加衬托出花的艳丽。总之，地被的主要作用是起到衬托的目的，以突出主体，并使群落层次分明。

（四）色彩搭配要谐调

地被与乔灌木均有不同颜色的叶片、花朵和果实，搭配合理时，能使之错落有致，并具有更为丰富的季相变化。如在落叶树种中，可选择一些常绿的种类，如麦冬等。在常绿树丛下，则可选用一些耐阴性强、花色明亮、花期较长的种类，如玉簪、紫萼等，从而达到丰富色彩的目的。此外，整个群落还应注意色彩的变化和对比。当上层乔灌木为开花植物时，就应该考虑地被的花期和色彩。如盛开的堇色紫荆花下配以成片黄色的毛茛，会显得色彩明快，相互协调，形成一个色彩缤纷的树丛置景。

五、地被植物的施工

（一）选苗

1.按设计规格要求物色合适的苗木。选择用盆或种植袋养殖的假植苗。

2.选择无病虫害、无病死的枯枝，冠幅饱满、叶色有光泽、苗梗苗壮的苗木。不选用有徒长现象的苗木。

3.容器苗的根系不能有生长入土中的现象（俗称抛锚）。

（二）平整

1.顺地形和周围环境情况，清除砾石杂草杂物、平整好种植床，整成龟背形、斜坡形等，一般不是特殊设计之地形，坡度可定在 2.5%~3.0% 以利排水。

2.所有靠路边或路牙沿线 30cm 宽内的绿地地面应保证，种植完成后面层标高低于路边或路牙沿线 5cm。

3.改土：在种植床内填入一层 10cm 厚的有机肥（常用塘泥、鸡屎干等），并进行一次 20~30cm 深的耕翻，将肥与土充分混匀，做到肥土相融，起到既提高土壤养分，又使土壤疏松、通气良好的作用。

4.放线：

（1）按设计图纸将种植范围定位，并用熟石灰粉定出轮廓线。

（2）将植物摆出种植的轮廓线。

5.种植：

（1）本类植物栽植时间在春、秋、冬基本没有限制，但夏季最好在上午

11 点之前和下午 4 点后，避开太阳曝晒时段。

（2）花苗运到场后，应及时种植，不要摆放很久才栽植。

（3）栽植时先将轮廓线处的植物按品字形的种植方法进行种植

（4）由种植位的内部向外部将剩余的苗木种完。种植时根据植株的高矮差异，按外低内高的高度控制要求调整种植效果。

（5）花苗的种植密度应根据植株大小而确定。

6.浇定根水：栽植完成后，要马上淋上第一遍水（俗称定根水）。水要浇透，使泥土充分吸收水分，泥表达到润湿为止。淋水时应注意地面的排水效果是否良好，以防止积水泡坏植物根系。

7.修剪：

（1）绿篱状的种植，栽种完成后，通过修剪阴枝及部分嫩枝轻度修剪成形。

（2）对于花坛状的种植，只需对部分嫩枝进行轻修剪成形即可。

第五节　立体景观

一、立体景观的概念

立体景观是环境绿化向垂直空间发展的一种形式，是指充分利用不同的立地条件，选择攀缘植物及其他植物栽植并依附或者铺贴于各种构筑物及其他空间结构上的绿化方式，包括立交桥、建筑墙面、坡面、河道堤岸、屋顶、门庭、花架、棚架、阳台、廊、柱、栅栏、枯树及各种假山与建筑设施上的绿化。

面对城市飞速发展带来的用地紧张，发展立体绿化将是大势所趋，它不仅能丰富城市园林绿化的空间结构层次和城市立体景观艺术效果，而且有助于进一步增加城市绿量，减少热岛效应，吸尘、并减少噪声和有害气体，营造和改善城区生态环境，还能保温隔热，节约能源，也可以滞留雨水，缓解城市排水压力。

二、立体绿化的材料——攀缘植物

（一）概念和分类

立体景观主要通过攀缘植物来实现。攀缘植物是指能缠绕或依靠附属器官攀附他物向上生长的植物。其茎细长不能直立，须攀附支撑物向上生长。攀缘植物按茎的质地可分为木本（藤本）和草本两大类。

攀缘植物种类繁多，一些种类具有很高的经济价值、生态价值及观赏价值，广泛地应用于经济生产、蔽日遮阴、美化和改善环境。而且攀缘植物没有固定的株形，具有很强的空间可塑性，可以营造不同的景观效果。现在已被广泛用于建筑、墙面、棚架、绿廊、凉亭、篱垣、阳台、屋顶等处。

攀缘植物自身不能直立生长，需要依附他物。由于适应环境而长期演化，所以其形成了不同的攀缘特性。据此可以把攀缘植物分为以下四种类型。

1. 缠绕类。没有特殊的攀缘器官，依靠主茎缠绕支持物而向上延伸生长，缠绕方式有左旋和右旋两种。缠绕类植物的攀缘能力都很强。此类攀缘植物最为常见，包含紫藤属、崖豆藤属、木通属、五味子属、铁线莲属、忍冬属、猕猴桃属、牵牛属、月光花属、茑萝属等，以及乌头属、茄属等的部分种类。

2. 卷须类。依靠特殊的变态器官——卷须实现攀缘生长。大多数种类的卷须由茎演变而来，称为茎卷须，如葡萄属、蛇葡萄属、葫芦科、羊蹄甲属的种类；也有部分种类的卷须由叶变态而来，称为叶卷须，如炮仗藤、香豌豆等。

3. 吸附类。这类植物依靠吸附作用而攀缘，具有气生根或吸盘，两者均可分泌粘胶将植物附于他物之上。爬山虎属和崖爬藤属的卷须先端特化成吸盘；常春藤属、络石属、凌霄属、榕属、球兰属及天南星科的许多种类则具有气生根。此类植物大多攀缘能力强，尤其适于墙面和岩石的绿化。

4. 蔓生类。没有特殊的攀缘器官，为蔓生的悬垂植物，仅靠细柔而蔓生的枝条攀缘，有的种类枝条具有倒钩刺。其主要有蔷薇属、悬钩子属、叶子花属、胡颓子属等植物。相对而言，此类植物的攀缘能力最弱。

（二）造景设计

要想选择合适的攀缘植物，既能达到造景设计要求，又能很好地满足生态及经济上的需要，应注意以下几个方面。

1. 因地制宜，选择合适的材料。在利用攀缘植物造景时，必须首先考虑相关种类的生态学特性。要根据攀缘植物自身攀缘能力的强弱、适应能力、生态学要求以及相关环境的立地特点进行植物选择。

不同攀缘植物适用的地点不同，如攀爬能力较强的吸附类植物可应用于楼房墙面、假山石柱体等的垂直绿化；缠绕类和卷须类攀缘植物可应用于篱垣造景，也可应用于建筑物高台等处，能体现其自然下垂的特点。

要分析栽植地的立地条件，如光照、水分、温度、土壤等，然后进行植物选择。喜光的凌霄、紫藤以及大多数一年生草本攀缘植物（丝瓜、茑萝、葫芦等），可用于阳光充足的环境中；耐阴的绿萝、常春藤、南五味子等，适用于林下和建筑物的阴面等处进行造景。

2.植物与依附物的体量要协调。不同的攀缘植物所需的生长空间和覆盖能力不一。在固定的依附物上进行立体造景，选择攀缘植物时要考虑空间尺寸与植物最终体积的大小比例，两者的体量要协调，否则会影响到景观的整体效果。

另外，有的攀缘植物在生长后期，由于枝叶繁密会具有较大的重量，此类植物的依附物必须具有一定强度和耐久性。

3.合理混植。考虑到单一种类观赏上的缺陷，在攀缘植物造景中，应当尽可能利用不同种类之间的合理混植来延长观赏期、丰富造景效果。如将常绿与落叶植物有机结合，速生种类与慢生种类搭配种植等。

三、立体绿化的形式

（一）附壁式造景

附壁式造景是最常见的垂直绿化形式，依附物为建筑墙面、断崖悬壁、挡土墙、大块裸岩、桥梁等。附壁式造景能利用攀缘植物打破墙面呆板的线条，吸收夏季太阳的强烈反光，柔化建筑物的外观。用攀缘植物攀附假山、山石，能使山石生辉，更富自然情趣，使山石景观效果倍增。在山地风景区新开公路两侧或高速公路两侧的裸岩石壁，可选择适应性强、耐旱耐热的种类，如金银花、葛藤、五叶地锦、凌霄等，形成的绿色坡面，既有观赏价值，又能起到固土护坡、防止水土流失的作用。

附壁式造景以吸附类攀缘植物为主，在配置时应注意植物材料与被绿化物的色彩、形态、质感的协调，并考虑建筑物或其他园林设施的风格、高度、墙面的朝向等因素。较粗糙的表面，如砖墙、石头墙、水泥砂浆抹面等可选择枝叶较粗大的种类，如有吸盘的爬山虎、崖爬藤，有气生根的薜荔、珍珠莲、常春卫矛、凌霄等，而表面光滑、细密的墙面如马赛克贴面则宜选用枝叶细小、吸附能力强的种类，如络石、小叶扶芳藤、常春藤等。

墙体绿化除了采用传统的攀缘植物覆盖方式之外，近年来也发展出许多新的形式：①骨架＋花盆。搭建平行于墙面的骨架，辅以滴灌或喷灌系统，再将事先绿化好的花盆嵌入骨架空格中。②模块式墙体绿化。建造工艺与骨架＋花盆方式类同，但改善之处是花盆变成了正方形、菱形等几何模块，这些模块组合更加灵活方便，模块中的植物和植物图案通常需在苗圃中按客户要求预先定制好，再运往现场进行安装。③板槽式墙体绿化。其是在墙面上按一定距离安装 V 形板槽，板槽内填装轻质的种植基质，种植各种植物。④铺贴式墙体绿化。其无须在墙面加设骨架，而是通过现代技术，将平面浇灌系统、墙体种植袋复合在高强度防水膜上，形成一个墙面种植平面系统，直接铺贴在墙面上。该方法施工方便、厚度薄、造景效果好，不足之处是目前造价还比较高。

　　运用攀缘植物进行墙体绿化的优点是造价低，但成景比较慢，规模受限，植物的选择范围也比较有限。而运用铺贴等方式的"生态墙"技术越来越被广泛地研究和应用。上海世博会主题馆就采用了这种新型的墙体绿化形式（见图 4-22）。在主题馆的东西立面上，由红叶石楠、六道木、亮叶忍冬等绿色植物构成了全世界最大绿色生态墙，总面积达 5000m²。能在超规模、高难度的钢结构大型建筑外立面上，三个月内建设成超大规模的绿色植物墙，得益于一套科学而完善的绿化新技术体系支撑，而且在整个设计理念和施工技术环节中均体现了节能环保和低碳理念。

图 4-22　上海世博会主题馆生态墙

（二）棚架式造景

　　棚架式造景在园林中可单独使用，也可用作由室内到花园的类似建筑形式的过渡物。棚架式造景的依附物为花架、长廊等具有一定立体形态的土木构架。这种形式多用于人口活动较多的场所，可供居民休息和谈心。棚架的形式不拘，可根据地形、空间和功能而定，但应与周围的环境在形体、色彩、风格上相协调。

棚架式造景的攀缘植物一般选择卷须类和缠绕类，但部分枝蔓细长的蔓生种类同样适宜，如木香、野蔷薇及其变种"七姊妹"等，但前期应当注意设立支架、人工绑缚以帮助其攀附。若用攀缘植物覆盖长廊的顶部及侧方，以形成绿廊或花廊、花洞，宜选用生长旺盛、分枝力强、叶幕浓密且花果秀美的种类。目前最常用的种类北方为紫藤，南方为炮仗花，但实际上可供选择的种类很多，如在北方还可选用金银花、木通、南蛇藤、凌霄、蛇葡萄等，在南方则有叶子花、鸡血藤、木香、扶芳藤、使君子等。花朵和果实藏于叶丛下面的种类如葡萄、猕猴桃、木通，尤其适于棚架式造景，人们坐在棚架下休息、乘凉的同时，又可欣赏这些植物的花果之美。

棚架绿化的植物还应根据棚架结构来选择。砖石或混凝土结构的棚架，可选择种植大型藤本植物，如紫藤、凌霄等；竹、绳结构的棚架，可种植草本的攀缘植物，如牵牛花、啤酒花等；混合结构的棚架，可使用草、木本攀缘植物结合种植。

绿亭、绿门、拱架一类的造景方式也属于棚架式的范畴，在植物选择上更应偏重于花色鲜艳、枝叶细小的种类，如铁线莲、叶子花、蔓长春花等。

（三）篱垣式造景

篱垣式造景主要用于栅栏、篱笆、矮墙、护栏、铁丝网等处的绿化，其能把硬性单调的土木构件变成枝繁叶茂、郁郁葱葱的绿色围护，既美化环境，又隔音避尘，还能形成令人感到亲切安静的封闭空间。

由于一般高度有限，对植物材料攀缘能力的要求不太严格，几乎所有的攀缘植物均可用于此类绿化，但不同的篱垣类型各有适宜材料。竹篱、铁丝网、小型栏杆的绿化以茎柔叶小的草本种类为宜，如牵牛花、月光花、香豌豆、倒地铃、打碗花、海金沙、金线吊乌龟等，在背阴处还可选用瓜叶乌头、两色乌头、荷包藤、竹叶子等。普通的矮墙、钢架等可选植物更多，如蔓生类的野蔷薇、藤本月季、云实、软枝黄蝉，缠绕类的使君子、金银花、探春、北清香藤，具卷须的炮仗藤、甜果藤、大果菝葜，具吸盘或气生根的五叶地锦、蔓八仙、凌霄等。在矮墙的内侧种植蔷薇、软枝黄蝉等观花类植物，细长的枝蔓由墙头伸出，可形成"满园春色关不住"的意境。

在庭院和居民区，应充分考虑攀缘植物的经济价值，尽量选用可供食用或药用的种类，如丝瓜、苦瓜、扁豆、豌豆、菜豆等瓜果类，以及金银花、何首乌等药用植物；在污染严重的工矿区宜选用葛藤、南蛇藤、凌霄、菜豆等抗污染植物。

栅栏绿化若为透景之用，种植植物以疏透为宜，并选择枝叶细小、观赏价值高的种类，如矮牵牛、茑萝、络石、铁线莲等，并且种植宜稀疏。如果栅栏起分隔空间或遮挡视线之用，则应选择枝叶茂密的木本种类，包括花朵繁茂、艳丽的种类，将栅栏完全遮挡，形成绿篱或花篱，如胶州卫矛、凌霄、蔷薇等。

（四）立柱式造景

随着城市的建设，各种立柱如电线杆、灯柱、高架桥立柱、立交桥立柱等不断增加，它们的绿化已经成为垂直绿化的重要内容之一。另外，园林中一些枯树如能加以绿化也可给人一种"枯木逢春"的感觉。

从一般意义上讲，缠绕类和吸附类的攀援植物均适于立柱式绿化，但我们不得不面对这么一个问题，即立柱所处的位置大多交通繁忙，汽车废气、粉尘污染严重，土壤条件也差，高架桥下的立柱还存在着光照不足的缺点，因此，在选择植物材料时应当充分考虑这些因素，选用那些适应性强、抗污染并耐阴的种类。高架路立柱主要选用五叶地锦、常春油麻藤、常春藤等，除此以外，还可试用木通、南蛇藤、络石、金银花、南五味子、爬山虎、软枣猕猴桃、蝙蝠葛、扶芳藤等耐阴种类。一般的电线杆及枯树的绿化可选用观赏价值高的凌霄、络石、素方花、西番莲等，对于水泥电线杆，为防止因照射温度升高而烫伤植物的幼枝、幼叶，可在电线杆的不同高度固定几个铁杆，外附以钢丝网，以利于植物生长。此后，每年应适当修剪，防止植物攀缘到电线上。另外，工厂中的管架支柱很多，在不影响安全和检修的情况下，也可用爬山虎或常春藤等美化，形成一种特色景观。

（五）悬蔓式造景

悬蔓式造景是攀缘植物的逆反利用，其利用种植容器种植藤蔓或软枝植物，不让其沿引向上，而是凌空悬挂，形成别具一格的植物景观（见图4-23）。如为墙面进行绿化，可在墙顶做一种植槽，种植小型的蔓生植物，如探春、蔓长春花等，让细长的枝蔓披散而下，与墙面向上生长的吸附类植物配合，相得益彰。阳台、窗台的绿化是城市及家庭绿化的重要内容。可以通过修建种植槽或者摆放盆栽植物的方式，栽种蔷薇、藤本月季、迎春、云南黄馨、蔓长春花等藤本植物，让其悬垂于阳台或窗台外，这样既丰富了阳台或窗台的造型，又美化了围栏和街景。北阳台（阴面）光线较弱，应选择耐阴的植物，如常春藤、络石、蔓长春花、绿萝等。

图 4-23 悬蔓式造景

第六节 水体绿化

水是园林中最迷人、最活跃的要素，水体绿化也是园林植物造景的重要环节。水生花卉可以绿化、美化湖泊、池塘、江河、溪涧、湿地沼泽，也可以装点小型人工水景。一方面可以使景观增色，另一方面还能起到固坡护岸、涵养水源、净化水质、丰富生物多样性等作用。

一、水生花卉的概念

水生花卉泛指生长于水中或沼泽地的观赏植物。水生花卉是布置水景园的重要材料，应用较多的有荷花、睡莲、黄菖蒲、千屈菜、再力花、菖蒲、香蒲、芦苇等。一处水景可采用多种水生花卉，也可仅取一种，与亭、榭、堂、馆等园林建筑物构成具有独特情趣的景区、景点，如杭州西湖的"曲院风荷"就因其独特的荷花景观而闻名。

二、水生花卉的应用价值

（一）景观价值

水生花卉不仅可以观叶、品姿、赏花，还能欣赏映照在水中的倒影，令人浮想联翩。水生花卉也是营造野趣的上好材料，如在河岸密植芦苇林，大片的香蒲、慈姑、水葱、浮萍，能使水景野趣盎然。

随着生活水平的提高，人们越来越向往小桥流水、如诗如画的生活环境，向往碧波荡漾、鱼鸟成群的自然美景。清浅的池边沟畔、岩石缝隙，随意地点缀着各种水生花卉，让人心旷神怡。

总之，好的水生花卉设计能十分自然地加强水体的美感，不仅可以营造引人入胜的景观，而且能够体现出真善美的风姿。

（二）生态价值

水生花卉的种植能够丰富水陆交接地带的生物多样性，为水鸟、昆虫和其他野生动物提供食物来源和栖居场所；能够起到吸收水中的污染物、净化水质、保护河岸、涵养水源等作用。常用水生花卉中，在水体净化方面表现较好的有芦苇、芦竹、水葱、香蒲、美人蕉、黄菖蒲、菖蒲、野茭白、凤眼莲等。其中，凤眼莲的治污能力特别突出，但容易快速繁殖导致泛滥，应用时要特别注意。

近年来兴起的人工湿地系统，在净化城市水体方面表现突出，正是水生植物生态价值的最好体现。人工湿地景观也已成为城市中极富自然情趣的景观。成都活水公园就是其中的优秀案例。图4-24是活水公园中鱼鳞状的人工湿地系统，是一组水生植物净化塘，错落有致地种植了芦苇、菖蒲、香蒲、旱伞草、凤眼莲、大薸等水生植物，能够吸收、过滤或降解水中的污染物。

图 4-24　人工湿地系统（成都活水公园）

（三）经济价值

部分水生花卉还具有很高的使用价值和药用价值，如芡实、菱角、莼菜、香蒲、慈姑等，除了绿化水体环境外，还是十分著名的食用蔬菜，且具有药效和保健作用。荷花更是全身都是宝。

三、水生花卉的分类

根据水生花卉的生活方式，一般将其分为四大类：挺水植物、浮叶植物、漂浮植物和沉水植物。

（一）挺水植物

挺水植物种类繁多，植株高大，绝大多数有明显的茎叶之分，茎直立挺拔，仅下部或基部沉于水中，根扎入泥中生长，上面大部分植株挺出水面；有些种类具有根状茎，或根有发达的通气组织，生长在靠近岸边的浅水处。其代表植物有：荷花、菖蒲、水葱、香蒲、慈姑、芋类、水葱、千屈菜、再力花、梭鱼草、芦苇、鸢尾类。

（二）浮叶植物

浮叶植物种类繁多，茎细弱不能直立，有的无明显地上茎。植株体内通常贮藏有大量的气体，叶片或植株能平稳地漂浮于水面上。根状茎发达，常具有发达的通气组织，生长于水体较深的地方，花大而美丽，多用于水面景观的布置。其代表植物有：睡莲、萍蓬草、王莲、菱、荇菜。

（三）漂浮植物

漂浮植物种类较少，植物的根不生于泥中，植株漂浮在水面上，随着水流波浪四处漂泊，多数以观叶为主，用于水面景观的布置。其代表植物有：凤眼莲、大薸、水鳖、满江红、槐叶萍。

（四）沉水植物

沉水植物种类较多，大多无根或根系不发达，它们整株植物沉没于水中，所以通气组织特别发达，有利于在水下空气极为缺乏的环境中进行气体交换。叶多为狭长或丝状，植株各部分均能吸收水体中的养分。花较小，花期短，以观叶为主。沉水植物在弱光条件的水下也能生长，但对水质有较高要求，其代表植物有：黑藻、金鱼藻、苦草、狐尾藻。

四、水生花卉景观设计

水生花卉的景观设计必须遵循科学性和艺术性相统一的原则。一方面，选种的水生植物种类、群落结构等必须是科学的、与环境相适应的；另一方面，通过艺术构图原理，体现出水生植物的个体美、群体美及意境美。

（一）大型水域的水生花卉配置应用

大型水域的水生花卉配置应以营造水生花卉群落景观为主，主要考虑远观。植物配置注重整体大而连续的效果，主要以量取胜，给人一种壮观的视角感受。常见的形式有黄菖蒲、荷花、睡莲、千屈菜等的片植或多种水生花卉群落组合。例如，杭州西湖湖滨公园大片的荷花片植，无愧于"接天莲叶无穷碧，映日荷花别样红"的赞美（见图4-25）。

4-25　荷花片植（杭州西湖湖滨公园）

（二）小型水域的水生花卉配置应用

小型水域的水生花卉配置主要考虑近观，更注重水生花卉单体的效果，对植物的姿态、色彩、高度有更高的要求，运用手法细腻，注重水面的镜面作用。故水生植物配置时不宜过于拥挤，以免影响水中倒影及景观视线。如黄菖蒲、水葱等以多丛小片栽植于池岸，疏落有致，倒影入水，自然野趣，水面上再适当点植睡莲，景观效果十分丰富。配置时水面上的浮叶及漂浮植物与挺水植物的比例要保持恰当，一般水生植物占水体面积的比例不宜超过1/3，否则易产生水体面积缩小的不良视觉效果，更无倒影可言。对生长过于拥挤繁盛的浮叶、挺水植物，应及时采取措施控制其蔓延。水缘植物应间断种植，留出大小不同的缺口，以供游人亲水及隔岸观景。

（三）自然河流的水生花卉配置应用

　　河流两岸带状的水生植物景观要求所用植物材料高低错落，疏密有致，能充分体现节奏与韵律，切忌所有植物处于同一水平线上。适用于自然河岸的水生花卉组合有溪荪、黄菖蒲、菖蒲、再力花组团；黄菖蒲、花叶芦竹、芦苇、蒲苇组团；慈姑、黄菖蒲、美人蕉组团；水葱、黄菖蒲、海寿花、千屈菜组团；黄菖蒲、菖蒲、水烛、水葱、睡莲组团；水葱、海寿花、睡莲、再力花、野菱组团；芦竹、水葱、黄菖蒲、花叶芦竹、美人蕉、千屈菜、再力花、睡莲、野菱组团等。

（四）人工溪流的水生花卉配置应用

　　人工溪流的宽度、深浅一般都比自然河流小，硬质池底上常铺设卵石或少量种植土，以供种植水生花卉。此类水体的宽窄、深浅是植物配置重点考虑的因素。一般应选择株高较低的水生花卉与之协调，且量不宜过大，种类不宜过多，只起点缀作用。一般以水蜡烛、菖蒲、石菖蒲、海寿花等几株一丛点植于水缘石旁，清新秀气。对于完全硬质池底的人工溪流，水生花卉的种植一般采用盆栽形式，将盆嵌入河床中，尽可能减少人工痕迹，体现水生花卉的自然之美。图4-26为上海世博园内某人工溪流两岸的水生花卉，梭鱼草、旱伞草、再力花、蒲苇参差点缀于溪滩石畔，组成了秀美的挺水植物群落景观。

图4-26　人工溪流的水生花卉配置（上海世博园内）

第七节　屋顶绿化

随着城市建设的飞速发展，城市用地日趋紧张，建筑的"第五立面"——屋顶，已经被纳入城市园林绿化建设的范畴。据统计，城市屋顶约占城市面积的1/5。所以，屋顶绿化不仅仅是绿地向空中发展、节约土地、开拓城市空间的有效办法，也是建筑艺术与园林艺术的完美结合，在保护城市环境、提高人类居住环境质量方面更是起着不可忽视的作用。

一、屋顶绿化的概念

屋顶绿化是指在各类建筑物的顶部通过栽植花草树木、建造园林小品，进行绿化美化，是人们根据建筑屋顶结构特点、荷载和屋顶上的生态环境条件，选择生长习性与之相适应的植物材料，通过一定技艺，在建筑物顶部建造绿色景观的一种形式。

广义来讲，屋顶绿化可以泛指一切脱离了地面的绿化形式，除了建筑屋顶之外，还包括露台、阳台、地下车库顶部、立交桥等一切不与地面自然土壤相连接的各类建筑物和构筑物的特殊空间的绿化。

二、屋顶绿化的作用

1.生产功能。我国最早开展屋顶绿化的是四川省，20世纪60年代初，成都、重庆等一些城市的工厂车间、办公楼、仓库等建筑，利用平屋顶的空地开展农副生产，种植瓜果、蔬菜。

2.美化环境，提供休闲场所。屋顶绿化能够在钢筋水泥的丛林里"见缝插绿"，给人提供亲近自然、愉悦身心的场所。

3.改善生态环境，增加城市绿化面积。屋顶绿化客观上增加了城市的绿量，在一定程度上具有改善城市空气质量、减缓热岛效应、增加屋顶储水和减少屋面排水的作用。

4.改善室内环境，调节室内温度。在建筑物的顶部进行绿化，绿色植物与含水的种植基质形成了屋顶的天然隔热层，可以在炎夏和寒冬对楼体特别是顶层的温度起到一定调节作用。

5.提高楼体本身的防水强度。在屋顶构造的破坏中，多数情况下都是温度的变化引起屋顶构造的膨胀和收缩，使建筑物出现裂缝，导致渗水、倒塌等。

通过屋顶绿化的隔热降温和隔热保温作用，减小了屋顶温差，同时又阻挡了阳光对屋面的直接照射，保护了屋顶构造，延长了屋顶的使用寿命。

三、屋顶绿化的形式

1. 草坪式：采用抗逆性强的草本植被平铺栽植于屋顶绿化结构层上，重量轻，适用范围广，养护投入少。此类型可用于那些屋顶承重差、面积小的住房。

2. 组合式：允许使用少部分低矮灌木和更多种类的植被，能够形成高低错落的景观，但需要定期养护和浇灌。与草坪式相比，在维护、费用和重量上都有增加。

3. 花园式：可以使用更多的造景形式，包括景观小品、建筑和水体，在植被种类上也进一步丰富，允许栽种较为高大的乔木类，还需定期浇灌和施肥。

四、屋顶绿化的植物选择

屋顶绿化在选择植物时需要充分考虑立地条件，分析各种对植物生长的不利因素，选择能适应屋顶恶劣的小气候条件的植物。在此前提下，才能进一步考虑植物的观赏特性和造景效果。

1. 屋顶绿化的植物选择应符合以下特征：

（1）抗寒、抗旱性强的矮灌木和草本植物。

（2）强阳性、耐瘠薄的浅根性植物。

（3）抗风、不易倒伏、耐积水的植物。

（4）能抵御和净化空气污染的植物。

（5）成长缓慢、管理粗放的植物。

2. 综合评估以上几点要求，结合造景美化的需要，屋顶绿化中常用的植物有以下几类：

（1）小乔木类：玉兰、龙柏、龙爪槐、紫叶李、红枫等。

（2）灌木类：矮生紫薇、连翘、榆叶梅、蜡梅、红瑞木、木槿、黄刺玫、海州常山、石榴、小檗、南天竹、贴梗海棠、月季、山茶、桂花、结香、平枝枸子、八角金盘、金钟花、栀子、金丝桃、八仙花、迎春花、棣棠、六月雪、荚蒾等。

（3）地被草花类：景天类、太阳花、地被石竹、鼠尾草、紫菀、美女樱、丛生福禄考、蜂蝶菊、矮牵牛、凤仙花、八仙花、吊竹梅等。

（4）攀缘植物：葡萄、炮仗花、爬山虎、紫藤、凌霄、常春藤、金银花、牵牛花等。

　　景天科植物具有植株低矮、生长整齐、色彩亮绿、花朵繁茂、绿期长、综合抗性强、易管理等优点，为屋顶绿化的首选植物。常用品种有佛甲草、垂盆草、凹叶景天、红叶景天、金叶景天等。佛甲草草坪植株低矮整齐，色彩鲜艳，整体效果非常好，养护管理也十分简便，是屋顶绿化中代替传统草坪的理想物种（见图4-27和图4-28）。

图4-27　佛甲草草坪

图4-28　应用佛甲草草坪进行屋顶绿化

第八节　盆花装饰

一、盆花装饰概念

　　盆花装饰是指用盆栽花卉进行的装饰。盆栽花木是各种场合花卉装饰的主要材料，种类繁多，便于布置和更换，在社交活动、喜庆迎送以及宾馆、餐厅、办公室等场所的环境美化中担当着重要角色。

　　广义的盆栽花卉既包括以观花为目的的盆花，也包括以观叶、观果、观形为目的的盆栽或观叶植物和盆景等。

二、盆花装饰特点

　　盆花装饰特点：植物种类多，不受地域适应性限制，栽培造型方便；可利用特殊栽培技术进行促成或抑制栽培，以供不时之需；便于精细管理，以完成特殊造型达到美学上更高的观赏要求；布置场合随意性强。

盆花可放在室外，如街道、广场、建筑周围；阳台、露台、屋顶花园；也可放在室内，如会场、休息室、餐厅、走道、橱窗、客厅等。

三、盆花装饰类型

现代人们要求具有人情味、生态化的室内空间。人们不仅摆放陈设各种小盆栽，也摆放一些大盆栽植物。室内布置绿化植物，应根据建筑的功能和使用要求，并应与室内家具陈设相协调。其应用包括以下两个方面。

（一）室内盆花装饰

1. 大型商场、宾馆、饭店及楼层间装饰。该类建筑底层一般都有高大宽敞的公共空间，用于疏散人流或短暂休息，盆花摆放应简洁鲜明。宜选用形态整齐、端庄、大体量盆花，组成规则式线点主体，色彩宜简不宜繁（见图4-29）。

有的高档酒店、饭店有宽阔的楼梯，这个应该作为装饰重点。

图 4-29 商场盆花装饰

2. 办公室、书房装饰。作为处理公务或者学习场所，花卉装饰应该创造一个安静舒适的氛围。要力求简洁，宜以观叶植物为主，点缀以芳香的盆花。以空间较大的书房装饰为例，写字台上可放置1盆小型精致的观叶植物，如文竹、粉黛叶、菖蒲、虎尾兰等，但不宜过多、过乱；窗台上可放置稍大一点的兰花、虎尾兰、君子兰等（见图4-30）。

图 4-30　家庭盆花装饰

隆重、严肃会场：宜选用形态整齐、端庄、大体量盆花，组成规则式线点主体，色彩宜简不宜繁。

一般性会场、纪念会场：为了创造活泼轻松的气氛，盆花体量不必太大，花卉色彩要适当丰富、色调热烈、形式活泼（见图 4-31）。

图 4-31　会场盆花装饰

（二）广场盆花装饰

广场盆花装饰主要在节日或重大活动期间进行装饰。广场人流量大，盆花装饰应首先考虑交通便利性。可将盆花成片、成群或以带状分布，注意株型整齐，品种单一，尤其以大色块形成鲜明对比。一般设在广场入口处，主席台、道路两侧，标语或雕塑旁，广场中心或者需要分隔人流的地方。广场四周常用高大盆栽花卉一定距离整齐分列，但种类不能过多，以免杂乱。广场中心的舞台或主席台，要进行重点装饰，注意装饰体量要大，否则不能烘托其气氛（见图4-32）。

一般企事业单位、酒店、宾馆、商厦的大门内外常辟有一定范围的广场，盆花装饰应体现出热情、大方、充满活力的风格，可采用规则式手法布局（见图4-33）。广场两侧结合台阶以中小型盆花组成对称整齐的盆花带。其后方以常绿植物形成背景，增加层次感。广场较大也可沿轴线布置连续的花带，兼有组织交通的功能。

在主干道两侧道路交叉口，为烘托节日气氛，常以盆花设置花坛或花带（见图4-34）。某一花带内的盆花种类不宜超过4种，色彩对比应强烈，以大色块手法创造鲜明的效果。花带可在路侧设置成各种规则的几何形状，以避免长距离的图案雷同而造成的单调之感。

图4-32　广场盆花装饰　　　　图4-33　景点盆花装饰

图4-34　道路两旁盆花装饰

第九节　花卉组合应用

一、花卉组合的概念

花卉组合是指将多种植物搭配栽植在一个容器内，或者是多种盆栽聚集提放在某一特定空间，从而展现出自然意境的艺术组合。选择长势较好的花卉，同时把色、姿、韵有机地结合起来，供观赏，使人们更加怡情悦意，回味无穷，也被称作"迷你小花园"。

二、组合盆栽的原则

（一）花卉生态习性要接近

制作组合盆栽的不同植物，原则上一定要有相同的耐寒性、耐热性，要有同样的光照需求和水肥需求。例如，在夏季制作室外组合盆栽，就要选择同样耐晒、耐热的植物；当然也可以特意选择耐阴的植物，制作一盆放在背阴处的组合盆栽

（二）主题突出

花卉布置的主题是工作中最核心的一点。只有将花卉布置的主题充分理解，才能在设计过程中完美体现活动的主题思想，避免在选择素材，植物搭配、设计方法等环节中出现偏差。花卉布展的设计主题直接反映着整个作品的艺术内涵，在营造节日气氛，力求表现喜庆、欢乐、祥和的景观效果的基础上，它还带有一定的政治和文化内涵。

（三）花卉之间要有色彩对比

通常来讲，大自然天然的色彩组合根本不存在不和谐的地方，但我们进行人工组合的时候就要略作选择了。在组盆的时候最好能确定一个主题色，比如在寒冷的冬季，红色或黑色叶子的观赏草、开橙红色系花朵的植物都是不错的选择；比如在炎热的夏季，就建议使用明快清亮的浅色调，如用白色或淡黄色；比如在春季用粉彩色系特别浪漫柔情。绿色的观叶植物搭配香花亦十分高雅。但色彩对比的变化要有共通之处，不宜全同或全异。

（四）整体平衡，层次分明，体例适宜

谁也不愿意去欣赏一盆死板的盆栽，好的组合盆栽应有高、中、低三个层次，甚至还可以有垂挂下来的部分，例如最高层可以用株型挺拔的小灌木、矮化的小乔木等，用不同高低株型的草花做中低部分，而用蔓生型的藤类做垂挂部分。

（五）富有节奏与韵律

在花卉装饰中，把花材按照连续变化、交替变化、渐变等形式进行布局，

是获得明显韵律的有效方法。韵律的变化多种多样，如简单韵律变化、间隔韵律变化、交替韵律变化、渐变韵律变化、起伏曲折韵律变化、拟态韵律变化等。通过事物间的摆设，也可以增加构图的变化规律。配件一般多选用陶瓷或玻璃小动物。

（六）空间疏密有致

组合盆栽盆花数量不宜过多，应根据容器的大小来确定花卉数量，一般小盆 2~3 种配合，中盆 3~5 种配合，大盆 5~7 种配合。在花卉组合盆栽时，应使花卉之间保留适当的空间，以保障日后花卉长大时有充分的生长环境。同时，整个作品不宜有拥塞之感，必须有适当的空间，让欣赏者发挥自由想象的余地。

（七） 象征意义

运用植物的象征意义，来增强消费者购买组合盆栽的愿望。比如蝴蝶兰象征高贵、祥和；大花蕙兰象征幸福、快乐；凤梨象征财运高涨。用这些花卉来做组合盆栽的主花材，适宜节日送礼。金琥有辟邪、镇宅之功效，而绿萝、吊兰、虎尾兰、一叶兰、龟背竹是天然的清道夫，可以清除空气中的有害物质，特别是在对付甲醛上颇有功效。用这些植物做组合盆栽的主花材，适于贺乔迁新居

三、花卉组合的制作

（一）构思创意

首先要确定主题品种。一个组合盆栽要用到多种花卉，突出的只有 1~2 种，其他材料都是用来衬托这个主题品种的。主花的颜色奠定了整个作品的色彩基调，所以选择主题品种与制作目的、用途及所摆放的位置密不可分。

（二）栽培器皿及装饰品的准备

栽培器皿要求美观、有特色，艺术观赏价值高。其主要有紫砂盆、瓷盆、玻璃盆器、纤维盆、木质器皿类、藤质器皿类、工艺造型盆类及通盆类等（见图 4-35 至图 4-38）。

图 4-35 塑料盆

图 4-36 紫砂盆

图 4-37　玻璃盆

图 4-38　藤盆

装饰品种类有很多，如小动物、小石块、小蘑菇、小灯笼、小鞭炮、树枝、松球等（见图 4-39 至图 4-41）。

图 4-39　小蘑菇

图 4-40　小动物

图 4-41　松球

（三）栽培基质

　　组合盆栽所用基质既要考虑花卉的生长特性，又要考虑其观赏所处的环境。基质总的要求是通气、排水、疏松、保水、保肥、质轻、无毒、清洁、无污染。主要有泥炭、蛭石、珍珠岩、河沙、水苔、树皮、陶粒、彩石、石米等（见图4-42至图4-47）。

图 4-42　泥炭

图 4-43　蛭石

图 4-44　珍珠岩

图 4-45　水苔

图 4-46　树皮

图 4-47　陶粒

（四）花材选择

　　根据作品创意选择花卉。花卉种类很多，有花形美观、花色艳丽、花感强烈的焦点类花卉，有生长直立、突出线条的直立类花卉，有枝叶细密，植株低矮的填充类花卉，有枝蔓柔软下垂的悬垂类花卉（见图4-48至图4-51）。

图4-48　焦点类

图4-49　直立类

图4-50　填充类

图 4-51 悬垂类

（五）盆花的组合

取器皿先垫防水层。先放入主题花卉调整好位置和方向，再放入其他衬托花卉，加入少量的基质进行固定。观察花卉整体布局是否符合构思创意要求，调整至恰当位置和方向，再填充基质，压实固定。盆面遮盖装饰材料。对花卉枝叶作适当修剪，浇透水，放在阴凉处培养。浇透水后根据作品要求配置其他小饰物（见图 4-52 至图 4-54）。

图 4-52 组合（一）

图 4-53　组合（二）　　　　　　　　　　图 4-54　组合（三）

第十节　插花艺术

一、插花艺术概论

（一）插花艺术的概念

插花艺术是以切取植物可供观赏的枝、花、叶、果等部分，插入容器中，经过一定的技术和艺术加工，组合成精美的、富有诗情花画意的花卉装饰品。如饭店的大堂和中庭经常使用插花作品来烘托气氛。

（二）插花艺术的特点

1. 时间性强。由于花材都不带根，吸收水分和养分受到局限，因植物种类和季节不同，水养时间少则 1~2 天，多则 10 天或一个月。因此，插花可供欣赏的时间较短。

2. 随意性强。这表现在选用花材和容器都很随意和广泛，档次可高可低，形式多种多样，常随场合和需要选用。高档的气生兰、鹤望兰、火鹤花、切花月季固然很美，而路边的狗尾草、酸模、芦花、蒲草、车前草同样有用，芹菜、辣椒、豆角、萝卜及各种水果也常是家庭和饭店插花的好材料。其构思、造型可简可繁，可以根据不同场合的需要以及作者自己的心愿，随意创作和表现。因此，插花作品在选材、创作、形式、陈设、更换上都较灵活随意。

3. 装饰性强。它集众花之美而造型，随环境而陈设，艺术感染力最强，美化效果最显著，具有画龙点睛和立竿见影的效果。

4.自然性。插花作品独具自然花材绚丽的色彩、婀娜的姿容、芬芳而清新的大自然气息。

（三）插花艺术的作用

1.美化环境，改善人际关系。

2.陶冶性情，提高人们的精神文化素质。

3.促进生产，增加消费，推动经济发展。

（四）插花艺术的分类

1.按地区、民族风格分类，插花艺术可以分为以下几类。

（1）东方式插花：以中国和日本为代表。以线条造型为主，注重自然典雅，要求活泼多变，线条优美；重写意，讲究情趣和意境；构图简练，用色淡雅，耐人寻味；插花用材多以木本花材为主，配以草花，喜按季节选用不同的花材，不求量多色重，但求韵致与雅趣。

（2）西方式插花：以美国、法国和荷兰等欧美国家为代表。其特点是色彩浓烈，多用大量不同颜色质感的花组合而成；以几何图形构图，讲究对称和平衡，注重整体的色块艺术效果，富于装饰性。用材多以草本花材为主，花朵丰腴，色彩鲜艳，用花较多。

2.按艺术表现手法分，插花艺术可以分为以下几类。

（1）写实的手法：以现实具体的植物形态、自然景色、动物或其他物体的特征作原型进行艺术再现。用写实手法插花的形式有自然式、写景式和象形式三种。

①自然式：主要表现花材的自然形态，根据所用主要花材形态不同分为直立型、倾斜型和下垂型。

②写景式：模仿自然景色，将自然景观浓缩于盆中的插花形式。

③象形式：模仿动物或其他物体的形态而进行的插花创作。

（2）写意的手法：为东方式插花所特有，创作者利用花材的各种属性，或谐音，或品格，或形态，来表达某种意念、情趣或哲理，寓意于花。作品配以贴切的命名，使观赏者产生共鸣，随着创作者进入一个特定的意境，继续寻思、品位。古代的理念花、格花、心象花及现代的命题插花都属此类。

（3）抽象的手法：不以具体的事物为依据，也不受植物生长的自然规律约束，只把花材作为造型要素中的点、线、面和色彩因素来进行造型。其可分为理性抽象和感性抽象。

①理性抽象。强调理性，不表达情感，纯装饰性插花。用抽象的数学和

几何方法进行构图设计，以人工美取胜，具有一种对称、均衡的图案美，注重量感、质感和色彩。其主要有三角形、半球形、弯月形、L形、S形等构图；也可由几个图案并为一体成混合型或不规则的图形。

②感性抽象。不受任何约束，无固定形式，可任由创作者灵感的发挥来创作，随意性强，变异性较大。

3. 按材料分类，可分为以下几类。

（1）鲜花插花：全部或主要用鲜花进行插制。它的主要特点是最具自然花材之美，色彩绚丽、花香四溢，饱含真实的生命力，有强烈的艺术魅力，应用范围广泛；缺点是水养不持久，费用较高，不宜在暗光下摆放。

（2）干花插花：全部或主要用自然的干花或经过加工处理的干燥植物材料进行插制。它既不失原有植物的自然形态美，又可随意染色、组合，插制后可长久摆放，管理方便，不受采光的限制，尤其适合暗光摆放。在欧美一些国家和地区十分盛行干花作品。其缺点是怕强光长时间暴晒，也不耐潮湿的环境。

（3）人造花插花：所用花材是人工仿制的各种植物材料，包括绢花、涤纶花等，有仿真性的，也有随意设计和着色的，种类繁多。人造花多色彩艳丽，变化丰富，易于造型，便于清洁，可较长时间摆放。

4. 按容器分类，可分为以下几类。

（1）瓶花插花：使用花瓶作为器皿进行插花的一种方式，最为常见，方法也比较简单。一般口径比较小的花瓶，适合插一些草本花卉，口径较大一些的则适合插木本花卉。

（2）篮花插花：一般是在花篮里面放上装水的容器，然后选择花形较大一些的材料。花篮式的插花，有圆形的，也有L形、自然形等不同的造型。

（3）盆花插花：比较常见的一种方式，一般它会分成以下三种：

①半圆形盆花。这种比较适合花朵较小的花卉，在插花时可以使整个花形呈现半圆形，一般要用到大概十几朵花，花朵之间要保持一定的间距。

②不对称形盆花。这种主要是插花朵比较大的花卉，在造型时将其营造出不对称的自然美即可。

③自然形盆花。这种主要是用于花形自然弯曲的花卉，花卉的本身花形就比较独特、自然。

（4）钵花插花：用鲜切花插在阔口矮生容器里的一种插花形式。钵花在当代已是礼仪插花中的一种重要形式，它造型灵活多变，花净艳丽丰满，装饰性强。

（5）壁花插花：贴墙、吊挂式的一种插花手法。

5.按目的分类，可以分为以下几类。

（1）礼仪插花：用于社交礼仪、喜庆婚丧等场合，具有特定用途的插花。它可以传达友情、亲情、爱情，可以表达欢迎、敬重、致庆、慰问、哀悼等，形式常常较为固定和简单。

（2）艺术插花：一般不具备社交礼仪方面的使用功能，主要用来供艺术欣赏和美化装饰环境的一类插花。

二、插花艺术基本知识

（一）花材的种类

1.线状花材。

（1）定义：外形呈细长的条状或线形的花材。各种木本植物的枝条、根、茎、芽，蔓性植物和具有长枝条状枝叶、花序的一些草花都是线状花材。线形有直、曲、粗、刚、柔之分，不同的线形其表现力各异。直线端庄刚毅，生命力旺盛；曲线优雅，抒情，潇洒飘逸；粗线条雄壮，表现阳刚之美；细线条秀丽温柔，表现清幽典雅之姿。花材的各种表现力，需要插花者用心去观察，才能捕捉到其蕴藏的独特风格与神韵。

（2）种类：唐菖蒲（见图4-55）、蛇鞭菊（见图4-56）、金鱼草、飞燕草、紫罗兰、散尾葵、虎尾兰、苏铁。

（3）作用：骨架、轮廓。

（4）分类：直线、曲线、粗线、细线、刚线、柔线。

图4-55　唐菖蒲　　　　　　图4-56　蛇鞭菊

2.团状花材。

（1）定义：外形呈较整齐的团形、块形或近似圆形的花材，如牡丹、菊花等，还有些是由许多小花组成的一团。这类花材花容美丽，色彩鲜艳，可单独插，也可与现状花材配合作焦点花。有些叶片呈面状，如龟背竹、绿蔓、鹅掌柴等，也可视为团状花材。

（2）种类：香石竹、非洲菊、月季、菊花、龟背竹、荷叶、芭蕉叶（见图 4-57 至图 4-58）。

（3）作用：构图主要花材、焦点花。

图 4-57　菊花

图 4-58　玫瑰

3.特殊形状花。

（1）定义：花形不规整、结构奇特，形体较大，1~2 朵足以引起人们的注意，适宜插在作品视觉中心处作焦点花。

（2）种类：鹤望兰（见图 4-59）、红掌（见图 4-60）、百合、热带兰。

（3）作用：焦点花。

图 4-59　鹤望兰

图 4-60　红掌

4.散状花材。

（1）定义：花形细小，一茎多花，给人以娇小玲珑或梦幻的感觉，多插在大花之间填空，增加层次感。如丝石竹（满天星）、勿忘我、补血草（情人草）、小菊、文竹、天门冬等。这些小花细叶插置得当，可令作品大为增色。散状花材也称为雾状花材，通常是以无数个个体很小的花以松散或紧密的形态集结而成，在花艺造型中常用作填充、平衡和色彩调和。如满天星（见图4-61）、情人草、勿忘我等。

（2）种类：补血草类、霞草、孔雀草、天门冬、肾蕨、文松（见图4-62）。

（3）作用：烘托、陪衬、填充。

图 4-61　满天星

图 4-62　文松

5.其他材料。如金属棒、玻璃管、有机玻璃、吹塑纸、雕塑、电线、纤维丝、纱巾、装饰纸、彩带等。

（二）常用花材、花语

花语是各国、各民族人民根据各种植物，尤其是花卉的特点、习性和传说典故，赋予各种不同的花卉人性化的象征意义。花语是指人们用花来表达人的语言，表达人的某种感情与愿望，在一定的历史条件下逐渐约定俗成的，为一定范围人群所公认的信息交流形式。赏花要懂花语，花语构成花卉文化的核心，在花卉交流中，花语虽无声，但此时无声胜有声，其中的含义和情感表达甚于言语。

花语最早起源于古希腊，那个时候不只是花，叶子、果树都有一定的含义。在希腊神话里记载过爱神出生时创造了玫瑰的故事，玫瑰从那个时代起就成为了爱情的代名词。19世纪初，法国开始兴起花语，随即流行到英国与美国，是由一些作家所创造出来的，主要用来出版礼物书籍，提供给当时上流社会女士，供她们休闲时翻阅之用。

花语真正盛行始于法国皇室，贵族们将民间对于花卉的资料整理编档，里面就包括了花语的信息，这样的信息在宫廷后期的园林建筑中得到了完美的体现。

大众对于花语的接受是在19世纪中期，那个时候的社会风气还不是十分开放，在大庭广众下表达爱意是件难为情的事情，所以恋人间赠送的花卉就成为爱情的信使。

随着时代的发展，花卉成为社交的一种赠予品，更加完善的花语代表了赠送者的意图。

1. 花语。

（1）勿忘我：

花语：永恒的爱、浓情厚谊、永不变心。

（2）郁金香：

花语：爱的告白、真挚情感。

红郁金香：正式求爱的心声。

紫郁金香：永不磨灭的爱情、最爱。

白郁金香：纯洁的友谊。

黄郁金香：高贵、珍重、道歉。

粉郁金香：美人、热爱。

（3）康乃馨：

花语：伟大、神圣、慈祥、温馨的母爱。

红康乃馨：热烈的爱，祝母亲健康长寿。

粉康乃馨：祝母亲永远美丽、年青。

黄康乃馨：对母亲的感谢之恩。

白康乃馨：真情、纯洁。

（4）百合：

花语：百年好合、事业顺利、祝福，顺利、心想事成、祝福、高贵。

白百合：纯情、纯洁。

火百合：热烈的爱。

黄百合：高贵、荣誉、胜利。

香水百合：富贵、婚礼的祝福。

粉百合：纯洁、可爱。

红百合：永远爱你。

葵百合：胜利、荣誉、富贵。

姬百合：财富、荣誉、清纯、高雅。

野百合：永远幸福。

狐尾百合：尊贵、欣欣向荣、杰出。

玉米百合：执着的爱、勇敢。

编笠百合：才能、威严、杰出、尊贵、高雅。

圣诞百合：喜洋洋、庆祝、真情。

水仙百合：喜悦、期待相逢。

（5）风信子：

花语：胜利、竞技、喜悦、爱意、幸福、浓情、倾慕、顽固、生命。

红色风信子：让人感动的爱。

蓝风信子：生命。

紫色风信子：悲伤、妒忌，忧郁的爱（得到我的爱，你一定会幸福快乐）。

白色风信子：恬适、沉静的爱（不敢表露的爱）。

红色风信子：感谢你，让我感动的爱（你的爱充满我心中）。

蓝色风信子：恒心、贞操，仿佛见到你一样高兴。

黄色风信子：幸福、美满，与你相伴很幸福。

粉风信子：倾慕、浪漫。

（6）满天星：

花语：真心喜欢、关心、纯洁。

（7）洋桔梗：

花语：真诚不变的爱。

（8）海芋：

花语：纯洁、幸福、清秀、纯净的爱。

白色海芋：青春活力。

黄色海芋：情谊高贵。

橙红色海芋：我喜欢你。

（9）雏菊：

花语：深藏在心底的爱；纯洁、天真，愉快、幸福、和平、希望。

（10）玫瑰：

花语：爱情、爱与美、容光焕发。

红玫瑰：热情、我爱你。

粉红玫瑰：感动、爱的宣言、铭记于心。

白玫瑰：天真、纯洁、尊敬。

黄玫瑰：不贞、嫉妒。

橙红玫瑰：初恋的心情。

蓝玫瑰：清纯的爱、敦厚善良。

绿玫瑰：纯真简朴，青春长驻。

不同数量的玫瑰的含意如下：

1 朵玫瑰——我的心中只有你！

2 朵玫瑰——这世界只有我俩！

3 朵玫瑰——我爱你！

4 朵玫瑰——至死不渝！

5 朵玫瑰——由衷欣赏！

6 朵玫瑰——互敬、互爱、互谅！

7 朵玫瑰——我偷偷地爱着你！

8 朵玫瑰——感谢你的关怀、扶持及鼓励！

9 朵玫瑰——长久！

10 朵玫瑰——十全十美、无懈可击！

11 朵玫瑰——最爱，只在乎你一人！

12 朵玫瑰——对你的爱与日俱增！

13 朵玫瑰——友谊长存！

14 朵玫瑰——骄傲！

15 朵玫瑰——对你感到歉意

16 朵玫瑰——一帆风顺！

17 朵玫瑰——伴你一生！

18 朵玫瑰——真诚与坦白！

19 朵玫瑰——忍耐与期待！

20 朵玫瑰——我仅一颗赤诚的心！

21 朵玫瑰——真诚的爱!

22 朵玫瑰——祝你好运!

25 朵玫瑰——祝你幸福!

30 朵玫瑰——请接受我的爱!

40 朵玫瑰——誓死不渝的爱情!

50 朵玫瑰——不期而遇邂逅!

99 朵玫瑰——天长地久!

100 朵玫瑰——百分之百的爱!

101 朵玫瑰——最爱!

108 朵玫瑰——求婚!

144 朵玫瑰花语——爱你生生世世!

365 朵玫瑰花语——天天想你!

999 朵玫瑰——天长地久!

1001 朵玫瑰花语——直到永远!

1314 朵玫瑰——爱你一生一世!

双枝蓝色妖姬花语:相遇是一种宿命!

三枝蓝色妖姬花语:你是我最深的爱恋!

六枝蓝色妖姬花语:你是我的最爱!

七枝蓝色妖姬花语:无尽的祝福!

十一枝蓝色妖姬花语:一心一意!

十二枝蓝色妖姬 + 满天星花语:你是我的真爱,我甘愿做你的配角。

(11)蔷薇:

红蔷薇:热恋。

粉蔷薇:爱的誓言;执子之手,与子偕老。

白蔷薇:纯洁的爱情。

黄蔷薇:永恒的微笑。

深红蔷薇:只想与你在一起。

野蔷薇:浪漫的爱情,悔过。

圣诞蔷薇:追忆的爱情。

黑色蔷薇:华丽的爱情。

(12)非洲菊(扶郎花):

花语:神秘、兴奋。

（13）天堂鸟：

花语：潇洒、多情公子。

（14）菊花：

花语：清净、高洁、我爱你、真情 。

（15）翠菊：

花语：追想、可靠的爱情、请相信我。

（16）春菊：

花语：为爱情占卜 。

（17）石竹：

花语：纯洁的爱、才能、大胆、女性美。

丁香石竹：大胆、积极。

五彩石竹：女性美。

香石竹：热心。

（18）蝴蝶兰：

花语：高雅、博学。

（19）剑兰：

花语：幽会、用心、坚固。

（20）石斛兰：

花语：父亲之花。

（21）文心兰（跳舞兰）：

花语：美丽活泼、快乐、隐藏的爱。

（22）梅花：

梅花：坚强、傲骨、高雅。

红梅：坚贞不屈、欺霜傲雪、艳丽迷人。

白梅：纯洁、坚贞不屈。

（23）蜡梅：

花语：纯洁、坚强、默默无闻、无私奉献。

（24）荷花：

花语：清白、坚贞纯洁、忠贞和爱情、孤傲、冰清玉洁、自由脱俗。

银荷花：期待，没有结果的恋情。

白荷花：怀念，恋情的喜悦。

红荷花：父亲之花，坚毅、勇敢、坚定、冷静。

黄荷花：纯洁、宁静、祥和。

（25）睡莲：

花语：依赖、纯洁、甜美，也有美梦、暂时碌碌无为后再度一鸣惊人的意思。

（26）茶梅：

红茶梅：清雅、谦让。

白茶梅：理想的爱。

（27）牡丹：

花语：圆满、浓情、富贵，雍容华贵。

秋牡丹：生命、期待、淡淡的爱。

（28）富贵竹：

花语：吉祥、富贵。

（29）龟背竹：

花语：健康长寿。

（30）文竹：

花语：永恒。

（31）红掌：

花语：大展宏图。

（32）李花：

花语：纯洁。

（33）孔雀草：

花语：总是兴高采烈。

（34）马蹄莲：

花语：忠贞不渝，永结同心、吉祥如意。

（35）柏树：

花语：永葆青春。

（36）圣诞红：

花语：祝福。

（37）肾蕨：

花语：谦逊。

（38）芍药：

花语：美丽动人、依依不舍，难舍难分。

（39）绣球：

花语：希望、忠贞，永恒、美满、团聚。

（40）美人蕉：

花语：坚实。

（41）铃兰：

花语：纯洁·幸福的到来、幸福降临、吉祥和好运。

（42）栀子花：

花语：原地守候你的爱；等待你的爱。

（43）桃花：

花语：爱情俘虏。

（44）红豆：

花语：相思。

不同数量的红豆代表不同的意义。

1颗——一心一意！

2颗——相亲相爱！

3颗——我爱你！

4颗——山盟海誓！

5颗——五福临门！

6颗——顺心如意！

7颗——我偷偷地爱着你！

8颗——深深歉意，请你原谅！

9颗——永久的拥有！

10颗——全心投入的爱你！

11颗——我只属于你！

51颗——你是我的唯一！

99颗——白头到老，长长久久！

（45）尤加利叶：

花语：恩赐。

（46）水晶草：

花语：是你给了我自信和勇气，也是你带给我一个全新的世界。拥有你，我是无比的幸福、无比的快乐！

（47）黄英：

花语：把你的情记在心里直到永远，在风起的时候让你感受什么是温暖。

（48）情人草：

花语：执着、暗恋，要的就是我们的爱情一定要完美，始终如一、千古不变。

（49）蛇鞭菊：

花语：吉祥、欢快、警惕、努力。

（50）火鸟蕉：

花语：崇拜、飞黄腾达。

（51）帝王花：

花语：胜利、圆满，富贵吉祥。

（52）散尾葵：

花语：柔美、如此优美动人。

（53）八角金盘：

花语：八方来财。

（54）巴西木：

花语：坚贞不屈，坚定不移。

（55）鱼尾葵：

花语：生意兴隆。

（56）鸟巢蕨：

花语：潇洒飘逸，清香长绿。

（57）狐尾天门冬：

花语：重在参与。

（58）针葵：

花语：美丽。

（59）星点木：

花语："黄金聚来"之意，祝福快乐发财。

（60）剑叶：

花语：崇高。

2. 社交花语。

（1）春节可以用的花：

松、竹、梅：高风亮节。

黄百合：快乐、喜庆。

山毛榉树：昌盛兴隆。

淡红美女樱：家庭和睦。

火百合：喜气洋洋。

白百合：百年好合，纯洁。

桃花：宏图大展。

蝴蝶兰：高洁。

水仙：思念，团圆。

红玫瑰：真诚的爱情。

羽扁豆：幸福。

满天星、三轮草：想念。

金鱼草：愉快。

风铃草：温柔的爱。

红郁金香：爱的誓言。

粉牵牛花：柔情。

红山茶：天生丽质。

白丁香：青春、欢笑。

黄郁金香：渴望之爱。

败酱：纯洁、柔情。

紫丁香：初恋。

凤梨：完美无缺。

酸模：爱情、爱慕。

勿忘我：永恒的爱。

蝴蝶兰：初恋，情人节赠男友。

扶郎花：扶助郎君。

长春花：愉快的回忆。

马蹄莲：害羞。

紫罗兰：贞洁。

樱花草：青春、美丽。

红掌：天长地久。

月见草：默默的爱。

菖蒲：顺从。

柠檬树花、忍冬：忠诚的爱。

婆婆纳：女性的忠贞。

（2）清明节可以用的花：

三色堇：思念。

三轮草、满天星：想念。

千日草：不朽。

文竹：永恒。

花簪：同情、慰问。

金鱼花：悲哀。

柏枝：哀悼。

柳枝：悲伤、哀悼、贺喜开业竣工。

万年青：四季常青。

白菊花：清净、高洁、怀念。

黄菊花：哀挽。

桃花：美好和希望。

马蹄莲：素洁、纯真、朴实。

白色康乃馨：尊敬。

白玫瑰：惋惜和怀念。

（3）贺喜凯旋可以用的花：

红棉花：英雄之花。

罂麦：勇敢。

月桂：光荣。

月桂树环：有功之臣。

棕榈：胜利。

（4）贺喜演出可以用的花：

燕麦：音乐。

多花蔷薇：天才。

荷兰芹：得胜。

茴香：卓越。

桔梗：高雅。

大丽花：优雅、尊贵。

（5）赠友可以用的花：

三色堇：思念。

刺槐：友谊。

豆蔻花、芍药花、百日草：分别。

（6）赠友进取可以用的花：

美人蕉：坚实。

海芋：热情。

黄杨：坚定。

款冬：正义之神。

冷杉树：崇高。

茴香：力量。

挂枝：学识渊博。

棕榈：胜利。

（7）母亲节可以用的花：

康乃馨：母亲之花、母亲节的主花。

勿忘我：永恒的爱。

茉莉：和蔼可亲。

藓苔：母爱。

木樨草：品德高尚。

深山酢浆：慈母之爱。

粉牵牛花：纤纤柔情。

萱草：爱的忘却（我国的母亲花）。

（8）端午节可以用的花：

菖蒲：避邪镇灾。

龙船花：避邪驱魔、去除病瘟、求得吉祥。

跳舞草：安康。

艾草：幸免灾难。

（9）父亲节可以用的花：

石斛兰：父亲之花、坚毅、勇敢。

黄杨：坚定、冷静。

橘树：宽容大度。

款冬：正义。

柳树：直率、坦诚。

葡萄：宽容、博爱。

茴香：力量。

（10）中秋节可以用的花：

桂枝：学识渊博。

月桂枝：荣誉。

芒草：秋意。

桔梗：纯洁。

败酱：纯洁的恋情。

石楠花：庄重。

胡枝子：优雅。

（11）教师节可以用的花：

康乃馨：慈祥、感恩。

木兰花：灵魂高尚。

蔷薇枝：严肃、朴素。

蔷薇花冠：美德。

悬铃木：才华横溢。

月桂树环：功劳、荣誉。

（12）圣诞节可以用的花：

一品红：驱妖除魔。

白美女樱：庇佑。

太阳菊：光明、欣欣向荣。

山毛榉树：昌盛、兴隆。

（13）婚礼可以用的花：

白百合：完美、百年好合。

红掌：天长地久。

合欢：夫妻相爱。

常春藤、菩提树、柠檬树花：忠诚、白头偕老。

薄荷：感情热烈。

牵牛花、石竹：爱情永结。

春番红花：青春。

山茶：真爱。

勿忘我：永恒的爱。

（14）祝寿可以用的花：

松树：智慧、长寿。

竹：高风亮节。

梅：傲雪凌霜。

福寿花：多福多寿。

黄水仙：尊敬。

兰花：品行高洁。

万年青：永葆青春。

千日莲：快乐。

附子：敬意。

吊钟花：感激。

金鱼草：愉快。

（15）探病可以用的花：

罂粟花：安慰。

樱草花：青春。

剑兰：性格坚强。

白杨：坚持、勇气。

雏菊：同情。

蔷薇花瓣：希望。

虞美人、蓍草、山楂：安慰。

鸢尾：问候。

满天星：关怀。

黄花：鼓励。

荆树：抚慰。

（三）花材的采集及选购

1.花材的采集。

（1）采集时间：清晨、前一天傍晚。

（2）枝条选择：不要太嫩、注意神态。

2.鲜切花选购。

（1）观察花材的整体形态：凡是叶面稍有萎蔫、发黄，或浸入水中的花茎、叶片变成褐色、黑色的花枝，新鲜度差，则不宜购买。

（2）花茎：粗壮、笔直、不折断。购花时应选择同类花枝中最长者。为保持其新鲜，提高吸水性能，花店每天都要将切花枝茎的下端剪去一段。因此，茎越长的花越新鲜。

（3）用手触摸花枝水中的枝茎部分，有滑溜溜的感觉，说明花枝已留放了 5~6 天之久，新鲜度差，不宜购买。

（4）花朵大部分全开的不宜购买。若在同一枝茎上已有 3~4 朵花全开，可将鲜花水平状放置，稍一摇动花瓣掉下的，新鲜度差。

（5）花形过小的不宜购买：花形过小的原因，有时可能是将外围残缺的花瓣去除所致。

（6）花色应鲜艳：花瓣应有弹力，颜色应鲜艳，没有变成焦黄色。

（7）选购到满意的花材后，一定要用塑料薄膜包裹成束，以免失水，回家后尽快剪裁，插于水中，以延长观赏期。

（四）花材的处理

1. 沐浴法：枝叶淋水，降低枝叶水的蒸发量。

2. 疏叶法：疏剪一部分枝叶，减少蒸发量。

3. 切口灼烧法：将花枝切口放在火上烧至变色发红，立即放入冷水中。这样既可防止导管堵筛，又能杀菌消毒。切口带乳汁的植物如一串红、印度橡皮树、芍药，木本花卉如桃花、月季、蜡梅、木香、丁香等适用此法。

4. 切口浸烫法：如八仙花、大丽花、美人蕉、大波斯菊等可用湿布将花朵部分包好，把茎端切口浸入 65~75℃ 的热水中浸泡 2~3min，然后放入冷水中。这种方法可消除切口细菌，排除导管内空气，增强细胞的活力，促进吸水。

5. 注水法：给枝条注水。

6. 应用切花保鲜剂：目前常用的切花保鲜剂配方很多，不同的花材对保鲜剂配方的要求不同。一般切花保鲜剂含以下成分：

（1）抗氧化剂，如抗坏血酸、硫酸亚铁和铁粉等。

（2）乙烯清除剂，如高锰酸钾等。

（3）乙烯合成抑制剂，如硝酸银等。

（4）吸附和吸水剂，如沸石、硅酸、氧化活性炭等。

（5）杀菌剂，如 8—羟基喹啉、硼酸、水杨酸、苯甲酸等。

（6）营养剂，如蔗糖等。

还可以用一些药品（如 VC、阿莫西林）、啤酒、碳酸饮料等来保鲜。

应用保鲜剂时可根据条件加以选配，配制时最好使用玻璃、陶瓷、塑料容器，并根据不同切花材料选用不同配方的保鲜剂。如月季保鲜液为 30g/L 蔗糖 +130mg/L 8—羟基喹啉硫酸盐 + 200mg/L 柠檬酸 +25mg/L 硝酸银，菊花切花保鲜液为 35g/L 蔗糖 + 30mg/L 硝酸银 + 75mg/L 柠檬酸

7. 控制法：有时对那些吸水性太强、花开放太快的花材，需要花朵迟开或缓慢开放。有时因情况紧急，需要促进花朵开放，因此很多情况下必须对花朵开放时间加以控制，常用的方法有：

（1）绑扎茎端。对吸水性良好的花材，如百合、郁金香、玫瑰等容易开花的花材，可用细线或铜丝绑扎花茎端部，以减缓其吸水程度，或用手指捏弯花茎，压制它过多吸水。

（2）睡莲抑压法。睡莲一般下午三四点闭合，晚上看不到其美丽的花容。如要晚上观花，则在不影响水混浊的情况下，加两匙石灰水溶液，麻醉正在开放的睡莲，使之无法准时闭合。但这种方法很伤花，次日就后继无力了。

（3）使用三氯甲烷（哥罗防）麻醉花，控制开花的时间，或注射硼酸水于花茎处，促花快开。

（4）樱花和桃花的吸水性能都很强，修剪切口时勿斜切，宜垂直于茎干切下，减少切口面积，蓄意限制吸水。

（5）冬天花的吸水性都较好，可用铁丝穿过花柄，使花受伤，或搓揉花柄，破坏组织，亦可在切口处擦上发油，防止花过分吸水，但要适度，否则会损伤花材。

（6）晚会上用的胸花、手捧花束，如花冠被切断，不能插入水中养护。为此，可先将摘下的花浸入水中使之吸好水再制作，制好后再喷些水，用塑料袋装好，放入冰箱，隔天仍可用。

（7）有计划地将花或新枝条暴露在特殊环境中，如高温、高湿度和光线明亮处或使用催花剂等，都可使花加快开放。

（四）常用花器

1. 花器的作用：盛放花材和水的容器，保持花材的新鲜度，是花艺作品构图中不可缺少的部分。

2. 花器的种类：

（1）按花器材质分，可分为陶瓷花器，塑料花器，玻璃花器，竹、木、藤、草编花器，金属花器（见图4-63）。

（2）按花器形状分，可分为花瓶类，花盘类，花篮类，异形类。

3. 花器的选配：

（1）大小与插花作品大小相称。

（2）形态、质地与插花花形相一致。

（3）颜色和花色不宜相同。

图 4-63　花器

（4）与摆放环境相协调。

4.插花道具：

（1）几架和底垫（见图 4-64）。

图 4-64　常用几架和底垫

（2）配件（见图 4-65）。

图 4-65　常用配件

5.插花工具及辅料：

（1）固定花材用具：花泥（见图4-66和图4-67），剑山（见图4-68和图4-69），插花筒，又称签筒、剑筒（见图4-70）。

图4-66　干花泥　　　　　　　　　　　图4-67　湿花泥

图4-68　剑山插花　　　　　　　　　　图4-69　剑山种类

图 4-70　各类插花筒

（2）其他工具及附属品：枝剪、刀、金属丝、锯、订书机、胶带、喷水壶、除刺器、花托、花胶、缎带、包装纸、包装袋（见图 4-71）。

图 4-71　插花工具

（五）插花材料的基本处理技术

1.花枝的修剪。注意顺其自然，分清枝条阴阳面，确定枝条的主视面，确定高度（长度），再进行修剪（见图 4-72）。

图 4-72　花枝修剪

2. 花材的造型。

（1）枝条弯曲（见图 4-73）：

①粗大、较硬枝条的弯曲：需要切割弯曲。

②较软枝条的弯曲：需要折断弯曲。

③细软枝条的弯曲：一般采用缠绕弯曲。

图 4-73　枝条弯曲造型

（2）花朵的修剪和加工：为了修整或改变花形，使花材适宜作品需要，可以用各种人为的方法进行加工。

①穿透法：对花梗柔软的花材，可用铁丝对花朵基部进行对穿或十字形穿透，将铁丝缠绕于花梗上，则可避免花头折断，而且花朵可以随意弯曲造型。

②穿莛法：非洲菊花莛易弯折，严重影响插花使用和寿命，将绿铁丝弯成 U 形，从花头中心穿插，铁丝穿于花莛中，使非洲菊的花莛不易弯折，且可随意弯曲造型，延长观赏期。

（3）叶的修剪造型：修剪（见图 4-74），撕裂（见图 4-75），打结（见图 4-76）。

图 4-74　叶片修剪造型

图 4-75　叶片撕裂造型

图 4-76　叶片打结造型

（六）学习插花的方法及步骤

1. 立意构思。

插花创作，应意在笔先，但也可以意在笔后。也就是说先立意，选定主题和命题，再行构思创作；也可以先进行插作，在完成插花作品以后，再行命题。

插花艺术是立体的画，无声的诗。插花艺术讲究诗情画意，这诗中之情、画中之意，就是从意境中来，而意境是通过插花作品的造型和情景交融结合的一种艺术境界，是内在含蓄与外在表现之间的纽带。主题是作品所要表现的中心思想，是艺术创作的灵魂。

插花作品的主题，是根据创作目的和要求来确定的：一是为各种喜庆、礼仪和社交活动而创作；二是为装饰美化环境而创作；三是表达作者的意愿和抒发情感，或寄情花木，借物明志。插花作品的主题可根据植物的传统象征、植物的季相景观变化，巧借容器和配件，用插花作品的造型来表达。

2. 选材。

（1）根据环境和花器选材。

（2）根据季节选材。

（3）根据花卉发育状态选材。

（4）根据花卉自然形态选材。

（5）根据花卉种类和质量选材。

3. 造型插作。造型就是把艺术构思变成具体的艺术形象，也就是在完成选材后，根据艺术构思选择适合表现插花作品主题的艺术表现形式，插作造型要求优美生动、别致新颖，花材组合得体、符合构图原理，视觉效果好。插花作品造型必须根据构思立意来选择。

4. 命名。命名也是插花作品创作的一个步骤，特别是艺术插花的命名可以加强和烘托作品的主题，使作品更具有诗情画意和艺术魅力，并引导观赏者对作品进行联想，从而与创作者在情感上产生共鸣。贴切、含蓄并富有新意的命名对插花作品可以起到画龙点睛的作用。现在也有一些现代艺术插花作品不进行命名，其能留给观赏者更多的想象空间，感受艺术插花的独特韵味。

5. 完善作品，清理现场，保持环境清洁。

三、插花造型的基本理论

（一）造型的基本要素

1. 质感。

质感是设计中最重要的元素之一，是物品的表面特性，如滑顺、粗糙等。插花艺术所用的材质是植物，植物种类繁多，质感各异，有刚柔轻重、粗犷娇嫩的差异。由于生长环境不同，野生的花草和温室里的花朵，旱地高山植物与水生阴生植物，在质感上均有显著的差异。插花时选用不同材质插出的作品风格截然不同，情趣各异。花材除了具有天然的质感外，经过人工处理，还可表现出特殊的质感。如果剥除了粗糙的树皮，就会呈现光滑的枝条；鲜嫩的叶子风干后会变得硬挺粗糙；表面光滑的竹子，锯开后竹子的截面呈现的是粗糙的纤维断面。另外，同一种花材不同部位也会有不同的质感。如小麦的麦穗表面粗糙，而麦秆则光滑油润。必须细心观察和掌握各种花材的质感特性，才能加以灵活运用。

插花中要注意使花材的质感配合协调，否则会失去美感。一般山野植物不宜搭配娇艳的花朵。

2. 形态。

形态是素材的基本形状，它是由点、线、面三个要素组成的（点的聚合、线和面的延伸，呈现出各种不同的形态）。

（1）点：面积较小的花材可视作点，如小菊、满天星（在大型作品中玫瑰、郁金香等也可视作点）。

（2）线：所有的线状花材都可视为线。它可使花形挺拔、伸展、扩散或飘逸，产生多种多样的优美姿态与空间，因此传统的东方式插花十分重视线条的表现，现代插花也离不开线条。

线状花材的种类十分丰富，草本植物如剑兰、蛇鞭菊、虎尾兰等。木本花材更是多不胜数，几乎所有枝条均可视作线材，最常见的如各种柳枝、桑枝、松枝、竹子等。

（3）面：较宽的叶片可视为面，如龟背竹、绿萝、春羽等。有些花材既可作点也可作线或面。如天堂鸟、散尾葵、苏铁等许多素材，正面摆放为面，侧放则成线。

不仅要熟悉花材的自然形态，必要时还可以改造花材，创造自己需要的形态。形态不仅是构图的表现形式，也是作品内涵的媒介，作品的意境可通过花材和花器组成的形象来表达，形象与意境融为一体可产生强烈的艺术效果。

3. 色彩。

（1）色彩的构成：

①无色彩：指黑、白、灰色。

②有色彩：指光谱色彩中的各种颜色，即红、橙、黄、绿、青、蓝、紫等。

③色彩构成三要素：色相、明度、彩度。

A. 色相：色彩的相貌（太阳光谱中7个标准色）。

原色：不能混合生成的颜色，能混合成一切有色彩的颜色。（红、黄、蓝为三原色）。

间色：两种原色混合的色彩。如红＋黄＝橙，红＋蓝＝紫，黄＋蓝＝绿。

复色：两种间色混合的色彩。如橙＋紫＝橙紫色，橙＋绿＝橙绿色，绿＋紫＝紫绿色。

原色＋间色→形成各种色彩。如橙黄、蓝紫、橙红、蓝绿等。

B. 明度：指色彩的明暗、深浅度。

白色＞黄色＞橙色＞绿色＞蓝色＞紫色＞黑色。

原色＞间色＞复色。

插花时不同明度色彩的搭配，能使画面有变化，有层次感（明度受光的影响：向光——明度高；背光——明度低，所以插花要注意摆放的环境）。

C. 彩度（纯度）：色彩的饱和程度。

纯度越高，色彩越明亮刺眼；纯度越低，显得柔和协调。黑、白、灰彩度为零。

（2）色彩的表现机能：

①色彩的冷暖感：色彩本身无温度差别，但能令人产生联想从而感到冷暖。如红、橙、黄等色使人联想到太阳、火光，产生温暖的感觉，称为暖色系；蓝、紫称为冷色系。插花时可根据不同的场合、用途来选择不同的色彩。

②色彩的轻重感：主要取决于明度和彩度。明度越高，色彩越浅，感觉越轻盈；明度越低，色彩越深，感觉越重。插花时要善于利用色彩的轻重感来调节花形的均衡稳定。颜色深的、暗的花材宜插低矮处。另外，飘逸的花枝应选用明度高的浅淡颜色。

③色彩的远近感：红、橙、黄等暖色系，波长较长，看起来距离会拉近，故称为前进色。蓝、紫等冷色系，波长较短，看起来距离会推后，故称为后退色。

黄绿色和红紫色等为中性色，感觉距离中等，较为柔和。明度对色彩的远近感影响很大，明度高感觉前进且宽大，明度低则远退且狭小。插花时可以增加作品的层次感和立体感。

④色彩的感情效果：色彩能够影响人的心情。不同的色彩会引起不同的心理反应。不同民族习惯和个人爱好，不同的文化修养、性别、年龄等会对色彩产生不同的联想效果。例如，中国传统习惯，喜庆节日偏爱红色，白色则认为是丧服的颜色；而西方则相反，结婚时新娘的服饰喜用白色。所以，选择色彩时需适当留意对方的喜好，以免引起误会。

（3）色彩的设计：

①一色系配色：即用单一的颜色，但在色彩上有深浅及明暗的变化，目前国际上较为流行。如百合作主花，配以白玫瑰、白石斛兰、白马蹄莲、满天星等构成白色调的作品，显得纯洁高雅。

②近似色配色：利用色环中互相邻近的颜色来搭配，且应以一种色为主。红—橙—黄，红—红紫—紫最普遍，最受欢迎。

③对比色配色：色环上相差180°的颜色叫对比色或互补色。如红—绿、黄—紫。对比色搭配在一起即为对比色配色，可产生强烈和鲜明的感觉，但应注意调和。

④分离互补色配色（第二互补色）：色环上任一颜色与互补色两侧的任一颜色组合，如黄橙和蓝，黄橙和紫。

⑤三合（三等距）色配色：在色环上任意放置一个等边三角形，三个定点所对应的颜色组合在一起，如红、黄、蓝或橙、绿、紫等。其色彩绚烂，适用于喜庆场合，西方插花中常见。

⑥四合色配色：在色环上正方形或长方形的色彩组合。正方形如黄、红橙、紫、蓝绿，长方形如黄绿、黄橙、红紫、蓝紫等。

⑦彩色与无彩色的组合：任一纯色与白或黑的组合。

⑧独立色配色：任一纯色与金或银的组合。

⑨注意：

A.每件作品中，花色相配不宜过多，一般以1~3种花色相配为宜。

B.多色相配应有主次。如果礼仪用花要求喜庆、气氛浓烈，选用多色花材搭配时，一定要有主次之分，确定一主色调，切忌各色平均使用。

C.除特殊需要外，一般花色搭配不宜用对比强烈的颜色相配。若用，应当在它们之间穿插一些复色的花材或绿叶，以起缓冲作用。

D. 不同花色，相邻之间应互有穿插与呼应，以免显得孤立和生硬。

（二）插花造型基本原理

1. 比例

（1）花形与花器之间的比例

花器单位：花器的高度与最大直径之和为一个花器单位。在插花作品中，比例与尺度是否合适，直接关系到插花造型是否优美、作品是否动人。

①用黄金分割律确定插花作品的外轮廓。

插花作品的高度和宽度之比为 5 : 8 或 8 : 5 时，造型最佳。

②用黄金分割律确定花枝和花器之间的比例。

花器长度 = 花器口径 + 花器的高度，第一主枝长度 = 花器长度 ×（1.5~2），第二主枝长度 = 第一主枝 ×（2/3 或 3/4），第三主枝长度 = 第二主枝 ×（2/3 或 3/4）。

③用黄金分割律确定第一主枝的位置及视觉中心的位置。

第一主枝的位置插于黄金分割线的附近，视觉中心位于作品高度和宽度黄金分割线交点附近。

（2）环境因素：摆放环境空间大时，作品可大；环境空间小时，作品可小。

2. 均衡与动势。

（1）均衡：平衡与稳定性。

①平衡：对称平衡和不对称平衡。对称的平衡给人庄重、高贵的感觉，但显呆板，多用于较正规场合。不对称平衡给人活泼多变的感觉。插作时应遵循杠杆原理，花形重心偏向一侧时，另一侧可用分量较轻、线条较长的花去平衡它。

②稳定：重心越低，越稳定。上轻下重、上散下聚、上浅下深、上小下大的要求。颜色深有重量感，深色花置于下部或剪短些插于内层。形体大的花插在下方焦点附近。

插口集中紧凑也起到稳定作用。

（2）动势：由于花材的俯仰、顾盼、高低、曲直、疏密、大小、深浅、张弛、斜垂等变化，从而产生一定的动势。有动势，作品才有生气，动势是作品形象生动的主要源泉之一。

3. 多样与统一。

（1）选用单一花材构图。

（2）选用多种多样花材构图。

主次分明：主要花枝在色彩、位置、数量上占优势。

花材间的一致性：着重表现花材的外形，则在色彩、质地上注意统一；着重表现色彩，则注意其质地、花形的一致性。

核心（焦点）：不管花形结构如何变化，作品都要有一个统一的焦点。

4.对比与调和：影响对比与调和的核心因素是差异感，差异感来自材料的色彩、大小、形状、方向、质感等，差异大的形成对比，差异小的形成调和，对比过强使作品失去和谐，对比太小容易导致作品的平淡，只有两者之间的调和达到一定的程度，整个作品的部分与部分、部分与整体之间相互依存，没有分离排斥的现象，从内容到形式都是一个完美的整体，这才是调和。

（1）色彩的调和：就是要缓和花材之间、花材与花器之间、作品与环境之间的色彩的对立矛盾，在相异中求相同。

（2）形态的调和：花器形态与环境的调和、花材与花器形态的调和、花材之间的形态协调。

（3）材质的调和：花材之间的质感调和、花材与花器的质感调和、花材与环境质感调和、花器与环境质感调和。

5.韵律：在造型艺术中，韵律美是一种动感。插花通过有层次的造型、疏密有致的安排、虚实结合的空间、连续转移的趋势，使插花富有活力与动感。韵律主要有连续韵律、间隔韵律、交替韵律、渐变韵律、起伏曲折韵律、拟态韵律等。

（1）连续韵律：指一种组成因素（相同的花、相同的叶、相同的枝条、相同的色块、相同的道具等）的重复出现，有组织排列所产生的韵律感。

（2）间隔韵律：指利用两种组成因素（材质、形状、大小、线条、色调等）间隔的重复给人视觉上产生的韵律感。

（3）交替韵律：指三种及以上的组成因素（材质、形状、大小、线条、色调等）等距离出现的连续构图。

（4）渐变韵律：此种韵律构图的特点是常将某些组成要素，如体量的大小、高低色调的冷暖浓淡、质感的粗细轻重等，做有规律的增强与减弱，以造成统一和谐。

（5）起伏曲折韵律：表现在连续布置的花材起伏曲折变化遵循一定的节奏规律。

（6）拟态韵律：既有共同因素，又有不同因素反复出现的连续构图形式。

（三）插花造型的几个问题

1. 色彩的调和。插花作品最有感染力的无疑是花色，花色协调直接关系插花作品的成败。一般来讲，一个插花作品只能有一个主色调，花色较多时需通过搭配、对比与协调达到统一，才能突出主题。

2. 线条。线条是东方插花的主要造型手法。其利用线条留出空间，虽然手法简练，但表现力丰富，能用线条来表达构图的神韵。

3. 意境。艺术插花是无声的诗，立体的画，而诗情画意正是由意境而来。而意境的传递本于形，借于神，也就是说，它离不开插花作品的造型，但更要借助于人们的主观感受，而这种感受在相当程度上来自于联想。

线条优美的紫藤、淡黄色的康乃馨，配以色彩沉稳的花器；花器采用方形的彩绘月饼盒，但由于花器是斜放的，同时盒盖也斜扣在一边，使很平常的花器变得新颖独特。斜扣的盒盖在这种安静、平和的气氛中增加了神秘感，使作品的主题突出，意境优美，充满了诗情画意。

4. 韵律。插花中的韵律是指图面在变化中达到的和谐，如花材的高低错落、前后穿插、左右呼应、疏密变化，以及花器直线、斜线的变化，形成和谐的韵律、节奏。

5. 花器与花材。艺术插花的一大特点是自由，表现为花材与花器的选择比较随意，主要由创作意图决定。特别是东方插花中，花器是整个作品的重要组成部分。花器与花材的搭配可以更加生动地表现主题，花器或花材的选择往往会成为表现主题的点睛之笔。

四、插花艺术的风格

（一）西洋式插花

1. 西方传统插花艺术的风格特点。

西洋式插花是指欧美一些国家通常流行的一般插花方式，也称密集型插花。其特点是构图比较规整对称，色彩艳丽浓厚。花材种类多，用量大，表现出热情奔放、雍容华贵、端庄大方的风格（见图4-77）。

（1）插花作品讲究装饰效果以及插作过程的怡情悦性，不太讲究思想内涵。

（2）讲究几何图案造型，追求群体的表现力，与西式建筑艺术有相似之处。

（3）构图上多采用均衡、对称的手法，表达稳定、规整，体现出力量的美，使花材表现强烈的装饰效果。

（4）追求丰富、艳丽色彩，着意渲染浓郁的气氛。

（5）表现手法上注重花材和花器的协调。插花作品同环境场合的协调．常使用多种花材进行色块的组合。

图 4-77　西洋式插花

2.传统几何形插花造型设计的要求。

（1）对花材的要求：几何形插花每件作品一般都要求有三类花材，即骨架花、焦点花、填充花（四类的话包括骨架花、主体花、焦点花、填充花）。

（2）对花器及花枝长度的要求：如花器不外露，无比例问题。若花器外露，花形为一个花器单位的2倍左右。

（3）对花形的要求：常见的花形有三角形、半球形、水平形、扇形、圆锥形、倒 T 形、L 形、S 形、弯月形。

①外形规整，轮廓清晰。

②层次丰富，立体感强。

③焦点突出，主次分明。

作品重心在各轴线交汇点约 1/5~1/4 高度位置。花材较密集于此处，一些形状特殊或较大的花朵也应插在此处，成为作品的焦点。花叶的方向都以焦点为中心，逐渐按离心的规律向四周转移。上部的花朵向上，左右两侧的花朵则朝向相对，各向左右呼应。

（4）几何形插花对色彩的要求：西方插花，色彩的表现十分重要，要求浓重艳丽，创造出热烈欢快的气氛。传统的插法是将各色花混插在一起，达到五彩缤纷的效果。

现代则流行集团式插法，即同一色调的花材集中插在一起，以造成一片一片的差异，产生强烈的效果。

西方插花也有用单色花的习惯，如在婚礼上使用纯白色的花表示纯洁等。

3. 基本花形。

（1）对称式花形：三角形、扇形、倒 T 形、半球形、水平形、圆锥形等。

（2）不对称式花形：L 形、不等边三角形、弯月形、S 形等。

①L 形。这是一个不对称花形，适于摆设在窗台或转角的位置。它与倒 T 形基本相似，但它左右两侧不等长，一侧是长轴，另一侧是短轴，强调纵横两线向外延伸（见图 4-78）。

图 4-78 L 形插花

②倒T形。这是单面观对称式花形，造型犹如英文字母T倒过来。插制时竖线须保持垂直状态，左右两侧的横线呈水平状或略下垂，左右水平线的长度一般是中央垂直线长的2/3，插发与三角形相似，但腰部较瘦，即花材集中在焦点附近，两侧花一般不超过焦点花高度，倒T形突出线性构图，宜使用有强烈线条感的花材（见图4-79）。

图4-79　倒T形插花

③弯月形。其造型奇特、优美，有强烈的流动感和曲线美，具有较高的观赏价值。此造型应选柔软花枝为宜，各个花枝均依据弧线来伸长，并按不同长短及方向安插，花枝不能相互交叉而破坏弧线形构图重心的完整。花器不宜太高，口部宽阔的花器最为合适（见图4-80）。

图4-80　弯月形插花

④S形。S形插花采用的花材以带有曲线状的较佳，整个作品中间大、两头小逐渐过渡。花器宜选高瓶为妥（见图4-81）。

图4-81　S形插花

⑤三角形。它是西方插花的基本形式之一。花形外形轮廓为对称的等边三角形或等腰三角形，下部最宽，越往上越窄，形似金字塔状。三角形结构均衡、优美，给人以整齐、庄严之感，适于会场、大厅、教堂装饰，尤其适宜置于靠墙式转角茶几上。常用浅盆或较矮的花瓶作容器（见图4-82）。

图 4-82　三角形插花

⑥扇形。为放射状造型，花由中心点呈放射状向四面延伸，如同一把张开的扇子。它用于迎宾庆典等礼仪活动中，以烘托热闹喜庆的气氛，装饰性极强（见图4-83）。

扇形设计是利用线形花材，先设定出扇形骨架，每一花材基本等长。而后再以块状花材或密而小的花材及叶片来添加补充。但作为骨架的线形花材要求形与色均统一，整体外形呈放射状整齐排列。

图 4-83　扇形插花

（二）东方式插花

有时也称为线条式插花（见图4-84），以我国和日本为代表。东方式插花艺术可以说起源于中国。日本花道在中国的影响下得到发展，大约于500年前形成了日本独特的风格和花道精神，流派颇多，以草月流、小泉流、古派流为代表。

1.东方传统插花艺术的风格特点如下。

（1）自然之"真"：东方式插花崇尚自然，以自然美为最佳的艺术追求和表现，讲求"物随原境""形肖自然""虽由人作，宛自天开"。

（2）人文之"善"：

①受儒家以"善"为宗旨的美学思想的影响，给花卉赋予美好的象征含义，讲求材必有意，意必吉祥。

②用象征、寓意、谐音的技巧，借花明志、对花舒怀，并给作品赋以某种命题，使作品展现一种特定的意境。

图 4-84　东方式插花

（3）艺术之"美"：

①善用木本花材，突出线条造型。

②布局讲求画理书法，如"画苑布置为妙"。

③造型上不求规则化，任由发挥，以达明示主题为度。

（4）"圣"洁之尊：

①东方人认为花卉是神圣的，以一种崇敬的心情去对待它，以花悟道、修身养性，使插花也有一种神圣感。

②讲求"心正花正"，进而"花正心正"。以自然之美来正人之心态，来怡情娱趣，这是真正的艺术境界。

2. 东方传统插花艺术的创作理念与法则如下。

（1）符合植物自然生长规律：

①起把紧。插花时，各枝条的基部插口应集中靠拢，如一株生长着的植物，以显示其自然生机。

②表现花材自然美。如竹子的美在于其挺拔刚劲的气势，若创作中倾斜使用，就丧失了她的内涵美。

（2）借鉴同类艺术创作的艺术手法：

①重视线条的应用。常用木本枝条作为主要花材，运用枝条的不同线条形态表现不同的外在美与内涵美，使作品更加生动活泼，更富有艺术表现力。

②高低错落，参差有致。插花的位置安排不可太均匀对称、平齐成列，要高低俯仰、前后伸展、有所变化。

③虚实结合，刚柔相济。

A.疏密有致。插花材料之间不可密不透风，也不要平均间隔，要上疏下密、上散下聚。

B.浓淡适宜。花色太浓时宜用浅色小花使之淡化，材质太硬太重时，则宜加些轻柔的枝叶使之柔和。

C.留空白。如盆景式插花，一侧布置插花，另一侧则宜留下大片空白，给人观赏和想象的余地。

④呼应关系。注意花材的方向性，使材料在俯仰之间、顾盼之间互相联系、互相渗透，浑然一体，从而生机勃勃，开合自如。

⑤对比关系。通过对比，可以使素材之间互相比较，各自突出，或使作品的精华部分得以强调。有对比才能使构图显得生动活泼，不致平铺直叙。对比方式有高低、疏密、大小、虚实、色彩等。

⑥宾主关系。插花时要确立宾主关系，可使主题更为集中，避免因主次不明而造成散漫。"主"是作品的中心内容，而"宾"则处于衬托的地位，无论从色彩还是趋向，都应把"主"摆在显要的地位为目的。

（3）讲求意境，寓意于花，更赋命题：

①意境。注重花材所表达的内容美，讲究借物寓意，以形传神，富有诗情画意。以秀丽多姿、清雅绝俗见长，这是西方插花所没有的。

②寓意于花。人们赋予花木象征的含义，以借花言志或抒发情怀，寓教于花。故有所谓花意与花语。花木象征含义的由来有以下几种解释：

A. 以花名的谐音定意。

B. 以花木的形象定意。

C. 以花木的生长习性定意。

D. 按传说、时令定意。

③作品的命名与意境的表达。命名对插花作品的意境有着画龙点睛的作用。其可引导欣赏者对作品产生联想，与创作者在情感上取得共鸣。

3. 写景式插花的表现技法如下。

（1）布局的要求：写景式插花讲求远景、中景、近景的安排。一般以透视的角度运用"远近法"来布置景物。

多株布景时要分组处理，可分两组或三组。高矮各异，也不排列于同一直线上。

（2）花材的选配：写实景基本忠实于自然景象，用景中之花材；写意景则用高度概括的手法来表现湖光山色、雪雨风霜等自然景象。

（3）容器和配件的陪衬：写景式插花使用的容器多是深度较浅而宽大的广口浅盆。写景时往往选用一些恰当的配件来烘托气氛、渲染景观。

（4）写意写景的表现技法：用概括的、抽象的艺术手法来表现自然，如用粗放的线条模糊地勾勒出景观的大致轮廓，似像非像，以引起人们的联想。

4.东方式传统插花的结构与基本花形如下。

（1）基本花形的结构：东方式传统插花基本花形一般都由三个主枝构成骨架，然后再在各主枝的周围，插些长度不同的辅助枝条以填补空间，使花形丰满并有层次感。

①第一主枝决定花形的基本形态，如直立、倾斜或下垂。

②第二主枝一般与第一主枝使用同一种花材，使花形具有一定的宽度和深度。

③若第一、第二主枝用了木本花材，则第三主枝可选草本花材。

④三主枝长度关系为：第一主枝长度取花器高度与直径之和的1.5~2倍；第一主枝：第二主枝：第三主枝大约为7：5：3或8：5：3。

⑤从枝：陪衬和烘托各主枝的枝条，其长度应比它所陪衬的枝条短，依附于各个主枝的周围，数量根据需要而定，能达效果即可。

从枝一般选用与主枝相同的花材，若三主枝都选择了木本的花材，则从枝应选草本花材。各枝条的相互位置和插枝角度不同，则花形就有所不同，可以变换出许多花形，增加作品的变化性。

（2）东方式传统插花的基本花形：

①直立形：第一主枝直立向上插入容器中，表现刚劲挺拔或亭亭玉立的姿态，给人以端庄稳重的艺术美。宜平视观赏（见图4-85）。

图4-85　直立形插花

②倾斜形：将第一主枝向外倾斜插入容器中，表现生动活泼、富有动态的美感。宜平视观赏（见图4-86）。

图4-86 倾斜形插花

③平展形：将第一主枝横向斜伸或平伸于容器中，着重表现其横斜的线条美或横向展开的色带美（见图4-87）。

图4-87 平展形插花

④下垂形：将第一主枝向下悬垂插入容器中，多利用蔓性、半蔓性以及花枝柔韧易弯曲的植物，表现其修长飘逸、弯曲流畅的线条美，画面生动而富有装饰性（见图4-88）。

图 4-88　下垂形插花

⑤合并花形（组景式插花）：将两种相同或不同的花形组合为一体，形成一个整体的造型作品（见图 4-89）。

图 4-89　合并花形插花

⑥写景式插花：在盆内的方寸之间表现自然景色的一种插花形式（见图4-90）。

图 4-90　写景式插花

五、花篮的设计与制作

（一）花篮插花的常识

1.花篮也称篮花。篮子质地轻盈牢固（均系轻质材料编成），造型、大小、深浅均可随意设计，花样丰富多变，构图灵活随意，极适合庆典贺礼之用（见图4-91）。

2.应掌握的要领：

（1）注意不可选用粗大笨重的花材，否则与篮子轻盈的质地感不相协调。

（2）插作前应先在篮底铺垫塑料纸或放不漏水的小容器，然后再放置花泥，这样可以保证花泥吸水而又不向下漏水污染环境。

（3）为便于花篮的提拿及运输时不摇动，还应将篮内花泥用铁丝或竹签加以绑扎固定。

（4）花篮主要是通过其篮身、篮沿及篮把表现其造型特点，不可用花材把所有篮沿、篮把缠满堵实。

3.篮器与辅料：

（1）篮器：一种盛物的器具，也是花篮插花的基本条件。其主要由以线

图 4-91　花篮

状物为主的天然材料编制而成。

　　材料有柳条、藤条和竹篾，也有用纸绳、稻草、铁丝等。常见的造型有浅口花篮、元宝花篮、荷叶边花篮、筒状花篮、双耳花篮、有柄花篮、无柄花篮、壁挂花篮、单层花篮、双层花篮、组合花篮等。

　　（2）辅料：供水与固花材料；装饰材料，如缎带、纱、插牌。

　　4.花篮的基本构成形式：

　　（1）四周观赏花篮。要求花体四周对称，所用花材、花色分布匀称，从各个角度观赏都能获得同样的效果，不能出现主与次、正面与背面的区别（见图 4-92）。一般要求花体部分的直径要大于篮口的直径。

图 4-92　四周观赏花篮

（2）单面观赏花篮。以正面观赏为主，兼顾左右两侧的造型方式（见图4-93）。单面观赏花篮的花体展示面较大，气氛强烈，有良好的视觉冲击效果。在插花应用中，花材可以更换。

图 4-93　单面观赏花篮

（二）花篮的应用

1.餐桌花篮：是一个辅助体，起到装饰与烘托作用（见图4-94）。大小应视具体的情况而定，插花的高度有较严格的限制，一般为15~30cm。所用的花材与花色都是均匀分布的，这是出于对所有宴会出席者的尊重。

图 4-94　整桌花篮

2.蔬果花篮：对使用何种蔬果没有严格的规定，只是在配置的合理性方面对制作有所要求，主要是从蔬果表面的色相与形态上加以考虑。

蔬果花篮制作要点：结构要合理，即蔬果与花材配置时，应当将蔬果看成是花材；要掌握平衡性，即让人在视觉上有一定的稳定性；注意蔬果花篮配置的"语言"（见图 4-95）。

图 4-95　蔬果花篮

3.庆祝花篮：大多数以单面观赏为主，第一种类型是扇面形，第二种类型是以半球形为主型，第三种类型是架子支撑，采用单体或多体的不定型插花方式等（见图 4-96）。

图 4-96　庆祝花篮

4.生活花篮：包括婚礼花篮、心形花篮、儿童花篮、青年人生日花篮、祝寿花篮等（见图 4-97）。

图 4-97　生活花篮

5.观赏花篮：一种具有个性化的造型艺术。每一个作品均为独立形态，没有模式化的表现。观赏花篮讲究诗韵和画意。

选择花卉时要注意大小搭配和不同品种的组合；同一种花卉材料也应注意选择不同开放程度的花朵；在排列上要创造韵律。

六、花束设计与制作

（一）花束结构造型

1.花束结构。

花束是一种礼仪用品，需要在人们手中传递和表示，这就要求花束能适合人的形体和体能。完整的花束由以下三个部分组成。

（1）花体部分：指花束上部以花材为主，经过艺术加工的展示部分。花体根据包装的性质，可分为纯花包装与装饰材料包装（见图 4-98）。

（2）手柄部分：指花束上供握手的部分，也是花体部分的延续。花束是一种手持的艺术品，其表现需要考虑握手的部分，少了手柄，就不称其为花束。手柄不能太短，一般确认手柄最短限制在一手握以上，即手柄≥10cm。

（3）装饰部分：指花束的花体与手柄部分之间的装饰体。在花束配置上起到补充与点缀，并非主体。装饰位是按花束的绑扎位来确定的。装饰材料一般用带状的缎带、纱带、纸绳、珠串等。

①法国结。法国结是所有基本结中被公认为最浪漫的，体现法国人欧式

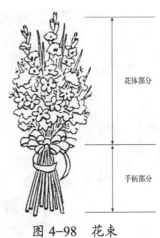

图 4-98　花束

风格，重重叠叠的花瓣、完完整整的花形，抓住人的视觉焦点（见图 4-99）。

图 4-99　法国结

②波浪结。波浪结是一般礼盒上常见的结饰，简单大方。

③半球结。半球结呈圆形状，稳重美观，有花团锦簇的缤纷之感。

④8字结。8字结的编结方法十分简单，但华丽生动（见图4-100）。

图 4-100　8 字结

2. 花束的造型。

（1）单面观赏花束：要求花面向外，正对观赏者。它的种类很多，有着很大的可变性。

①扇形花束。扇形是一种展面较大的造型，观赏的视觉冲击力较强。花束的展开角度应该大于 60°（见图 4-101）。

图 4-101　扇形花束

②尾羽形花束。与扇形花束十分接近，展面略小，其展开角度小于60°（见图4-102）。

图 4-102　尾羽形花束

③直线形花束。直线形花束有着轻松、流畅的线条，该造型花体部分相对比较集中，在中轴线附近，只是花枝伸展的前后跨度比较大（见图4-103）。

图 4-103　直线形花束

（2）四周观赏花束：一种在手持状态下，可以从四周任何一个角度观赏且都具备可观性的花束，比较适合在公共的礼仪场合中使用。

①半球形花束。半球形花束是一种密集型的花体组合，无论大小，花束顶面始终呈圆形凸起状态。理想展示角度是以高度半径形成半球（见图4-104）。

图 4-104　半球形花束

②漏斗形花束。漏斗形花束是花体侧面造型似漏斗状或喇叭状。漏斗形花束的花体部分比半球形长，其展开角度较小（见图4-105）。

图 4-105　漏斗形花束

③火炬形花束。火炬形花束是由花自上而下、逐层扩展的表现形态。从

几何角度看，花体部分是一个等腰三角形。若从主体几何角度看，花体部分
是一个圆锥形（见图4-106）。

图 4-106　火炬形花束

④放射形花束。放射形花束是运用线状花材，由花束聚合点向上及周围
散射的花艺表现形式（见图4-107）。从侧面看与扇形外轮廓结构有相似的
地方。从主体的角度看，造型与球形和半球形相似。造型既饱满又通透，既
简约又富有变化，适合探亲访友或到他人居家拜访使用，这样的花束可直接
放入花瓶。

图 4-107　放射性花束

⑤球形花束。球形花束是花材聚合成球状的造型（见图4-108）。要求花束的构成完全呈球形是不可能的，因为手柄处需要留出部分空间。从其结构上分析，花束手柄的起始位置看似在圆的切线上。

图 4-108　球形花束

⑥不对称组群的花束。不对称组群的花束是一种活泼、灵动的艺术形态，从结构关系上看，不同的花材分类组合，各花群按方位组合。但不论如何配置，所有的花材都必须围绕在中轴线的周围进行表现。

⑦局部外挑花束。局部外挑花束并无明确的形态定式，它是在各种规则的基本定式或形态上，用线状花材如钢草、熊草、文心兰等去突破框框，使原来规则的结构变得活泼（见图4-109）。但切勿使花体出现失衡现象，应做到有变化而不失固有特色。

图 4-109　局部外挑花束

（3）单支花束：单枝花束的馈赠在欧美国家十分普遍，是一种礼仪、一种文明。它的使用还有许多文化因素存在，通过赠花能够说出语言难以表达的意思，还能营造良好的气氛（见图4-110）。花束的馈赠应选用有含意的单枝花材。

图4-110　单支花束

（4）礼盒花束：一般都是以束状体出现，但近年来也有些花束以盒装的形式出现。礼盒花束具有携带与传递方便的优点。礼盒是花束的二次包装（见图4-111）。

图4-111　礼盒花束

（5）架构花束：现代艺术潮流在影响世界文化的同时，也促进了插花艺术的发展。架构是现代花艺的一种表现方式，其创造性进一步提示新的意义和新的形态。架构花束可以分成两个部分考虑：一是构架的处理；二是花材的配置。构架具有装饰和固花的双重作用。

（二）花束制作与保养

花束制作过程是由一个人单独完成的，包括花材的整理、绑扎、包装、装饰等。

1. 花束制作。

（1）花材选择：从三方面去考虑，主题花材、辅助花材和衬叶。

①明确用途，制定主题花材。

②讲究组合效果，安排辅助花材。

③用好衬叶。

（2）制作方法：花束制作在插花范围内是独具特色的，与其他插花技巧有所不同。最重要的是解决好枝干排列和固定，它直接关系到花束制作的成败。

①螺旋式。螺旋式花束枝干排列固定法，是制作花束最基本，也最重要的技巧。花材尽量选择枝干较直的或者一些顶生的花材，可以多种花材、叶材结合，要保证花材充分吸水。去除螺旋点以下的叶子，因为如果有叶子淤积在螺旋点位置的话，容易造成根部腐烂，影响花束的存活期。一开始我们先找一枝比较大、比较粗、比较有利于虎口抓取的。

用手的虎口处拿花，螺旋点上下的比例为 3∶1，即花束手把的长度为整个花束的三分之一即可。接下来，顺时针或逆时针加入单枝花，保持一个方向加入，大拇指和食指握紧旋转点，根部不可以松动，每加一枝花，调整一次花头，让螺旋点变紧凑。

记住不要一次性把一种花材用完，各式各样的花材应相互协调使用。花材的头部如果弯了的话，尽量使花头朝正面。分散的配花我们尽可能地把它摆在中间的位置，不要让它们凌乱地散在外面。填充花的颜色时，深色一般在下，浅色在上，花材的颜色要分布均匀。同时要边往花束中添加花材边调整花束高低以保持圆形。移动螺旋点，可适当调整作品大小，螺旋点下移，作品更松散，上移更聚拢。

练的时候最好用 20 枝玫瑰加一两种配草，这样的量好练。开始捆绑点离花头近一些，就是花束短一些，熟练了再放长一些，直到掌握自如为止。

注意事项：

A. 螺旋式手法是顺逆时针都可以。

B. 所有花材在手握的位置一定不能有叶材。

C. 螺旋式手法的花材尽量选顶生花材。

D. 分叉的花材尽量往中心点摆。

E. 不要一次性把一种花材用完，各式各样的花材应相互协调。

F. 混合多种花材制作花束，让各个面都有相应的花材。

G. 制作圆形花束时，观察各个面，缺的地方用花材或叶材进行补充。

H. 添加或减少花材时也一定要按螺旋方向。

I. 花材的头部弯了的话，尽量使花头朝向正面。

J. 有分叉花材时尽可能地安置在合适的位置。

K. 把花束的角度压低，使花材的颜色分布要均匀。

L. 比较稀有的花材可以作为焦点花或者最后安置在外围，使作品显得更活泼。

M. 手把的长度为花束的三分之一左右。

N. 花束的绑点在虎口以上，且每次的绑点相同。

O. 花束底部枝干中心点剪短是为了外围的枝干支撑多一些的力量，让花束站立。

②平行式。平行式以直线形等花束造型为主要制作对象。

（3）花束包装：用的包装材料很多，常有塑料纸、彩纸、手揉纸、皱纹纸、云丝纸、棉纸、不织布、纱网等。

①纸卷筒包装：用于简单送花的包装。方法是平摊包装纸，把组合好的花束放在纸的一侧，将纸侧卷，形成一头略翘的造型（见图4-112）。

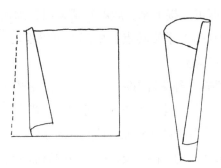

图4-112　纸卷筒包装

②双纸平行包装：用两张纸上下呈平行线排放包装。将第一张纸的两边向背卷少许，放上花束，按花束聚合点的部位折拢纸；第二张纸展开面大些，位置略低，也在下部折拢，用绳绑扎（见图4-113）。

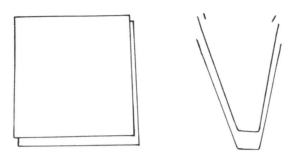

图 4-113 双纸平行包装

③双纸正斜包装。用两张纸一正一斜排放包装。将第一张纸的两边向背卷少许，放上花束，按花束聚合点折拢纸，第二张纸与第一张纸变换 90°，按上述方法折拢，用绳绑扎。手柄部分可以取一张相同的纸作烘托（见图 4-114）。

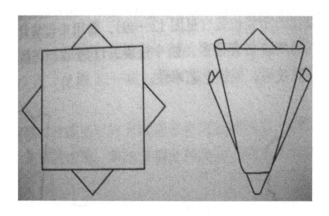

图 4-114 双纸正斜包装

④双色纸尖角包装：

A. 用一张长方形包装纸，其对角线的正方形边与花束长度相近，将正方形以外的部分向后折。

B. 将组合好的花束斜放在正方形对角线上，纸的右下角提起包卷花束，左面包装反向卷折至虚线处。

C. 左面包装纸斜向包卷花束。

D. 绑扎并系上花结（见图 4-115）。

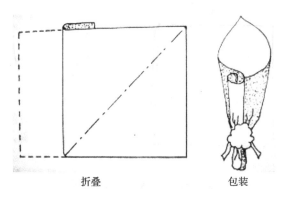

折叠　　　　　　　　　　包装

图 4-115　双色纸尖角包装

⑤折角包装

A. 用无纺布或纸制作成莲花形造型。

B. 将纸按虚线位折出四个角的形态。

C. 用多张折过的纸包在组合好的半球形花束上，相互间略做重合。

D. 手柄处包一张包装纸（见图 4-116）。

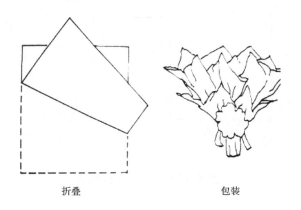

折叠　　　　　　　　　　包装

图 4-116　折角包装

2. 花束保养。良好的养护有利于保持花材新鲜，延长花材的寿命。

（1）减少消耗：整理花枝时除了清除残枝败叶外，还应根据构图的实际需要，将可要可不要的花、枝、叶尽可能去掉，如剑兰顶端的花梢等。这样既能使插花艺术取得明净的效果，又能减少鲜花的消耗，并尽可能集中将水分和营养供给留下的花枝。

（2）增加吸入：这是"开源"的措施，即尽可能地扩大鲜花枝干的切口，保证水分和营养的供给。

①剪裁时，应将花枝的根部放入水中，然后剪去枝干，使切口不与空气接触。如果先空剪枝，切口吸入空气就会影响枝干的吸水能力。

②切口应取斜势剪裁，这能增加吸收的面积。其相较平剪，切口面积可增加1~2倍。

③木质的花，切口处可将其作"十"字剪开或劈开；也可以用锤子将切口敲砸，使它开裂。

（3）改善水质：只有水质始终保持新鲜，才有利于鲜花的保养，这就需要每天换水，即使冬天也应两天换一次水。冬天采用20℃的温开水灌养也有利于增加水分的吸入。自然界的水中，雨水是最宜养花的，而井水，因含有碱味，所以不宜养花。使用农药，也是保持水质清净的有效措施，经常选用的材料是保鲜剂，这是现代科学技术制成的保鲜材料。此外，可投入阿司匹林药片、微量的酒精和高锰酸钾、明矾、盐等。洗洁精、香精等也具有灭菌的作用，并能溶解在花枝的胶液里。

（4）清理切口：切口消菌和清除黏液也是保养花的有效方法。清理切口有两种方法：一是沸烫法，主要用于较嫩的枝干，将切口放入80℃以上的热水中浸泡两分钟即可；二是烧灼法，主要用于木质花枝，取火将切口灼烧，直至没有浆汁流出为止。

（5）增加营养：鲜花盛开时，是最需要营养的时候，此时可以在瓶中放入维生素C、蔗糖等。

（6）改善环境：鲜花自身需要的水分量大，而吸入又有限，所以应尽可能地减少蒸发，关键措施是将鲜花安放在背风防晒的地方。阳光的照射、风的吹拂会使鲜花迅速脱水。

（7）润湿花枝：在插花前，应先将花枝浸泡在水中数时或通宵；插放后，也应经常喷洒清水，使它保持湿润

（8）选好花器：鲜花较多的插花，宜用鼓腹的瓶，因盛水量大，水质不易变污；反之，窄腹或筒式，盛水量少就会很快变质。铜器插花有利于延长盛放的时间，特别是古铜瓶钵，受土气深，能取得"花色鲜明如枝头，开速而谢迟；或谢，则就瓶结实"的效果。

（9）远离水果：水果在成熟的过程中会产生乙烯气体。这种气体是一种

鲜花衰老的催化剂。所以，水果放在鲜花的旁边，鲜花会很快凋零。

①保证室内空气湿度：夏季每隔 1~2 天，秋冬季每隔 2~3 天，要在花材上喷水，并更换容器中的水。换水时，将花枝基部剪去 2~3cm，重新更换切口，有利于花材吸水。

②水质清洁：水深要浸没切口以上，水面与空气要有最大的接触面，有利于花材呼吸，减少细菌的感染。

③清新明亮的室内环境：必须保持室内空气新鲜、流通，不宜有烟味，忌将插花摆放在直射的阳光下，或靠近热源处。

第十一节　干燥花装饰

一、概念及特点

干燥花是指利用新鲜的自然花材经过脱水、保色和定型加工处理后制成的干花制品，具有久置不坏、风格独特等特点。干燥花具有多种优势，主要有以下几点：

1. 干燥花装饰品种丰富多彩。

2. 持久的观赏价值，管理方便。

3. 效果自然质朴。

4. 创作随意，应用广泛

二、干燥花分类及应用

根据干燥花的商品形态，干燥花可以分为：

1. 平面干燥花：也称压花，是将花材通过压制脱水而制成，即利用重物加压的压花法。花材制作完毕，再利用巧思将压制的花材做成卡片或一幅压花拼画，就是相当好的装饰品。

2. 立体干燥花：一般在花卉市场所看到的干燥花，是属于专业加工制品，采用急速干燥方法，使花卉保持很好的颜色及姿态，有时还会加上染料，使花朵颜色更为鲜艳。

两者应用不同。平面干燥花可以做成书签、贺卡、请柬、干花画等，立体干燥花可以做成胸花、花束、花环、花篮等。

三、干燥花的制作流程

1. 采集与整理：制作压花的原始材料应选择含水量较少、叶片较薄的花卉。
2. 花材干燥。
3. 保色处理。
4. 艺术组合。

四、花材干燥方法

（一）自然干燥法

自然干燥法是指将花材在成熟季节采收后切割悬挂在室内干燥的空气中，通过自然空气的流通使水分蒸发，来去除植物材料中的水分。其适用于纤维素多、含水量低、韧性好、花形小的植物材料，时间通常为3~4周。这个是最原始、最简单的干燥方法，它利用自然的空气流通，除去植物材料中水分，但需时较长。根据植物材料的放置，自然干燥法的方式又可分为悬挂干燥、平放干燥与竖立干燥法。一般多采用悬挂干燥，就是将整束鲜花倒吊使水分自然蒸发，大约1周后就能变成干燥花卉；要使干燥后的花卉具有本来色彩，可选用花瓣水分较少的种类，如含羞草、千日红、蔷薇、满天星等。干燥时应尽量将水分多的叶片除去，因为干燥的时间越短越能保持其鲜艳色彩；此外，捆绑时花卉枝数越少，干燥效果越好。

根据各种花的花期，选择一个晴朗干燥的日子，于上午7：00~11：00采集。采集过早，花材带露水或含水量较高，会影响干燥速度和质量；中午采集，植物的蒸腾量大，采集过程中和采后花材易枯萎变形。有些花需要在下午或傍晚采集。每一种花的最适宜采集时间并不相同，如麦秆菊可在花瓣状总苞开放1~2轮时采摘，切勿等其充分开放再采，然后整理花枝，除去2~3片和病虫枝及干掉的花瓣，再用橡皮筋一小束一小束地绑好，可悬挂、平放或竖立于避雨、避光、干燥、通风的场所，待一段时间植物材料彻底干燥即可。

（二）液剂干燥法

液剂干燥法是指利用具有吸湿性而非挥发性的有机液体处理植物材料，常用的为甘油和福尔马林。

在防锈的容器中，倒入 1 份甘油和 2 倍的热水，充分混合，直到澄清混合物为止。然后将花或枝叶放入热混合剂中，时间以花枝的厚薄而定。待取出后，放在干燥通风、温暖、无直射光的地方，一般 4~6 天就可以干燥完成。

（三）埋没干燥法

埋没干燥法是指将采下的鲜花埋入干燥剂，如硅胶、沙、盐等，使其脱水干燥的简便方法。其适用于干燥玫瑰、芍药等大型含水量高的花材。

（四）加温干燥法

加温干燥法是指给植物材料适当加温，破坏原生质结构，从而促进体内水分加速蒸发的强制干燥方法。其有烘箱、干花机、微波等干燥法。

（五）重压干燥法

重压干燥法是制作平面压花常用方法，主要是标本夹压花法。将花枝放入吸湿纸内，放在平板上，夹紧夹板，将其放置在空气流通处，待其自然干燥即可。此法也可与加温快速干燥结合进行。

（六）低温干燥法

低温干燥法是指利用 0~10℃的干燥冷空气作为干燥介质的强制干燥法。这种方法虽能保存较好的色泽，但要求高且耗时长，所以不常用。

（七）减压干燥法

减压干燥法是指以减压空气为干燥介质的干燥方法，它把植物材料放入抽成一定真空的密闭容器后使植物材料内水分迅速蒸发或升华从而干燥，目前这种方法只用于永生花的生产中。

五、花材的加工整理

处理好的干花素材因为干燥与刚挺，容易脆断，所以常需要根据不同材料，利用不同的方法进行接枝，才能达到好的效果。接枝方法主要有以下几种：

1. 穿刺法：适用于花枝较短的花朵，可以自然枝接，也可用铁丝枝接。

2. 粘枝法：取花枝保留节部短枝或叶柄 1cm 左右，涂上粘接剂，在花材花托部或外层花瓣上也涂上粘接剂，然后将花朵放在两者的接口处，这样粘剂干后，花朵就固定在花枝上了。

3. 接叶法：用铁丝将干燥后掉落的叶片整合在枝条上的方法。

4. 串线法：对中空的茎秆，利用合适铁丝串入其中后使这种花枝既是实素秆，又可以任意造型，适用性很强。

六、保色处理

对在干燥后出现褪色现象，或色泽晦暗，或形成污斑而影响观赏效果的花材，目前已在研究用化学药剂与植物色素发生反应进行保色处理，然后将花材烘干，保持花材原有姿态风貌。

（一）常规保色保存

常规保存的标本也叫蜡叶标本。蜡叶标本的传统制作方法是将采集来的植物标本经整理后，平放在标本夹的吸水纸上，压制吸水几天而成。蜡叶标本在制作过程中应根据植物的不同特点，进行特殊处理，使其达到最佳效果。关于肉质、易掉叶植物和易变黑植物标本的压制方法，通过把植物材料均匀放在吸水纸上，每天翻一次标本和每天翻二次标本进行观察研究，发现含水量较低的植物，经 8 天 8 次的处理，成品率较高；但对含水量较高、花瓣较大的肉质植物则需要经 8 天 16 次的处理，其成品率常低于前者。因而在处理标本时，既要考虑植物材料的差异，又要考虑处理时所采用的方法、时间的长短及环境因素等，不同类型采用不同的处理，使标本尽量保持它的本色，以达到最佳效果。

（二）烘干保色保存

用烘箱干燥标本，也有很好的效果，一般温度在 30~50℃。或者用红外灯烘干压制，也就是用瓦楞纸板、泡沫板把夹着标本的草纸隔开，用标本夹捆住，放于烘烤架上（金属材料），红外灯放于烘烤架下，进行烘烤，温度为 40℃左右。用红外灯烘干压制不但能保持标本的原有色彩，而且还可以杀死标本上的一些虫卵和病菌，值得推广应用。

（三）热熨保色保存

热熨保色保存就是将整形后的花、叶放在两层吸水纸的中间，铺于平板上，以预热的熨斗或装有热水的搪瓷杯来回熨 3~4 次，标本骤然失水，但色素未破坏。若标本较厚实，失水不足，可换吸水纸再熨，然后再把熨好的标本整理、固定、上蜡，贴上标签。对于在一般的干燥条件下花会褪色的植物也可用热熨保色保存，即把采集到的植物先放在标本夹中 1~2 天，然后在纸的上面用炽热的烙铁熨烫。这样干燥的花，颜色便能保存很好。该方法适合含水量较高，易变色、霉变的植物标本。

（四）硅胶干燥保存

　　硅胶干燥保存是将事先烘干的硅胶颗粒（1~1.5mm）慢慢倒入盛放标本的盒子或标本瓶中使其充满标本的每个空隙，直到完全覆盖为止，然后将标本放入干燥箱中5~6天，硅胶作为干燥剂吸去标本中的水；如果有真空干燥器，可将标本置于其中抽气并保持低压两天左右也可完成脱水过程。

（五）微波干燥保存

　　微波干燥保存是将按常规方法整理好的标本夹放入微波炉内的转盘上，将微波炉门关闭，根据植物体含水量来确定处理功率和时间。一般将采集到的植物标本在形态和颜色没有改变之前置于微波炉中，通电几秒钟就完成了干燥过程。

七、艺术组合

　　艺术组合是将干花素材按照一定的艺术构成组合成干花艺术的作品（见图4-117至图4-120）。

图4-117　艺术组合作品一

图4-118　艺术组合作品二　　　　　图4-119　艺术组合作品三

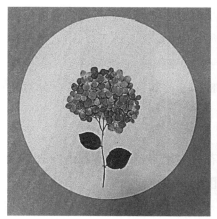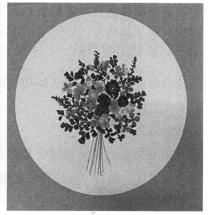

图 4-120　艺术组合作品四

第十二节　花卉立体栽培

花卉是大自然献给人类的礼物，它能形成姹紫嫣红、五彩缤纷、绿茵似锦的优美景观，让人们在工作之余、劳动之后，能够得以休憩、娱乐，欣赏自然之美，既可陶冶情操，也有益于身心健康。为了适应人们不断变化的审美观念，花卉栽培技术一直在寻求新的发展与突破。

花卉立体栽培也称垂直栽培，是在尽量不影响地面栽培的前提下，通过竖立起来的栽培柱或其他形式作为植物生长的载体，向空间发展，通过营养液自动循环浇灌，来满足花卉生长对水、气、肥需求的一种无土栽培方式。

一、特点

与传统的栽培方式相比，花卉立体栽培具有以下优点：

1. 观赏价值高。立体栽培造型新颖独特、优雅美观，装饰效果好。因此，立体栽培不仅可用于花卉的生产，在城市节日装点、公园的绿化建设中也有着广阔的应用前景。

2. 提高了空间利用率。立体栽培可以提高土地利用率 3~5 倍，可提高单位面积产量 2~3 倍。立体栽培管理方便、劳动力投入小，可有效地降低生产成本，提高栽培效益。

3. 绿色、无污染。因为立体栽培采用调配好的基质和没有污染的营养液来种植花卉，所以能够为花卉提供清洁自然的生长环境。

二、花卉立体栽培的类型

立体栽培一般采用立柱式结构，根据立柱装置的不同，可以分为插管式立体栽培和盆钵式立体栽培。

（一）插管式立体栽培

插管式立体栽培是使用插管作为花卉定植容器的立体栽培方法。整个立柱装置由栽培钵、插管、立柱和底座组成。

栽培钵由泡沫塑料制成，内部有一圈圆形凹槽，装有无纺布包裹的海绵，底部有漏水孔。栽培钵周围有多个定植孔，配装多个插管。栽培钵由一根PVC塑料管串联成立柱结构，运行时，营养液从立柱的顶端流入第一层栽培钵，钵内的海绵可以吸收水分和养分，插管底部与海绵相连，可以有效吸收营养。以此类推，最后流入立柱下面回水管，完成1次浇灌。

插管式立体栽培具有运行费用低，营养液循环流畅的特点，可适应各种栽植环境，满足不同花卉的栽植要求。由于插管空间小，存放基质少，因此插管式立体栽培主要用来栽植生长周期短、花期短的花卉品种。

近年来，随着技术的进步，插管式立体栽培出现了一种新形式——墙式立体栽培。它不仅有效扩大了插管式立体栽培的应用范围，而且外形更加新颖美观，已在农业旅游开发中应用。

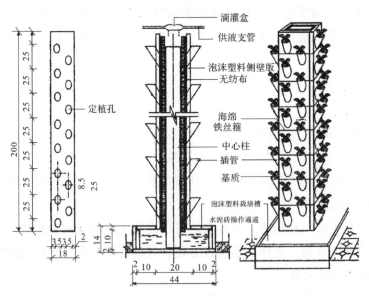

图4-121　插管式立柱栽培的栽培柱及栽培槽结构（单位：cm）

（二）盆钵式立体栽培

盆钵式立体栽培除具有一般无土栽培的特点外，还具有如下突出优点：

1. 能充分利用空间和阳光，实现多层种植立体栽培，有效栽培面积比常规栽培面积高，单位面积产量增加。

2. 改革了传统的农艺措施，实现了生产育苗、定植、管理、收获工厂化，节约了劳动力，提高了生产效率。

3. 生产的蔬菜清洁、卫生、质量好，不存在任何污染问题。

4. 由于实行按作物不同生育阶段定量、定时供给肥水，减少了肥料的浪费和损失，实现了科学施肥，也节约了用水。

盆钵式立体栽培是直接使用栽培钵作为定植容器的立体栽培方法。它主要由栽培钵、立柱、底座和基质组成。栽培钵为中空、五瓣体塑料钵，可以同时定植五株花卉，运行时，营养液从立柱的顶端流入第一个栽培钵，等里面的基质饱和之后，营养液再经栽培钵底部的通水孔流入第 2 层的栽培钵，然后依次顺流而下到达最下面一个栽培钵，最后流入立柱下面回水管，完成 1 次浇灌。

盆钵式立体栽培目前应用较为广泛，它具有栽培面积大、适用范围广的特点。它的栽培钵空间大，盛放基质多，作物的根系比较舒展，因此盆钵式立体栽培主要用来栽培生长周期长、花期长的花卉品种（见图 4-122）。

图 4-122　盆钵式立体栽培

三、立体栽培营养液

立体栽培使用的营养液又是从哪里来的呢？立体栽培的营养液供给系统由贮液池、潜水泵、定时器、加液主管、加液支管、发丝管和回水管组成（见图 4-123）。

1. 贮液池：是营养液配置和存放的地方，应建造在地下，并作防渗处理。平时还要加盖，防止营养液的挥发和杂质的混入。

2. 水泵：在贮液池底部，是营养液循环的动力来源。

3. 定时器：与水泵相连，可以控制加液时间，实现加液自动化。

4. 加液主管：又称上水管，直径一般为 40~50mm，高度与立柱基本持平。

5. 加液支管：与加液主管相接，负责将营养液输送到每根立柱的顶端，一般情况下，一根加液主管要连接 2~3 根加液支管。

6. 发丝管：是一种直径为 0.8~1.5mm 的黑色聚乙烯管，可直接与加液支管对接，将营养液引入立柱系统内进行浇灌。

7. 回水管：一端在立柱底座，另一端在贮液池的顶部，通过回水管可以实现营养液的循环利用。

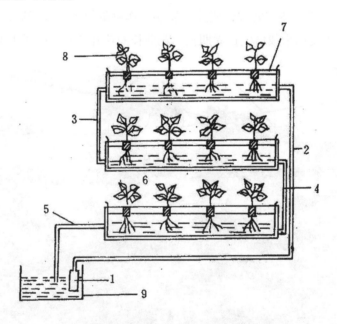

1- 水泵；2- 进液管；3- 中层进液管；4- 下层进液管；5- 回液管；6- 栽培槽；7- 定植板；8- 草莓植株；9- 贮液池

图 4-123　草莓立体栽培示意

四、立体栽培花卉品种

立体栽培花卉品种的选择要从以下几个方面来考虑：首先要选择扦插容易的花卉，也就是说可以直接扦插到栽培钵里的花卉；其次是根系较小的花卉，因为栽培钵的容积有限，所以不易选取根系发达的花卉。另外，还要考虑花卉的观赏价值。

下面介绍几种立体栽培的适宜花卉：

1. 玻璃海棠：花色娇艳，花期长，连续开花性强，具有边开花边生长的特性。它容易扦插，管理方便，是立体栽培的常用品种。

2. 彩叶草：是一种优良的观叶植物，它的叶片绚丽多彩，可以呈现黄、红、紫、橙等各色斑纹。采用立体栽培能够使彩叶草变得更加美观绚丽。

3. 凤仙花：形似蝴蝶，花色有粉红、大红、白黄等。凤仙花善于变异，有时同一株上能开数种颜色的花朵。立体栽培凤仙花具有极高的观赏价值。

4. 天竺葵：是一种优良的观赏植物，花色有白、红、粉红等，它四季均可开花，可进行扦插繁殖，对环境的适应性也较强。

5. 金枝玉叶：是制作盆景的优良品种，可扦插育苗。立体栽培金枝玉叶不但可以加快植株的生长，还能方便进行人工塑性。

6. 微型月季：是现代月季的一种，具有花色多样、观赏价值高的特点。微型月季扦插方便，成活率高，也是目前立体栽培常用的花卉种类。

五、花卉立体栽培的定植方法

立体栽培采用的是扦插育苗方法。扦插育苗能够有效减少栽培环节，缩短花卉的生长周期，对提高栽培效益有着重要意义。

（一）配置基质

基质栽培具有通气性好，保持养分、水分能力强的特点，特别是在花卉扦插初期，能够为插穗的生根发芽创造良好的生存环境。

花卉立体栽培基质的主要原料为蛭石、草炭和珍珠岩。蛭石是一种含水硅酸盐，它吸水能力很强，能够较好地保持水分、养分。草炭是一种有机矿体，营养丰富，具有良好的保水性、透气性，能够起到载体作用。珍珠岩是一种酸性火山玻璃熔岩，呈白色或是浅黄色，能起到保肥、保水作用。在配置基质时，蛭石、草炭和珍珠岩三者之间的比例应该为3∶3∶4。

除了以上三种主要原料以外，花卉立体栽培的基质还会用鸡粪、复合肥和多菌灵作为添加剂。鸡粪是经过腐熟干燥处理的，主要用来提供有机肥料，一般 1t 基质要添加 10kg 的鸡粪。复合肥也是用来提高肥力，在使用鸡粪的前提下，1t 基质只需 2kg 复合肥。

多菌灵主要起到杀菌和防治病虫害的作用，同时还能促进花卉的光合作用，使用时要均匀地洒在基质的表面。多菌灵的用量根据说明书上的用量来确定。

原料备好之后，要进行搅拌，搅拌能够使原料有效混合，使基质各部分的营养比例均匀、一致。搅拌时一定要沉着、仔细，确保各营养成分能够均匀地混合在一起。

搅拌完成后，还要洒水，这样能够提高基质的黏合性，在填充基质时才能塞紧、不会松散。判断洒水量的方法非常简单，当基质一攥成团、一戳即散时，即达到使用要求，就不用再加水了。

（二）填充基质

插管填充基质时，长斜面一侧的基质要与斜面齐平，这样基质才可以吸收到足够的水分与养分。短斜面一侧的基质要保持水平，可略浅一点，能够方便花卉的扦插。最后用力将基质塞紧、塞实，防止扦插时松散、脱落。

栽培钵在装基质前先要用无纺布垫在底部，以防基质的渗漏。无纺布的大小要与栽培钵底部的面积基本一致。栽培钵内基质不用填满，过满容易导致浇灌时营养液的外泄，一般距钵沿 2cm 高即可。栽培钵内的基质也要填实，这样可以增加基质积蓄营养、保持水分的能力。

（三）扦插定植

立体栽培是在花卉的生长期间进行带叶扦插。一般选择当年生发育充实的半成熟枝条作插穗，长度为 10cm 左右，剪枝要留斜口，并保证每个插穗带 2~3 个叶片。草本花卉最好选取枝梢部分，这样能够提高成活率，还能迅速获得理想株形。

剪完之后，要进一步进行加工处理。剪去插穗上的花朵，将插穗剪到合适的长度。叶片较多的要剪去多余的叶子，叶片较大的要将叶片剪去一部分。

插穗加工好之后应立即进行扦插。扦插时先用手或工具将基质刨开，然后再将插穗插入。这样可以避免扦插时对切口的伤害，有利于插穗的发育生根。最后用基质将插穗压实固定。

扦插时，如果遇到插穗的节处有嫩芽，要将嫩芽插入基质中，并且要避免碰伤。最后将扦插好的插穗整齐地摆放在一起，以便安装时调用方便。

六、花卉立体栽培系统的安装

立体栽培系统的安装主要是指立柱装置的安装。立柱装置可以分为插管式和盆钵式两种，它们的安装也有着不同的方式。

（一）插管式立体栽培的安装

插管式立体栽培的安装主要由安装立柱和安装插管两部分组成。

1. 安装立柱：立柱由长 2~5m 的 PVC 塑料管制成。安装时，先使立柱倾斜，从顶端套入栽培钵，栽培钵之间要对接严密，并且要把相邻栽培钵的定植孔位置错开，这样下层的花卉才能吸收到足够的阳光。

立柱装配好之后，要把它固定在底座上，底座为水泥结构，直径与栽培钵大致相同。把立柱装入底座之后，要用铁丝从顶端对立柱进行固定，确保立柱的安稳。接着安装加液支管，将它固定在立柱顶端。然后将发丝管插在加液支管上面。最后将发丝管的另一头插入栽培钵内，这样立柱就与整个营养液循环系统对接起来了。

2. 安装插管：立柱固定好之后，就可以安装插管。安装前，要用清水将插管外侧残留的基质擦洗干净，顺便在插管内加入适量的水，以保证基质的含水量。然后将插管由上而下依次插入栽培钵的定植孔内，插入时，可略微用力，使插管的长斜面与栽培钵内的无纺布紧密相接，确保花卉吸收到足够的水分和营养，安装时还应避免碰到已装好的插管。插管装好之后，整个立柱装置也安装完成了。

（二）盆钵式立体栽培的安装

安装盆钵式立柱装置，可先在底座上面装几层栽培钵。安装时，要使栽培钵的底脚与下一个边缘上的凹槽啮合，这样可以确保栽培钵之间连接牢固，同时还能够为花卉生长提供足够的空间。装好几层栽培钵后，再将立柱插入，立柱一定要插到底部，插入时，还要防止栽培钵的歪倒。插好之后，栽培钵安装时必须从顶部往下传递，此时工作人员要轻接轻放，以免碰伤插穗。等所有的栽培钵装完之后，用铁丝从顶端将立柱固定好，最后将立柱装置与加液循环系统连接起来。

吊槽式立体栽培是盆钵式立体式栽培的一种，近年来应用广泛。下面以草莓吊槽式立体栽培为例简单介绍。

1. 吊槽的制备：栽培槽可选用 PVC 管材，也可选用质地硬而轻的金属材料。若选用 PVC 管材，纵向切割，开口直径 40cm，即可得到 2 个栽培槽。

若选用金属材料,则须要制作成宽40cm、深20cm的槽子,用钢丝绳将槽子吊起,间距50cm。如果在日光温室中,应采用东西延长、南北阶梯式; 如果在连栋温室中,则应采用南北延长、东西平行式;若预算充足,可添加高度调节设备。可将装有珍珠岩的栽培袋放入槽中,用于定植草莓苗（见图4-124）。

2. 营养液循环灌溉系统：由蓄水池、潜水泵、主管、支管、滴箭、回水管及定时器组成。营养液在蓄水池中配好,通过滴箭供给到每株草莓,可循环利用,达到节水、节肥的作用。

图 4-124　草莓吊槽

3. 品种选择：根据当地情况选择甜查理、童子一号、红颜及章姬等品种。

4. 定植方法：选具 4 张展开叶、根茎粗 1.2cm 以上的营养钵苗,要求顶花芽分化完成,无病虫。在栽培袋上开孔,将整个苗坨放入孔中,双行栽培,株距18cm,定植前后各给 1 遍营养液。

5. 营养液的供给：吊槽式无土栽培的营养液通过循环系统供给植株所需要的各种营养。植株生长期间,前期每天供水 3 次,每次 10min,结果期每天 5 次,每次 10min。多余的营养液通过回水管,流回蓄水池。

6. 温度、湿度管理及植株调整：由于采用营养液栽培,温室内相对湿度较普通温室高,因此在草莓整个生长期都要尽可能降低棚室湿度,白天保持在 60% 左右。温度管理、植株调整与常规栽培一致。

7. 蜜蜂授粉：草莓属于自花授粉植物,但通过异花授粉可大大提高坐果率,提高产量和品质。在温度能稳定达到 25 ℃且光照条件比较好的情况下, 建议使用蜜蜂辅助授粉。

8.病虫害防治：无土栽培下的草莓病虫害发生较少，可用50%醚菌酯水分散粒剂3000~5000倍液、15%三唑酮可湿性粉剂800~1000倍液、30%乙嘧酚乳油800倍液喷雾防治白粉病；选用75%克螨特乳油1500倍液、25%灭螨猛可湿性粉剂1000~1500倍液、复方浏阳霉素1000倍液防治杀黄螨；用20%氰戊菊酯乳油5000~8000倍液，或使用1.8%阿维菌素乳油3000倍液防治红蜘蛛。

9.适时采收：采收初期每隔1~2天采收1次，盛果期每天采收。轻摘轻放，采果时连同一段果柄摘下。将果实轻轻放入硬纸箱内，按同方向排齐，使上层的果柄处于下层果的果间，定量封盖。

七、盆钵式立体栽培的注意事项

（一）光照

光照是影响立体栽培产量和品质的重要环境因子。在柱式栽培下，光照强度随着栽培钵层数的下降而递减，并且立柱阳面植株获得的光照好于阴面。据测定，从立柱上到下，每下降一层，光照强度平均减少15%，除最高一层阴面与阳面光照接近外，其余各层的阴面只有阳面光照的50%左右。为了弥补光照的不足和差异，需要定期对立柱进行旋转，使每一层的5~6株作物都能接受足量的阳光，这是保证作物整齐生长和提高产量的重要方法。另外，也可以采取人工补光的方法，具体操作可参照有关章节。

（二）供液

1.供液时水泵压力能满足每个栽培柱，且都能均匀供液。

2.滴液盒的松紧要适宜，防止在水泵压力一定的情况下，由于滴液盒松紧不一造成各栽培柱供液量有差异。

3.注意检查供液系统及栽培钵是否有裂痕，防止出现跑冒滴漏现象。

花卉的立体栽培技术发展到今天，已经日益成熟。采用立体栽培，既能为花卉的生长提供良好的条件，又能通过不同品种、不同花色搭配，设计出富有不同艺术情趣的花卉组合模式，表达不同的文化内涵。花卉立体栽培是插花、盆景以外的一种新型花卉生产模式和艺术形式，在都市农业中具有广阔的应用前景，有望成为一种时尚的产业。花卉立体栽培既适用于农业科技园区，也适用于普通家庭的装饰，它以其新颖、整洁、美观的特点受到了人们的喜爱。

第十三节　其他立体栽培

一、墙体栽培

墙体栽培是无土栽培中很有观赏性的一种栽培方式，它占地面积少，每平方米种植株数在30~33株，可用不同颜色的植物种出各种造型或文字、图案等，可用于生态餐厅和温室或其他景观场所作为围墙或隔墙使用。墙体分为单面墙体和双面墙体。墙体栽培一般都是靠墙或沿路安装（见图4-125）。

图 4-125　墙体栽培

二、管道式栽培

（一）概念

1.管道栽培是利用PVC管材，组装成适合栽培的容器，与水培相结合，进行各种植物的立体栽培（见图4-126）。

2.用 φ11~16cm 的 PVC 管作栽培容器，其上按一定间距开定植孔，安放塑料定植杯。

（二）用途

管道式栽培造型非常繁多，形态各异，因地制宜，可作为生态餐厅、温室等场所的景观围栏，隔离各种空间，营造私密环境。

（三）优缺点

管道式水培与其他形式水培相比，有它的缺点也有它的优点。

1.优点：是水培形式中最具观赏性的一种栽培方式。

2.缺点：不适合大面积生产型使用，同时植物残留在管道内的毛根不方便清理。

图 4-126 管道式栽培

（四）A 字栽培

A 字栽培由 PVC 管件搭建 "A" 字形立架，两面各排列 3~4 根管子，营养液从顶端两根管分别流下，循环供液（见图 4-127）。

图 4-127 A 字栽培

A 字栽培采用阶梯状分布，管架的层次结构明显，每层花卉都可以充分采光，同时单套设施占地面积较小，在提高产量的同时，也提高了场地的利用效率。

（五）W 字栽培

W 字栽培同 A 字栽培类似，都是根据栽培模具的形状来命名，利用固定用的铁架和种植槽共同组成一个 "W" 字形，类似于房屋屋顶的形状。

　　W字栽培适合一些爬藤类花卉种植。

（六）空中管道栽培

　　空中管道栽培用铁架将种植槽架空于距地面2m以上的空中，形成类似于园林中花架的结构。犹如原本生长在地上的蔬菜、花卉"飞"到了天上。

（七）雾培

　　雾培是水培栽培方式的一种，也是一种比较特殊的栽培方式。它是将营养液打压后喷洒在植物的根系上，给植物提供营养。它不用固体基质，而是直接将营养液喷雾到植物根系上，供给其所需的营养和氧。通常用泡沫塑料板制的容器，在板上打孔，栽入植物，茎和叶露在板孔上面，根系悬挂在下空间的暗处。每隔2~3min向根系喷营养液几秒钟。营养液循环利用，但营养液中肥料的溶解度要高，且要求喷出的雾滴极细。

（八）滴灌供液式立体盆栽

　　滴灌供液式立体盆栽属于一种花盆叠式种植方式，它最上层的花盆可以把多余的水分排出，然后水流向下一层植物，以此类推。这种做法不仅节约水，还让植物的根部有比较好的透气性。

第十四节　迷你花卉开发

一、迷你花卉概述

　　在花卉市场，花瓣只有人们指尖儿大小的迷你蝴蝶兰，因为小巧精致，在人们眼里显得格外可爱。和迷你蝴蝶兰一样，一些植株小巧、便于搬运，而且观赏性很强的小型盆栽植物，在如今的市场上越来越受欢迎。

（一）概念

　　迷你植物，是一种小巧可爱的瓶装小植物，最初来自韩国，它通过植物生物培养技术，在人工控制的无菌环境下，生长在玻璃或透明塑料容器等相对密封的空间内的一系列迷你微型植物。

　　体积小、不占空间是迷你植物最大的特点。不论是办公室还是居家环境，只需要弹丸之地就能给您增添自然的景致。

（二）生长原理

　　容器内装有色彩鲜艳的凝胶状透明营养基（水晶胶），它可以提供植物生长所需的全部营养物质和水分，只需保证日常光照（一般室内照明即可，避免长时间放在强光中直射），植物就会在容器内苗壮成长，不需要外界提供水和养分。

不光是小玫瑰、小菊花，各种各样的花草都能在水晶胶中安家。自然的景观能够浓缩到如此小的空间里，真能给人带来非常前卫、个性化的享受。把花移植到水晶胶里面，从它长出花苞、花开、花谢，总共要有 3 个多月。当然，绿色植物观叶的时间就更长一些（见图 4-128）。

图 4-128　迷你花卉

（三）生长类型

1.外植体型：主要是采集大田中已有花苞的微型月季，经过灭菌处理后，接种到容器中，自然开花。这种类型的缺点是造型不自然，外植体由大田环境转到试管环境，其花瓣和叶片难以适应，容易出现水浸状，观赏性大打折扣。由于是外植体，其成花率高，但外植体带菌严重，所以污染也严重。其生长期只有 15~30 天。目前国内大部分单位用此方法生产手指玫瑰。

2.瓶内催花形：是真正意义上的试管玫瑰。其就是采用生根阶段的玫瑰克隆苗，在试管内通过培养基配方和培养环境调控，完成营养生长到生殖生长的自然过渡，形成观赏性好、生长自然、具有商品价值的手指玫瑰。

二、技术要求

（一）组织培养技术

组织培养技术是指器官或细胞、原生质体等，通过无菌操作，在人工控制条件下进行培养以获得再生的完整植株或生产具有经济价值的其他产品的技术。狭义的植物组织培养是指用植物各部分组织，如形成层、薄壁组织、叶肉组织、胚乳等进行培养获得再生植株，也指在培养过程中从各器官上产生愈伤组织的培养，愈伤组织再经过再分化形成再生植物。

（二）水晶胶制作技术

水晶胶又称水晶滴胶，根据所采用的原材料不同，分为聚氨酯 PU 胶、环氧树脂 AB 胶两大类。环氧树脂型价格相对低廉、应用广泛，但耐黄变性与韧性相对要差，而聚氨脂 PU 胶有抗紫外线功能，可保证三年不黄变，但因其价格较高而使用较少。

（三）水晶胶的使用技术

1. 用纯净水或蒸馏水浸泡 24h 后，胶体透明有光泽，不用自来水浸泡，因为水中次氯酸根离子对胶体有漂白作用，会加速褪色。

2. 水晶胶宜放于阴凉、干燥处密封贮存，可以保存 2 年以上。

3. 水晶胶吸水量为自重的 50~70 倍，达到吸水极限后形态不变。

三、应用类型

1. 作别致的手机链，并可吸收手机散发的电磁波。

2. 挂在汽车后视镜上，舒缓开车时的紧张情绪。

3. 挂在背包上，为背包增色。

4. 挂在脖子上，体现个性和品位。

5. 作钥匙饰品。

6. 作室内挂饰。

7. 作为小礼品送人。

8. 设计成企业形象礼品。

9. 作教育载体，普及生物学知识。

四、适宜花卉

如玫瑰、鸡冠花、观叶植物、圣诞树、玻璃海棠、凤梨、柠檬叶、红掌、大花蕙兰、铁皮石斛、宝石兰、北美枫香等。

五、发展趋势及衍生产物

现在较流行的是使用线条性强且是多年生的植物组合。如各种形状的凤梨，下垂性的观叶植物，趣味性强的猪笼草以及花朵优美的蝴蝶兰、安祖花、彩色马蹄莲，等，这些植物不仅造型优美，而且花期长，很适合家庭养护，南北方都适用。

组合盆栽中采用了大量精致小巧的迷你型植物，它们的成本偏低，因此价格也较低，而经过设计加工组合后，由于融合了创作理念，在提高了观赏性的同时，价格和利润也都提升了，这也为改革市场植物品种单一的现状找到一个新的亮点。

组合盆栽系列顺应了时尚，它以小巧精致为特点，适合家居装扮、美化环境，且也可逐一分开销售，以配合不同市场、不同对象销售所需（见图4-129）。

图 4-129　组合迷你花卉

六、注意事项

1. 瓶内的培养基可保证植物至少3个月的成长养分。

2. 请勿将瓶子长期倒置，以免培养基脱落，造成植物死亡。请勿剧烈摇晃瓶身，避免培养基变形。

3. 请放置在幼童或宠物无法碰到处，避免植物受损。

4. 瓶身经真空杀菌处理，所以植物未移盆前请勿打开瓶塞，以免细菌侵入导致培养基霉变。

04　花卉学各论

第一节　一、二年生草本花卉栽培管理

一、概念

一年生花卉是指在一个生长季内完成全部生活史的花卉，如鸡冠花、百日草、凤仙花、牵牛花、翠菊、半枝莲。二年生花卉是指在两个生长季内完成生活史的花卉，如紫罗兰、红叶甜菜、须苞石竹、锦葵、风铃草等。多年生花卉作一、二年生栽培的有金鱼草、紫茉莉、常春藤、一串红、矢车菊等。

二、园林应用特点

1. 一年生草花是夏季景观中的重要花卉，二年生是春季景观中的重要花卉。
2. 色彩鲜艳美丽，开花繁茂整齐，装饰效果好，重点美化时常用。
3. 是园林规则式造景的常用花材。
4. 易获得种苗，方便大面积使用，见效快。
5. 每种花卉花期集中，方便及时更换种类，以保持较长期的良好观赏效果。
6. 有些种类可以自播繁衍，形成野趣。
7. 蔓性种类可用于垂直绿化，见效快，且对支撑物强度要求低。
8. 为保证观赏效果，一年中要多次更换，管理费用较高。
9. 对环境条件要求较高，直接地栽时需选择良好的种植地。

三、常见一、二年生花卉

1. 华东地区春播的有：夏堇、鸡冠花（见图5-1）、千日红、雁来红、万寿菊、孔雀草、美兰菊、波斯菊、硫华菊、百日草（见图5-2）、千瓣葵、麦秆菊、一串红、红花鼠尾草、彩叶草、羽叶茑萝、大花牵牛、凤仙花、半枝莲、长春花、地肤、黄秋葵、紫茉莉、银边翠、观赏南瓜。
2. 华东地区秋播的有：金鱼草、雏菊、风铃草（见图5-3）、金盏菊、

蛇目菊、天人菊、矢车菊、黑心菊、石竹（见图5-4）、须苞石竹、高雪轮、矮雪轮、霞草、三色堇、矮牵牛、桂竹香、羽衣甘蓝、紫罗兰、二月兰、虞美人、花菱草、红叶甜菜、锦葵、蜀葵、裂叶花葵、福禄考、飞燕草、美女樱。

3.华东地区温室栽培的一、二年生花卉有：蒲包花、瓜叶菊、四季报春、西洋报春、旱金莲、彩虹菊、龙面花。

图 5-1　鸡冠花　　　　　　　　　图 5-2　百日草

图 5-3　风铃草　　　　　　　　　图 5-4　石竹

四、一年生草本花卉的生物学习性

一年生草本花卉一般是指植物完成一个生命周期仅仅需要一年的时间。草本植物由于它们原产地气候条件的不同，其耐寒性也不同，值得注意的是有的植物在北方是一年生的，而到了南方即成为多年生植物，比如蓖麻。

（一）对温度要求

一年生草本属于不耐寒生态型植物，原产于热带、亚热带地区，其原产地温度较高而日照较短，没有季节性的温度变化或变化不显著，因而形成了这类植物生长期内要求较高的温度的习性。而发育阶段过渡，要求高温与短日照条件。这类植物不能忍受 0℃以下的低温，其中一部分种类不能忍受 5℃左右的温度。如遇到低温，生长便停止，甚至会死亡。引种到温带后，生长和发育只能在无霜期内进行。一年生草本植物较耐高温，由于生长期间要求高温，因而在夏季生长最旺盛。由此，引种温带地区，宜于在清明播种，晚霜结束开始营养生长，当营养生长到一定大小时，正是夏秋季节，此时已进入开花结实阶段，待到秋季早霜来临前，植株已趋向衰老死亡。花卉整个生长期对温度的要求从低温到高温，越来越高。根据对温度要求的高低，可分以下类型：

1. 耐寒型：花卉苗期耐轻霜冻，不仅不受害，而且在低温下还可继续生长。

2. 半耐寒型：花卉遇霜冻受害甚至死亡。

3. 不耐寒型：原产热带地区，遇霜立刻死亡，生长期要求高温。

（二）对光照、水肥要求

一年生草本花卉属短日照植物，也有一些属日照中性植物，喜阳光和排水良好而肥沃的土壤。在温带地区，往往在日照时数日趋变短的夏末和初秋开花，花期集中在 8 月至 9~10 月间。如牵牛花、凤仙花、波斯菊。由于长时期引种栽培，其中部分种类对日照要求不十分严格，而且已发展成为日照中性植物，常表现为开花较早，或是花期很长，花期常有变动的情况。如某些一年生花卉，在 6 月底至 7 月就能开花。常见的有半枝莲、凤仙花、茑萝。而鸡冠花、百日草、一串红等花卉的花期还可以延续很久。

（三）花期调控

花期调整可以通过调节播种期、光照处理或加施生长调节剂来实现。

1. 施生长调节剂。

植物生长调节剂的种类较多，有能促进花卉生长开花的，也有能抑制延缓花卉开花的。若使用得当，可以按照人们的需要使花卉提前或推迟开花。加速生长、促进开花的生长素，如赤霉素，是促进花卉营养生长和生殖生长效果最佳的生长调节剂。许多草花，花蕾膨大尚未透色时，喷洒 100~200mg/g 赤霉素、萘乙酸、吲哚丁酸等溶液，均有提早开花的明显效果。延迟开花类生长延缓剂，如矮壮素、比久、多效唑等都具有抑制花卉生长，延迟开花的作用。人们可利用上述药剂延迟某些花卉的开花期以适应观赏需要。有资料介绍，用 5mg/g 2，4—D 溶液喷洒秋菊叶面，花期可推迟 20~30 天。杜鹃在开花前 1~2 个月，用 1000mg/g 的比久溶液喷布花蕾，整个花期可延迟 10 天左右。

2. 光照处理。

通常所说的花卉开花所需要的日照实际上是指花芽分化所需要的日照。各类花卉花芽分化所需要的日照长短不同，为了打破花卉的自然生长习性，令其按照人们的意愿如期开放，就需要人为地控制光照时间，进行遮光或补光处理，改变光照长度，以满足其花芽分化阶段对日照长度的要求，使不同日长的花卉在它们不开花的季节开放。

（1）短日照处理法。短日照促进花卉花芽的形成，需要连续的没有光照的较长黑暗期，所以在长日照季节里如果想要短日照花卉提前开花，就要采取遮光处理以加长黑暗期。通常是用不透光线的黑布、黑塑料布、黑纸等物，将待处理的花卉整个植株罩严，使其有个较长的黑暗期，以满足花芽分化和花蕾形成过程中对光照的需要，就能促使其提前开花。短日照花卉，一般可于下午 5 时至次日上午 8 时进行遮光处理，其余时间使其接受日照。采取短日照处理，应注意以下几点：一是被处理的植株一定是生长健壮的，一般要有 30cm 左右高度；二是处理过程中，一定要保持连续性和严密性，不能漏光或间断遮光；三是处理时间多在高温的夏季，应注意通风和降温。

（2）长日照处理法。在日照短的冬季，要想让长日照花卉提前开花，可采用人工补充光照的方法，并适当提高温度，才能如愿以偿。只有长日照伴以适当温度，才能促使植物形成花芽以及花蕾正常发育，然后开放。为了节省电力，在短日照季节里，对长日照花卉的处理，不用延长光照的方法，改用暗期中断法，效果良好。

（3）暗期中断法。即在夜间补充照明，将黑暗中断，相当于让花卉处于长日照之下，因此经暗期中断法处理后，能促进长日照花卉开花，抑制短日照花卉开花。实践证明，光照时间以午夜（通常 23 时至 2 时）效果最佳。这是因为午夜是全暗期的中间，此时进行中断处理，正好是将长暗期划分为各短于临界暗期的两个短暗期，因此能有效地起到缩短暗期作用。进行暗期中断所需要的照明时间的长短和光照强度依花卉种类、品种等而有所差异。一般长日照花卉用高度荧光灯照明约 1.5h 即可。如欲抑制短日照花卉开花，也不再需用补充光照的方法，一般只要在半夜给予 30min 左右低强度的光照即能达到目的。

3.调节播种期。

在花卉花期调控措施中，播种期除了指种子的播撒时间外，还包括球根花卉种植时间及部分花卉扦插繁殖时间。一、二年生花卉大部分是以播种繁殖为主，用调节播种时间来控制开花时间是比较容易掌握的花期控制技术，关键问题是要知道什么品种的花卉在什么时期播种，从播种至开花需要多少天。这个问题解决了，只要在预期开花时间之前，提前播种即可。如天竺葵从播种到开花是120~150天，如果希望天竺葵在春节前（2月中旬）开花，那么在9月上旬开始播种，即可按时开花。球根花卉的种球大部分是在冷库中贮存，冷藏时间达到花芽完全成熟后或需要打破休眠时，从冷库中取出种球，放到高温环境中进行促成栽培。在较短的时间里，冷藏处理过的种球就会开花。如郁金香、风信子、百合花、唐菖蒲等。内从冷库取出种球栽培在较高温度环境中，一直到开花，这个时间一般是变化不太好，所以球根花卉花期调控与种球从冷库取出种植的时间点有关。有一部分草本花卉是以扦插繁殖为主要繁殖手段，扦插繁殖的时间点是这类花卉花期控制的重要依据。如四季海棠、一串红、菊花等。

五、二年生草本花卉的生物学习性

（一）对温度的要求

1.二年生草本花卉耐寒性强，有的耐0℃以下的低温，但不耐高温。

2.在0~10℃低温下通过春化阶段。

3.整个生长期，苗期要求低温，生长后期要求较高温度。

（二）对光照、水肥的要求

1.苗期要求短日照。

2.成长过程则要求长日照，并随即在长日照下开花。

3.苗期对水肥要求不高，后期要求水肥充足。

（三）花期调控

二年生草本花卉的营养生长和生殖生长分别在两个生长季内完成。这类花卉的成花直接受冬季低温与春季长日照的影响。其花芽分化是在经过冬季低温阶段以后，于早春的长日照条件下开始的。控制这类草本花卉花期的方法，主要有以下几种：

1.改变播期：由秋播改为春播，再配合用人工低温春化处理的方法调控开花周期，比如将某些秋播的草花改为春播，要求它当年能开花，可以人工对种子或幼苗先进行低温春化处理，处理的温度控制在 0~5℃。这样，在低温和短日照条件下完成了营养生长的苗株，就可以在春季长日照条件下成花。对光周期反应不敏感的某些草花，还可采用分期播种的方法调控花期，如金鱼草虽属二年生长日照草本花卉，但其中有些类型，其成花时对长短日照反应较为迟钝，其花芽分化不受日照时数的限制，即可采用分期播种方法，使其在长日照的其他季节开花，也可调控花期到冬日短日照条件下开花，达到分期播种、分期赏花的目的。

2. 光照处理：改变日照时数可以调控某些二年生草本花卉的花期，如瓜叶菊花芽分化时要求短日照，开花时需要长日照，为促使其提早开花，可在花蕾形成期采用人工补充光照的方法，使其提前开花。

3. 激素处理：生长调节剂具有促进或抑制花卉成花和开花的作用，用其处理二年生草本花卉也可达到调控花期的目的。如用赤霉素处理，可代替低温和长日照，诱导成花；又如使用矮壮素处理，对一些二年生草本花卉有抑制成花作用。

4. 其他措施：二年生草本花卉与一年生草本花卉一样，也可通过摘心、剪除残花等措施，使花期延长或推迟其开花期。此外，金鱼草、石竹等花后重剪，还可促使其第二次开花。

六、一、二年生草本花卉的繁殖

（一）一年生草本花卉播种

1. 正常播种：春季，提前播种期，花期提前效果明显。

凤仙花在春季的 4 月播种最为适宜，这样 6 月中上旬即可开花，花期可保持两个多月。播种前，应将苗床浇透水，使其保持湿润，播下后不能立即浇水，以免把种子冲掉；再盖上 3~4mm 的一层薄土，注意遮阴，约 10 天后可出苗。当小苗长出 2~3 片叶时就要开始移植。

2. 秋季播种：温室＋加温＋补光（强度＋长度）。

（二）二年生草本花卉播种

1. 正常播种：秋季，播种适当迟早对花期影响不大，但必须在霜冻前培育成壮苗；五彩石竹、紫罗兰、羽衣甘蓝、瓜叶菊等种子。一般秋天播种，次年春季开花。

2. 春季播种：难以适应。

（三）留种与采种

一、二年生草本花卉多用种子繁殖。留种采种是一项繁杂的工作，如遇雨季或高温季节，许多草本花卉不易结实或种子发育不良。一般留种应选阳光充足、气温凉爽的季节，此时结实多且饱满。

1. 对于花期长、能连续开花的一、二年生草本花卉，采种应多次进行。如凤仙花、半枝莲在果实黄熟时，三色堇当蒴果向上时，罂粟花、虞美人、金鱼草也是当果实发黄时，刚成熟即可采收。此外，如一串红、银边翠、美女樱、醉蝶花、茑萝、紫茉莉、福禄考、飞燕草、柳穿鱼等需随时留意采收。翠菊、百日草等菊科草本花卉当头状花序花谢发黄后采收。

2. 容易天然杂交的草花，如矮牵牛、雏菊、矢车菊、飞燕草、鸡冠花、三色堇、半枝莲、福禄考、百日草等必须进行隔离种植方可留种采种。还有如石竹类、羽衣甘蓝等花卉需要进行隔离才能留种采种。

3. 当今许多一、二年生草本花卉品种，多为杂交一代种子，其后代性状会发生广泛分离，不能继续用于商品生产，每年必须通过多年筛选的父母本进行制种。生产单位每年需重新购买种子。

（四）种子储藏

1. 在少雨、空气湿度低的季节，最好采用阴干的方式，如需曝晒时应在种子上盖一层报纸，切忌夏季直接日晒。但早春或秋季成熟的种子可以晒干。

2. 种子应在低温、干燥条件下贮藏，尤其高温高湿时，以密闭、阴凉、黑暗环境为宜；一般花卉种子应该存放在低温、阴暗、干燥且通风良好的环境里，其中保持干燥最为重要。常见的花卉种子贮藏方法有以下几种。

（1）自然干燥贮藏法：主要适用于耐干燥的一、二年生草本花卉种子，经过阴干或晒干后装入袋中或箱中，放在普通室内贮藏。

（2）干燥密封贮藏法：将上述充分干燥的种子，装入瓶罐中密封起来贮藏。

（3）低温干燥密封贮藏法：将上述充分干燥密封的种子存放在1~5℃的低温环境中贮藏，这样能很好地保持花卉种子的生活力。

（4）层积沙藏法：有些花卉种子长期置于干燥环境下，便容易丧失发芽力。这类种子可采用层积沙藏法。即在贮藏室的底部铺上一层厚约10cm的河沙，再铺上一层种子，如此反复，使种子与湿沙交互作层状堆积。如牡丹、芍药的种子采后可用层积沙藏法。但一定要注意保持室内通风良好，同时注意鼠害。

（5）水藏法：王莲、睡莲、荷花等水生花卉种子必须贮藏在水中才能保持其生活力和发芽力。

七、一、二年生草本花卉的管理

经播种或自播于花坛花境的种子萌发后，仅施稀薄液肥，并及时灌水，但要控制水量，水多则根系发育不良并引起病害。苗期避免阳光直射，应适当遮阴，但不能引起黄化。为了培育壮苗，苗期还应进行多次间苗或移植，以防黄化和老化，移苗最好选在阴天进行。

（一）育苗

一、二年生草本花卉多用穴盘育苗。穴盘越小，穴盘苗对土壤中的湿度、养分、氧气、pH、EC（可溶性盐浓度）的变化就越敏感。而穴孔越深，基质中的空气就越多，有利于透气、淋洗盐分，有利于根系的生长。因此，应选择适当的穴盘，选择好的基质，并正确地填充基质，打孔，将种子均匀播入穴孔的中央，给种子均匀覆盖，适当浇水。

使用穴盘苗的优点如下：

（1）节省种子用量，降低生产成本。

（2）出苗整齐，保持植物种苗生长的一致性。

（3）能与各种手动及自动播种机配套使用，便于集中管理，提高工作效率。

（4）移栽时不损伤根系，缓苗迅速，成活率高。

（二）间苗

间苗又称疏苗。对保护地播种和露地播种而言，播种量都大大超过留苗量，造成幼苗拥挤，为保证幼苗有足够的生长空间和营养面积，应及时疏苗，使苗间空气流通、日照充足。

1. 在播种出苗后，幼苗拥挤，影响其健壮生长时，应进行间苗。

2. 间苗通常在子叶发出后进行，不可过迟，否则苗株拥挤会引起徒长，培育不出壮苗。

露地播种的花卉一般间苗两次。第一次在幼苗出齐后，每墩留苗2~3株，按一定的株行距将多余的拔除；第二次间苗也叫定苗，在幼苗长到3~4片真叶时进行，除准备成丛栽植的草本花卉外，一般均留一株壮苗，间下的花苗可以补栽缺株，对一些耐移植的花卉，还可以栽植到其他的苗圃。间苗后应及时浇水，以防在间苗过程中被松动过的小苗干死。

（三）起苗移栽

1.起苗：把花苗从苗床起出。起苗最好选在阴天进行。

2.一般花苗在生出 5~6 片真叶时进行起苗。

3.裸根起苗一般多用于小苗或易成活的大苗。

4.对移栽不易成活的花卉种类多用带土苗进行移栽。

5.起苗应在土壤湿润状态下进行，以使湿润的土壤附在根群上，同时避免掘苗时根系受伤。

（四）管理

1.水肥：种子萌发后，仅施稀薄液肥，并及时灌水，但要控制水量，水多则根系发育不良并引起病害。

2.光照：苗期应避免阳光直射，所以适当遮阳，但不能引起黄化。

3.温度：

（1）一年生草本：生长期间要求高温，大多数不能忍受 0℃以下的低温，其中一部分种类不能忍受 5℃左右的温度、促成栽培需要安在温室中完成，在夏季生长最旺盛。

（2）二年生草本：确保足够的低温期使花卉通过春化作用，促成栽培后期不能温度太高。

4.摘心：即打顶，是对预留的干枝、基本枝或侧枝进行处理的工作。摘心是根据栽培目的和方法，以及品种生长类型等方面来决定的。当预留的主干、基本枝、侧枝长到一定果穗数、叶片数（长度）时，将其顶端生长点摘除（自封顶主茎不必摘心）。

摘心可控制加高和抽长生长，有利于加粗生长和加速果实发育（见图5-5）。为了使植株整齐，株型丰满，促进分枝或控制植株高度，常采用摘心的方法，并可以多次摘心，如万寿菊、波斯菊生长期长，为了控制高度，于生长初期摘心。需要摘心的种类有五色苋、三色苋、蓝花亚麻、金鱼草、石竹、金盏菊、霞草、柳穿鱼、高雪轮、一点缨、千日红、百日草、银边翠等。摘心还有延迟花期的作用。

注意事项：对留作辅养枝的侧枝摘心，以不影响株间光照和达到计划留叶数为标准。摘心宜在上午进行。摘心后会造成侧枝旺盛生长，应加强打杈和侧枝摘心处理，否则会影响正常结果。

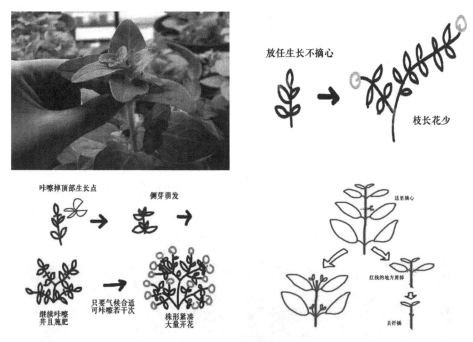

放任生长不摘心

枝长花少

咔嚓掉顶部生长点　　　侧芽萌发

这里摘心

红线的地方剪掉

继续咔嚓　　只要气候合适　　株形紧凑　　去杆桶
并且施肥　　可咔嚓若干次　　大量开花

图 5-5　摘心的作用

5.抹芽：将植株上一部分芽体和主干上由隐芽萌发长出的幼芽，以及从根际上萌发出来的脚芽抹掉或掐掉，叫作抹芽。为了促使植株快速生长，减少花朵的数目，使营养供给顶花（侧花），而摘除侧芽（顶芽）；抹掉叶丛先端的芽至关重要，如不进行抹芽而任其自然生长，萌发出来的新梢一般都长得过长，不太容易抽生侧枝，这就会使植株长得又高又瘦。如果等到它们抽生新梢后再进行短截，剪口处常会流出松脂和松油，造成营养亏损，对生长发育极为不利。因此，应在早春芽体萌动前把顶芽抹掉，促使侧芽萌发抽梢。

6.支柱与绑扎：一、二年生花卉中有些株型高大，上部枝叶花朵过于沉重，遇风易倒伏，还有一些蔓生性植物，均需进行支柱绑扎才利于观赏。一般有以下三种方式：

（1）用单根竹竿或芦苇支撑植株较高、花朵较大的花卉，如尾穗苋、蜀葵、重瓣向日葵等。

（2）蔓生性植物如牵牛、茑萝可直播，或种子萌发后移栽至木本植物的枝丫或篱笆下，让其植株攀缘其上，并将其覆盖。

（3）在生长高大花卉的周围插立支柱，并用绳索联系起来以固定整株。

7.剪除残花与花葶：对于连续开花且花期长的花卉，如一串红、金鱼草、石竹类等，花后应及时摘除残花，剪除花葶，不使其结实，同时加强水肥管理，以保持植株生长健壮，继续开花繁密，花大色艳；剪除残花与花葶还有延长花期的作用。

第二节　宿根花卉（多年生花卉）

一、八宝景天（变种花叶八宝景天）

株高：30~70cm。

花期：7~9月。

花色：红、白、粉、紫。

习性：适应性强、喜光、稍耐阴、耐寒耐旱、对土壤要求不严。

用途：园林中常用它来布置花坛，也可以用作地被植物，填补夏季花卉在秋季凋萎没有观赏价值的空缺，部分品种冬季仍然有观赏效果。（见图5-6）植株整齐可植于花坛、环境、花带，草坪边缘，岩石园。

图5-6　八宝景天

二、假龙头

株高：30~100cm。

花期：7~9月。

花色：淡紫红、淡蓝、粉红。

习性：适应性强，耐寒耐旱、耐湿润、耐修剪、对土壤要求不严。

用途：叶形整齐，花色艳丽，很适合花坛、花境、地被及切花（见图5-7）。

图5-7　假龙头

三、射干

株高：30~90cm。

花期：6~8 月。

花色：橙红色带紫色斑点。

习性：适应性强，喜光又耐半阴，耐寒也耐旱，对土壤要求不严。

用途：可作花坛、花境、丛植或药之用（见图 5-8）。

图 5-8 射干

四、玉簪（又名白萼，百合科）

株高：40~70cm。

花期：7~9 月。

花色：白色浓香，花梗长约 1cm。

习性：典型的阴性花卉，喜湿，忌强光直射，耐寒。叶片清秀，亭亭玉立，花白如玉，清香宜人，是重要的耐阴地被植物。

用途：适于树下建筑物周围荫蔽处或岩石园栽植（见图 5-9）。

图 5-9 玉簪

五、紫萼（又名紫玉簪，百合科）

株高：60~70cm。

花期：6~8 月。

花色：浅紫色，花梗长 7~10mm。

习性：喜湿耐寒，忌强光直射，叶片清秀，亭亭玉立，清香宜人。

用途：是重要的耐阴地被植物，适用于树下建筑物周围荫蔽处或岩石园栽植（见图 5-10）。

图 5-10　紫萼

六、滨菊

株高：40~80cm。

花期：5~10 月。

花色：白。

习性：适应性强，耐寒，耐旱，耐湿热，耐修剪。

用途：植株挺拔，花朵洁白芳香，是布置花坛、花境的优良花卉，也可做切花（见图 5-11）。

图 5-11　滨菊

七、桔梗

株高：40~80cm。

花期：6~9月。

花色：鲜蓝、白、紫。

习性：喜光、耐寒耐旱、抗逆性强。

用途：花大美丽，可植于花坛、花境、草坪边缘、疏林下（见图5-12）。

图5-12 桔梗

八、宿根天人菊

株高：40~90cm。

花期：6~10月。

花色：上部黄色、下部红褐色。

习性：喜光，耐寒、耐热。

用途：舌状花，花色艳丽，观赏效果好，是优良的花卉植物，丛植或片植于林缘、草地或灌木丛（见图5-13）。

图5-13 宿根天人菊

九、宿根福禄考

株高：40~100cm。

花期：6~10月。

花色：紫粉、粉红、蓝紫、白。

习性：喜光耐寒，耐热、耐盐碱。

用途：是优良的庭院宿根花卉，可用于布置花坛、花境及盆栽（见图5-14）。

图 5-14　宿根福禄考

十、金鸡菊

株高：50~80cm。

花期：5~9月。

花色：纯黄色。

习性：适应性极强，喜光，耐寒、耐贫瘠，忌炎热，不择土壤。

用途：花色明亮鲜艳，是优良的观花观叶植物，自然丛植于坡地、路旁，颇具田园风光，也可用于花坛、花境及切花（见图5-15）。

图 5-15　金鸡菊

十一、芍药（被称为"五月花神"，毛茛科）

株高：50~100cm。

花期：4~6月。

花色：白、黄紫、粉、红，少有淡绿色。

习性：喜光耐寒，喜冷凉气候及深厚肥沃砂质土壤。

用途：园林中普遍栽植，形成专类的园中园，或用于花境等自然式花卉布置（见图5-16）。

图 5-16　芍药

十二、常夏石竹（常绿）

株高：30cm

花期：5~10月。

花色：有紫、粉红、白色，具芳香。

习性：喜光植物阳性，耐半阴，耐寒，喜肥，要求通风好。

用途：被广泛用于点缀城市的大型绿地、广场、公园、街头绿地、庭院绿地和花坛、花境（见图5-17）。

图 5-17　常夏石竹

十三、萱草（重瓣萱草，黄花萱草，大花萱草）

株高：60~100cm。

花期：6~8 月。

花色：橘红、橘黄、黄。

习性：适应性强，喜光也耐半阴，耐寒也耐高温，对土壤要求不严，耐贫瘠。

用途：花色鲜艳，形态飘逸，是良好的观花观叶植物，可大面积作地被，也适合于花坛、花境、林间草地和坡地丛植（见图 5-18）。

图 5-18　萱草

十四、松果菊

株高：60~150cm。

花期：6~10 月

花色：紫红、粉、白，管状花橙红色。

习性：宜种植于温暖向阳处，喜光，适应性较强，耐寒，耐热，耐湿。

用途：可作背景栽植，或作花坛、花境、坡地地被材料（见图 5-19）。

图 5-19　松果菊

十五、毛地黄（有时也做一年生花卉）

株高：80~100cm。

花期：6~7月。

花色：粉紫、白、浅黄、玫瑰红。

习性：喜光、耐旱、喜凉爽、耐贫瘠。

用途：花序挺拔艳丽，花形奇特，可植于花坛、花境、草坪边缘，也可作盆花和切花（见图 5-20）。

图 5-20　毛地黄

十六、飞燕草

株高：90~110cm。

花期：6~9月。

花色：蓝、白、紫粉红。

习性：喜阳光充足和凉爽气候，怕高温能耐寒、耐旱忌积水。

用途：花形奇特，有很高的观赏效果，常用于花坛、花境及盆栽、切花（见图 5-21）。

图 5-21　飞燕草

十七、柳叶马鞭草

株高：100~150cm。

花期：6~9月，夏秋开放。

花色：粉红、粉紫。

习性：喜光、耐寒耐旱、对土壤要求不严。

用途：可用于布置花坛花境及盆栽（见图5-22）。

图5-22　柳叶马鞭草

十八、细叶芒

株高：170cm左右。

花期：9~10月。

花色：粉红变红色再转银白色。

习性：耐半阴，耐旱，耐涝，适宜在湿润、排水良好的环境生长。

用途：孤植，片植，盆栽，也可作背景及镶边材料（见图5-23）。

图5-23　花境（细叶芒）

十九、蒲苇

株高：300cm。

花期：8~9月。

花色：乳白色。

习性：喜光，不耐寒，耐旱，对各类土壤适应性都强。

用途：花序长而美丽，引人注目，栽培于庭院壮观而雅致，或植于花境、岸边观赏，或植于观赏草专类园内，也可作干花（见图5-24）。

图 5-24 蒲苇

二十、蛇莓（匍匐径长）

花期：4月。

果期：5月。

习性：喜温暖湿润环境，耐阴，不耐涝，不耐践踏。

用途：适宜种植在林缘、假山、岩石园、疏林下或盆栽（见图5-25）。

图 5-25 蛇莓

二十一、马蔺（鸢尾科）

株高：25~70cm。

花期：4~6月。

花色：浅蓝、蓝、蓝紫，花被上有较深色的条纹。

习性：喜光，耐寒，耐干旱，耐瘠薄，耐盐碱，耐践踏，不择土壤。

用途：宜种植在山坡、路边、岩石园、草坪边缘（见图5-26）。

图 5-26　马蔺

二十二、鸢尾

株高：30~50cm。

花期：4~5月。

花色：蓝紫、紫、红、白、黄。

习性：喜光，部分种耐阴，耐寒。

用途：植株形态秀美挺拔，叶色翠绿，花色娇美，花形奇特，是优良的花卉，常作地被和花坛之用（见图5-27）。

图 5-27　鸢尾

二十三、兰花三七（四季常绿）

株高：10~40cm。

花期：春季。

花色：淡紫色，偶有白色。

习性：耐寒、耐热性均好，可生长于微碱性土壤，对光照适应性强，耐寒、耐阴、耐涝是其特点。

用途：适宜作地被植物或盆栽观赏（见图5-28）。

图 5-28　兰花三七

二十四、千屈菜

株高：30~100cm。

花期：夏秋开花。

花色：紫红色。

习性：喜光、湿润、通风良好的环境，耐盐碱，喜生在沟旁水边，湿润、浅水环境。在肥沃、疏松的土壤中生长效果更好。

用途：多用于水边丛植和水池片植，或者与其他水生花卉搭配，也作水生花卉园花境背景，也用于花坛、花带栽植模纹块，小区、街路彩化，水域点缀，郊野公园，庭院绿化（见图5-29）。

图 5-29　千屈菜

二十五、美女樱（马鞭草科，北方多作一年生草花栽培）

株高：10~50cm。

花期：5~11 月。

花色：白、红、蓝、雪青、粉红。

习性：喜阳光、不耐阴，较耐寒、不耐旱，北方多作一年生草本花卉栽培，在炎热夏季能正常开花。在阳光充足、疏松肥沃的土壤中生长，花开繁茂。

用途：用作花坛、花境材料，也可大面积栽植于适合盆栽观赏或布置花台花园林空隙地、树坛中（见图 5-30）。

图 5-30　美女樱

二十六、蓝花鼠尾草

株高：30~60cm。

花期：夏季。

花色：紫色。

习性：喜温暖、湿润和阳光充足环境，耐寒性强，怕炎热、干燥，宜在疏松、肥沃且排水良好的沙壤土中生长。

用途：盆栽适用于花坛、花境和园林景点的布置；也可点缀岩石旁、林缘空隙地，显得幽静。摆放自然建筑物前和小庭院，更觉典雅清幽（见图 5-31）。

图 5-31　蓝花鼠尾草

二十七、紫露草

株高：20~50cm。

花期：5~7月。

花色：深蓝、浅蓝、白。

习性：喜光，比较耐寒，适宜凉爽，温润环境。

用途：于花坛、花境、草坪边缘、疏林、树丛下片植，可与鸢尾花长叶配植，也可盆栽吊挂（见图5-32）。

图5-32　紫露草

二十八、连钱草

花期：4~5月。

花色：淡蓝色至紫色。

习性：喜阴湿，生于田野、林缘、路边、林间草地、溪边河畔或村旁阴湿草丛中（见图5-33）。

图5-33　连钱草

二十九、千叶蓍（菊科一种较耐寒的宿根草花）

株高：可达 50~80cm。

叶形：叶矩圆状呈披针形，2~3 回羽状深裂至全裂，似许多细小叶片，故有"千叶"之说。

花期：5~10 月。

花色：轮伞花序腋生，淡蓝色至紫色。

习性：对土壤及气候的条件要求不严，非常耐瘠薄，半阴处也可生长良好；耐旱，尤其夏季对水分的需求量较少，为城市绿化中的"节水植物"。如果水分过多，则会引起生长过旺，植株过高。

用途：在园林中多用于花境布置。与喜阳性、肥水要求不高的花卉搭配种植效果较好，如蓝刺头，蛇鞭菊，钓钟柳，紫松果菊等。有些矮小品种可布置在岩石园，亦可群植于林缘形成花带，也可作为花坛布置材料（见图 5-34）。

图 5-34　千叶蓍

三十、香彩雀（夏季金鱼草，多年生草本，常作一年生栽培）

株高：40~60cm。

花期：7~9 月。

花色：有紫、粉、白。

习性：喜温暖，耐高温，对空气湿度适应性强，喜光。

用途：花朵虽小，但花形小巧，花色淡雅，花量大，开花不断，观赏期长，且对炎热高温的气候有极强的适应性，是优秀的草花品种之一，既可地栽、盆栽，又可用容器组合栽植（见图 5-35）。

图 5-35 香彩雀

三十一、玉带草

习性：喜光，喜温暖湿润气候，湿润肥沃土壤，耐盐碱；通常生于河旁、池沼、湖边，常大片生长形成芦苇荡。喜温喜光，耐湿较耐寒。在北方需保护越冬。

用途：在园林中还可以布置路边花镜或花坛镶边；主要用于水景园背景材料，也可点缀于桥、亭、榭四周，还可盆栽用于庭院观赏（见图 5-36）。

图 5-36 玉带草

三十二、红花酢浆草（多年生直立草本）

株高：10~20cm。

花果期：3~12 月。

花色：紫、粉、白。

习性：喜向阳、温暖、湿润的环境，夏季炎热地区宜遮半阴，抗旱能力较强，不耐寒，华北地区冬季需进温室栽培，长江以南，可露地越立，喜阴湿环境，对土壤适应性较强，一般园土均可生长，但以腐殖质、丰富的砂质壤土生长最为旺盛，夏季有短期的休眠。在阳光极好时，容易开放。

用途：花园林中广泛种植，既可以布置于花坛、花境，又适于大片栽植作为地被植物和空隙地丛植，还是盆栽的良好材料。红花酢浆草具有植株低矮、整齐，花多叶繁，花期长，花色艳，覆盖地面迅速，又能抑制杂草生长等诸多优点，很适合在花坛、花径、疏林地及林缘大片种植，用红花酢浆草组字或组成模纹图案效果很好。红花酢浆草可盆栽用来布置广场、室内阳台，同时也是庭院绿化镶边的好材料（见图 5-37）。

图 5-37　花境（红花酢浆草）

第三节　地被植物栽培管理

一、地被植物概念

地被植物是指那些株丛密集、低矮，经简单管理即可代替草坪覆盖在地表，防止水土流失，能吸附尘土、净化空气、减弱噪声、消除污染并具有一定观赏和经济价值的植物。

二、地被植物分类

地被植物不仅包括多年生低矮草本植物，还有一些适应性较强的低矮、匍匐型的灌木和藤本植物。一般多按其生物学、生态学特性，并结合应用价值进行分类，可分为灌木类地被植物，草本、宿根地被植物，藤本及攀缘类地被植物，水生地被植物，一、二年生草本花卉地被植物等。

三、地被植物特点

1.多年生植物为主，常绿或绿色期较长，以延长观赏和利用的时间。

2.具有美丽的花朵或果实，而且花期越长，观赏价值越高。

3.具有独特的株型、叶型和叶色的季节性变化，从而给人以绚丽多彩的感觉。

4.具有匍匐性或良好的可塑性，这样可以充分利用特殊的环境造型。

5.植株相对较为低矮。在园林配置中，植株的高矮取决于环境的需要，可以通过修剪，人为地控制株高，也可以进行人工造型。

6.具有较为广泛的适应性和较强的抗逆性，耐粗放管理，能够适应较为恶劣的自然环境。

7.具有发达的根系，有利于保持水土以及提高根系对土壤中水分和养分的吸收能力，或者具有多种变态地下器官，如球茎、地下根茎等，以利于贮藏养分，保存营养繁殖体，从而具有更强的自然更新能力。

8.具有较强或特殊净化空气的功能，如有些植物吸收二氧化硫和净化空气能力较强，有些则具有良好的隔音和降噪效果。

9.具有一定的经济价值，如可用作药用、食用或为香料原料，可提取芳香油等，以利于在必要或可能的情况下，将种植地被植物的生态效益与经济效益结合起来。

10.具有一定的科学价值，主要包括：一是有利于植物学及其相关知识的普及和推广；二是与珍稀植物和特殊种质资源的人工保护相结合。上述特性并非每一种地被植物都要全部具备，而是只要具备其中的某些特性即可。同时，在园林配置中要善于观察和选择，充分利用这些特性，并结合实际需要进行有机组合，从而达到理想的效果。

四、地被植物的种植与养护

（一）种植前准备

1.场地清理与平整：

（1）顺应地形和周围环境情况，清除深度在20cm以内、不利于植物生长的砾石、杂草、杂物，平整好种植地块。

（2）场地初步平整，挖高填洼，确保种植地块密实度均匀；将花卉种植区域内的杂草等原有的不协调的地被植物清理干净。查看土壤的酸碱度，如果不符合花卉种植要求，需更换种植土。场地初步平整以后，挖除凸出部分的种植土，填平低洼处的绿化场地，使场地满足排水需要。按照排水的需要，种植土一定要达到花卉种植的平整度。

（3）对整个花卉种植床深翻并用耙子按排水要求继续细整，达到没有坑洼地，没有直径超过 2cm 细小石块和土粒的标准。靠路边或路牙沿线 30 cm 宽内的绿地地面，应保证种植后面层标高低于路边或路牙沿线 5cm。

2. 地形处理：种植地块应排水良好，做成一定的排水坡度，坡度可定在 3.0% 左右。如果临近建筑，应从地基向外倾斜，直到边缘。

3. 改土：于种植地块内填入一层 10cm 厚的有机肥（常用塘泥、鸡屎干等），并进行一次 20~30cm 深的耕翻，将肥与土充分混匀，做到肥土相融，起到既提高土壤养分，又使土壤疏松、通气良好。

（二）地被植物种植

1. 放线：

（1）按设计图将种植范围定位，并用熟石灰粉定出轮廓线。

（2）将植物摆放在种植轮廓线旁。

2. 种植深度、密度：

（1）深度：种植深度略深于根系长度。

（2）密度（见图 5-38）：

① 覆盖型苗：规格为 H=10~15cm，B=10~15cm，1.5kg 袋苗，种植密度为 100 株 / ㎡。

②小植株：规格为 H=15cm，B=15cm，1.5kg 袋苗，种植密度为 64 株 / ㎡（夏、春季）或 81 株 / ㎡（秋、冬季）。

图 5-38　部分地被植物

③中等植株: 规格为 H=25cm, B=25cm, 2.5kg 袋苗, 种植密度为 25 株/㎡（夏、春季）或 36 株/㎡（秋、冬季）。

④较大植株: 规格为 H=25~40cm, B=25~35cm, 2.5kg 盆苗, 种植密度为 16 株/㎡（夏、春季）或 20 株/㎡（秋、冬季）。

⑤大植株: 规格为 H=45~60cm, B=40cm, 5kg 盆苗种植密度为 12 株/㎡（夏、春季）或 16 株/㎡（秋、冬季）。

3. 种植时间:

（1）地被植物栽植在春、秋、冬季基本没有限制。

（2）夏季最好在上午 11 点之前或下午 4 点后, 避开太阳曝晒时段进行栽植。

4. 种植:

（1）地被苗运到场地后, 应立即种植, 不要摆放太久。

（2）栽植时先将轮廓线处的植物按品字形的种植方法进行种植。

（3）种植时由内向外进行, 根据植株的高矮差异, 调整种植效果。

（4）种植完逐一踩实, 让根系与土壤结合密实, 扶正苗。

5. 浇定根水: 栽植完成后, 要马上浇第一遍水（俗称定根水）。水要浇透, 使泥土充分吸收水分, 泥表达到润湿为止。淋水时应注意地面的排水效果是否良好, 以防止积水泡坏植物根系。

（三）种植后管理

1. 修剪:

（1）对于绿篱状的种植, 栽种完成后, 通过修剪阴枝, 部分嫩枝轻度修剪成形。

（2）对于花坛状的种植, 只需对部分嫩枝进行轻修剪, 使之成形即可。

2. 营养补充: 地被植物在生长期内, 应根据各类植物的需要, 及时补充肥力。

3. 病虫防治: 多数地被植物具有较强的抗病虫能力, 由于各种原因产生病害时应采用喷药措施予以防治, 阻止其蔓延扩大。

4. 防治空秃: 地被植物大面积栽培中, 容易出现空秃, 尤其是成片的空秃发生后, 应立即检查原因。如果土质欠佳应换土, 并进行补栽, 以恢复景观。

（四）各类地被植物栽植及养护

1. 灌木类地被植物（杜鹃花、栀子花、小龙柏等）栽植养护。

（1）栽植：

①栽植灌木类地被植物一定要用白灰在种植场地上根据设计要求放线种植，这样能够很好地控制整个景观范围的花卉种植效果。

②灌木类地被植物属于比较高的地被植物，栽植过程中必须按照图纸的设计要求合理安排株距，以确保在花卉成本控制的情况下达到地面覆盖无缝隙，特别是在栽植过程当中不能因为花卉的冠幅小而增加花卉的使用数量，增加成本。

③栽植在靠近园路的位置。因为现在路牙石都有混凝土垫层，所以栽植过程中不能太靠近园路，要根据现场的情况确定施工范围，确保边缘线确定后能够满足景观需要。

④由于这是比较大的地被植物，栽植这类花卉时，要分株挖坑栽植，这样能够保证花卉根部充分接触种植土，也能够对花卉的下一步踩实扶正工作提供足够的种植土，保证花卉种植完成后浇水，花卉不倒伏，也可提高花卉成活率。

⑤不同花卉之间的种植，要在花卉分界点留 20~30cm 的生长空间，这样能够为日后养护修剪和保温措施提供工作空间。

⑥在栽植的过程中，遇到乔灌木要根据乔灌木的规格胸径大小，确定预留树穴的大小。不能把花卉栽植在乔灌木土球上。

⑦栽植完成后对花卉灌溉时，不能使水流直接冲刷已经栽植好的花卉，防止花卉倒伏。

（2）养护：

①春季：天气变暖，化冻以后对花卉进行春灌，确保花卉萌芽期的水分供给，对冬季采取保暖措施的花卉撤除保暖措施并对冬季死亡的花卉进行补植工作，对观叶植物的花卉提前进行喷施叶面肥，增加花卉的萌芽率，对适宜修剪的花卉进行春剪并做好病虫害的防治工作。

②夏季：植物需水量大，要及时浇水，不能"看天吃饭"。结合松土除草、施肥、浇水以达到最好的效果。特别是除草的工作要根据现场花卉的情况使用除草剂；及时对整个绿地进行松土工作，避免水分蒸发过快，也能够提高花卉根部的生长；夏天是地被植物病害发生的关键时刻，根据花卉种类的不同采取不同的防治措施，也可以结合花卉的修剪，剪除花卉的病害枝条，并做好场地的排水及雨后花卉的扶正工作；对夏季高温天气不适应的花卉应及时加盖遮阳网或者人工制造水雾环境，提高空气湿度；对观花类的花卉应提前预防潮湿天气的病毒性病害，避免影响观花效果。

③秋季：秋天的花卉养护工作重点于在及时对花卉进行修剪，特别是对夏季盛花期后的花卉进行修剪，剪除开花后的花柄及徒长枝，并对绿化地进行及时的除草工作。

④冬季：对整个绿化地进行翻地工作，把过冬的害虫和虫卵暴露在外，剪除花卉的病害枝条并清理绿化地内的树叶和垃圾焚烧，不给害虫提供越冬的环境，封冻以前对常绿的地被花卉进行最后的修剪，最后灌封冻水。

2.草本、宿根地被植物（景天、麦冬、鸢尾、萱草等）的栽植和养护。

（1）栽植：

①栽植这类地被植被的过程中能够带营养钵的一定要带，保证花卉水分蒸发不能过快。在高温天气种植是一定要对花卉进行喷水的。

②栽植花卉时，要按照设计要求，沿地形等高线方向挖种植沟，然后把花卉放入沟内，覆种植土，扶正踩实。

③栽植过程中要把工人合理安排好，不能挤在一起，要三人一组，按照一个方向循环种植，保证花卉成形后效果一致。

④在栽植的过程中，遇到乔灌木要根据乔灌木的规格大小，预留树穴的大小，不能把花卉栽植在乔灌木土球上。

⑤需要播种的地被植物要合理安排播种顺序，不能重复播种，播种以后及时覆盖草苫子浇透水。

⑥栽植过程中随时，检查花卉的株距行距是不是符合要求，是不是在整个景观范围内，曲线是不是按照景观要求顺滑自然，以保证花卉成形后，景观范围内花卉的密度是一样且符合要求的。

⑦栽植完成后的灌溉，不能用漫灌方法，要把整个成形花卉分成不同范围，分区灌溉，这样才能保证所有的花卉都能灌溉到。

⑧浇水完成后如果出现种植土下沉，或者没有灌溉充足的地方应及时补水。

（2）养护：

①春季：对地被植物进行春水灌溉，保证春季对水分的需求。对能够分株种植的宿根地被，尽量分株种植，扩大种植面积，并注意加强水肥管理，催苗提前开花；春季地下害虫开始活动，要加强害虫防治；对冬季死亡的地被植物进行补苗种植；对已经进入生长期的地被植物进行翻地、除草，提高土壤的疏松度，以更好地吸收水分。

②夏季：进入雨水多的季节要做好排水工作，并根据情况及时预防花卉的病害和虫害，特别是传染性的病害防治。加强追肥和浇水并翻地，对已经

开花的观花植物加强管理，对夏季开完花的植物及时清理谢花和种子。

③秋季：对秋天开花的植物加强水肥管理，防治蚜虫等虫害的蔓延，对霜降后地上部分已经死亡的地被植物清理枯枝黄叶，对秋季开花的植物进行种子的采收。

④冬季：对一些抗寒性不强的植物提前做好防冻措施并及时灌溉封冻水。

3. 藤本及攀缘类（爬山虎、金银花等）地被植物的栽植及养护。

（1）栽植：

①栽植这一类地被植物一般是运用在城市墙面及游园的垂直绿化，花卉在栽植之前需准备必要的铁丝、钉子、锤子等工具。

②栽植花卉之前确定花卉的种植数量，合理安排密度。

③按照设计要求及植物生长方向，利用准备好的工具搭建利于植物生长的棚架，可对植物的生长起到牵引的作用。

④如果是在墙、围栏、桥体及其他构筑物或绿地边种植攀缘植物，种植树穴之间距离不得少于 40cm。

⑤栽植时，如果是规格大点的植物应单独做树穴，小规格的花卉可以做成种植沟种植，埋土深度应比原土要深；埋土时应舒展植株根系，并分层踏实。

⑥栽植后必须浇足第一遍水。第二遍水应在 2~3 天后浇灌，第三遍水隔 5~7 天后进行。浇水时如遇跑水、下沉等情况，应随时填土补浇。

（2）养护：

①水分管理：攀缘类地被植物水分管理是花卉生长、成活的关键因素，特别是在春天干旱及花期要加强水分供给，在冬季上冻之前灌足冻水确保安全过冬。

②牵引工作：在植物进入生长旺盛期之前对植物进行牵引工作。根据种类和观赏效果的不同，可以用钢钉法和铁丝网格法做植物的牵引工作，使其按需求的方向生长。

③修剪：在植株秋季落叶和春季萌芽前进行一次修剪，剪除病虫枝及衰老枯死枝，提高植株的透光性，使植物生长达到预期生长造型，但观花植物一定要等到花期后修剪。

④病虫害防治：一定要以预防为主，提高植株透光性，加强水肥管理，根据花卉的不同，因地制宜，采用生物防治、物理防治及化学防治相结合的方式管理；冬季入冬前对绿化地进行翻地和垃圾清理工作，彻底清理害虫越冬场所。

4. 水生地被植物（菖蒲、梭鱼草等）的栽植及养护。

（1）栽植：

①栽植水生地被植物要根据花卉和季节的不同合理安排种植顺序。

②根据设计要求，确定合适的绿化面积，不要影响岸边主要景观在水中的倒影；如果设计是不规则的形状，可以先确定绿化面积边线，从里往外种植。

③根据花卉种类的不同，合理安排种植深度和密度。

④在种植过程中一定要确定好花卉的种植深度，在保证种植深度符合要求的情况下种植，防止花卉倒伏。

⑤如果是花卉种植需求水深的情况，可以先把花卉种植在木箱、竹篮等容器之内，再把容器放入水中，这样花卉也不会倒伏或被风吹倒。

⑥栽植过程中随时观察水的流速，应在花卉不被冲走的情况下种植。

（2）养护：

①定期检查植物有无病虫害，及时防治；及时查看水的污染情况，提前安排花卉移栽，如果情况允许及时换水。

②检查植株是否拥挤，一般3~4年时间分一次株。

③及时清除水中的杂草，池底或池水过于污浊要彻底清理。

④如果在同一区域种植不同花卉，应及时疏除生长速度快的花卉，以免影响生长速度慢的花卉的生长。

⑤及时观察水位的变化，不同花卉，区别对待。

5. 一、二年生草本花卉地被植物（太阳花、雏菊等）的栽植及养护

（1）栽植：

①根据季节和场地的情况，确定花卉是直播还是带土球的种植钵种植。

②选取花卉后，确定花卉的种植范围及种植密度，施工放线时按设计要求确定植物种植的边线。用石灰按照图纸进行放样，放样时常用皮尺、绳子、木桩、锄头等，按图纸用石灰勾绘出基本图形。

③种植草花地被植物一定要分段种植，种植完成后直接在已经种植完成的花卉外围做土堰，利于水分的充分灌溉。

④花卉的球根比较大时，可以进行挖树穴栽植；花卉的球根较小时，可以进行开沟种植，开沟时一定要与地形的等高线平行施工；植株完成时进行覆土及扶正踩实工作。

⑤根据花卉的不同确定花卉的种植深度，但一定要保证花卉栽植完成后浇水不出现倒伏的情况。

⑥在栽植花卉时要剔除小的连体苗，另行种植，避免养分分配不足；栽植时一定要对花卉充分保护，不能使花卉出现折断的情况。

⑦已经开花的花卉及时剪除花朵，避免养分流失。

⑧如果天气干旱炎热或者花卉没能及时种植，一定要使用草苫子覆盖并用水喷洒，保持湿度。

⑨花卉种植完成后及时对花卉进行灌溉，确保第一次浇水的质量。灌溉过程中，如果出现花卉倒伏和种植土缺失的情况应及时处理。

（2）养护：

①水肥管理：草花植物种植的关键是水肥管理。一定要加强水肥管理，特别是在干旱季节、开花季节。如果是在夏季炎热时，一般是早上十点以前淋水，下午四点以后淋水。

②修剪管理：及时清理已经凋谢的残花和枯叶，以利于花卉出新芽、长新蕾，以保持整个景观的效果；如果发现徒长枝，应及时修剪或直接清除后补植，以保持整体性。

③及时清理死亡花卉，补植同种花卉；已经出现衰老的花卉及时更换新苗。

④病虫害治理一定应以预防为主，加强水肥管理，根据花卉的不同，因地制宜，采用生物防治、物理防治及化学防治相结合的方式管理，防止病虫害的蔓延和影响植物的生长。

⑤及时清理杂草并翻地，保持花卉透光性，也利于植物根部吸收水分。

地被植物在园林绿化中起着关键的作用，是提高绿化水平的关键组成部分。加强对园林地被植物的栽植和养护技术的学习能够更好地提高花卉成活率，提高自身的业务素质和工作能力。

第四节　露地花卉栽培管理

一、整地作畦

（一）目的

改进土壤物理性质，使空气流通良好，种子发芽顺利，根系易于伸展，保持土壤水分，促进土壤风化和有益微生物的活动，有利于可溶性养分含量的增加，可预防病虫害。将土壤病虫害等翻于表层，暴露于空气中，经日光和严寒灭杀。

（二）整地深度

一、二年生花卉深 20~30cm；宿根和球根花卉深 40~50cm。

（三）整地方法

先翻起土壤、细碎土块，清除石块、瓦片、断茎和杂草，再镇压，以防土壤过于松软，根系吸水困难。

注意：整地应在土壤干湿适度时进行。土壤过干，费工费时；土壤过湿，破坏土壤团粒结构，物理性质恶化，形成硬块，特别是黏土。新开垦的土地应进行深耕、施基肥、改良土壤。种植豆科作物的地块要种植 1~2 季后再平整。

（四）作畦

花卉栽培都用作畦方式。

1. 高畦：用于南方，利于排水。

2. 低畦：用于北方，利于保水和灌溉，畦面整平，微有坡度。畦面两侧有畦埂。畦面宽 100cm，定植 2~4 行。

二、繁殖

一、二年生花卉都用播种法繁殖；宿根花卉用播种、分株或扦插、嫁接繁殖。球根花卉用分球法繁殖。

三、间苗

1. 意义和作用：使苗木间空气流通，日照充足，生长苗壮；减少病虫害；选优去劣。选留强健苗，拔去生长柔弱、徒长、畸形苗。

2. 时期：在子叶长出后进行，要分数次进行；最后一次间苗叫定苗，在雨后或灌溉后进行。

3. 方法：用手拔出，间苗后灌水。

四、移植

1. 应用：大部分露地花卉是先在苗床育苗，经分苗和移植后，最后定植于花坛或花圃中。

2. 作用：加大苗株间距，扩大幼苗的营养面积。切断主根，可促使侧根发生，抑制徒长，使幼苗生长充实、株丛紧密。

3. 时间：在幼苗水分蒸腾量极低时进行为宜，并边移植边浇水，一畦全部移植后再浇水。降雨前移植。因移植时损伤根系，影响成活，所以应该在在无风的天气进行、天气炎热时在午后或傍晚时进行。

4.**步骤**：包括起苗和栽植

（1）起苗：应在土壤湿润状态下进行。可先灌水，后起苗。

①小苗和易成活的大苗：裸根移植。用手铲将苗带土掘起，后将根群的土轻轻抖落，防止伤根，栽植。

②一般大苗：用带土移植。先用手铲将苗四周铲开，然后从侧下方将苗掘出，保持完整的土球。

③难成活的苗：属于难移植的种类，一般采用直播的方法。

（2）栽植：

①方法：沟植法，依一定的行距开沟栽植；穴植法，依一定的株行距掘穴或打孔栽植。

②注意：裸根栽植时，根系舒展于穴中，然后覆土、镇压；带土球栽植时，填土于土球四周、镇压，不可镇压土球，以免将土球压碎。

五、灌溉

（一）灌溉方法

1.地面灌溉：

（1）畦灌：北方多用此法。吸取井水，经水沟引入畦面。

①优点：设备费用较少，灌水充足。

②缺点：易使土壤板结，如果整地不平，易导致灌溉不均。

（2）小面积的灌溉：常采用橡皮管引自来水灌溉。

2.地下灌溉：将素烧的瓦管埋在地下，水经过瓦管时，从管壁渗入土壤。

（1）优点：

①不断供给根系适量的水分，有利于花卉的生长。

②水流不经过土面，不会使土面板结。

③表面干土可以阻止水分的蒸发，节省水。

（2）缺点：需有足够水量不断供给，而且管道造价高，易淤塞，表层土壤不太容易湿润。

3.滴灌：用低压管道系统，使灌溉水成点滴状，经常不断地湿润植株根系附近的土壤。

（1）优点：能控制水量，节省用水，抑制杂草生长。

（2）缺点：投资大，管道和滴头容易堵塞，在接近冻结气温时不能使用。

4.喷灌：用机械力将水压向水管和喷头，喷成细小的雨滴进行灌溉。

（1）优点：省工、省水、不占地面；保水、保肥；地面不板结；防止土壤盐碱化；能提高水的利用率；改善小气候，使冬季温度升高，夏季温度降低。

（2）缺点：投资较大。

（二）灌溉用水以软水为宜，避免用硬水

1.最好用河水（富含养分，水温较高）。

2.其次是池塘水和湖水。

3.可以用不含碱质的井水（井水温度较低，对植物根系发育不利，应先抽出贮于池内）。

4.可用自来水，但费用较高。自来水要放置两天以上再用。

（三）灌溉的次数和时间

1.移植后的灌溉：2~4次。移植后的灌溉是幼苗成活的关键。根系弱的灌溉2次，强的灌溉3~4次。移植后1次、过3天1次、再过5~6天1次、再过10天1次。以后进行正常的灌水。

2.夏季和春季干旱时期，多次灌水。春、夏季在清晨和傍晚灌水，冬季在中午灌水。

3.一、二年生花卉和球根花卉，多灌水。

4.砂土和沙壤土灌水次数可以多一些。

六、施肥

（一）基肥：常用厩肥、堆肥、油饼、粪干等有机肥料作基肥。

1.用法：厩肥和堆肥多在整地前翻入土中，粪干和豆饼在播种或移植前进行沟施或穴施。

2.特点：含氮、磷、钾的总量较多，肥效期长，属缓效性肥。

3.施用量：一般花卉每 100m² 的地面上，施 110kg。

（二）追肥：又叫补肥。用粪干、粪水和豆饼及化肥。

1.用法：粪干、豆饼可沟施或穴施。粪水和化肥，常随水冲施。化肥也可按株点施，或按行条施，施后灌水。

2.特点：属速效性肥，肥效期短。可与氮、磷、钾配合施用。

3.施用量：每 100m² 的地面上，一年生花卉施硝酸铵 0.9kg、过磷酸钙 1.5kg、氯化钾 0.5kg。多年生花卉施硝酸铵 0.5kg、过磷酸钙 0.8kg、氯化钾 0.3kg。一、二年生花卉在幼苗期施氮肥可多些，以后磷钾肥逐渐增加。

4.施肥时期和次数：多年生花卉一般追 3~4 次肥。第一次在春季开始生长后；第二次在开花前；第三次在开花后；第四次在结果后，要追施堆肥、厩肥、豆饼等有机肥。

七、中耕除草

（一）中耕

1.作用：疏松表土；减少水分的蒸发；增加土温；增加通气，有益微生物的繁殖和活动；促进土壤中养分的分解。

2.中耕时期：在表土保持疏松状态又无杂草时，不中耕，减少水分散失。雨后或灌溉以后，在没有杂草时，也要中耕，保持土壤水分。在幼苗期和移植后不久，土面极易干燥和生杂草，应及时中耕。植株生长扩大后，根系已扩大到株间，停止中耕。

3.中耕深度：一般 3~5cm。根系分布较浅的花卉应浅耕；反之，深耕。幼苗期中耕宜浅，以后随苗木生长逐渐加深。随着植株不断成长，由浅耕到完全停止中耕。株行中间处深耕，近植株处浅耕。

（二）除草

1.作用：保存土壤中的养分和水分。

2.要点：应在杂草发生之初，尽早进行，易于去除；应在杂草开花结果之前去除，否则需多次除草；多年生杂草须将其地下部分全部掘出，否则难以全部清除。

3.除草方法：

（1）用农具——手锄最普遍。

（2）用中型中耕机除草。

（3）地面覆盖（用腐殖土、泥炭土和覆盖纸）防止杂草。

（4）药剂除草，除草醚灭草灵、敌草隆等。

八、整形与修剪

（一）整形

1.单干式：只留主干，不留侧枝，使顶端开花 1 朵，仅用于大丽菊和标本菊的整形。

2.多干式：留主枝数个，使开出较多的花。如大丽花留 2~4 个主枝，菊花留 3、5、9 枝。其余全部剥去。

3. 丛生式：生长期进行多次摘心，促使产生多数枝条，且全株成低矮丛生状，开出多数花朵。如矮牵牛、一串红、波斯菊、金鱼草、美女樱、百日草等。

4. 悬崖式：全株枝条向一个方向伸展下垂，多用于小菊类品种的整形。

5. 攀缘式：多用于蔓性花卉（如牵牛、茑萝、月光花、旋花和斑叶律草），使枝条蔓于一定形式的支架上，如圆锥形、圆柱形、棚架形和篱垣等。

6 匍匐式：利用枝条自然匍匐地面的特性，使其覆盖地面，如旱金莲、旋花和多数地被植物。

（二）修剪技术措施

1. 摘心：摘除枝梢顶芽。其能促进分枝生长，增加枝条数目。幼苗期间早进行摘心促其分枝，可使全株低矮，株丛紧凑；抑制枝条徒长，使枝梢充实。但花穗长而大的或自然分枝力强的种类不宜摘心。

2. 除芽：剥去过多的腋芽，限制枝叶增加和过多花朵的发生。

3. 折梢和捻梢：折梢是将新梢折曲，但仍连而不断；捻梢是将枝梢捻转，抑制新梢的徒长，而促进花芽的形成，如牵牛、茑萝等。

4. 曲枝：将生长势强的枝条向侧方压曲，弱枝扶之直立，可得抑强扶弱的效果。

5. 去蕾：常指除去侧蕾而留顶蕾，使顶蕾开花大而美。如芍药、菊花、大丽花等。在球根生产中，常去除花蕾，使球根肥大。

6. 修枝：剪除枯枝和病虫害枝、位置不正而扰乱株形的枝、开花后的残枝等，改善通风条件，减少养分的消耗。

九、防寒越冬

我国北方露地栽培的二年生花卉及不耐寒多年生花卉（宿根和球根）必须进行防寒。常用方法如下。

1. 覆盖法：在霜冻到来以前，在畦面上覆盖干草、落叶、马粪或草席等，直到晚霜过后再将畦面清理好。其效果较好，应用普遍，也可用纸罩、瓦盆、玻璃窗和塑料等覆盖。

2. 培土法：对冬季地上部分枯萎的宿根花卉和进入休眠的花灌木培土，待春季萌芽前再将培土扒平。

3. 熏烟法：对于露地越冬的二年生花卉，熏烟法只有在温度不低于 $-2℃$ 时才有效。熏烟能防止土温降低。发烟时，烟粒吸收热量使水凝成液体而放出热量。其方法如下：

（1）地面堆草熏烟。

（2）用汽油桶制成熏烟炉，可推动，比较方便。

4.灌水法：冬灌能减少或防止冻害，春灌有保温、增温效果。灌溉还可提高空气的含水量，并提高气温。

5.浅耕法：可降低因蒸发水分而发生的冷却作用，使表土疏松，有利于太阳热的导入。对土壤进行镇压处理可增强土壤对热的传导作用，减少已吸收热量的散失。

6.密植：可以增加单位面积茎叶的数目，减低地面热的辐射。

7.其他措施：设立风障、利用冷床（阳畦）、减少氮肥、增施磷钾肥等可增加抗寒力。

十、轮作

1.定义：同一地面，轮流栽植不同种类的花卉，其循环期限包含两年以上。

2.目的：最大限度地利用地力减少病虫害。

3.原理：不同种类的花卉，对于营养成分的吸收也不同。轮作可以减少专性花卉病虫害的危害。若某一害虫只为害一种花卉，轮作可使之因无可食的植物而死去或转移。

4.方法：浅根性与深根性花卉轮作，如前作是浅根性花卉，其将表土附近的养分大部吸收，后作应种深根性的花卉。花卉与其他作物轮作，如秋播花卉和秋植球根花卉常与蔬菜、麦类和甘薯等轮作，花卉在春季4~5月开花收获后，播种或移栽其他作物，至秋季再栽培秋播花卉或秋植球根花卉。

第五节　温室花卉栽培管理

一、温室花卉栽培方式

1.温室地栽：主要用于大面积的冬、春季切花生产，如非洲菊、马蹄莲、香石竹、香豌豆等；节日花卉应用促成栽培，如一串红、木筒蒿等，需要在温室地栽观赏的花卉，如棕榈类等。

2.温室盆栽：满足春、冬缺花季节的需要以及供应节日布置的盆花。

二、培养土的种类与配制

温室配土多用于盆栽。盆栽培养对土的要求：疏松，水分渗透性好，能保持水分和养分，土壤肥沃，酸碱适度，无有害微生物和其他有害物质的滋生和混入，含有丰富的有机质和腐殖质。

（一）常见的温室用土种类

1. 堆肥土：是由植物的残枝落叶、旧换盆土、垃圾废物、青草及干枯的植物等，一层一层地堆积起来，经发酵腐熟而成。其含有较多的腐殖质和矿物质，一般呈中性或微碱性（pH 为 6.5~7.4）。

2. 腐叶土：秋季收集落叶，以落叶阔叶树为最好，如槐树、柳树等。针叶树及常绿阔叶树的叶子，多革质，不易腐烂；草本植物的叶子质地太幼嫩；禾本科等植物的老硬茎、叶，均不易用。

腐叶土堆制的方法：将落叶、厩肥与园土层层堆积，即先在地面铺一层落叶，厚度为 20~30cm，最好加上骨粉等腐殖质。该腐叶土土质疏松，养分丰富，腐殖质含量多，一般呈酸性（pH 为 4.6~5.2），适于在多种温室盆栽花卉应用。

3. 草皮土：取草地或牧场的上层土壤，厚度为 5~8cm，连草及草根一起掘取，将草根向上堆积起来，经 1 年腐熟即可应用。草皮土含有较多的矿物质，腐殖质含量较少。草皮土 pH 为 6.5~8，呈中性至碱性，常用于水生花卉、玫瑰、石竹、菊花、三色堇等。

4. 针叶土：是由松科、柏科针叶树的落叶残枝和苔藓类植物堆积腐熟而成。针叶土呈强酸性（pH 为 3.4~4.0），腐殖质含量多，不具有石灰质成分，适于栽培杜鹃等酸性土植物。

5. 沼泽土：是池沼边缘或干涸沼泽内的上层土壤，一般只取上层约 10cm 厚的土壤。它是由水中苔藓及水草等腐熟而成，含多量腐殖质，呈黑色，强酸性（pH 为 3.5~4.0），宜用于栽培杜鹃及针叶树等。北方的沼泽土又名草炭土，一般为中性或微酸性。

6. 泥炭土：是由泥炭藓炭化而成的。

（1）褐泥炭：是炭化年代不久的泥炭，呈黄褐色，含多量有机质，呈酸性，是温室扦插的良好床土。

（2）黑泥炭：是炭化年代较久的泥炭，呈黑色，含有机质较少，呈微酸性或中性。

7.砂土：排水良好，但养分含量不高，呈中性或微碱性。

（二）培养土的配制

1.播种培养土

腐叶土：园土：河沙为 5：3：2。

2. 假植用土

腐叶土：园土：河沙为 4：4：2。

3. 定植用土

腐叶土：园土：河沙为 4：5：1。

4. 苗期用土

腐叶土：园土：河沙为 4：4：2。

（三）培养土的酸碱度

温室花卉中几乎全部的种类都要求酸性或弱酸性土壤。在碱性土地区，一些严格要求酸性土的盆栽花卉，生长极度不良或逐渐死亡，如杜鹃、茉莉等。

三、盆栽的方法

（一）上盆

上盆是指将苗床中繁殖的幼苗，栽植到花盆中操作。

方法：选用合适的花盆，将一块碎盆片盖于盆底的排水孔上，凹面向下，填入一层排水物（碎盆片、砂粒等），再填入一层培养土，用左手拿苗放于盆中适当位置，填培养土于苗根的四周，用手压紧，用喷壶充分灌水，置于阴处数日缓苗，逐渐放于光照充足处。

（二）换盆

就是把盆栽的植物换到另一盆中去操作的过程。

1.类型。

（1）小盆换大盆：根群生长受限，部分根系自排水孔穿出。

（2）换同样大小的盆：更换新的培养土和修整根系。此时植株已充分成长，根系充满了整个盆土，盆土养分被耗尽。

2.时间和次数。

（1）温室一、二年生花卉：一般到开花前要换盆2~4次，换盆次数较多，能使植株强健充实，但会使开花期推迟。

（2）宿根花卉：1年换盆1次。一般于春季换盆，常绿种类也可在雨季中进行。不宜在花芽形成及花朵盛开时进行。

（3）木本花卉：2年或3年换盆1次。换盆时间为春季或秋季。

3.换盆的方法。

分开左手手指，置于盆面植株的基部，将盆提起倒置，以右手轻扣盆边，取出土球。

（1）球根花卉：将土球肩部和四周外部旧土刮去一部分，剪除近盆边的老根、枯根和卷曲根，同时分株。

（2）一、二年生花卉：土球直接栽植，勿使土球破裂，盆底排水物可以少填或完全不填（当幼苗长大时），再在盆底填些培养土，并将土球放置在盆中央，填土，稍镇压。

（3）木本花卉：依种类不同将土球适当切除一部分。盆花不宜换盆时，可将盆面及肩部旧土铲去换以新土，也有换盆效果。

4.浇水。

换盆后第1次应充分灌水，使根系与土壤密接，以后以保持土壤湿润为度，但水分不宜过多。因换盆后根系受伤，吸收减少，所以过多水分会导致根部伤处腐烂。换盆后最初数日宜置于阴处缓苗。

（三）转盆

在单屋面温室，植株趋光生长，向南偏斜。在相隔一定日数后，转换花盆的方向，保持匀称圆整的株形，使植株均匀生长。双屋面南北向延长的温室中，光线自四方射入，盆花无偏向一方的缺点，不用转盆。

（四）倒盆

1.增大盆间距离，能增加通风透光，减少病虫害和防治徒长。

2.使花卉产品生长均匀一致。比如将生长旺盛的植株移到条件相对较差的区域，以控制生长。

（五）松盆土（扦盆）

松盆土通常用竹片或小铁耙进行。

1.使土壤表面疏松，空气流通（土面因不断浇水而板结）。

2.除去土面的青苔和杂草。青苔影响盆土空气流通，难以确定盆土的湿润程度。

3.有利于浇水和施肥。

（六）施肥

在上盆及换盆时常施以基肥，生长期间追肥。

1.有机肥料。

（1）饼肥：常用作追肥，也可碾碎混入培养土中用作基肥。

（2）人粪尿：粪干为盆栽常用肥料。粪干可作基肥，也可作追肥。

（3）牛粪：加水腐熟后，取其清液用作盆花追肥。

（4）油渣：一般用作追肥，可混入盆面表土中，特别适用于木本花卉。因其无碱性，茉莉花、栀子花等也常用。

（5）米糠：含磷肥较多，应混入堆肥发酵后施用，可用作基肥。

（6）鸡粪：含磷丰富、为浓厚的有机肥料，适用于各类花卉，尤其适用于切花栽培，可用作基肥。

（7）蹄片和羊角：是迟效肥，可用作基肥，常置于盆底或盆边；也可用作追肥，可加水发酵，制成液肥。

2. 无机肥料。

（1）硫酸铵：仅适于促进幼苗生长，切花施用过多易降低花卉品质，使茎叶柔软。

（2）过磷酸钙：常作基肥施用，温室切花栽培施用较多。由于磷肥易被土壤固定，所以可采用 2% 的水溶液进行叶面施肥。

（3）硫酸钾：切花及球根花卉需要较多，可用作基肥和追肥。

（七）浇水

花卉生长的好坏，在一定程度上决定于浇水的适宜与否。我们应科学地确定浇水次数、浇水时间和浇水量。

1. 依据：自然气候因子、温室花卉的种类、花卉生长发育阶段、温室的具体环境条件、花盆大小和培养土成分等。

2. 浇水量和浇水次数：

（1）依据花卉种类。需水量较多的种类，如蕨类植物、兰科植物、秋海棠类植物生长期要求丰富的水分。在蕨类植物中，肾蕨需水少些，在光线不强的室内，保持土壤湿润即可；铁线蕨需水较多，常将花盆放置水盘中或栽植于小型喷泉之上。需水量较少的种类，如多浆植物。

（2）依据花卉的不同生长时期。进入休眠期时，浇水量应较少或不浇水。从休眠期进入生长期，浇水量逐渐增加。生长旺盛时期，浇水量要充足。开花前浇水量应适当控制，盛花期适当增加，结实期适当减少。

（3）依据不同的生长季节。

①春季：这时的浇水量要比冬季多些，草本花卉每隔 1~2 天浇水 1 次；

木本花卉每隔 3~4 天浇水 1 次。

②夏季：温室花卉每天早晚各浇 1 次。放置露地的盆花为每天 1 次。夏季雨水较多时，应注意盆内勿积雨水，可在雨前将花盆向一侧倾倒，雨后及时扶正。

③秋季：放置露地的盆花，其浇水量可减至每 2~3 天浇水 1 次。

④冬季：低温温室的盆花每 4~5 天浇水 1 次；中温温室和高温温室的盆花一般 1~2 天浇水 1 次。

（4）依据花盆的大小和栽植大小。盆小或植株较大者，盆土干燥较快，浇水次数应多些；反之宜少些。

3.浇水原则：

（1）盆土见干才浇水，浇就浇透。要避免形成"腰截水"，即下部根系缺乏水分。

（2）准确掌握土干、湿度，可通过眼看、手摸、耳听。

（3）注意水温。水温和土温不能相差太大。夏季早晚浇水，冬季中午浇。

（4）喜阴花卉保持较高空气湿度，叶面经常喷水。

（5）注意夏季喷水降温。

（6）叶面有绒毛的花卉，不宜向叶面喷水。

（7）花木类在盛花期不宜多喷水。

四、盆花在温室中的排列

1.应把喜光的花卉放到光线充足的温室前部和中部；耐阴的和对光线要求不严格的花卉放在温室的后部。

2.植株矮的放在前面，高的放在后面。

3.依据温室中的温度：把喜温花卉放在近热源处和温室中部；把比较耐寒的强健花卉放在近门及近侧窗部位。

4.依据植株的发育阶段：扦插、播种的应放在接近热源的地方；幼苗应移到温度较低而光照充足的地方；休眠的植株应放在条件较差处，密度可加大。

5.从平面和立面排列考虑，充分利用空间：平面排列上，除走道、水池、热源外，其他面积为有效面积。如设移动式种植床，平时不留走道。做好一年中花卉生产的倒茬和轮作。立面利用上，较高的温室，在走道上方悬挂下垂植物；低矮的温室，放蔓性花卉在植物台的边缘。在单屋面温室中，可利用级台，在台下放置一些耐阴湿的花卉。

6. 从花卉生长的一致性考虑：尽可能南北走向放置。

五、温室环境的调节

（一）温度

根据不同花卉的特点调整温室内温度，保证花卉的正常生长。一般是遵循花卉生长"温度三基点"的原则，使夏季温室温度不超过"最高温度"，冬季温室温度最低不低于"最低温度"。温室温度调节包括加温（日光辐射加温和人工加温）、降温（通风和遮阴）。

1. 冬季要加温：南方温室从 11 月中下旬开始，至次年 3 月初，每天下午 5 点后开始加温，并覆盖保温被，次日清晨 6 点半至 7 点揭开保温被。

2. 夏季室内降温：打开遮阳网，启动湿帘，或将盆花移至室外，在荫棚下栽培，部分热带植物和多浆植物留至温室内，不会受大的影响。

（二）日光

可用采用遮阴和补光调节光照。

1. 依据植物种类：多浆植物要求充分的光照，不遮阴。喜阴花卉如兰花、秋海棠类花卉及蕨类植物等，必须适当遮阴。喜阴的蕨类植物应遮去全部直射光。一般温室花卉：夏季要求遮去日光 30%~50%，而在冬季需要人工补光灯补充光照，不能遮阴，春秋两季则应遮去中午前后的强烈光线，早晚予以充分光照。

2. 依据季节：夏季遮阴时间较冬季长，遮阴的程度比冬季大。遮阴时间为上午 9 点至下午 4 点，阴雨天不遮阴。

3. 温室遮阴方法：常采用遮阳网覆盖在玻璃屋面上。根据原理可以分为吸光遮阳法（常用黑色遮阳网）和反光遮阳法（常用银白色反光膜）。

（三）湿度

1. 增加湿度：可在室内的地面上、植物台上及盆壁上洒水，以增加水分的蒸发量。最好设置人工喷雾装置，自动调节湿度。

2. 降低湿度：采取通风的方法来降低湿度。应在冬季晴天的中午，适当打开侧窗，让空气流通，但最忌寒冷的空气直接吹向植株。整个夏季必须全部打开天窗及侧窗，以加强通风，降低湿度和温度。在温室中温度高时湿度也大。

六、温室花卉的花期调控技术

在花卉生产中，为配合市场和用花需要，经常使用人为手段或技术措施，来改变花卉的自然花期，使花卉在自然花期之外，按照人们的意愿，定时开放，这种栽培方式就叫花期调控。使花卉提前开花的栽培方式称为促成栽培；延迟开花的栽培方式称为抑制栽培。

应用花期调控技术，可以增加节日期间观赏植物开花的种类；延长花期，满足人们对花卉消费的需求；提高观赏植物的商品价值，对调整产业结构、增加种植者收入有着重要的意义。

（一）常用的花期调控技术

1.温度处理法：人为地创造出满足花卉花芽分化、花芽成熟和花蕾发育对温度的不同需求，达到控制花期的目的。

（1）增温法：主要用于促成栽培。

①打破休眠提前开花：多数花卉在冬季加温后都能提早开花，如温室花卉中的瓜叶菊、大岩桐、石竹、雏菊等。冬季处于休眠状态的木本花卉及露地草本花卉加温后也能提早开花，如牡丹、落叶杜鹃、金盏菊等。人为给予较高的温度（15~25℃），并经常喷水，增加湿度，就能提早开花。通过加温让花卉提前开花所需的天数，因花卉种类、温度高低及养护方法等而有所不同。

②延长花期：有些原产温暖地区的花卉，开花阶段要求的温度较高，在适宜的温度下，有不断生长、连续开花的习性。但在我国北方秋冬季节气温降低时，就停止生长和开花。若能在8月下旬开花停止前，人为给予增温处理（18~25℃），使其不受低温影响，就能不断生长开花，延长花期。例如，对非洲菊、美人蕉、君子兰、茉莉花、大丽花等采用此法，可确保其延长花期。

（2）降温法：既可用于抑制栽培，也可用于促成栽培。

①低温推迟花期：

一种是延长休眠期以延迟开花。耐寒花木在早春气温上升之前还处于休眠状态，此时将其移入冷室，可使其继续休眠而延迟开花。凡以花芽越冬休眠及耐寒的花卉均可采用此法。冷室温度以1~4℃为宜，控制水分供给，避免过湿。花卉贮藏在冷室中的时间要根据计划开花日期的气候条件而定，出冷室初期，要将花卉放在避风、避日、凉爽的地方，几天后可见些晨夕阳光，并喷水、施肥，细心养护。如杜鹃秋季放在冷室，保存时间长时，室内要有灯光，存放时间以到所需开花前15~20天为宜。

另一种是减缓生长以延迟开花。较低的温度能减缓植物的新陈代谢，延迟开花。此法多用在含苞待放或初开的花卉上，如菊花、唐菖蒲、月季、水仙、八仙花等。当花蕾形成尚未展开时，放入低温（3~5℃）条件下，可使花蕾展开进程停滞或迟缓，在需要开花时移到正常温度下进行管理，很快就会开花。

②低温提前花期：

低温打破休眠而提早开花。某些冬季休眠、春季开花的花木类花卉，如果提前给其一定的低温处理，可使其提前通过休眠阶段，再给予适宜的温度即可提前开花。如牡丹提前 50 天左右给予为期两周 0℃以下的低温处理后，再移至生长开花所需要的适宜温度下，即可于国庆节前后开花。

低温促进春化作用而提早开花。某些一、二年生花卉和部分宿根类花卉，在其生长发育的某一阶段给其一定的低温处理，即可完成春化作用而提前开花。如凤仙花、百日草、万寿菊等在低温下的促进花芽发育，使开花提前。某些花卉在一定温度下完成花芽分化后，还必须在一定的低温下进行花芽的伸长发育。如郁金香，花芽分化最适温度 20℃，花芽伸长的最适温度 9℃；杜鹃花花芽分化最适温度 18~23℃，而花芽分化最适温度 2~10℃。

2. 光照处理法：根据花卉花芽分化与发育对光周期的要求，在长日季节给短日性花卉进行遮光处理，在短日季节给长日性花卉人工补光处理，均可使之提前开花；反之则可抑制或推迟开花。

（1）补光处理即长日照处理：要求长日性花卉在秋冬季自然光照短的季节开花，应给予人工补光。可以在夜间给予 3~4h 光照，另外夜间中断，补充光照，也可以起到长日照的效果。如我国北方冬季栽植唐菖蒲时，欲使其开花，必须人工增加光照时间，每天下午 4 点以后用 200~300W 的白炽灯在 1m 左右距离补充光照 3h 以上，同时给予较高的温度，经过 100~130 天的温室栽培，即可开花。对短日性花卉除自然光照时数外，给予人工增加光照时数，则可推迟花期。如菊花，在 9 月花芽分化前每日给予 6h 人工辅助光，则可推迟花期，至元旦开花。

（2）遮光处理即短日照处理：在长日照季节里，要求短日性花卉开花，则可采取遮光办法。可用于短日照处理的花卉有菊花、一品红等。在长日照季节里可将此类花卉用黑布、黑纸或草帘等遮暗一定时数，使其有一个较长的暗期，还可促使其开花。一般多遮去傍晚和早上的光，遮光处理一定要严密，并连续进行不可中断，如果有光线透入或遮光间断，则前期处理失败。每天遮光时数与遮光持续天数因花卉种类与品种不同而有所差异。如一品红于 7 月下旬开始遮光，每天只给 8~9h 光照，处理 1 个月后可形成花蕾，经 45~55 天可开花。

（3）昼夜颠倒处理：采用白天遮光、夜间照光的方法，可使晚上开花的花卉白天开花。如昙花对光照的反应不同于其他花卉，其一般在夜间开放，不便于观赏，但如果在其蕾长 6~10cm 时，白天遮去阳光，夜晚照射灯光，则能改变其夜间开花的习性，使之在白天盛开，并可延长开花时间。

七、温室花卉的常见病害及其防治

（一）温室花卉病害产生的主要原因

1. 环境等外在因素造成的生理性病害即非传染性病害。发生的主要因素有温度、阳光、湿度、旱、涝、严寒、养分不足或失调和机械损伤等。这类病害只殃及该受害植物的本身，不能进行再传染。对于由环境条件不良引起的病害，只要及时地改善栽培管理，适应花卉生长发育的要求，一般会自然复壮。

2. 病虫害及病菌感染等引起的病害即传染性病害。其主要由真菌、细菌、病毒等在植物体寄生所引起的疾病，在适宜环境下能迅速繁殖，蔓延扩大，造成灾害。病菌感染的病害，必须及时防治。

这两类病害是紧密联系、互为因果的。当花卉生长衰弱时，往往容易招致病害；有时花卉遭到虫害，也会导致病害的发生。

（二）温室花卉的常见病害及其主要症状

1. 白粉病：是花卉常见的一种病害，能侵染植株的叶片、叶柄、花和嫩枝。初期病部出现浅色点，由点逐渐发展，形成一层白粉，最后粉斑上长出许多霉点使叶片卷缩、嫩梢弯曲甚至整株死亡。白粉病发生的特点是当气温达到 18~30℃，空气相对湿度为 55%~85%，尤其当环境比较闷热、不通风时最易发生。分生孢子可多次重复侵染，因而发病期长，其中以 7、8、9 月最为严重。主要危害月季、蔷薇、玫瑰、凤仙花、美女樱、秋葵、一品红、福禄考、秋海棠、栀子、牡丹、芍药、大丽花、八仙花、九里香等。

2. 立枯病：是一种花卉生产上比较常见的病。病原菌主要浸染植株根颈部和嫩茎接近地面的部分，初期出现褐色病斑，后来表皮坏死，发展严重时整株枯死。

3. 幼苗猝倒病：一般发生在幼苗前期，对二年生的草本花卉常引起幼苗的突然倒伏。病部先呈水渍状斑，后变黑色并凹陷，茎基腐烂，小苗倒伏死亡。

4. 锈病：是一种真菌病害，对玫瑰、菊花等危害重，在高温高湿的情况下危害更重。病原菌以菌丝状态在花木细胞间潜伏越冬，翌年开始侵染危害，主要危害叶片、叶柄，形成隆起的橙黄色斑点，破坏表皮组织，造成大量失水，使花卉因不能正常发育而枯死。

5. 灰霉病：是大棚花卉的重要病害，主要危害花卉的花、果及叶片。最初叶片出现暗褐色霉斑，逐渐扩大形成黑色煤烟状霉层，影响花卉的光合作用，使植株生长衰弱并影响美观，严重时造成全株死亡。

6. 叶斑病：也称黑斑病、褐斑病等，是很多花卉经常见的病害，尤其对月季、茶花、杜鹃花、蔷薇、菊花等危害较多。开始时叶片中间出现黑色斑点，然后叶色变黄脱落。发生原因多系环境闷热、不通风和潮湿，可形成再侵染。

7. 病毒病：是危害花卉的一类特殊病害，近几年来有逐渐加重的趋势。花卉病毒病一般只有明显病状而无病征。病毒病症状多为花叶、黄化，较少有腐烂、萎蔫症状，植株发病后往往不能恢复。花叶病就是其中一种。

（三）温室花卉病害的综合防治

1. 加强花卉植物检疫是防治病虫害的基本措施之一。播种前应严格对种子、种苗、种球进行检疫，凡新引进的种子、花苗等繁殖材料，必须根据国家所确定的检疫对象进行严格检查，发现有检疫对象时，绝对禁止输入，防止蔓延成灾。

2. 搞好温室卫生：做好温室环境卫生能减少病原基数和病害传染，是温室花卉栽培中经济有效的防病措施。许多侵袭温室花卉最常见的病原物，能在修剪时丢下的植株残体和用过的介质上存活或产生接种体。应及时清除花卉病虫害残体，及时摘除病枝，清除因病虫或其他原因致死的植株。园艺操作过程中应避免人为传播，如在切花、摘心、除草时要防止病菌通过工具和人手传播。盆钵或浅盘需要再利用时，则应该在使用前消毒。在花卉整形、修剪完毕后，应立即将垃圾、植株残体、盆钵、浅盘和用过的土壤或介质从种植区移出并送到垃圾堆去。

3. 改善环境条件：主要是指调节温室的光照、温度及湿度。强制排湿，促进空气流通是抑制病害最有效的方法。在夜间和阴雨天条件下，温室花卉基部湿度太大，即使通风也难以排湿，容易发生病害。连栋塑料温室等高档设施，可以利用风扇定时强制排湿；采用滴灌技术亦可使地面保持相对的低湿状况，截断土壤蒸发，抑制病害发生。

4.加强肥水管理，合理稀植：合理的肥水管理不仅能使花卉健壮生长，而且能增强花卉抵御病虫害的能力。使用无机肥时要注意氮、磷、钾肥等的配合施用，防止施肥过量或不足。根据不同种类的花卉品种及其习性，科学施肥，调节花卉的生长势，合理稀植，尽可能扩大行距，缩小株距，形成空气通道，以便空气流通和降湿，使温室花卉受光好，增强花卉抗病害的能力，促进花卉的健壮生长。

5.生物防治、物理防治和化学防治：利用热力处理是防治多种病害的有效方法，主要用于苗木、接穗、插条等繁殖材料的消毒。目前生产上主要采用温汤浸渍处理及热空气处理去除病毒，但是高温处理不当会影响花卉的生长，严重者会使植株死亡。

第六节 室内观叶植物栽培管理

一、室内观叶植物概述

室内观叶植物是指原产于热带或亚热带，在室内条件下栽培，能长时间或较长时间正常生长，用于室内装饰与造景的一类观叶植物。其主要功能是观叶。室内观叶植物以阴生植物为主，也包括部分既观叶又观花、观果或观茎的植物。室内观叶植物种类多，差异也大，同时室内不同位置的生长环境也存在很大差异，所以室内摆放植物，必须根据具体位置、具体条件选择适合的品种，满足该植物的生态要求，使植物能正常生长，充分显示其固有特征，达到最佳观赏效果。

室内观叶植物除具有美化家居的观赏功能之外，还可以吸收像二氧化碳、甲醛等有害气体，起到净化室内空气的作用，能营造一个良好的生活环境。室内观叶植物几乎能周年观赏，深受人们的喜爱，在家庭、宾馆、大厦、办公室和餐厅等公共场所，都能见到它们的身影。

（一）观赏特点

1.耐阴性是其他观赏植物所不能替代的。

2.观赏周期长。

3.管理相对比较简单。

4.种类繁多，大小齐全，姿态多样，风韵各异，能满足装饰需要。

（二）作用

1.能去除甲醛的花卉：吊兰、常春藤、变叶木、凤尾竹、龙血树、橡皮树、散尾葵、龙舌兰、绿萝铁线蕨。

2.能清除油烟、香烟烟雾和粉尘的花卉：君子兰、非洲菊、万年青、无花果。

3.夜间能吸收二氧化碳、释放氧气的植物家族：虎尾兰、蟹爪兰、芦荟、虎耳草、龟背竹。

4.能充当"空气加湿器"的花卉：富贵竹、滴水观音。

5.能驱虫杀菌的花卉：茉莉、米兰、薄荷、紫薇、文竹、驱蚊香草、清香木。

6.能提神解压、愉悦心情的花卉: 栀子花、紫罗兰、风信子、蝴蝶兰、玫瑰、牡丹。

7.常见室内观叶植物作用介绍

（1）君子兰（见图5-39）：

作用：释放氧气，是吸收烟雾的"清新剂"。

一株成年的君子兰，一昼夜能吸收 $1m^3$ 空气，释放 80% 的氧气，在极其微弱的光线下也能发生光合作用。它在夜里不会散发二氧化碳。

特别是北方寒冷的冬天，由于门窗紧闭，室内空气不流通，君子兰会起到很好的调节空气的作用，保持室内空气清新。

图 5-39　君子兰

（2）仙人掌（见图5-40）：

作用：减少电磁辐射的最佳植物。

仙人掌具有很强的消炎灭菌作用，也是减少电磁辐射的最佳植物。

此外，仙人掌夜间可吸收二氧化碳释放氧气，所以晚上在居室内放有仙人掌，就可以补充氧气，利于睡眠。

图5-40　仙人掌

（3）绿萝（见图5-41）：

作用：改善空气质量，消除有害物质。

绿萝的生命力很强，吸收有害物质的能力也很强，可以帮助不经常开窗通风的房间改善空气质量。绿萝还能消除甲醛等有害物质，其功能不亚于常春藤、吊兰。

图5-41　绿萝

（4）发财树（见图5-42）：

作用：对抗烟草燃烧产生的废气。

发财树四季常青，能通过光合作用吸收有毒气体释放氧气；能比较有效地吸收一氧化碳和二氧化碳；对抵抗烟草燃烧产生的废气也有一定作用。

图 5-42　发财树

（5）富贵竹（见图5-43）：

作用：适合卧室的健康植物。

富贵竹可以帮助不经常开窗通风的房间改善空气质量，具有消毒功能。尤其在卧室，富贵竹可以有效地吸收废气，使卧室的封闭环境得到改善。

（6）棕竹（见图5-44）：

作用：消除重金属污染和二氧化碳。

棕竹的功能类似龟背竹，同属于大叶观赏植物的棕竹能够吸收80%以上的有害气体，净化空气。同时，棕竹还能消除重金属污染并对二氧化硫污染有一定的抵抗作用。当然作为叶面硕大的观叶植物，它们最大的特点就是具有一般植物所不能企及的吸收二氧化碳并制造氧气的功能。

图 5-43 富贵竹

图 5-44 棕竹

（四）生态特性

1.喜温暖：

如芦荟，多年生常绿多肉植物，茎节较短，直立，叶肥厚，多汁，披针形；喜温暖、干燥气候，耐寒能力不强，不耐阴。它不仅是吸收甲醛的好手，而且具有很强的药用价值，如杀菌、美容的功效。现已开发出不少盆栽品种，具有很强的观赏性，可用于装饰居室。

虎尾兰，叶簇生，剑叶刚直立，叶全缘，表面乳白、淡黄、深绿相间，呈横带斑纹；常见的家庭盆栽品种，耐干旱，喜阳光温暖，也耐阴，忌水涝。可吸收室内 80% 以上的有害气体，吸收甲醛的能力超强。

龙舌兰，多年生常绿植物，植株高大，叶色灰绿或蓝灰，叶缘有刺，花黄绿色；喜温暖、光线充足的环境，耐旱性极强。它也是吸收甲醛的好手。此外，还可用于酿酒，用其配制的龙舌兰酒非常有名。

2.喜湿润：

绿萝天南星科喜林芋属植物，属于攀藤观叶花卉。性喜温暖、潮湿环境，藤长可达数米，节间有气根，叶片会越长越大，叶互生，常绿。绿萝茎细软，叶片娇秀。它是吸收甲醛的好手，而且具有很高的观赏价值，蔓茎自然下垂，既能净化空气，又能充分利用空间，能为呆板的柜面增加活泼的线条、明快的色彩。

鸭跖草，属常绿植物，生长强健，茎叶光滑，茎基部分枝匍匐，上部分枝向上斜生，常在节处生根。叶片披针形至卵状披针形，花深蓝色。性喜温暖、湿润、耐阴和通风的环境以及疏松、肥沃土壤。它不仅是吸收甲醛的好手，而且是良好的室内观叶植物，可布置于窗台，也可放于阴蔽处。同时，植株还可入药，具有清热泻火、解毒的功效，还可用于咽喉肿痛、毒蛇咬伤等。

3.喜阴或耐阴：

吊兰是非常常见的室内植物，很受大家欢迎，也非常好养，挂起来很有味道。

万年青是四季常青植物，长得很快，喜欢水，适合水培，放在家中绿意盎然。

竹芋是喜阴喜水植物，不喜欢太阳，直晒反而容易焦叶，品种非常多，叶片颜色非常漂亮。

一叶兰非常适合阴暗弱光环境，有水就能活，是非常好管理的品种。

白掌的市场一直都非常好，为室内最常见的四季开花品种，很适合水培，有水就可以活。

虎尾兰是最常用的除甲醛植物，不用经常浇水，非常适合放在室内，是懒人专属植物。

二 、室内观叶植物的选择

（一）选购原则

花卉市场里的植物品种相当丰富，而且形态各异，每个人都可以根据个性选购各自喜好的植物。不过，光从喜欢、好看的角度出发去购买植物还不够全面，还应该从科学性和美学的角度去选购室内观叶植物。在选购时需要提前考虑以下几个问题：

1.从室内环境来考虑。居室内一般是封闭的空间，所以选择植物最好以耐阴观叶植物或半阴生植物为主。一些观叶植物，不仅耐阴，更因其具有减少污染、净化空气的功能而成为装饰植物的佼佼者。如吊兰、鸭趾草、棕竹、虎尾兰能吸收天花板、塑料制品、地板中散发出的甲醛；常春藤、菊叶能清除苯的污染；栀子花、石榴、米兰、月季能吸收二氧化硫、过氧化氮、氯气；米兰、兰花能散发含有杀菌素的芳香油；芦荟、宝石花是清洁空气的能手。

2.比例适度。与居室内空间高度及阔度成比例，过大过小都会影响美感。一般来说，居室内绿化面积最多不得超过居室面积的10%，这样室内才有一种扩大感，否则会使人觉得压抑。掌握布置均衡和比例适度两个基本点，就可有目的地进行室内绿化装饰的构图组织，实现装饰艺术的创作，做到立意明确、构图新颖、组织合理，使室内观叶植物虽在"斗室之中"，却能"隐现无穷之态，招摇不尽之春"。

3. 植物色彩与室内环境相和谐。色彩感觉是一般美感中最大众化的形式。色彩对人的视觉是一个十分醒目且敏感的因素，在室内绿化装饰艺术中起着举足轻重的作用。一般来说，最好用对比的手法，突出布置的立体感。如背景为亮色调或浅色调，选择植物时应以深沉的观叶植物或鲜丽的花卉为好；居室光线不足、底色较深时，宜选用色彩鲜艳或淡绿色、黄白色的浅色花卉，以便取得理想的衬托效果。

4. 注意避开有害品种。植物的芳香有调节人神经系统的作用，但有一部分植物虽然能美化环境，装饰家居，却对人体有直接危害。夜来香夜间排出的废气使高血压、心脏病患者感到郁闷；郁金香含毒碱，连续接触 2h 以上会头昏；玉丁香久闻会引起烦闷气喘，影响记忆力；含羞草有羞碱，经常接触引起毛发脱落；松柏会影响食欲；一品红、虎刺梅、变叶木、玻璃翠等植物体含有毒物质，会伤害眼睛、皮肤，甚至会导致癌症。因此，在选择绿化植物时要注意。

5. 兼顾植物的性格特征。蕨类植物的羽状叶给人亲切感；紫鹅绒质地使人温柔；铁海棠则展现出钢硬多刺的茎干，使人避而远之；竹造型体现坚韧不拔的性格；兰花有居静芳香、高风脱俗的性格。植物的气质与主人的性格和居室内气氛应相互协调。

（二）根据室内光照条件，选择室内植物

1. 极耐阴种类。它是室内观叶植物中最耐阴的种类，如蜘蛛抱蛋、蕨类、白网纹草、虎皮兰、八角金盘、虎耳草等。在室内极弱的光线下也能供较长时间观赏，适宜在离窗台较远的区域摆放，一般可在室内摆放 2~3 个月。

2. 半耐阴种类。它是室内观叶植物中耐阴性较强的种类，如千年木、竹芋类、喜林芋、绿萝、凤梨类、巴西木、常春藤、发财树、橡皮树、苏铁、朱蕉、吊兰、文竹、花叶万年青、粗肋草、冷水花、白鹤芋、豆瓣绿、龟背竹、合果芋等，适宜在朝北窗台或离有直射光的窗户较远的区域摆放。一般可在室内摆放 1~2 个月。

3. 中性种类。它要求室内光线明亮，每天有部分直射光线，是较喜光的种类，如彩叶草、花叶芋、蒲葵、龙舌兰、鱼尾葵散尾葵、鹅掌柴、榕树、棕竹、长寿花、叶子花、一品红、天门冬、仙人掌类、鸭跖草类等，适宜在有光照射的区域摆放。一般可在室内摆放 3~4 个月。

4. 阳性种类。它要求室内光线充足，如变叶木、月季、菊花、短穗鱼尾葵、沙漠玫瑰、铁海棠、蒲包花、大丽花等。一般在室内只能摆放 10 天左右。

（三）根据室内温度条件，选择室内植物（按照江浙地区实际分）

1.耐寒类。−5~0℃，大多数室内植物不耐 0℃以下低温，少数植物（如棕竹、常春藤、幸福树等）可以。

2.半寒类。0~8℃，如蟹爪兰、君子兰、水仙、倒挂金钟、杜鹃等。

3.不耐寒类。8℃以上，如蝴蝶兰、富贵竹、变叶木、一品红、扶桑等。

注意：花卉的耐寒性也不是绝对的，也是可以通过驯化适应的。

（四）根据室内水条件，选择室内植物

（1）耐旱类：特点是叶片或茎干肉质肥厚，细胞内贮有大量水分；叶面有较厚的蜡质层或角质层，能够抵抗干旱环境。如金琥、龙舌兰、芦荟、景天、莲花掌、生石花等。北方干旱、多风或冬季取暖的季节，室内空气湿度很低时栽植效果较好。

（2）半耐旱类：特点是肥胖的肉质根，根内贮存大量水分或叶片呈革质或蜡质状，叶片呈针状，蒸腾作用较小，短时间的干旱不会导致叶片萎蔫。如人参榕、苏铁、五针松、吊兰、文竹、天门冬等。

（3）中性类：生长季节需充足的水分，干旱会造成叶片萎蔫，严重时叶片凋萎、脱落，如巴西铁、蒲葵、棕竹、散尾葵等。

（4）耐湿类：特点是根系耐湿性强，稍缺水植物就会枯死。需要高空气湿度的室内观叶植物有兰花、白网纹草、竹芋类、鸟巢蕨、铁线蕨、白鹤芋、薜荔等需要通过喷雾、组合群植来增加空气湿度。

适合水培的观叶植物有绿巨人、富贵竹、绿萝、常春藤、万年青、一叶兰、南洋杉、鹅掌柴、红鹤芋、袖珍椰子、合果芋、喜林芋、旱伞草、龟背竹等。

三、室内观叶植物绿化装饰方式

室内观叶植物绿化装饰方式除要根据植物材料的形态、大小、色彩及生态习性外，还要依据室内空间的大小、光线的强弱和季节变化以及气氛而定。其装饰方法和形式多样，主要有陈列式、攀附式、悬垂式、壁挂式、栽植式及迷你型观叶植物式等。

（一）陈列式

陈列式是室内绿化装饰最常用和最普通的装饰方式，包括点式、线式和片式三种（见图 5-45）。其中以点式最为常见，即将盆栽植物置于桌面、茶几、柜角、窗台及墙角，或在室内高空悬挂，构成绿色视点。线式和片式是将一组盆栽植物摆放成一条线或组织成自由式、规则式的片状图形，起到组织室内空间、区分室内不同用途的作用，或与家具结合，起到划分范围的作用。几盆或几十盆组成的片状摆放，可形成一个花坛，产生群体效应，同时可突出中心植物主题。采用陈列式绿化装饰，主要应考虑陈列的方式、方法和使用的器具是否符合装饰要求。

图 5-45　陈列式装饰

（二）攀附式

大厅和餐厅等室内某些区域需要分割时，采用攀附植物，或带某种条形或图案花纹的栅栏再附以攀附植物与攀附材料隔离，在形状、色彩等方面十分协调，以使室内空间分割合理、实用（见图 5-46）。

图 5-46　攀附式装饰

（三）悬垂式

在室内较大的空间内，结合天花板、灯具，在窗前、墙角、家具旁吊放有一定体量的阴生悬垂植物，可改善室内人工建筑的生硬线条，营造生动活泼的空间立体美感，且"占天不占地"，可充分利用空间（见图 5-47）。这种装饰要使用一种金属吊具，或塑料吊盆，使之与所配材料有机结合，以取得意外的装饰效果。

图 5-47　悬垂式装饰

（四）壁挂式

　　室内墙壁的美化绿化，也深受人们的欢迎。壁挂式有挂壁悬垂法、挂壁摆设法、嵌壁法和开窗法。预先在墙上设置局部凹凸不平的墙面和壁洞，供放置盆栽植物；或在靠墙地面放置花盆，或砌种植槽，然后种上攀附植物，使其沿墙面生长，形成室内局部绿色的空间；或在墙壁上设立支架，在不占用地的情况下放置花盆，以丰富空间（见图 5-48）。采用这种装饰方法时，应主要考虑植物姿态和色彩。以悬垂攀附植物材料最为常用，其他类型植物材料也常使用。

图 5-48　壁挂式装饰

（五）栽植式

栽植式装饰多用于室内花园及室内大厅堂有充分空间的场所。栽植时，多采用自然式，即平面聚散相依、疏密有致，并使乔灌木及草本植物和地被植物组成层次，注重姿态、色彩的协调搭配。注意采用室内观叶植物的色彩来丰富景观画面；同时考虑与山石、水景组合成景，模拟大自然的景观，给人以回归大自然的美感（见图5-49和图5-50）。

图 5-49　阳台花架装饰　　　　　图 5-50　朴素花台

（六）迷你型观叶植物式

迷你型观叶植物式装饰在欧美、日本等地极为盛行。其基本形态来源自插花手法，将迷你型观叶植物配植在不同容器内，摆置或悬吊在室内适宜的场所，或作为礼品赠送他人。其最主要的目的是达到功能性的绿化与美化，也就是说，在布置时，要考虑室内观叶植物如何与生活空间内的环境、家具、日常用品等相搭配，使装饰植物材料与其环境、生态等因素高度统一。其应用方式主要有迷你吊钵、迷你花房、迷你庭院等。

（1）迷你吊钵：将小型的蔓性或悬垂观叶植物作悬垂吊挂式装饰。这种应用方式观赏价值高，即使是在狭小空间或缺乏种植场所时仍可被有效利用。

（2）迷你花房：在透明有盖子或瓶口小的玻璃器皿内种植室内观叶植物。它所使用的玻璃容器形状繁多，如广口瓶、圆锥形瓶、鼓形瓶等。由于此类容器瓶口小或加盖，水分不易因蒸发而散逸，在瓶内可被循环使用，所以应选用耐湿的室内观叶植物。迷你花房一般是多品种混种。在选配植物时，应尽可能选择特性相似的配植，这样更能达到和谐的境界。

（3）迷你庭院：指将植物配植在平底水盘容器内的装饰方法。其所使用的容器不局限于陶制品，木制品或蛇木制品亦可，但使用时应在底部先垫塑料布。这种装饰方式除了按照插花方式选定高、中、低植株形态，并考虑根系具有相似性外，叶形、叶色的选择也很重要。同时，这种装饰最好有其他装饰物（如岩石、枯木、民俗品、陶制玩具或动物等）来衬托，以提高其艺术价值。若为小孩房间，可添置小孩所喜欢的装饰物；年轻人的房间则选用新潮或有趣的物品装饰。总之，可依年龄的不同作不同的选择。

四、室内观叶植物的栽培养护

（一）栽培基质要求

1. 水气平衡较好，有强的持水性。

2. 质地松软，便于操作。

3. 营养丰富，持续长久。

4. 干净卫生，无病虫害。

栽培基质必须具备以下两个基本条件：

（1）物理性质好，即必须具有疏松、透气与保水排水的性能。基质疏松、透气好才能有利于根系的生长；保水好，可保证有充足的水分供植物生长发育使用；排水好，不会因积水导致根系腐烂；此外，基质疏松，质地轻，还便于运输和管理。

（2）化学性质好，即要求有足够的养分，保肥能力强，以供植物不断吸收利用。

目前，室内观叶植物栽培中可选择的基质有以下几种。

①腐叶土。腐叶土是由阔叶树的落叶长期堆积腐熟而成的基质。在阔叶林中自然堆积的腐叶土也属这一类土壤。腐叶土含有大量的有机质，土质疏松，透气性能好，保水保肥能力强，质地轻，是优良的盆栽用土。它常与其他土壤混合使用，适于栽培多数常见花卉，也是栽培室内观叶植物的最佳土壤。

②泥炭土。泥炭土又称黑土、草炭，系低温湿地的植物遗体经几千年堆积而成。通常，泥炭土又分为高位泥炭和低位泥炭两类。

高位泥炭是由泥炭藓、羊胡子草等形成的，主要分布于高寒地区，我国东北及西南高原很多。它含有大量有机质，分解程度较差，氮及灰分含量较低，酸度高，pH 为 6、6.5 或更低，使用时必须调节其酸碱度。

低位泥炭是由生长在低洼处、季节性积水或常年积水地方，需要无机盐养分较多的植物（如苔草属、芦苇属）和冲积下来的各种植物残枝落叶经多年积累而成的。我国许多地方都有分布，其中以西南、华北及东北分布最多，南方高海拔山区亦有分布。它一般分解程度较高。酸碱度较高位泥炭低，灰分含量较高。

泥炭土含有大量的有机质，土质疏松，透水透气性能好，保水保肥能力较强，质地轻且无病害孢子和虫卵，所以也是盆栽观叶植物常用的土壤基质。但是，泥炭土在形成过程中，经过雨水长期的淋溶，本身的肥力有限，所以在配制使用基质时可根据需要加进足够的氮磷钾和其他微量元素肥料；同时，配制后的泥炭土也可与珍珠岩、蛭石、河沙、园土等混合使用。

③园土。园土是经过农作物耕作过的土壤。它一般含有较高的有机质，保水保肥能力较强，但往往有病害孢子和虫卵残留，使用时必须充分晒干，并将其敲成粒状，必要时施行土壤消毒。园土经常与其他基质混合使用。

④河沙。河沙是河床冲积后留下的。它几乎不含有机养分，但通气排水性能好，且清洁卫生。河沙可以与其他较黏重土壤调配使用，以改善基质的排水通气性；也可作为播种、扦插繁殖的基质。

⑤泥炭藓、蕨根和蛇木。泥炭藓是苔藓类植物，经人工干燥后作为栽培基质。它质地轻、通气与保水性能极佳，在室内观叶植物的栽培中应用很好，它亦可作为包装材料。一些品种（如凤梨）单独用种植效果很好，但易腐烂，使用寿命短，一般 1~2 年即须更换新鲜的基质。

蕨根是指紫萁的根，呈黑褐色，不易腐烂。另外，桫椤的茎干和根也属这一类材料，常称作蛇木。桫椤干上长有黑褐色的气生根，呈网目状重叠的多孔质状态，质轻，可加工成板状或柱状，可作为蔓性或气根性室内观叶植物生长的材料。但这种材料不易获得。

泥炭藓、蕨根和蛇木作为室内观叶盆栽基质材料，既透气排水又保湿，但必须注意补充养分，以保证植物正常生长之需。

⑥树皮。树皮主要是栎树皮、松树皮和其他厚而硬的树皮。它具有良好的物理性能，能够代替蕨根、苔藓、泥炭，作为附生性植物的栽培基质。使用时将其破碎成 0.22cm 的块粒状，按不同直径分筛成数种规格：小颗粒的可以与泥炭等混合，用于栽植一般盆栽观叶植物；大规格的用于栽植附生性植物。

⑦椰糠、锯末、稻壳类。椰糠是椰子果实外皮加工过程中产生的粉状物。锯末和稻壳是木材和稻谷在加工时留下的残留物。此类基质物理性能好，表现为质地轻、通气排水性能较好，可与泥炭、园土等混合后作为盆栽基质。但对于一些植物，使用这类基质时要经适当腐熟，以去除对植物生长不利的异物。

⑧珍珠岩。珍珠岩是粉碎的岩浆岩经高温处理（1000℃以上），膨胀后

形成的具有封闭结构的物质。它是无菌的白色小粒状材料，有特强的保水与排水性能，不含任何肥分，多用于扦插繁殖及改善土壤的物理性状。

⑨蛭石。蛭石是硅酸盐材料，系经高温处理（800~1000℃）后形成的一种无菌材料。它疏松透气，保水透水能力强，常用于播种、扦插及土壤改良等。

⑩煤渣。煤渣系经燃烧的煤炭残体，它透气排水能力强，无病虫残留。作为盆栽基质时，要经过粉碎过筛，选用25mm的粒状物，并和其他培养土混合使用。

上述各种基质材料各有益处，使用时采用单一的基质栽培，对大部分品种来讲往往得不到最佳效果。所以，在应用时应根据各种植物的特性及不同的需要加以调配，做到取长补短，发挥不同基质的性能优势。

（二）养护管理

室内观叶植物以阴生植物为主，也包括部分既观叶又观花、观果或观茎的植物。养护管理家庭栽培观叶植物时要做好以下几点。

1.放置场所。喜好阳光的植物，应放窗边阳光较强的地方。对仙客来、瓜叶菊等喜光的植物，更要给以优先考虑，选择阳光充足之处放置。若室内没有理想的向阳之处，那就要尽可能选择光线较为明亮的地方。若属耐阴植物，则宜置于无阳光直射处，偶尔给以较弱的光照即可。壁挂或悬吊的植物，应每2~4周变换一下位置，这样无论对于植物的生长还是室内氛围的烘托，都是有益处的。

2.给水原则。给水过多，是造成植物死亡的重要原因之一。冬天寒冷的气候，对观叶植物的生长十分不利，此时若盆土过湿，植物的根系就会受到寒冷的伤害，而根的伤害，则又必然导致叶子的枯亡，因此冬季给水一定要严格控制，使盆土常处于较为干燥的状态。由于盆土的干燥程度会因植物种类、叶面积、盆钵质料、放置场所等的影响有所不同，故可将盆土表面发白、干硬等迹象作为依据，来掌握浇水的时间，一般其间隔3~4日。浇水宜在中午较暖之时，以备浇水一次浇透。

3.空气湿度。导致观叶植物冬季叶片枯萎、掉落的最主要的原因，就是空气湿度的不足。此时室内的空气一般很干燥，容易令植物叶片水分缺乏，芽尖枯损。所以，应时常在白天较暖的时候，最好在中午，以向叶面喷雾的形式补充植物及外界环境所需的水分，夜间也需尽可能地将植物罩于塑料袋内，以保湿度，使植物安然度过寒冷季节。

4.光照条件。大部分观叶植物喜欢半阴的环境条件，不宜接受阳光直射，有些观叶植物耐阴性很强，可长时间置于室内。根据观叶植物的特点，给以合理的光照，以利其健壮生长，增强抗逆能力。如竹芋类、万年青类、蕨类、一叶兰、龟背竹、八角金盘、棕竹等适宜在室内散射光条件下生长发育；苏铁、香龙血树、红背桂、四季秋海棠、虎尾兰、龙舌兰等，虽然有一定的耐阴性，但需要充足的光照，在室内栽培时应放在阳光充足或明亮处；另一类如变橡皮树、叶子花、凤梨、一品红及多肉观叶植物等，则应让其充分接受阳光，才能有利于生长发育。

5. 施肥原则。观绿叶的植物，以氮肥为主，氮、磷、钾的比例为 3∶1∶1。叶片上有斑纹花点的观叶植物，氮肥不能过多，施肥比例以 1∶1.5∶1.5 为宜。在施用量上"宁少勿多"，施肥过量容易"烧根"，造成植物叶片泛黄或萎蔫死亡。一般在生长期施 1~2 次薄肥液即可。在休眠期要停止施肥，只浇清水。施肥宜在晴天傍晚进行，施肥前盆土应适当偏干，最好松土一次，施肥后的第二天早上再浇清水，防止肥液中的有效成分积存在盆土表面而不能随水下渗。浇灌肥液时还应注意不要将肥水滴溅到叶片上，以免污染叶面。

6. 通风。室内郁闭、通风不良极易引起红蜘蛛、蚧壳虫、蚜虫、白粉虱等害虫危害。尤其是夏季高温潮湿，通风不良，还会造成白粉病、褐斑病、腐烂病的发生。所以，夏季应把植物放在通风良好的荫棚下养护。冬季在室内养护时，遇到晴朗的天气，中午应开窗通风换气。

第七节　花卉无土栽培

一、概述

花卉无土栽培是指不用天然土壤栽培花卉，而是根据植物生长发育需要的各种养分，用营养液培养，这种营养液可以代替天然土壤向作物提供水分、养分、温度，使作物能够正常生长并完成其整个生命周期，或用其他物质代替，作为培养基质或固定支撑物进行盆花栽植并使用营养液浇灌的一种栽培方法。无土栽培作为一项新技术，已经应用于花卉栽培领域。

（一）无土栽培花卉的优势

1. 花卉长势强、产量高、品质好。无土栽培是根据植物生长需要配制营养液，植株生长速度快、长势强，产量高、质量好。无土栽培的盆花，明显生长健壮、整齐，叶色浓绿，花多而大、色泽鲜艳，能提前开花且花期又长。

2.省水、省肥、省力、省工。无土栽培可以避免土壤灌溉水分、养分的流失，充分被作物吸收利用，提高利用效率。耗水量大约只有土壤栽培的1/10~1/4，肥料利用率超过90%，且省去了中耕、整畦、除草等体力劳动，节省了劳动力，提高了劳动生产率。

3.病虫害少，可避免土壤连作障碍。无土栽培和园艺设施相结合，在相对封闭的环境条件下进行，避免了外界环境和土壤病原菌及害虫对作物的侵袭，不存在土壤种植中寄生虫卵及重金属、化学有害物等公害污染。

4.有利于扩展农业生产空间，实现农业生产现代化。无土栽培使作物生产摆脱了土壤的约束，荒山、荒地、河滩、海岛以及城市的楼顶凉台、阳台等空间都可以栽培，充分利用了空间，有利于实现农业生产的现代化。

（二）无土栽培的缺点

1.企业自动化生产，一次性投资比较大。

2.风险大，一个环节出问题，导致系统全面瘫痪。

3.对硬件、软件和技术都有较高的要求。

4.有些基质松软，质地轻，难以有效固定高大花卉。

二、花卉无土栽培的类型与基质的选择

无土栽培一般有水培和固体基质培育两种形式。水培过程对技术的要求较高，投资较大，常用于耐湿花卉的盆栽与重要切花的生产中。固体基质培育对技术的要求不高，初期的投资少，因此在切花生产、草坪繁育、盆花及花卉的生产中广泛应用。

（一）水培

水培是无土栽培中最早采用的方式，是指将花卉的根系连续或不连续地浸于营养液中的栽培方法。水培的主要特点是使植物根系直接悬浮生长于流动的营养液中，以增加空气的含量。一般需要10~15cm深的营养液。关于花卉水培详见本章第八节。

（二）固体基质培育

固体基质的主要作用是将花卉植物固定在容器内。基质应具有良好的物理性状和稳定的化学性质，通常要求其pH为6~7，在肥料迅速改变pH时具有较强的缓冲能力，并具有适于花卉生长的电导率及盐基交换量。花卉由基质固定在容器内，调节水分和养分。因此，基质最好采用具有一定的保水性和排水性，同时具有一定的强度和稳定性且不能含有有害物质的东西，且应

结合实际，就地取材。

1. 常用的无土栽培基质有：

（1）砂粒。沙培是指用直径小于 3mm 的砂粒作基质。施用营养液时，一般用滴液方式。沙培是以沙粒、塑料或其他无机物质作为基质，再加入营养液来栽培花卉植物的方法。在沙培时最好使用粒径为 0.5~2.0mm 的沙粒作为栽培基质，在使用前要筛选、水洗。

（2）砾培。砾培是指用直径大于 3mm 的天然砾、浮石、火山岩等作基质。经过长期使用的砾石，会有大量残根，当再次使用时，应该将其捡出并进行漂洗处理，以防疾病的传播。

（3）岩棉。岩棉是以天然岩石如玄武岩、辉长岩、铝矾土等为主要原料，经高温（温度 2000℃）熔化、纤维化而制成的无机质纤维。岩棉具有质轻、防腐、透气性佳以及化学性质稳定、经高温消毒后不携带任何病原菌等优点，目前已得到广泛使用。由于含有少量氧化钙，刚使用的岩棉 pH 较高（7~8），一段时间后，pH 就会自然下降。

（4）蛭石。蛭石是一种含镁的水铝硅酸盐次生变质矿物，具有质轻而多孔隙，吸水性与持水力较强，缓冲性和离子交换能力较强等优点，并含有可供花卉吸收利用的镁、钾等元素。在无土栽培中常作为蛭石育苗、扦插或以一定比例配置混合栽培基质。无土栽培用蛭石的砾径应在 3mm 以上，用作育苗的蛭石可稍细些。重复使用时，其物理性状会有所改变。

（5）珍珠岩。珍珠岩是由灰色火山岩经粉碎加热至 1000℃，膨胀形成的一种白色颗粒状含硅矿物。其性质稳定、坚固、清洁无菌，具有良好的排水和通气性，但保水、保肥性稍差。

（6）泥炭。泥炭的保水性和透气性都很好，可单独作基质，也可与炉渣、珍珠岩混合使用。

（7）此外，炉渣、砖块、木炭、石棉、锯末、蕨根、树皮等物都可以作为基质使用，不过用前需要洗净消毒。

2. 有机基质：有机基质多为各种发酵后的有机物质，除固定作用外，通常还具有较高的盐基交换量及续肥能力。无土栽培中较常见的有机基质如下：

（1）泥炭。泥炭是沼泽发育过程中的产物，含有大量水分和未被彻底分解的植物残体、腐殖质以及一部分矿物质。其有机质含量在 30% 以上，质地松软易于散碎，具有较好的透气性和持水性，pH 一般在 5.5~6.5。生产上，泥炭常与珍珠岩、蛭石、炉渣灰等其他基质混合使用。

（2）锯木屑。锯木屑来源丰富、容重轻、吸水保水性较好，但碳氮比过高，单独使用要补充大量氮肥，否则易造成植株缺氮；基质较偏酸性，可与碱性基质混合使用。锯木屑作为基质具有投入少、效果好的优点，但由于锯木屑中常含有大量杂菌及致病微生物，需经过高温等特殊处理才能杀死有害病菌，因此其在使用中也面临着有益微生物减少的问题。

（3）其他基质。椰子纤维、稻壳、甘蔗渣、芦苇末等基质也具有较好的物理性状和营养效果，但稳定性通常较差，所以它们的应用技术还应在实践中进一步发展和完善。

三、花卉无土栽培适宜品种

适宜于无土栽培的花卉品种有蕨类、喜林芋类、凤梨类、龙血树类、竹芋类、球根类花卉，以及吊兰、吊竹梅、广东万年青、菊花、含羞草、香石竹、兰花、文竹、鸭跖草、君子兰、栀子花、金粟兰、虎尾兰、棕竹等。

四、无土栽培基质的消毒处理及配制

基质的长期使用，会滋生病菌，因此每次种植后只有对基质进行消毒处理才能继续使用。

（一）基质消毒

1. 化学消毒：化学试剂熏蒸消毒（基于存在残留，选择使用时应慎重）。

（1）甲醛（福尔马林）：将 40% 甲醛原液稀释成 50 倍液，均匀喷洒，覆盖塑料薄膜密闭 24h 以上，使用前揭去薄膜风干 1 周左右，可以杀死各种病菌。福尔马林对虫的杀灭效果一般。

（2）氯化苦：将基质堆放，向基质内注入 3~5mL 药液，覆盖塑料薄膜密闭，15~20℃条件下熏蒸 7~8 天，使用前风干 7~8 天，可以杀死基质中的线虫及其他害虫和杂草种子。

（3）溴化钾：是相当有效的药剂，能有效地杀死大多数线虫等害虫、杂草种子和一些真菌。用塑料管将药液混匀喷洒到基质上，用量一般为每立方米基质 100~150g。混匀后用薄膜覆盖密封 5~7 天，使用前要晾晒 7~10 天。

（4）漂白粉：用于砾石、沙子消毒。配 0.3%~1% 漂白粉药液，浸泡基质半小时，清水冲洗。暴晒 10~15 天，消毒效果良好。

2. 物理消毒：

（1）蒸汽消毒。简便易行，经济实惠，安全可靠。凡在温室栽培条件下以蒸汽进行加热的，均可进行蒸汽消毒。其方法是将基质装入柜内或箱内（体积 $1\sim2m^3$ ），用通气管通入蒸汽进行密闭消毒。一般在 $70\sim90℃$ 条件下持续 $15\sim30min$ 。

（2）太阳能消毒。夏季，保持基质含水量大于 8%，薄膜覆盖暴晒 $5\sim10$ 天。太阳能消毒是一种廉价、安全、简单实用的基质消毒方法。具体方法是：夏季高温季节在温室或大棚中，把基质喷湿，使其含水量达 80%，然后堆成 $20\sim25cm$ 厚的堆，上面用塑料薄膜密封。

（二）基质配比

各种基质既可单独使用，亦可不同比例混合使用，但就栽培效果而言，混合基质优于单一基质。基质混合总的要求是降低基质的容重，增加孔隙度，增加水分和空气的含量。基质的混合以 $2\sim3$ 种混合为宜。比较好的基质适用于各种花卉的生产。育苗和盆栽基质，在混合时应加入矿质养分（复合肥、硫酸钾、硫酸镁、过磷酸钙等），以下是一些常用的复合基质配方。

1. 配方：

（1）泥炭：珍珠岩：沙 =1：1：1。

（2）泥炭：珍珠岩 =1：1。

（3）泥炭：沙 =1：3。

（4）泥炭：蛭石 =1：1。

（5）泥炭：蛭石：珍珠岩 =2：1：1。

2. 注意事项：

（1）基质配比工作应在平整的地面上进行。

（2）根据配方把不同份额的基质混合在一起，并拌匀。

（3）将混合后的基质储藏备用，防雨水，防混杂。

五、花卉无土栽培营养液配制

配制营养液所用的各种元素及其用量应根据不同地区所栽培花卉的品种及不同生育期来决定。可将市场上销售的无土栽培营养液用水按规定倍数稀释，也可用下列配方自己配制营养液：

大量元素：硝酸钾 3g，硝酸钙 5g，硫酸镁 3g，磷酸铵 2g，硫酸钾 1g，磷酸二氢钾 1g。

微量元素：（应用化学试剂）乙二铵四乙酸二钠 100mg，硫酸亚铁 75mg，硼酸 30mg，硫酸锰 20mg，硫酸锌 5mg，硫酸铜 1mg，钼酸铵 2mg。

自来水 5000mL（即 5kg）。

将上述大量元素与微量元素分别用水溶解后配成溶液然后混合起来即为营养液。营养液无毒、无臭，清洁卫生，可长期存放。

六、无土栽培管理

了解基质特性必须了解花卉的性状、使用的营养液和所用固体基质的理化性状。

（一）正确使用营养液

1. 营养液配方的选择、配制和补充。应根据不同的花卉生长需要，选择不同的营养配方。在栽培过程中，随着基质水分的蒸发和植株对水分的吸收，易造成种植区残存的营养液浓度升高，因此，首先应选择较低浓度的营养液配方，同时要不断进行检测，补充所缺的营养。

2. 营养元素的控制。在花卉植物的无土栽培中，如果缺乏某种营养元素，就会产生生理障碍，影响生长、发育和开花，严重的甚至导致死亡。氮、磷、钾、钙、镁、硫、铁、锰、锌、铜等营养元素缺乏时就会出现一些症状，我们应根据这些症状及时诊断，并适时把缺乏的营养元素加入营养液中以满足花卉植物生长的需要。

3. 调控好营养液的 pH。

（二）定期进行基质更换或消毒工作

如果有条件的，可在经过 2~3 年的使用之后把基质更换掉，或进行整体消毒后再使用，避免病虫的大量累积。

第八节　水培花卉

一、概述

（一）水培花卉概念

水培花卉是采用现代生物工程技术，运用物理、化学、生物工程手段，对花卉进行驯化，使其能在水中长期生长，而形成的新一代高科技农业项目。水培花卉，上面花香满室，下面鱼儿畅游，卫生、环保、省事，所以水培花卉又被称为"懒人花卉"。它通过实施具有独创性的工厂化现代生物改良技术，使原先适应陆生环境生长的花卉通过短期科学驯化、改良、培育，快速适应水生环境生长。

水培花卉是花卉无土栽培的一种，它就是以营养液为介质进行花卉栽培的一种技术，属于营养液栽培，国外叫养液栽培法，在国外早已流行并广泛应用于家庭装饰绿化中。它远离了土壤，使花卉生长于比土壤理化性状更佳的环境中，如以陶粒或彩砂为基质的砾质水培，长于纯水中的水栽培，还有基质与水结合的复合式水培。现在水培花卉大多是复合式的，即在定植篮内填充基质形成通气层，营养液形成贮水层。

（二）水培花卉原理

水培花卉品种原本生长在土壤里，通过对植物根系催生、诱变等方法，越来越多的植物能够用于水培花卉生产。花卉在水中能否正常生长，取决于植物的习性和结构。不同的植物由于习性不同，对水中的溶氧量的需求也会不同，如天南星科花卉对水培条件就有着极大的适应性。有的花卉在水培时，不但能在较短的时间内发根生长，而且生根后也能迅速生长，形成观赏性较好的株形。这一类花卉有广东万年青、黛粉、翡翠宝石、马蹄莲、龟背竹等。另外，景天科、鸭趾草科和百合科的多数花卉也比较适宜水培，如芙蓉掌、莲花掌、宝石花、景天树、紫背万年青、淡竹叶、芦荟、吊兰、荣蕉、龙血树、马尾铁、虎尾兰、龙舌兰、金边富贵竹、银边富贵竹、银边万年青、海葱等。随着水培花卉技术的进步，包括桃树等木本植物，甚至仙人球在内的原本不能够进行水培的品种，也都能生长在水中。

从植物生长过程的周期来看，水培花卉技术有两个技术阶段需要引起重视：一是幼苗的培育阶段；二是水培植物的护理阶段。以上两个阶段的工作，须遵循正确的栽培方式并及时解决种植过程中出现的问题，则漂亮、清洁、高雅、健康的水培花卉就呈现在眼前了。

（三）特点

1. 观赏性强。艺术化的花瓶，洁白的水生根系，色彩各异的基质，游弋自在的观赏鱼，集看花、观叶、观根、赏鱼等多种观赏效果于一体，动静结合（见图5-51）。

图 5-51　水培发财树

2. 无土。病虫害少，真菌、细菌污染少。

3. 养护简单化。无须经常浇水，水分及养分管理更方便（见图 5-52）。

图 5-52　水培红掌

4. 创新栽培方式。花卉水培为人们提供了一种新的花卉栽培方式，提升了栽培层次，扩大了栽培和应用的范围。如宾馆酒吧的服务台、会议桌、卧室、办公桌、电脑房等。

二、花卉水培方法

（一）水插法

水插法是利用花枝的再生能力，把花卉的枝条剪下后插入水中，让其在水中生根并生长的方法。因此要选择在水中容易生根，并生长迅速，能较快成形的花卉种类。如龟背竹、彩叶草、广东万年青、富贵竹等。

1.具体操作：

（1）选取生长健壮、节间紧凑、无病虫害的植株。

（2）在枝条下端0.3~0.5cm处，用快刀切下，斜口、切面要平滑。

（3）切割后的枝条有伤流，要洗干净，并晾干，将切削的枝条下端的叶片摘除，插入水中，上部枝条的留取根据花材本身成活率，成形需要综合考虑。

（4）带有气生根的枝条，应保留气生根。

（5）切取多肉植物的枝条时，应将接穗放置于通风处晾干伤口2~3天，使伤口充分干燥。

（6）容器的水位设定以浸没枝条的1/3~1/2为宜（多肉植物的枝条，让剪口贴近水面，但勿沾水，以免剪口浸在水中腐烂），3~5天换一次水，同时清洗枝条，洗净容器。

（7）经过几十天的养护，大多数枝条都能长出新根，当根长到5~10cm时用低浓度的水培营养液培育。在水培过程中若发生腐烂现象，应及时剪除腐烂部分，并用0.05%~0.15%的高锰酸钾溶液浸泡20~30min，重新水插。

（8）难以水培的花卉借助相关激素（生根粉等）处理，可以大大提高成活率。

2.水插法实例：

（1）富贵竹（见图5-53）：

①富贵竹为最适合水培的花卉之一，用水插法栽植极易生根，养护管理较为粗放。在18~28℃温度下，水培富贵竹一年四季都处于生长状态。

图5-53 水培富贵竹

②用洗根法水培成形植株，可以看到原来的土栽根系为橘红色，但在水培时，长出的根却是乳白色，红白相映，十分美观。富贵竹淡雅清香，四季常绿，并有竹报平安、富贵吉祥之意，深受人们喜爱。

（2）绿帝王（见图5-54）：

①用水插法栽养，宜截取茎蔓上端枝条，并将气生根一并插入水中，10~15天萌生新根。

②家庭水培绿帝王，宜采用小型植株。常向植株表面喷水，以保持叶面清新。

③绿帝王茎粗壮，利用这一特点，做直立栽培，观赏效果更好。同时，要给予适当的散照光源。

图5-54　水培绿帝王

（3）广东万年青（见图5-55）：

①截取适当长的上端枝条，洗掉伤流，用水插法栽植。在水温25℃环境下20天左右可生根。

图5-55　水培广东万年青

②用洗根法将成形的土培植株改为水培，一般不会产生烂根现象。但是，要以低浓度营养液栽植。

③水培广东万年青在我国有着悠久的历史。广东一带用玻璃瓶装水莳养相当普遍。水培方便，清洁卫生，别有一番情趣。

（二）洗根法

洗根法是一种直接采用一般的土培花卉，洗根后移植到水培容器中的方法。此法适用于多种花卉。

1. 具体操作：

（1）选取生长强壮、株型好看的成形盆花，用手轻敲花盆的四周，待土松动后可将整个植株从盆中脱出，先用手轻轻把多余的泥土除去，再用水洗净根部的泥或其他基质。

（2）修剪枯根、烂根，短截长根，根系茂盛的可剪去 1/3~1/2 的须根，促进萌发新根；丛生植株，可用利刀分割成 2~3 株。

（3）其余操作参考水插法。

2. 洗根法实例：

（1）绿萝：

①绿萝十分适合水培栽植，用水插法、洗根法都容易获得理想的栽培植株，在水培条件下，15~20 天就可以萌生新根。

②将气生根一并放入水中，气生根能起到营养根的作用，有利于吸收水分和养分。

③在生长期间，把水培专用肥稀释后喷洒叶面，会使叶片更加艳丽。

④绿萝枝蔓轻柔飘逸，叶色斑斑。小型植株可采用壁挂器皿栽植，任其倾斜下垂，似绿饰幕帘，清新秀雅。

（2）袖珍椰子：

①选择土培的中小型植株，用洗根法改为水培。

②袖珍椰子根系纤细，欠发达，在水培环境中新根萌生迟缓，但是老根坚挺，不易腐烂。一般对根系不做修剪。

（3）棕竹：

①家庭水培宜挑选中小型植株，用洗根法栽植。

②宜疏不宜密，每具皿莳养 2~3 枝，即可显其秀丽、娴静的气质。

③棕竹的根质地紧密，富有弹性，而且适应水培环境快。但是，在水培

过程当中，新生根不易萌生，甚至水培几个月也不长新根，需要坚持管理。

（4）吊兰：

①水培吊兰最好选择走茎（匍匐茎）上生出的植株的气生根进行栽植，因为走茎上的气生根非常适合水培环境，管理也十分容易。水养5天左右就可以萌生根系。

②用洗根法或分株法水培吊兰，原有的粗壮肉质根会发生腐烂，必须每天换水，清洗根系，剔除烂根，25~30天根茎部位就能够长出新根，老根逐渐适应水培环境，不再腐烂，此时可以用营养液栽培。

③吊兰在水培时，宜选择绿叶的品种，而银线吊兰操作起来就比较困难。

（5）春羽：

①水培春羽亦选择小苗，选择洗根法即可。

②经常向叶面喷水，并用湿巾擦去叶面上的灰尘，保持叶面清新。

③春羽叶形奇特，是家庭装饰的绝好选择。

（6）合果芋：

①用洗根法栽植成形植株，可以不受季节限制。水插法瓶养，只要植株带有气生根，一年四季都可以进行。

②管理粗放，生长速度快，宜经常更新植株。将生长过长的植株的顶端枝条剪下，另行栽培，约10天萌生新根。老茎上的腋芽也会很快抽生。

③水培合果芋宜选择叶色艳丽的白蝶合果芋、粉蝶合果芋、银叶合果芋的小型植株，做立型栽培。因其叶色艳丽，形状似蝶，颇具观赏价值。

（三）分株法

分株法是将丛生的花卉带根分割成几部分或将花卉的蘖芽、吸芽、匍匐枝等分切进行水培的方法，此法既简单又容易成活，不受季节限制。如凤梨、虎尾兰、白鹤芋、彩叶草、万年青、虎皮兰等。

1.具体操作：

（1）蘖芽：用刀将蘖芽剥离母株（保护好蘖芽的根），用水将根部洗干净，用海绵裹住蘖芽的茎基部，固定在容器的上口，调整至根尖触及水面。

（2）匍匐枝：剪取生长发育完整的小植株，直接用小口径的容器水培，注入容器的水达到茎剪处即可，不得没过根的上端。

（3）其余参考水插法。

2.分株法实例：

（1）龙舌兰：

①用洗根法、分株法将成形植株改为水培。老根极适应水培环境，一般不会腐烂。7天左右在水中长出新根，适用低浓度营养液培植。

②旱伞冠顶较大且紧密。水培栽植枝数不宜太多，过密影响通风、透光，也显得杂乱无序，稀疏一些更自然，7~9枝即可。

③为防止倒伏，应采用深型的器皿栽植。

④旱伞叶面气孔发达，数量特多，蒸腾旺盛，需及时补充自然耗量的溶液，是比较容易水培的植物。

（2）白鹤芋：

①用分株法、洗根法水培成形的植株，原有的根系对水培条件能很快适应，一般不会产生烂根现象，7~10天能萌生新根，在短时间就可赏花、叶、根。

②白鹤芋根系发达，洁白如玉，用清晰度比较高的容器栽培，观赏效果较好。

③白鹤芋较耐荫蔽，水培白鹤芋在室内半阴环境下栽培也能开花。

④夏季土栽转为水培时，开始会出现部分老叶发黄，应及时摘除，并每天换水，一周后减少换水次数。

（3）彩叶草：

①水培时宜从植株上截取一段5~8片的茎干，插入水中后，水温在15~28℃的情况下，一般10~15天就可以萌生根系，此时植入精致的花瓶即可。彩叶草的叶片艳丽，是不错的装饰花卉。但要注意，水培时不要加入太多的肥料，以免叶片转为绿色。

②为保持叶片的鲜艳，需要将其摆放在光照明亮的地方。光照不足，叶色会变得黯淡，失去光泽。

③用摘心法控制高度，促使分枝，不使其产生花序，以保持株形饱满。

（4）虎皮兰：

①家庭水培栽植虎皮兰，最好选择叶缘黄色的金边虎皮兰，观赏价值佳。在水温20℃条件下，10~15天萌生新根。

②虎皮兰根系稀松，不宜修剪；叶色美丽，叶形挺拔向上，富有高贵的气质，适应性强，可作为客厅、书房及光线较暗处的绿化装饰。

三、水培花卉器皿

无底孔式栽培容器加营养液的无土栽培模式，在50多种花卉上获得了成功。如巴西木、绿萝、绿巨人、龟背竹、君子兰、花叶万年青、台湾水竹、马拉巴栗（发财树）、袖珍椰子、肾蕨、富贵竹、鹅掌柴、虎刺梅、吊兰、一品红、荷兰剑、绿宝石、芭蕉、朱顶红、仙客来、叶子花、菊花、郁金香、瓜叶菊、天竺葵、玻璃翠、一串红、冷水花、马蹄莲、风信子、唐菖蒲水竹草、旱伞草、一帆风顺、紫露草、吊竹草、彩叶草、虎耳草、吊兰、一叶兰、春羽、海芋、合果芋、粉黛、金皇后、银皇帝、白掌、绿帝王、广东万年青、孔雀竹芋、虎尾兰、朱焦、金边富贵竹、棕竹、变叶木、金琥、香龙血树等。

选取好植株后就可以根据植株大小对栽培器具进行选择了。根据欲进行水培植物材料的品种、形态、规格、花色等具体情况，选择能够与该花木品种相互映衬、相得益彰的代用瓶、盆、缸等器具，按照前面提到的水培器具选择原则，购买或自制，使之使用得体，观之高雅，切不可对所用的器具随手拿来，随意乱用，以免影响水培花卉的形象和室内装饰的美观。只有做到器具、花卉与居室环境的统一和谐，才能达到较理想的观赏效果。

选择水培花卉器皿时还应考虑以下几个问题：清晰度要高，因为水培花卉的根系是观赏的一个主要部分，因此要求水培器皿无色、无印花、无气泡，透明度相对较高。要与花卉相协调，水培花卉器皿的款式、质地、体量要与花卉的质地、姿态、体量、风格等相协调。水培花卉时需要的器皿主要有：

1. 透明玻璃瓶、有机玻璃瓶、饮料瓶、矿泉水瓶。

2. 定植篮。

3. 固定根系用器皿。

4. 固定植株用器皿。

四、营养液配制使用

（一）水培花卉营养液的选择

花卉营养液是根据花卉的不同品种和不同生长时期，经园艺专家精心配制的速效性液体肥料，可分观叶用、观花用和观景用营养液。其具有养分全面、肥效迅速、使用方便、安全卫生、土壤无残留等特点，真正做到了"多元素、超浓缩、高效力、无污染"。花卉营养液不但含有植物生长所需的速效氮、磷、钾三个主要元素，还含有镁、硼、铜、铁、锰、钼、锌、硫等多种微量元素，完全能满足各类花卉生长的需要，所有肥料均能全部被植物直接吸收，施用后有"立竿见影"的效果。使用时根据说明用清水稀释200倍（除特别注明外），即可直接浇施（灌根），也可作叶面肥喷雾使用，每7~10天使用一次。

（1）通用型：氮、磷、钾均衡配方，速效氮、磷、钾含量分别为4%、4%、4%。其能提供各类植物自育苗、成长至开花、结果全期所需营养，适用各类室内外植物、草木本花卉、果树、蔬菜等。

（2）观叶型：含氮量高，速效氮、磷、钾含量分别为5%、2%、4%。其能使叶色鲜艳亮绿，促进草坪生长及叶色良好。草坪、庭院树、阳台盆景均适用。

（3）催花促果型：特效高磷催花配方，速效氮、磷、钾含量分别为2.4%、6%、4%。花卉花芽形成前施用。可使根系茂盛、植株健壮，能促使花芽形成，提高产量率，并使花色艳丽，也适于移栽、换盆后植物的根群发育。

（4）室内保养型：低氮高钾配方，速效氮、磷、钾含量分别为1.6%、2%、4%。室内植物种植光线不足时具特效。盆栽植物使用时稀释200倍，水族箱植物稀释600倍。

（5）幼苗快长型：高氮配方，速效氮、磷、钾含量分别为6%、2%、2%。其能促进各类幼苗快速成长。

（6）促根型：高磷促根配方，速效氮、磷、钾含量分别为2.4%、6%、4%。其含有促进根系生长的特殊物质，最适于植物移栽后使用，也可作为花果肥使用。

（7）无土栽培型：完全营养配方，速效氮、磷、钾含量分别为4%、4%、4%。适合于各类植物无土栽培使用，如水培、水晶泥栽培、无土基质栽培等。

（8）兰花专用型：温和中性配方，速效氮、磷、钾含量分别为4%、2%、4%。其适合于国兰、洋兰等兰花类植物使用，使用时稀释600倍。

（9）杜鹃苏铁茶花专用型：酸性及生理酸性配方，速效氮、磷、钾含量分别为4%、2%、4%，富含铁质，适合于南方喜酸喜铁植物使用。

（二）水培花卉营养液的配制使用

1. 按公开的、通用的水培营养配方配置，包括以下两部分：

（1）大量元素营养液；

（2）微量元素营养液。

2. 针对不同花卉，在通用配方的基础上增加一些特殊元素，建立个性化配方。

3. 购买商业配方。

配制使用时，注意营养液的使用浓度，确保安全、经济、环保。

五、水培花卉组合设计

水培花卉组合设计是借鉴了土培花卉的种植模式，丰富了水培花卉平面和立体的构架，提升了观景效果（见图5-56）。

1. 满足生态学要求，注意花卉间高低错落，做到和谐美观。

图 5-56　水培花卉组合

2. 经过巧妙构思，将水培花卉叶片的花纹、质感、姿态充分体现出来。

3. 组合种类不宜太多、太杂，以 3 种左右为宜，不宜超过 5 种。

4. 组合水培花卉重在显示植株本身的美，故容器不需豪华，应以简洁、合适、协调为好。

六、水培花卉管理

水培花卉同其他栽培一样，也需要一定的管理。其管理技术与土壤栽培或基质栽培相比，虽管理比较简单，技术性不十分复杂，但在整个水培过程中，加强科学管理还是十分重要的环节，是水培成功与否的关键所在。一般情况下，盆中的栽培水过一两个月要更换一次，用生活用自来水即可，但注意要将自来水放置一段时间再用，以保持根系温度平稳。水培花卉大多是适合于室内栽培的阴性和中性花卉，对光线有各自的要求。阴性花卉如蕨类、兰科、天南星科植物，应适度蔽荫；中性花卉如龟背竹、鹅掌柴、一品红等对光照强度要求不严格，一般喜欢阳光充足之处。

保证花卉正常生长的温度很重要。花卉根系在 15~30℃时生长良好。应注意辨别观察花卉的根色以判断根系是否生长良好。光线、温度、营养液浓度恰当的全根或根嘴是白色。严禁营养液过量，严禁缩短加营养液的时间间隔。水培花卉在生长过程中，如果发现叶尖有水珠渗出，需要适当降低水面高度，让更多的根系暴露在空气中，减少水中浸泡比例。

（一）用水管理

1. 使用纯净水或自来水。配制营养液的用水十分重要。在研究营养液新配方及进行营养元素缺乏症等试验时，要使用蒸馏水或去离子水；无土生产上一般使用井水和自来水，河水、泉水、湖水、雨水也可用于营养液配制。但无论采用何种水源，使用前都要经过分析化验以确定水质是否适宜。雨水含盐量低，用于无土栽培较理想，但常含有铜和锌等微量元素，故配制营养液时可不加或少加。使用雨水时要考虑到当地的空气污染程度，若污染严重则不能使用。雨水的收集可靠温室屋面上的降水面积，如月降雨量达到100mm以上，则水培用水可以自给。由于降雨过程中会将空气中或附着在温室表面的尘埃和其他物质带入水中，因此要将收集到的雨水澄清、过滤，必要时可加入沉淀剂或其他消毒剂进行处理，而后遮光保存，以免滋生藻类。一般下雨后10min左右的雨水不要收集，可能存在污染源。

以自来水作水源，生产成本高，但水质有保障。以井水作水源，要考虑当地的地层结构，并要经过分析化验。无论采用何种水源，最好对水质进行一次分析化验或从当地水利部门获取相关资料，并据此调整营养液配方。在配制营养液时，首先要做好营养液原水的水质检查。检查项目包括：水的酸碱度（pH）、电解质浓度（EC）、硝态氮（NO_3^-）、铵态氮（NH_4^+）、磷（P）、钾（K）、钙（Ca）、镁（Mg）、钠（Na）、铁（Fe）、氯（Cl）的含量。由于地理环境和水来源的差异，上述成分有较大的差别。

2. 容器盛水不宜太多，需保留一部分根系在空气中（长根的70%在水中，一般以定植篮不沾水为宜）。

3. 如果与鱼混养，要注意经常换水，而且营养液浓度应降低，并注意喂鱼料。

4. 定期换水，这是花卉水培的关键。

（二）光照管理

水培花卉大多是适合于室内栽培的阴性和中性花卉，但花卉对光线要求略有差异。阴性花卉如蕨类、兰科、天南星科植物，应适度蔽荫；中性花卉如龟背竹、鹅掌柴、一品红等对光照强度要求不太严格，一般喜欢阳光充足之处，但在蔽荫下也能正常生长。

（三）温度管理

保证花卉正常生长的温度很重要。花卉根系在15~30℃时生长良好，5℃以上多数花卉都不会死亡，也就是说，冬天需要保持5℃以上的温度，才能确保多数花卉安全过冬，少数花卉可以根据品种特性在0℃越冬。

（四）水培花卉夏季养护

1.夏季最好将水培花卉放置在湿度稍高，较凉爽，光线明亮，有良好通风的环境。忌阳光直射，不能过于荫蔽，否则会影响花卉光合作用，导致长势衰弱，茎节伸长，叶质变薄，造成有色块，而且彩纹的花卉叶片会失去光泽。

2.夏天随着气温不断升高，水温上升，微生物繁殖加快，溶解氧降低，水质劣化。不恰当地添加营养液，使浓度过高，都可能造成水培花卉根系腐烂。因此，盛夏时应降低营养液浓度，换水宜勤，可5~7天换水1次。

3.营养液孳生藻类在水培花卉栽养过程中是普遍存在的现象。特别是在夏季，气温高，器皿透明度好，环境明亮的情况下，或者是更换营养液的时间过长，都会引发藻类大量孳生。藻类会与花卉夺氧，而且其分泌物会污染溶液，使营养液品质下降。附着在花卉根系上的藻类防碍根的呼吸，干扰花卉的正常生理活动，危害较大。营养液一旦孳生藻类，就应果断地倒掉被污染的溶液，彻底清洗器皿，除去附着在花卉根系上的藻类，更换新的营养液。

（五）水培花卉烂根问题

在水培过程中，由于管理等方面的原因植株经常会出现烂根，如温度过低、施肥过浓、病害等都会造成烂根现象，烂根会使水质变劣而影响植株的生长。判断根是否腐烂的方法：一是用鼻闻一下根的味道，如果有臭味，就证明根已腐烂；二是闻水的味道，如果水有臭味，说明根系也可能腐烂变质；三是观察根系的外观，如果根系发黄变色，说明根系已受损。根系腐烂后，用手轻拉根际处，其表皮极易撕脱，只剩下木质化的部分。

出现烂根后，要及时剪除。一般烂根都是从根尖处向上逐渐腐烂，修剪时，要剪到正常根系为止。另外，还要采取以下一些措施：

1.增大定植篮的容积，使植株的大部分根系能生长于定植杯中。植物根系除了吸收水分与矿物质外，还能分泌激素，如生长激素与细胞分裂素，是分泌细胞分裂的主要器官。在光照的作用下，它的分泌能力将大大削弱或停止，所以增大定植杯中根系的数量，对于提高植株整体细胞分裂素水平具有很大作用。植物的根系虽是形成细胞分裂素的主要器官，但也是产生生长激素的器官。根系发育的好坏很大程度上取决于内源生长激素的高低，而生长激素又是最忌光照的，所以暴露于光照中的根系，其分泌激素的能力将大大减弱。通过增大定植篮的容积可缓解这种光照的损害作用。

2.选择透光度低的容器。光照越强对根的损伤与抑制就越大，特别是夏季，阳光中的紫外线强烈，刺激将更大。在选择容器瓶时，选择一透光度低的彩色瓶是有好处的，它能过滤掉部分光线，但人们照样能看清并欣赏到植株的根系。

3.使根系在瓶内有更大的生长空间（包括空气空间与水空间）。有时为了更加突出植物的根系观赏，在选容器瓶时没有考虑瓶容积的大小，将根系发达的植株装于一个不协调的小瓶中，或者水装得过满，露根空间太小，这样都会造成植株的生长过程因出现缺氧而烂根。针对这种情况，一般在夏季高温季节可把露根量调整为60%，浸于水中的根量调整为40%，这样就能使根系获取更多的氧气空间与根系的伸展空间，也可减缓与消除烂根现象。

第九节　花卉盆景

一、花卉盆景概述

盆景是以植物、石料、土壤、水体、风、雨、雪、配景、盆、几架等为材料创作而成的，饱含作者思想感情的立体的中国山水画，是经过高度概括和提炼，集中表现大自然优美风光的一种特殊艺术品。中国盆景是自然风光的缩影，是立体的中国山水画，它以"小中见大"取胜。造园是将大自然中的万水千山缩小在小小的庭院之内；而盆景则是将自然景物进一步浓缩，置于小小的盆钵之中。较小的盆景可托在手掌心内，更小的盆景则立于手指尖上。树木盆景，"缩龙成寸"，其景象是"咫尺盆域，耸立巨株"。

盆景是由景、盆、几（架）三个要素组成的。这三个要素是相互联系、相互影响、缺一不可的统一整体。也就是通常所说的景、盆、几（架）三位一体。"景"在盆景中为主体部分，盆、几为从属部分，即一盆好的盆景，景、盆、几（架）要相互配合默契、主次分明，注意避免把欣赏者的注意力引导到"盆"或"几（架）"上来。盆和几（架）在形状、体积、色彩等方面与景的关系要处理得协调、自然，要保持主客关系。这就是常说的"一景二盆三几（架）"的原因。在"景"之中，植物材料是主体，无生命材料为辅，配景（点景）最次之。在绝大多数情况下，有生命的材料才能给盆景带来活力，带来生命，带来生机勃勃的画面。

盆景是活的艺术品，也就是说它是每时每刻都在发生变化的艺术品。这是与其他艺术不同的地方，其通常有以下几种变化规律。

（一）体积大小变化

木本植物制作的盆景，在正常的管理条件下，随着年度的增加，枝干粗、高、长度都在不断扩大，草本植物的植株高度和茎秆分蘖数目，也在不断增加。当然，在养护不当的情况下，植物体积可能是停滞不增加，也可能萎缩，以致死亡。

（二）枝（片）变化

盆景植物的枝（片）通常是不断扩大或增加的，但由于进入高龄衰老或是养护管理不善，或因人为损坏，或由于造型需要等原因，枝（片）也会发生缩小或减少情况。

（三）年龄变化

盆景随着时间的流逝，年龄也在增加，其观赏价值也在不断增加。

（四）季节变化

落叶植物有冬落叶、春萌芽、展叶变化。常绿植物也有换叶变化。某些植物有叶色变化，如春夏绿色，秋季变红色。开花植物有开花季节的变化，结果植物有结果季节的变化。

（五）病虫害变化

植物在一年四季中，不断地发生各类病虫害，并造成不同类型的危害；植物形态也会发生不同程度的变化。

（六）价值变化

木本植物随着年龄的增长，其价值不断增加，如百年盆景、数百年盆景乃是无价之宝。

所以，我们现在所看到的盆景或亲手培育、造型加工的盆景，再过数年、十年、数十年后，其形态、造型一定会发生很大变化，通常是按照一定的规律、要求进行管理。这也是盆景学要研究的重要内容之一。学习这些规律，研究这些规律，控制这些规律，才能不断地提高盆景艺术的水平。

盆景是活的艺术品，因此在其漫长的一生中，需要不断的养护管理，提供必要的养分、水分、光照、温度等条件，还要进行防病虫害工作，才能保证盆景植物生长茂盛、生机勃勃、寿命长久。盆景，尤其是树木盆景，具有多次加工成形的特性。许多技艺高超的盆景作品往往需数年、数十年才能成形，如自然式的岭南派盆景，制作一盆盆景，需要数十年或更长时间，这就是所谓"一寸枝条生数载，佳景方成已十秋"。其他流派的盆景也是这样。即使是已经成形的盆景，由于盆景植物不断地生长，枝条也不断地增加、伸长，从而打乱了原来的造型，需要进行整理，恢复原来的形态。植物如此年复一年地生长，枝梢也就年复一年地增加与伸长，盆景的造型年复一年地被打乱。因此，整理工作不能间断，也就是说要具有连续性、前瞻性。

二、盆景的制作材料

（一）植物材料

1. 苏铁（铁树、凤尾蕉、凤尾松、避火蕉）。

苏铁属苏铁科常绿性的棕榈状植物。树姿挺拔雄健，青翠欲滴，是一种常用的盆景材料。原产我国的福建、台湾、广东等省以及长江流域一带。苏铁盆景一般具有露根、干老、矮株、绿叶等观赏特点。如选用茎干畸形者，可塑造成匍匐偃仰、纵横倾卧姿态，其形态古怪奇特，别有一番情趣。

2. 银杏（公孙树、白果树）。

银杏属银杏科落叶大乔木。秋季叶转黄色，色彩美丽，甚为雅静，是一种重要的盆景树种。原产我国沈阳以南、广州以北各地。变种、变型有黄叶、大叶、塔形、垂枝、斑叶等。宋朝传至日本，18世纪中叶由日本传至欧洲，再由欧洲传至美洲。其病虫害较少，寿命很长，取老桩制作盆景，树形粗壮矮化，枝条蟠曲造型，可培养成直干型、半悬崖型及劈干型等。嫩叶黄绿，入秋叶色转黄，古雅幽静，是良好的秋景。银杏大树，在湖北、湖南、四川等省常发气生根，称之为"银杏乳"。截取这种气根，进行扦插，使之生根发芽形成新的植株制作而成盆景，颇具古老奇特之态，实属珍贵的盆景材料。

3. 金钱松（金松、水树）。

金钱松属松科落叶大乔木；叶形如金钱，入秋叶呈金黄色，甚为美观，为中国特有的珍贵树种；分布在我国浙江、江苏、安徽、江西、湖南、湖北、四川等地，浙江天目山有纯林和大树，树形高大，姿态优美，为世界五大公园树种之一。其枝干形态不但优美，而且分枝自然，加工后即易成形，宜作小型盆景或丛林式盆景。

4. 华山松（华阴松、青松）。

华山松属松科常绿针叶乔木；叶细长屈曲而下垂，是一种优良盆景树种；主要分布在我国华北、西北、西南各地山区，华东地区有引种栽培。华山松干形高大，针叶苍翠，树形优美，采用蟠曲、修剪等手法，可制作成艺术价值较高的松树盆景。

5. 黄山松（台湾松）。

黄山松属松科常绿大乔木，有生于岩石间者，土层浅薄，枝干常蟠曲，树冠偃盖如画；有生于山顶裸岩之上或岗背石隙处者，则生长矮小，高仅数尺，可移植盆内，制成盆景，极为雅致。黄山松产于我国安徽、浙江、江西、湖南、福建、台湾等地。它垂直分布在海拔 700 米以上，树姿苍劲古朴，若选用树形矮小、干形弯曲、冠平如盖者，略加修改，即可制成盆景。

6. 黑松（日本黑松、白芽松）。

黑松属松科常绿针叶大乔木。幼年树冠为狭圆锥形，老树则枝干常横展，树冠如伞盖，浑厚雄健。我国山东沿海、安徽、江苏、浙江、福建等地有分布。在野外选取矮小、欹曲之桩头经过养胚、蟠扎、修剪可制成观赏价值很高的松树盆景。黑松 2~3 年生幼苗是嫁接日本五针松的优良砧木。

7. 日本五针松（五钗松、五须松）。

日本五针松属松科常绿针叶树种，原产日本，我国长江流域及沿海各城市多有引种栽培。植株矮小，枝短叶细，且密集而生，姿态端庄典雅，均适于作盆景材料。经过蟠扎修剪，可做成各种造型的五针松盆景，如直干式、斜干式和悬崖式等。五针松成形容易，是一个很好的盆景材料。其特点是苍劲、古雅，极富诗情画意。

8. 雪松。

雪松属常绿乔木。雪松枝干较柔软，主干可以弯曲成曲干式，枝片可做成圆片式、垂枝式。雪松盆景平中有奇，柔中有刚，自然得体，是一个值得选用的盆景树种。

9. 柳杉（长叶柳杉、孔雀松、木沙椤树、卡叶孔雀松）。

柳杉属常绿乔木，原产于我国浙江、福建、江西、江苏(苏南)、安徽(皖南)、四川、云南、贵州、湖南、湖北、广东、广西及河南郑州、山东泰安等地，浙江天目山、福建南屏、江西庐山是著名的产区。柳杉品种很多，其矮生，丛枝，适宜制作盆景，而且枝干挺拔，叶形秀丽，可做成曲干式、斜干式、垂枝式、圆片式等类型的盆景。

10. 桧柏（圆柏）。

桧柏属柏科常绿乔木。桧柏树姿苍劲古朴，寿命很长，北至我国东北南部及华北等地，南至广东、广西，东至沿海各省，西至四川、云南，均有分布。桧柏树姿优美，适于造型，是主要盆景树种之一。其幼树、树桩均适合剪扎，可制成曲干式、斜干式、悬崖式盆景，枝片可为圆片式或自然式，所成盆景枝叶成簇，青翠欲滴，苍劲古雅，清秀明快。

11. 罗汉松 (罗汉松、土杉)。

罗汉松属罗汉松科常绿乔木,分布于江苏、浙江、福建、安徽、江西、湖南、四川、云南、广西、广东等地。其叶形优美,树势秀丽典雅,苍古矫健,是一种常用的盆景树种。其干可加工成曲干式、斜干式、悬崖式等造型形式。枝片可采用圆片式或自然式,经过提根、点石即可成为上等的盆景。

12. 贴梗海棠 (皱皮木瓜、铁角海棠、贴梗木瓜)。

贴梗海棠属蔷薇科木瓜属的落叶灌木,分布于陕西、甘肃、四川、云南、广东等地。其花色优美,早春开放,宜作观花盆景。川派盆景多用此树加工成掉拐等形式,树形优美,花色艳丽。

13. 火棘 (火把果、红果)。

火棘属蔷薇科常绿灌木,分布于江苏、浙江、福建、陕西、湖北、湖南、四川、广西、云南、贵州等地,为亚热带常见树种。其果实经久不凋,珊瑚满树,灿烂夺目,是观果盆景的优良材料。取其具有结果能力的小树制成曲干式、斜干式的商品盆景,树桩也可加工成中、大型盆景。

14. 梅花 (春梅)。

梅花属蔷薇科落叶小乔木。其初春开花,有红色、粉红色、白色、紫红等色;单瓣或重瓣,有芳香;主要分布于长江流域及以南各省区市。梅花北移至华北已初获成功。在江南地区将梅与松、竹并列,称"岁寒三友"。梅花也是一个主要的盆景树种,如苏派盆景的劈梅,将果梅截去树冠,然后劈成两半,在每一半上接以骨里红、绿萼等品种。川派盆景将梅花做成掉拐、滚龙抱柱等形式。徽派盆景将梅花加工成游龙弯或三台式。扬派盆景将梅花做成疙瘩式,以及提篮式、顺风式、双疙瘩式等。以梅花做成的盆景,苍劲典雅、骨干清秀、曲欹多姿、疏影横斜,早春花开之时,幽香宜人。梅桩盆景通过劈干或提根,配以紫砂古盆,点以峰石,辅以苔藓,更具自然乐趣。

15. 紫藤 (朱藤、黄环)。

紫藤属蝶形花科落叶本质藤本,主要分布于辽宁、内蒙古、河北、山西、山东、江苏、浙江、四川、甘肃、陕西、湖北、湖南、广东、云南、贵州等地。其寿命较长,萌蘖性强,是一个很好的盆景树种。多取其老桩上盆,藤干略加修饰,或采取蟠曲、斜栽等手法造型。由于其叶或花自然下垂,形成一个蟠曲的藤干,刚中有柔,悬垂的花叶柔中有刚,待到春花烂漫时,定会使人陶醉。

16. 蜡梅 (黄梅花)。

蜡梅属蜡梅科的落叶灌术,在暖地半常绿。蜡梅品种相当丰富,至今尚未系统整理和分类。其主要分布在中国中部湖北、陕西等地，河南鄢陵为蜡梅著名产地。宋人范成大在《范村梅谱》中说过"本非梅类，以其与梅同时，香又相近，色酷似蜜脾，故名蜡梅"。蜡梅盆景的毛坯又叫梅桩，略经加工，形成古梅桩盆景，其势苍劲古朴，寒冬腊月，金花怒放，幽幽清香四溢，布满室内，人嗅之定会精神焕发。其那不惧严寒，与严寒抗争的精神更加鼓舞人心。

17.金银花（忍冬、金银藤、鸳鸯藤）。

金银花属忍冬科的半常绿缠绕灌木，小枝细长而中空。凌冬不凋，故名忍冬。其北起辽宁，西至陕西，南达湖南，西南至云南、贵州等地均有分布。多以老根桩稍加修饰，干可加工成曲干式、斜干式、悬崖式等形式，是制作盆景的好材料。

18.继木（挫花）。

继木属金缕梅科的常绿灌木或小乔木，主要分布于江苏以及长江中下游以南、北回归线以北地区。继木茎干古朴，枝细，叶密，花繁，是优良的盆景树种材料；造型多以挖取山野老根桩头盆栽，可加工成曲干式、斜干式等形式，枝片多采用圆片式。幼小檵木经过短截促其萌条，通过修剪，剪成圆头形枝片，作商品盆景出售，以檵木为材料的盆景多出现于长江下游的扬派、海派盆景。

19.黄杨（瓜子黄杨、千年矮）。

黄杨属黄杨科的常绿灌木或乔木，枝干灰白光洁，主要分布于我国中部地区。雀舌黄杨为常绿小灌木，分布在我国湖北、湖南、福建、广东、广西、四川、贵州等地，不耐寒。黄杨叶色翠绿、质厚、有光泽，株矮，叶密，是主要的盆景树种，扬派盆景多取其幼树，扎成云片，平薄如削，是扬派盆景的一个主要树种；亦可取其老桩，将枝剪扎成馒头形（圆片）。

20.朴树（沙朴）。

朴树属榆科的落叶乔木，主要分布于秦岭山脉、淮河流域以南各省。多取树桩，主干略加修饰，枝片多为圆片式，枝干挺拔，苍劲古雅。

21.榉树（大叶榉）。

榉树属榆科的落叶乔木，主要分布于淮河、秦岭以南各省，长江中下游各省，广东、广西、云南、贵州亦有分布。榉树干直，雄伟挺拔，枝条飘逸，入秋叶色变为红色。取树桩制作的盆景，具有雄健潇洒之势，极富自然气息。

22. 细叶榕树（榕树、石楠榕）。

细叶榕树属桑科的常绿乔木，主要分布于广东、广西、福建、云南等地。岭南派盆景多取此树制作盆景，造型为大树形、露根式，其枝叶稠密，色翠如盖，悬根露爪，蔚为壮观。细叶榕叶片革质光亮，色泽苍翠，极为美丽。唯叶片略大，故可在 7~8 月将叶全部摘去，让其重新长叶，可使新叶变小，提高观赏效果。

23. 柽柳（观音柳）。

柽柳属柽柳科的落叶灌木或小乔木，主要分布于华北、华南、华东等地。其根系发达，抗风力强，萌芽力强，耐修剪，是一个很好的盆景树种。可选取老树桩，主干或曲或斜，枝叶自然下垂，纤细如丝，随风飘拂，婀娜多姿。

24. 茶梅（茶梅花）。

茶梅属山茶科的常绿小乔木或灌木，主要分布于江西、安徽、福建、台湾、广东、广西等地。其多取老桩略加修饰，制成观花盆景，且叶片青翠，花色艳丽，令人欲醉。

25. 山茶（山茶花）。

山茶属山茶科的常绿小乔木或灌木，主要分布于长江以南各省区市，属亚热带植物。山茶叶色青翠可爱，花色艳丽，是一种很好的观花盆景植物。取其桩头，略加修饰，即可成为一盆很好的观花盆景。

26. 杜鹃类。

杜鹃类属杜鹃科杜鹃属的各种灌木，分布于中国各地，尤以四川、云南种类最多。杜鹃类树姿秀丽，花繁叶茂，种类（品种）繁多，是一个优良观花盆景树种。若为古老根桩，那么略加曲、敧处理即可成为一个少见的观花盆景。

27. 石榴（安石榴）。

石榴属石榴科的落叶灌木或小乔木，主要分布于黄河流域及以南各省区市，原产伊朗、阿富汗，由汉代张骞自西域引入我国，栽培已有 2000 年历史。石榴是一个花果兼赏的优良盆景树种，花时枝叶翠绿，花红似火，鲜艳夺目，入秋，果实满枝，呈古铜黄色，古色古香。取其古桩或斜或曲，做成观花、观景盆景颇为壮观。

28. 枸骨（猫儿刺）。

枸骨属冬青科的常绿小乔木或灌木，主要分布于长江流域中下游各省区市，为亚热带树种。枸骨枝繁叶茂，叶浓绿而有光泽，且叶形奇特。秋冬红果满枝，浓艳夺目，是一个优良的观叶观花盆景树种。可取老桩制作盆景，其形态苍古奇特，确有一番风味。取小树，采取剪扎结合的方法也可制成商品盆景。

29.雀梅（雀梅藤）。

雀梅属鼠李科的常绿攀缘灌木，主要分布于长江流域及其以南各地。耐修剪，修剪不受季节限制。雀梅有大叶、中叶、小叶等品种，其中以小叶品种为好，叶片椭圆形或豆瓣形，叶面有毛泽，节密，芽眼多。雀梅是一个重要的盆景树种，岭南派、苏派、海派、徽派都采用雀梅制作盆景，并积累了丰富的经验。取其老树根桩，干可曲、可斜。枝片可为规则式的圆片，也可为自然式的树分四枝。雀梅叶细、枝密、色翠、耐修剪，是重要的盆景树种。

30.金柑（金枣）

金柑属芸香科常绿灌木，主要分布于中国南方、长江中下游及华北各地，多作温室盆栽。金柑花白，色芳香，入秋以后果实金黄夺目，是一种优良的观果盆景。

31.桂花（木樨）。

桂花属木犀科常绿小乔木或灌木，主要分布于中国西南及长江流域，是优良的观花盆景树种。取其老桩，略加修饰，干或斜或曲，其树势雅静，芬芳馥郁。

32.小叶女贞（水蜡树、小叶冬青）。

小叶女贞属木犀科常绿或落叶小乔木或灌木，主要分布于浙江、江苏、四川、贵州、云南、湖北、湖南、陕西、山西、河南、河北、山东等地。取古老根桩，经过加工制作成的树木盆景，秀丽典雅，受人喜爱。

33.迎春（金腰带、金梅）。

迎春属木犀科的落叶灌木，主要分布于辽宁、山东、山西、河南、陕西、甘肃、四川、云南、贵州等地，长江流域也普遍栽培。迎春枝绿叶细，自然下垂，适宜制作垂枝式盆景。

34.六月雪（满天星）。

六月雪属茜草科的常绿或半常绿小灌木。六月雪产于长江中下游及其以南各地，耐修剪，萌芽能力强，可取山野老树根桩加以造型，可为曲干式、斜干式等，也可取幼树进行加工，是一个主要的盆景树种。苏派、扬派、海派、川派盆景等都习惯用六月雪制作盆景。六月雪枝细、叶密，适宜蟠扎造型。它是一个优良的盆景树种，其树势自然，古朴苍劲。

35.黄荆（黄荆条）。

黄荆属马鞭草科落叶小乔木或灌木，主要分布于华北及长江流域以南。多取古老树桩，蟠干曲枝，颇为苍劲古朴。

36. 紫薇（百日红、痒痒树）。

紫薇属千屈菜科落叶灌木或小乔木，主要分布于中国华东、华南、西南、华中各地。其萌芽性强，树形奇特，姿态优美，花色烂漫，是一个主要的观花盆景树种。多取其老根树桩加以造型，趣味盎然。

37. 南天竹（天竺）。

南天竹属南天竹科常绿灌木，主要分布于我国江苏、安徽、江西、浙江、四川、陕西、河北、山东、湖北等地。南天竹株形矮小，枝细，叶翠，果实如珠，入冬转红，果实满枝，经久不落，是一个优良的观果、观叶的盆景树种。取其根桩制作盆景，观叶观果，其乐无穷。亦可作丛林（或合栽式）式栽植，做成风景如画的山水画盆景。

38. 枸杞（枸继子、枸杞子、枸杞子、狗牙子）。

枸杞属茄科落叶蔓生灌木，主要分布于辽宁、甘肃、河北、广东、福建、云南等地以及黄河流域、长江中下游地区等。取其老根桩，略加欹曲，即可成为上等盆景。

39. 常春藤（长春藤、中华常春藤）。

常春藤属五加科常绿藤木，主要分布于华南、西南、华中及陕西、甘肃等地。易发生不定根或不定芽，插之易成活。多取老株，制成垂枝式盆景。

40. 棕竹。

棕竹属棕榈科常绿丛生灌木，主要分布于我国华南各地，为热带观赏植物，冬畏严寒，夏忌烈日。棕竹多用来制作丛林式、水旱式的山水盆景，点以山石、苔藓配件，极易入画。加工技法也极为简单，画面效果容易形成，是比较容易普及的盆景。

41. 凤尾竹（观音竹）

凤尾竹属竹亚科丛生型小竹，为孝吸竹（凤凰竹）之变种，主要分布于广东、广西、四川、福建等地。凤尾竹株矮、秆细、枝密、叶小、下垂，具天然的大树形姿态，是一种优良的盆景树种。树木盆景多为合栽式、丛林式，山水盆景多为水畔式、溪涧式。

42. 文竹（云片松）。

文竹属百合科多年生草本植物，原产南非，中国多以盆栽或温室栽培。文竹枝叶纤细，植株控制在较低矮时，直立如大树，是制作丛林式或合栽式盆景的好材料。

（二）山石材料

制作盆景的石料很多，一般可分为硬质石与松质石两大类。硬质石质地坚硬，不适宜雕琢，经过敲击后的新剖面光滑不具纹理。松质石又称软质石，质地较疏松，可以雕琢，新剖面具有一定的纹理。在同一类石料中，又包括许多质地、形态、纹理、色泽各不相同的石种。在同一种石种中，不同的石材有形态、纹理等方面的差异。不同的石材，其用途也不一定相同，有的可用来作山水盆景的主峰，有的则宜用来作坡脚，有的则更适宜用来作树木盆景的点石。有的石材宜用来作高峻挺拔的山峰，有的则宜作平缓的冈峦，有的宜作、巨峰绝壁，有的可作翠峦碧涧，表现景色秀丽的山河，有的则表现为雄伟、高耸、浑厚、险要、奇特。

中国地域辽阔，地质构造类型复杂，岩石的种类很多，可以用来制作盆景的石料也非常丰富。下面是我国用来制作山水盆景和树木盆景的常用石料。

1. 英石。

英石，又称英德石，主产于广东英德县一带，是石灰岩经过自然风化和长期的风雨、日光等的侵蚀而成的，多呈灰色、深灰色或浅灰色，有时还间以白色或浅绿色，质地坚硬，不吸水。一般都有自然的峰体形状，表面凹凸的纹理自然逼真，表现的皱纹丰富而有变化。皱纹有巢状、大皱、小皱等。英石也有观赏面、正面与后面之分，观赏面与正面的皱纹应明显自然，平坦无皱纹，皱纹不明显或不自然者选作后面。

2. 斧劈石。

斧劈石，江浙一带又称剑石，属页岩的一种，色彩有灰色、浅灰、深灰、灰黑及土黄等。斧劈石一般石质坚硬，但也有部分松软，吸水性能较差，纹理多为直的线状。斧劈石虽然坚硬，但可以雕琢，属硬质石中的一个特殊例子。斧劈石敲击时，多呈纵向劈开，成为修长的较薄的条片状。绝大多数情况下新剖面具有自然、逼真的纹理，如同山水画中的斧劈皱，斧劈石因此而得名。

3. 灵璧石。

灵璧石，又称磬石，产于安徽灵璧一带。石料的质地较为坚硬，形态与英石相似，但表面的纹理少而不明显。色泽有灰黑、浅灰、赭绿等。若敲击此石，即会发出金属声响。此石坚硬不适宜加工，通常配一红木几架，清供于案头，也可作为树木盆景的点石。灵璧石是我国传统的"观赏石"之一。

4. 石笋石。

石笋石，又称虎皮石、白果峰、松皮石、白果石等，主产于浙江等地，色泽有青灰、淡绿、浅灰、赭绿、淡紫等。此石中夹有数量较多的白果大小的白色或浅色小石砾。砾石未风化者称为龙岩；已风化者，石砑脱落，形成一个个孔洞，称为风岩。石笋石的质地坚硬，不吸水，且多为较厚的扁圆形的长条状，因为形态修长，可以表现为高耸挺拔的山峰、石林或悬崖峭壁，可作水盆式山水盆景、旱盆式山水盆景或树木盆景的点石。造型手法主要有敲击、锯截、拼接等。石笋石特别适宜制作竹林（丛林式）盆景中的点石，选择体积大小适宜的石笋石，立于林内，以示春笋出土之时节。

5. 钟乳石。

钟乳石是指溶洞中的石灰岩，由于水的长期溶解作用而形成的一种岩石。其产地很广，广西、广东、湖南、湖北、浙江、江西、江苏、云南等地均有分布；石质较为坚硬，吸水性能较差；色彩为乳白色，也有淡黄色、黄褐色；形态多为山峰状，有的为独峰，有的结合成群峰，山体圆浑，洞穴不多。但有些石料具有晶莹夺目的光彩，其人工剖面无纹理或不够自然，因此造型时，不宜采用雕琢加工方法，通常采用锯截或拼接的方法。选材时要特别注意自然形态适合何种造型需要。其可用于水盆式或旱盆式山水盆景，也可配以几架，作为"赏石"清供。

6. 树化石。

树化石，是一种树木化石，中国许多地方出产此石，目前所用之石多来自辽宁、浙江等地，是古代树木由于地壳运动，经过高温高压形成的化石。它既有岩石的性质，又有树木的年轮形成的纹理；色泽有黄褐、灰黑等色；石质坚硬而脆，不能吸水；形态刚直有力。其纹理有横纹和竖纹两种，其中松化石为黄褐色，纹理较柔和，还常含树脂道痕迹。加工手法有敲击、锯截、拼接等。一般不采用雕琢法，适宜制作山水盆景、树木盆景的点石；也可作水旱盆景的水岸线石。其能表现高山峻岭、峭壁巨岩、奇松怪石等画面，是石中之珍品。

7. 太湖石。

太湖石，是石灰岩在水的长期淋溶与冲刷之下形成的一种观赏石，主产于江苏太湖、安徽巢湖及其他石灰岩地区。太湖石质地坚硬，形态玲珑剔透；线条柔美，表面纹理自然。石材还具有许多形态各异的洞穴，有的洞穴相互连通。色泽有灰色、深灰色、浅灰色等。太湖石大者直径达数米之多，小者仅有拳头大小。太湖石原为园林假山的重要石材，因其不易加工，一般不宜用来制作山水盆景，多作树木盆景的点石。

（三）其他材料

1.朽木。

树木腐朽后的剩余部分，经过锯截、雕琢、拼接也可配置成景。做好后刷以清漆，以防朽蚀；亦可在表面设色，模仿真山；也可放在火上烤一下，使表层炭化，防止腐蚀，同时又可吸水。在朽木上可以栽种植物或攀附藤本植物，制成山水盆景或朽木盆景。朽木式盆景如果处理得当，可以同以石为材料的山水盆景比美。以木代石制作山水盆景的方法早在古代就有了，如宋代苏洵在他的《木假山记》中就记载了将枯朽大树根制假山的过程。朽木的纹理细腻，形态逼真，色泽纯和，制成盆景高雅幽静，别具一格。

2.木炭。

木材火化后的炭化物，稍经加工，亦可成景，并能吸水和栽种植物，经久不烂，另有一番风味。

3.纸浆。

将废旧纸置水中浸烂，然后捏成峰、峦、丘、壑，再涂以色彩，仿真山真水。制作时要防止人工痕迹过重或变成雕塑模型。

制作盆景的植物材料与石料很多，这里仅介绍了常见的部分制作材料。在自然界，还有很多适宜制作盆景的植物材料与石料，有待我们去发现和开发。凡是叶细、枝密、生长旺盛、易繁殖、耐修剪、树形美丽或奇特的植物种类都可以选来制作树木（植物）盆景；凡是那些在形态、色泽、纹理、质地、气势等方面与众不同的石材，都可以取作山水盆景的材料。有人在磷矿石、铁矿石中，就寻找到了适合制作山水盆景的良好材料。因此，盆景创作者首先要提高艺术和技艺水平，才能在很多地方找到适合制作盆景的植物和石料，这也是一件非常有价值和有意义的事情。

（四）盆钵与几架

1.盆钵。

中国盆景的用盆，历来都十分讲究，这也是中国陶瓷工艺能够高度发展并取得今日辉煌成就的原因之一。自古以来，许多技艺精湛的制盆名家，对盆钵的外形、尺寸、色彩、质地、图案等都进行了深入的研究，制作工艺精益求精，因而制作了许多造型优美、工艺精湛、结构良好、经久耐用的盆钵，这些盆钵都是水平很高的工艺品，具有极高的艺术价值。中外盆景爱好者和收藏家都不遗余力地收藏这些"艺术珍品"。风靡朝野的日本盆景，对盆景用盆也十分讲究，并且大量进口中国珍贵的盆钵。在日本，造型最好的树木，如果不能配以中国古盆，就不能称之为名贵盆景。盆钵是在盆景的发生与发展的同时形成与发展的，盆钵是盆景家族中不可缺少的一员，盆钵和盆景是分不开的。我国陶瓷工艺的历史发展悠久，技艺超群，这是发展我国制盆工艺的有利条件。

2. 几架。

盆景在经过构思、选材、加工造型、点景、配盆之后，最后一个程序是配几架。一个盆景如果没有配几架，就不能称之是一个完整的作品。这就是常人所说的"一景二盆三几（架）"。几架不是可有可无的东西，而是整个画面中不可缺少的一个因素。几架配得好坏对画面的效果也有一定的影响。几架要与景、盆相呼应，也就是说要相映成趣，不能破坏画面的协调性、整体性。几架的大小、形状、色彩、质地要与盆景配合得体，才能把盆景的艺术效果全部显示出来。

三、盆景的分类与造型

（一）盆景的分类

中国盆景在漫长的发展过程中，自然地形成了许多艺术流派。各流派都有独特的风格和加工技艺。加之我国地域广大，制作盆景的材料非常丰富。所以，我国盆景的种类、形式也非常之多。据历史记载，远在宋代，就出现了树木盆景与山水盆景两类形式。可见，那时已将树木盆景与山水盆景区分开来。这也是我国古代的一种分类方法。随着社会经济的发展，盆景艺术不断进步与创新，盆景的类型也越来越多。因此，今天研究盆景的分类仍有很重要的意义。目前我国尚未形成一个统一的盆景分类标准，现根据多数人的看法，依据表现形式、观赏目的、选用材料等因素，将盆景分为树木盆景、山水盆景和其他类型盆景三个类别。就目前情况来看，应该说是比较全面地反映了当前盆景艺术的实际情况。

（二）树木盆景

树木盆景以木本植物为主体，经过艺术和园艺技术处理，集中表现大自然中姿态优美的木本植物。在绝大多数情况下，着重反映千年古木、千年巨木、千年怪木，亦有少数表现壮年和幼年树木的。树木盆景也是从自然中来，经过提炼、概括、升华而成的立体的中国山水画中的"树画"。所以，盆景与一般的盆栽植物是不同的。盆景是艺术品——立体的画；盆栽仅仅是一种园艺栽培，不需要艺术处理。日本的盆景借用了中国汉字的"盆栽"二字，若译成中文应为"盆景"。至于"栽""植"二字的中文意义是没有多大差别的。树木盆景又有以下几种分类。

1.依选取的木本植物材料的不同，树木盆景可分为以下两种类型。

（1）桩景：自山野掘取的树木根桩，经过养胚，加工成形而做成的一种树木盆景，称"桩景"，又称树桩盆景。树桩又称桩头。

（2）树景：由1~3年生或树龄稍大一点的小树做成的树木盆景，称树景。扬派、川派盆景都有"自幼培养"的传统技法，要求从小树开始造型。

2.依观赏目的不同，可分为以下四种类型。

（1）观叶类树木盆景：除了观赏其根、茎、干、枝的艺术造型外，突出叶片的观赏价值。大多数的树木盆景都具有观叶的特性。

（2）观花类树木盆景：以观花为主要目的，对其枝、干造型及叶的观赏价值要求居次。如紫薇、梅花、桃花、九里香等。

（3）观果类树木盆景：以观果为主要目的。如用苹果、桃、山楂等制作的树木盆景，观赏植物中的火棘、果石榴、胡颓子、枸杞、佛手、金柑等亦可做成观果盆景。

（4）综合类树木盆景：通常包含两种或两种以上的观赏特性。如虎刺、爬地蜈蚣、枸骨、银杏具有观叶与观果两种特性；花石榴具有观叶与观花的两种特性；锦松具有观叶与观茎的特性。

（三）树木盆景的造型形式

中国树木盆景的造型形式十分丰富。就现有树木盆景的造型形式来看，均可依照树木的主干（干身）姿态（如弯直、偏正）、主干数量、主干枯荣程度来分类；也可根据枝条的姿态，如伸直、下垂、弯曲等因素来区分；亦可根据根部（足）的裸露状态来区分；还可根据枝片的形状来进行分类。

1.按树木主干姿态区分。

（1）直干式（见图5-57）：主干（干身）通直，基本不弯不曲，通常直立，枝条多向四方自由伸展，少数左右出枝，层次分明，多见于自然式盆景。其主要表现古木参天、巍然屹立、雄伟挺拔的气概。常用树种有五针松、九里香、金钱松、榔榆、榉树、罗汉松、木棉等。

（2）曲干式（见图5-58）：树干（干身）被攀扎成一个或数个弯子，形如蟠龙腾空，枝片通常左右分生。如扬派、徽派的游龙弯；川派的弯拐和三弯九倒拐；苏派、岭南派的蟠曲式；通派的二弯半。常见树种有五针松、真柏、罗汉松、桧柏、贴梗海棠等。曲干式盆景体态轻柔、刚柔相济，饶有趣味。曲干式又可分为曲干正栽式与曲干斜栽式两类。

图 5-57　直干式

图 5-58　曲干式

（3）斜干式（见图 5-59）：主干（干身）向一侧倾斜，但不卧倒，枝片偏于一侧，增强了树的动势，形成山野老树姿态，虬枝横空、飘逸潇洒、疏影横斜，显示古朴淡雅之气。岭南派的"飘斜式"应属斜干式。常用树种有五针松、罗汉松、榔榆、福建茶、贴梗海棠、瓶兰花、雀梅、黄杨等。斜干式要注意树势平衡。斜干式有直干与曲干之分。

（4）卧干式（见图 5-60）：是斜干式继续向一侧倾斜至水平或近水平状态，使主干（干身）平卧盆面，犹如深山野林中被风刮倒之木，似卧龙、卧虎，或

图 5-59　斜干式

图 5-60　卧干式

醉翁寐地。枝片生长向上是显示其昂然崛起、生机蓬勃之势，如倒木逢春，蛟龙、卧虎腾空，醉翁醒酒。卧干式多用长方形或长椭圆形盆，以便树干横卧。卧干式可采用点石法使之平衡。常用树种有榔榆、雀梅、九里香、匍地柏、枸杞等。

（5）临水式（见图5-61）：主干（干身）向一侧倾斜，其角度大于斜干式，动势进一步加强，但主干不横卧盆面。枝片下垂至盆外，但下垂程度不超过盆面线，形成了动中取静的画面，犹如临水、戏水之势。临水式用盆以中深的正方形、圆形、椭圆形、多边形之类较多，常用树种有黑松、罗汉松、雀梅、黄杨、榔榆、柽柳、桧柏、匍地柏、五针松等。

（6）悬崖式（见图5-62）：主干（干身）自根部（足部）附近，较大幅度地弯曲下垂至盆外，犹如悬崖峭壁上之探海蛟龙。其树梢悬垂程度不超盆底者为小悬崖；树梢悬垂超过盆底者为大悬崖。悬崖式盆景多采用半深盆或深盆栽植，盆的形状有圆形、正方形、椭圆形、多边形等。常用树种有桧柏、黑松、五针松、榔榆、雀梅、福建茶、罗汉松、匍地柏、六月雪、相思树、山橘、黄杨等。悬崖式盆景的动势更加强劲，表现了一种顽强、坚毅的精神；画面气势奇险，因此要注意险中求稳、动中求静。

图 5-61　临水式

图 5-62　悬崖式

（7）疙瘩式：在主干（干身）的近基部，将主干（干身）绕一个小圆圈，小圆圈随着生长增粗就形成了疙瘩，给树干增加了新奇与古怪之感。这样3~5年生的小树，在2~3年之内即可变成"大树""怪树""古树"，给人以新颖之乐趣。常用树种有梅、桃、蜡梅等。疙瘩式有活疙瘩与硬疙瘩之分：活者在主干（干身）下部劈去一半木质部，然后进行弯圈，称活疙瘩；硬者不劈，硬行弯圈，称硬疙瘩。弯圈之后经过刻曲、复条就成了一幅犹如"工笔细描"的中国花鸟画了。

（8）劈干式：将主干（干身）自中心劈成两半或劈成多份，每份都带有根系，分别栽植，即形成劈干式盆景。劈干式多用于树干较粗，长且通直，又不适宜弯曲造型的树桩。有时为了强化树干的古朴，也可劈去或多或少的树干部分，使木质部暴露形成枯干、枯峰状态。常见树种有银杏、梅花、榆、石榴、松等。劈干式形式新颖，同样给人以一种美感，是处理一些不适宜造型的桩头的好方法。

（9）枯峰式：又称枯干式，主干枯朽，树皮斑驳脱落，露出蚀空洞穿的木质部，反映枯木逢春、生机盎然之态。枯峰式与劈干式不同，枯峰式为树皮剥落，自然枯朽者居多，不一定都是用劈干方法来达到此目的的。枯峰式通常是采用不具有劈干痕迹的树干。

（10）贴石式：树木盆景的主干下部粗度不够，画面有头重脚轻之感，若配以形态恰当的石材，置于树主干下部，将树干遮去一半，使之上下平衡。遮去主干粗度不足之丑，将丑变美，旧貌换新颜，称贴石式。若以适当的枯桩代替石材置于树干的下部，以求上下之平衡，则为贴木式。

（11）点石式：树木盆景可以结合干身欹曲、根爪悬露，点以适当的山石，构成一个具有山野情趣的画面，称点石式。所选石料的形态、色泽、纹理与树木相互呼应。

2. 按"主干"的数量来区分。

（1）单干式：每盆一株，留一个"主干"。

（2）双干式：每盆一株，留两个"主干"。

（3）多干式：每盆一株，留两个以上"主干"。

（4）合栽式：每盆多株合栽，但未形成森林风光。常用树种有金钱松、五针松、榔榆、红枫、榉树等。

（5）丛林式：一盆之中多株丛植，采取艺术的手法，使之形成原始大森林，或寂静幽雅的风景林等画面。其要表现出森林茂密幽深或雅静别致之效果。以选用枝细、叶密或经过造型的树种为好，如虎刺、榔榆、福建茶、六月雪、石榴、鸡爪槭、红枫、五针松、金钱松、柽柳等。丛林式盆景往往更具有诗情画意。

3. 按枝条的形态来区分。

（1）垂枝式：枝条下垂形如柳枝。一是选用枝条柔软悬垂类树种，形成垂枝式。枝条垂挂是一种自然美，如迎春、柽柳、紫藤、金雀、枸杞等。二是非垂枝类树种，则采取人工蟠扎的方法，将枝条弯曲下垂。老树、古树的枝条具有下垂的特性。人工将枝条弯曲下垂是一种模仿古树的艺术手法。

（2）自然式：枝条任其自然直伸，不做人工弯曲处理，造型仅采用短截修剪方法，控制枝条生长方向。其剪法如下：

①鹿角法，枝条直伸向上，呈鹿角状，两枝之间夹角可为锐角或钝角，不可取直角，以形成鹿角状枝条。

②蟹爪法，枝条下屈，形如蟹爪（雀爪、鹰爪），剪法同鹿角法。岭南盆景属自然式；苏派、川派、扬派的自然式盆景也属此类。

（3）曲枝式：是根据中国画中枝无寸直的画理，以曲为美将枝条扎成弯子。如扬派盆景的"一寸三弯"、川派盆景的"圆汉弯"、苏派盆景的蟠式都是将枝条回蟠旋曲。曲枝式表现老树、古树枝条曲折之形态。

（4）藤蔓式：以藤蔓类植物制作的盆景为此类型，主蔓可为草蔓、双蔓、多蔓类型，藤蔓下垂。植物种类有常春藤、金银花、络石、紫藤、凌霄等。

4.按枝片的形状来区分。

（1）圆片类（见图5-63）：枝片自上而下俯视，其形状为圆形、椭圆形、扇形、掌形等。圆片类的特点是枝片具有一定的形状，枝片外形均修剪得比较丰满圆滑，各枝片之间有比较明显的间隔距离或区分界线，枝片在主干（干身）上的分布比较匀称。因圆片的厚度（高度）不同又可分为以下三种形式：

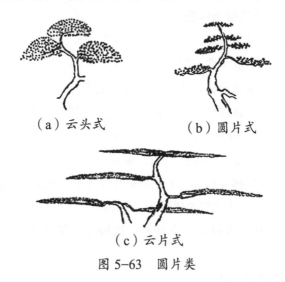

（a）云头式　　　　（b）圆片式

（c）云片式

图 5-63　圆片类

①云头式，圆片由四周向中心部位逐渐隆起，呈四周低、中间高的"馒头状"的云头，又似云彩堆砌的云垛，所以又称"云朵式"。此种形式起源于苏派盆景。较早的苏派盆景的枝片中心隆起的程度较高，现代的苏派盆景的枝片云头较

为平坦。

②圆片式，此类枝片更为平坦，四周与中心的厚度（高度）差别较小。此式起源于川派盆景。传统的规则式川派树木盆景的"平枝式"造型属于这种类型。

③云片式，此类枝片的主、侧、细枝都被蟠扎在一个水平面上，叶片均匀地平铺其上，叶面向上，叶背向下，形成一个极薄的水平面，将一盛满水的碗放在这个平面上，水不会溢流出来。这种枝片只有枝和叶组成的薄薄的一层薄片，这也是区别上述两类形式的特点。此式起源于扬派盆景。传统的扬派规则式盆景树木的"云片式"造型属于这种形式。

（2）圆锥类（见图5-64）：整株修剪成圆锥形，冠形圆满无缺，一株只有一个枝片。此式起源于川派。传统的川派"规则式"树木盆景的"滚枝式"造型属于这一类型，称圆锥形或滚枝式。

图5-64　圆锥类

（3）自然分枝类（见图5-65）：又称"自然式"。此类枝片形式，主、侧及各级细枝均遵循自然树木枝条的分枝规律而分枝。枝条直伸向上的称鹿角枝，枝条向下屈曲的称蟹爪枝。主干（干身）上着生的每一个主枝组成一个枝片，这种枝片的形状，没有一定规则，而是根据构图的需要，枝条自然地伸屈，有时枝片与枝片之间没有明显的分界线，形成一种自然的形状，与自然界的大树一样。此式起源于中国树木盆景的自然式。岭南派盆景的枝片造型形式属于典型的自然式类型；扬派、苏派、川派、海派等树木盆景流派的自然式树木盆景的枝片造型形式，也属于这种类型。

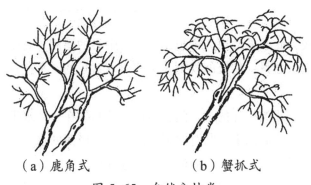

（a）鹿角式　　　　　　（b）蟹抓式

图 5-65　自然分枝类

　　海派盆景造型自由，不拘格律。其枝片有云头式、圆片式类型，也有自然式类型。浙江盆景、福建盆景的树木盆景的枝片形式有类似圆片类，也有类似岭南派的自然式。湖北盆景、山东盆景、河南盆景、江西盆景、河北盆景等的树木盆景枝片造型有属于圆片类，也有属于自然类。台湾盆景的树木盆景枝片造型形式，我们看到的也有三种：第一种属于"云头式"和"圆片式"；第二种是圆锥形；第三种属于岭南派的自然式。这三种枝片和造型形式都起源于我国的枝片造型形式。

　　国外的树木盆景，如日本、美国、英国、德国、澳大利亚等树木盆景枝片造型形式，大体上都属于圆片类、圆锥形、自然式这三种形式。

　　5. 按根的状态来区分。

　　（1）提根式：在上盆或翻盆时或采用其他方法，将根系的上部逐步提出土面，露出形若蟠龙、鹰爪形若蟠龙、鹰爪的根系（含主、侧根）。此式又称"露根式""提踵式"，主要是显示根的优美形态，犹如蛟龙蟠曲、鹰爪高悬；也是表现由于长年累月根都生长增粗而突出地面或因千百年来雨水频繁冲刷而露出部分根系的千年古树。

　　（2）连根式：俗称过桥式，多棵树木并栽一盆，粗根裸露而相连，盘根错节，形如龙爪；树木高低参差，错落有致，别具一格。连根式还有以下三种形式：

　　①根式，由暴露在土面的一部分根系上所萌发出来的数株树木，而创作成的树木盆景，也可称为连根式。

　　②茎式，又叫假连根，日本称"筏吹"。选择易发生不定根和不定芽的树种，截取一段枝干，将其横卧盆中，使之向下发生根系，向上萌生新株，经过数年培育，即可形成连干的合栽式，再经过提根使部分根系暴露在外，就能形成一种特殊形成的连根式。造型可谓别具一格，给人以一种新颖的感觉。

③连理式，将许多树木合栽，然后使各树木上部的根系裸露在外，并使根系相互连接一起，称连理式。

（3）附石式：树木的根系抱石而生或穿石而过，表现生长在山岩石隙中的顽树不畏艰难险阻，顽强地生长着，显示其蛟龙抱石或雄鹰抓石之英雄气概，巍巍挺立，葱葱郁郁，具有无限生命力。附石式又可分为以下几种：

①旱附石，所作之附石式盆景无水面处理，称旱附石盆景。

②水附石，附石式盆景与水盆式盆景结合，形成有水面处理的附石式盆景，称水附石盆景。此式具有水旱盆景的特色。

四、桩景的艺术流派

艺术流派就是在一定的时期内，由一些在思想倾向、艺术倾向、创作方法和艺术风格等方面相近或类似的艺术家，通过盆景作品所显示出来的具有独特特征的艺术派别。目前，我国盆景界公认的桩景艺术流派有岭南派、扬派、川派、苏派、徽派、海派、浙派、通派等。

（一）岭南派

岭南盆景历史悠久，已有近千年的历史。宋哲宗亲政时，苏东坡被贬广东，一到惠州，就赋有"岭南万户皆春色"的诗句。特别是近300年以来，盆景艺术流传颇盛，已遍及民间。

1. 风格。

在广州的盆景艺人由于各自的生活环境不同，对艺术追求的思想也不同，逐渐形成自己的创作个性。当时，以横贯广州的珠江为界，形成了两个迥异的风格——南素、北孔。

（1）南素：在珠江的南岸，以海幢寺主持素仁和尚为首，形成了岭南盆景的"素派"。"素派"盆景着意向明清古画学习，构图着重取意，崇尚神韵，整体布局流畅明快，轻盈潇洒，表现了作者孤雅脱俗的意趣。"素派"的作品寥寥几笔则表现了整体意念，属于重神韵的"写意"。

（2）北孔：珠江北岸的风格以孔泰初为代表，他们以大自然生长的优美树木为创作蓝本，突出根深叶茂、古树雄风的特色，称为大树形。孔泰初对枝条的剪截技法要求严格，一枝一爪都讲究比例，精雕细刻，注重模仿自然树木的形态，着意于形似。"孔派"的作品严谨镇密，属于写实的"工笔"。

2. 特点。

（1）源于自然，高于自然。岭南盆景的创作思想是崇尚自然，以自然界的树木形态为师，以达到形似，给人一种天然古朴的印象，毫无矫揉造作。其创作形式不受任何程式的限制，只要求作品让观赏者观赏之后有回归自然的愉悦感受。其作品既要求形似，有自然大树的美姿，在整体布局中又渗透着诗情画意。

（2）形神兼备，传情达意。岭南盆景不仅有形似的美，而且每一个造型都有其特征，独具神态和意境。欣赏者能通过作品去感受作者创作的主题和企图表现的情感。这就是岭南盆景形神兼备的特点。

（3）截干蓄枝，以侧代干。截干蓄枝是岭南盆景独特的创作手法。从山野挖来的树桩形态各异，枝条繁杂，创作者根据树桩已具备的造型条件确定观赏面，并将与造型无关的枝条及树干截掉，使其长出侧枝；等侧枝长到一定大小时，保留适当的长度，将多余部分再截掉，让留下的侧枝再长出新的侧枝。如此反复进行。这种修剪方法，妙似岭南画派的"明朗、笔触"画法。

（4）师承画理，深入造化。岭南盆景的创作思维和手法是将中国画的有关技法，诸如立意构图的"有聚有散""有争有让"，讲究"顾盼呼应"，树干和枝条讲究流畅有气势等理论挪为己用，去丰富作品的"神韵"。

（二）川派

川派盆景又分为川西、川东两个艺术风格。川西以成都为中心，讲究写意，清雅秀丽，丰富多彩，也称川西派，又称成都盆景。川东以重庆为中心，注重写实，浑厚自然，苍劲雅致，也称川东派，又称重庆盆景。

1. 川西派。

成都是我国著名的历史文化名城，已有2000多年的历史，地处长江上游，名山大川汇集，植物资源丰富，自然景色秀丽，经济繁荣，文化发达。历史上许多诗人被巴山蜀水所诱，无不漫游巴蜀胜迹，吟诗作赋，寄情山水；历代画家，也常取材四川名山胜迹，留下许多传世佳作。成都盆景相传起源于五代。现在成都一带还保存有很多百年以上的古桩盆景。

2. 川东派。

重庆位于四川盆地东部，自古是商业城市。市中心三面环江，形如半岛；四面崇山峻岭，遍布奇山异石；依山建城，故有山城之称，这些给盆景创作提供了无穷的源泉。其盆景艺术起源于唐末宋初，起先受到成都的影响，但后来发展很快，独树一帜，自成一体。

3. 特点。

传统的川派盆景造型以规则型为主，全部用棕丝蟠扎，称为"丝法"。树桩的主干造型，讲究弯曲的角度、方向，注重立体空间构图。此外，讲究根部的处理，有"无根如插木"之说，强调悬根露爪、盘根错节，显示树木的古雅奇特。

（三）苏派

以苏州为中心，包括常熟地区，流传在江南一带，对上海、浙江的盆景起到一定的影响作用。苏州是我国著名的历史文化名城，位于长江下游，地处太湖水域，为江南鱼米之乡，山清水秀，风光旖旎，历代文人荟萃。苏派盆景，源于盛唐，兴于宋代，盛于明清。唐代白居易，宋代范成大，明代文震亨，清代胡焕章，近代周瘦鹃、朱子安等，均为苏派盆景艺术做出了贡献。

苏派盆景的特点如下：

1. 传统的苏派盆景造型也多为规则型。培育方法是自幼苗开始造型，虽加工方便，但速度较慢，需很长的时间才能成形。

现代苏州盆景，得盆景专家周瘦鹃、艺人朱子安的倡导，以自然为美，吸取明清苏州盆景的精华，注重师法自然，讲究诗情画意，并逐步形成"粗扎细剪，剪扎并用""以剪为主，以扎为辅"的造型技法，使苏派盆景以清秀古雅的艺术特色独树一帜。

2. 苏派盆景因树种不同，其蟠扎技艺和修剪方法也不尽相同。古桩一般主干苍劲古朴，富有天然姿态，也无法弯曲，只要将枝条略加绑扎，这种方法称为半扎法。用幼苗加工培养的盆景，其主干和枝条都要蟠扎，称为全扎法。

（四）扬派

扬派盆景以扬州为中心，包括苏北的泰州、南通等地。扬州是长江与大运河交汇要冲，气候宜人，已具2000多年历史，隋唐时是中国最大的商埠，清代为两淮盐运中心。自古经济繁荣，文化发达，富商大贾、官僚地主附庸风雅、广筑园林、大兴盆景、许多著名诗人、画家都曾云集于此。清代扬州八怪等，对扬州园林和盆景艺术的发展均起到了一定的促进作用。

扬派盆景相传唐代开始流传，元、明时就采用扎片造型的手法，至清代盛行一时。

扬派盆景的艺术特点可概括为"严整而富有变化，清秀而不失壮观"。造型特别讲究功力深厚，多自幼苗培养。其用棕丝蟠扎，采用"精扎细剪"的造型方法，形成"桩必古老，以久为贵，片必平整，以功为贵"的审评标准。

其造型以规则型为主，显著特点就是云片，用棕丝将枝叶扎成平整的薄片，一般顶片为圆形，中下片多为掌形，有若蓝天层云簇拥之貌。云片的大小与多少，依树形和植株大小而定，通常为1~9片。云片1~3层的称"台式"，多层的称"巧云式"。

南通与扬州同处苏北，距离较近，南通盆景与扬州盆景原属于同一艺术流派，但具有不同的艺术风格，可以说是扬派盆景的一个分支。通常称南通盆景为"东路"（也称通派），称扬州盆景为"西路"。

（五）徽派

徽派盆景是以安徽徽州命名的盆景艺术流派。它以歙县雄村乡洪岭村为代表，包括绩溪、休宁、黟县等地。其民间制作的盆景各具特色。

徽派盆景艺人在长期的艺术实践中，积累了丰富的经验，并受新安画派的影响，逐步形成独特的艺术风格，尤以梅桩最为著名，称为徽梅，与徽墨齐名。

徽州桩景的造型，有规则型，也有自然型。造型式样多姿多彩，不拘一格，注重师法自然，表现画意，力求模仿自然树木形态。

（六）海派

海派盆景艺术风格的形成，是上海繁荣发达的经济、文化、交通所决定的。近几十年来，江苏、安徽、四川、广东等地的盆景，先后传入上海，日本盆栽也渡洋而来，使上海盆景出现"兼收并合、博采众长"的局面。在继承中国盆景优秀传统艺术和外来风格的基础上，逐步形成其独有的艺术风格，以明快流畅、雄健精巧著称。

上海盆景多为自然型，枝叶分布不拘一格，自然入画，有些桩景虽也自然成片，但与苏派、扬派不同，片子较多，大小不等，形式多样，分布自然，疏密有致，富有变化。

盆景的形式不受任何程式所限，以自然界的古树为范本，师法自然，千姿百态。形式多样，有高达丈余的大型落地盆景，也有一掌可置数盆的微型盆景。

上海树桩盆景，采用金属丝攀扎，先将金属丝缠绕枝干后，再进行弯曲造型，基本形态扎成后，对小枝逐年进行细致修剪整形，使其全部成形。

（七）浙江盆景

浙江盆景以杭州、温州为中心。浙江位于华东沿海地区，境内风景秀丽，气候温和，经济发达，文化繁荣。

浙江盆景南受岭南派的渗透，北受海派的影响，造型方法吸取两派之长，采用金属丝及棕丝并用蟠扎与细致修剪相结合，以自然明快、雄伟挺秀为特色。

造型按各种植物不同的生态特性，采用不同的剪扎方法。松柏类以扎为主，辅以修剪、摘心；杂木类以剪为主，以扎为辅，采用类似岭南派枝条处理的方法，使作品苍劲古朴，轻松明快；花果类采用"剪扎并举"的方法，枝条曲直自如，花果繁茂。

（八）福建盆景

福建盆景受南北盆景艺术流派的影响很大，同时也吸取日本盆栽的某些技法，从而形成自己的风格。

造型上，福建盆景从当地自然条件出发，采取"以培育为主、攀扎与修剪为辅"的方法，以自然、豪放、朴拙为主要特色。尤其以榕树盆景为胜，做成"飞榕"姿态，雅俗共赏。

（九）北方盆景

在黄河流域及以北地区，由于气候条件的影响，盆景制作虽不及南方普遍，但如山东、河南、河北、辽宁、吉林等地，也各有悠久的历史和传统风格。

近几年来，北方盆景发展较快，如月季盆景、菊花盆景、桎柳盆景、杜鹃盆景及各种果树盆景等，均有地方特色，多以古朴雄伟见长。

五、 树木盆景的制作与管理

树木盆景以树木为主体，由于取材不同，通常又分为"树景"与"桩景"两大类。树景是以幼树为材料，进行艺术加工而成，故常称为"自幼培养"。扬派、川派盆景等多采用此法制作树木盆景。幼树是采用有性或无性繁殖获得的，如播种、扦插、嫁接、压条、分株等方法，并培育 2~3 年的小树。桩景则是来自山野，采集经过多年樵伐或是由于其他自然原因的影响所形成的古树桩、怪树桩、枯树桩。

一盆比较完整的树木盆景，经过加工后，通常要具有干弯（粗）、枝曲、叶细、根露等特点。干弯，如斜干式、卧干式、临水式、悬崖式等，主干大多具有一个及数个不在一个平面上（少数在一个平而上）和不同弯曲程度的弯子，以曲为美，当然也可以考虑直线条处理，这是因为直的线条在自然界中仍是客观存在的。直线型的主干刚劲有力，有参天拔树、磊磊大方之气概，只要处理得当，在某些情况下，其风姿不一定比曲干逊色，例如黄山迎客松的主干不那么弯曲，其挺直的主干所形成的主轴线与横向弯曲的、下垂的枝片所构成的立体画面，在空间结构上还是很协调的。干粗，不论直干还是曲干，都是一个重要的指标，因为只有干粗才能显示树木的"古雅、苍劲"。当然，"粗"要根据构图需要来定。通常要从树高与树粗的比例来考虑，而不是形式上的粗细。古人云："枝无寸直"，枝的弯曲也是模仿自然界的古树老枝垂曲之态，当然直枝式的"蟹爪枝""鹿角枝"也不乏其美。叶细则是盆景树种宜选用小叶种类，枝叶之间的比例协调，才能显示葱茏茂密、自然逼真之态。露根是老树、古树之美态，因此大凡树木盆景都要采取露根这一处理手法。树木御景是大自然中优美树木景象的缩影。

树木盆景的栽培、制作与管理，是一项既是艺术性，又是园艺科学的细致工作。一盆品位高尚的、耐人欣赏的树木盆景，往往需要数年乃至数十年精心培养才能成形。如岭南盆景创作："一寸枝条生数载，佳景方成已十秋。"

树木盆景的制作与养护管理，通常有以下几个方面：树种选择、树坯的培育、加工造型、上盆配景、养护管理等。养护管理包括温度管理、光照管理、水分管理、施肥、修剪造型、翻盆换土、病虫防治等。

（一）树种选择

中国的植物资源很丰富，适宜制作盆景的材料也很多，一般以枝密、叶细、耐修剪、耐移植、适应性强、寿命长、适宜造型、形态优美者为佳。我们的祖先很善于利用植物资源。清代嘉庆年间（1796—1820年），五溪苏灵在他的《盆碉偶录》一书中，把盆景植物分成四大家、七贤、十八学士和花草四雅。目前中国盆景树种已发现一二百种，一般分为下面几类。

1. 松柏类：五针松、黑松、罗汉松、黄山松、桧柏、偃柏锦松、铺地柏、金钱松、柳杉、水杉、池杉、杉木、柳罗木、雀舌罗汉松、雪松、马尾松、真柏、獐子松、华山松、白皮松、赤松、柏木等。

2. 观叶类：瓜子黄杨、鱼鳞黄杨、三角枫、红枫、丝棉木、福建茶、雀梅、虎刺、九里香、榔榆、银杏、枫香、三角枫、红枫、榉树、冬青、小蜡、中华蚊母、对节自蜡、水蜡、冬青、（木迷）木、赤楠、山橘、细叶榕、朴树、桃叶珊瑚、胡颓子、凤尾竹、罗汉竹、佛肚竹、紫竹、矮棕竹、苏铁等。

3. 观花类：山茶、金雀、茶梅、梅花、紫薇、碧桃、贴梗海棠、杜鹃、迎春、垂丝海棠、西府海棠、桂花、石榴、六月雪、探春、栀子、蜡梅等。

4. 观果类：火棘、果石榴、南天竹、佛手、金橘、枸骨、金弹子、山楂、紫金牛、老鸦柿、柿、枸杞、瓶兰花、桃、金柑、术瓜等。

5. 藤本类：常春藤、紫藤、凌霄、络石、忍冬等。

（二）树木培育

1. 毛坯来源。

树木盆景的树木主要来自两个方面：一是通过育苗获得；一是自山野采掘树桩。前者采用播种、扦插、嫁接、分株、压条等方法进行育苗。此法属于自幼培养，树干可弯曲造型，但因树小、干细，形成大型盆景的时间较长。后者为挖取树桩，可选用老树、怪树、形态特异之大型树桩，培育加工成形也较快，但树干形态已定，往往不能按构图要求造型，只能因材处理。主干与侧枝之间粗细的过渡不够自然，仍需要培育若干年后，才能使主干与侧枝之间粗细过渡自然。

2. 树桩采掘与培育技术。

树桩采掘与培育技术。树桩采掘的时间，一般宜安排在冬季落叶树木落叶，树木进入休眠期后，至第二年春天树木萌芽之前，某些南方不耐寒树种宜在春天 3~4 月气温转暖时挖掘。初冬采集的树桩，可进行假植，北方可进行冷养护，长江流域冬季在解冻天气亦可采掘。采集后的树桩，在运输或贮藏过程中，要采取保护措施，防止桩根失水干枯。在山野采掘树桩时应选择经过多年樵伐或由于其他自然因素破坏而形成的老树根桩。在森林茂密处，干材通直、高大者不适宜作盆景桩材。采掘树桩时，先决定树种，然后再看桩头的年龄，以年久为上乘。形态以苍老、古朴、遒劲、曲折为好。还要注意主干和根的形态与表面的纹理，当然不要一味追求形态怪异。树桩体积一般不宜过分高大，要便于加工造型，适合盆栽及室内外陈设。有些树桩虽然有某些缺陷，但经过培育和造型，可加以改进、弥补的也可掘取。掘桩者应具备多年实践经验，善于识别桩头的优劣，才能采得上乘桩头。挖掘树桩时要带好镐、铲、锯、剪、筐袋、绳等工具，桩头选定之前，要认真研究、仔细考虑，避免挖到一半时又改变主意，造成不必要的劳力浪费。先将树桩上的树梢和过长或多余的枝条删去或进行短截，留下短截过的主干及主枝，然后在根桩周围开挖，挖时要仔细，露出主侧根系后，将主侧根截断，尽量多留侧根。留下的根盘大小，要根据桩头主干的粗度而定，还要考虑适合盆栽，通常根盘的大小为主干直径的 2~4 倍。但在野外截断时要大一些，因为栽植时还要将根盘顶端截去一点以保证切口新鲜，有利于发根。挖出树桩要进行保鲜，防止失水干萎，通常装入箩筐，填以苔藓以保湿度。亦可将其装入塑料袋，并遮去直射阳光进行保湿。保鲜的树桩，经过 10~15 天的运输，也不会影响成活。萌芽力弱的常绿树种，如松树、珍珠黄杨、柏树等，不能将枝叶全部剪光，必须保留部分枝叶，并且根部要带土壤才能保证成活。萌芽性强的树种，如枸骨、山栀子、南天竹及大部分落叶树，剪光枝叶，仅留树干，也不会有影响。也有人将树桩挖好后，在当地栽种一年，养活后再运回栽种。

自山野采回的树桩，根系已遭破坏，绝大多数仅有主根、侧根，无吸收根系。

因此，树桩栽种至发生新的吸收根的过程，实际上是一个扦插过程，类似扦插繁殖中的根插，因此有人称这个过程叫"养胚"。如果采用根插繁殖的技术来"养胚"，成活率是很高的。养胚的方法同根插繁殖方法。

根桩采集运回后，只要主、侧根系没有干枯都有可能成活。先将各主侧根系用锯或刀截平，截去根系的过长部分。所留根盘大小要适合盆栽，截口要平滑，以利于发根。栽入泥盆或圃地，栽后第一次水要浇透。树干包以稻草或苔藓，亦可用塑料布覆盖保湿，并进行遮阴直至新的吸收根系形成为止。其他管理同扦插繁殖。新芽长到2~3cm长时进行摘芽，根据造型的要求，删去部位不合适或过密处的新芽，确保留下芽能生长茁壮。摘芽可分2~3次进行，发芽后1~2个月有可能发生新根，逐步减少遮阴时间，增加早晚光照，过了大伏天以后，进入秋季，即可逐步解除遮阴。此时应加强管理，促进生长。树桩培养1~2年，即可进行加工造型，而榔榆、雀梅、三角枫等落叶树种，利用当年新枝就可造型。幼树造型通常培育2~5年后进行。

（三）造型技术

树木盆景造型是对幼小的树木或老树的根桩（树桩）采取一系列艺术处理方法，使之变为微缩（缩小）了的大树、占树、巨树的过程，是将自然界中的树木的精华缩影到小小的盆中的过程。

在自然界中，优美的树木有很多。如黄山的迎客松、倒挂松，北京中山公园的古柏，戒台寺的白皮松，苏州邓尉山的"清、奇、古、怪"四株古柏，泰山连理松，扬州石塔寺的古银杏，皆若天然盆景，这是大自然的作用。因此，盆景创作者要以大自然为师，善于从大自然中吸收有益的营养，使自己的艺术才华发育成长起来。这也就是常人所说的要"胸有丘壑，腹满林泉"。

树木盆景造型一般包括主干造型，枝片造型，足部处理，选盆、点景与配几架四个方面。第一是主干，即对主干进行正欹（正栽或斜植）、曲直（曲干或直干）、纹理（剥皮或雕琢）等处理。第二是后枝片，主干处理完毕后，着手处理枝片，扎片时先扎顶片，然后向下，直至足片（有时先扎下部足片，再向上）。在同一枝片中先扎主枝，然后扎侧枝，再细枝，由粗至细。第三是足部处理，即进行露根、引根、附石等处理。第四是选盆、点景（点石、配件、点苔）、选几架。

树木盆景造型时，还要先选择好观赏面。观赏面是面对观赏者，提供欣赏的主要画面。在观赏面内，所见到的主干部分的姿态、纹理，所见到的枝片形态、数量、分布等，以及足部、盆面、点石、景物、几架的一面，都应该是该盆景中的最优部分，而且观赏的范围（观赏的面积）也应是最大的部分（俗称大面）。

在观赏的两侧面，观赏范围较小，虽不是主要观赏面，但也可欣赏，这种"步移景换"的作用，确有另一番情趣。观赏面的反面为背面，一般不供人欣赏，造型不作苛求，因为树木盆景通常也是倚墙而立，即通常人们所说的以墙为纸而做成的山水画，所以一般不作观赏之用。

造型的最佳时间，通常落叶树是在新梢尚未完全木质化的生长季节进行，因为此时枝条较为柔软，弯曲容易，不易断裂；常绿树种则宜在秋冬进行，若在萌芽生长季节进行，则易损伤新芽及新梢。

1. 主干造型。

（1）幼树（树景）主干的造型：幼树的树干较细，材质比较松软，因此具有一定的可塑性。在人为处理下，可以形成各种形状的变化，这些变化通常是由"正欹直曲"四个因素控制的。用来加工的树木通常都是正和直的，或基本上是正和直的。欹则是将直立的树干（主干）向任意一个方向倾斜，随着倾斜角度的增加，主干的倾斜角度也在增加，接着倾斜，主干就卧倒于盆面的水平状态，倾斜的主干继续向下跌落，就成了悬垂状态。另一个是树干弯曲，就是将主干向任意一个方向弯曲，绕成数个弯子。通常倾斜与弯曲两个造型是同时出现在一个树干上的，也就是说在倾斜下垂的同时又形成了弯曲。树木盆景在绝大多数情况下，倾斜与弯曲这两个因素同时综合地影响着主干（当然也包括枝条），以至于形成今日形形色色的盆景。如曲干式、卧干式、悬崖式等。直与曲、正与欹是相对应的两组因素，在大自然中，所见的树木（其主干与枝条）大多数直而不曲或正而不欹的。只有那些老树、古树、怪木，由于自然因素的作用，才出现某种程度的欹曲状态。所以造型时，把主干蟠弯、斜置皆是源于自然界中的一种古老现象，不过树木盆景在艺术造型时，各个艺术流派将大自然中树木的曲与欹，进一步地集中、提炼、概括、夸张、升华，使这种自然美更加具有艺术的生命力。

在大多数情况下，主干总的倾斜（或悬垂）方向与观赏面平行，即与欣赏者（或作者）的视线垂直。也就是通常所说的主干向左或向右倾斜，因为只有这样才能将主干倾斜时所发出来的一种特殊的气势展现在欣赏者的面前，这个画面就是观赏面。

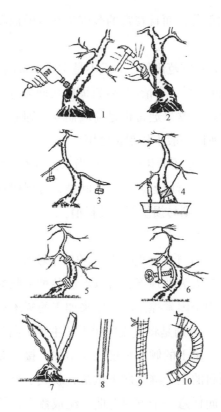

1-粗干雕饰（电钻）；2-粗干雕；3-用重力弯曲主枝；4-吊环弯曲主枝；5-弓形铁弯曲主干；6-铁环弯曲主干；7-用劈干法弯曲主干；8-在树干或枝条中部开槽，深达木质部2/3；9-在弯曲外侧先衬以麻筋，再以麻皮或布裹紧；10-弯曲，用金属丝绞紧固定

图 5-66　树干与枝的蟠曲

　　主干倾斜的程度要根据构图的需要来确定，直立的树干，不弯不曲正立生长，通常表现挺拔高耸或亭亭玉立的姿态。倾斜则增加了树干的动势，并且随着倾斜程度（即角度）的增加，动势也随之加强。倾斜程度越大，所产生的动势越大、越险、越奇。通直的树干（或枝条）表现的是刚劲有力参天大树的气概，而弯曲的树干（或枝条）则表现柔和、柔媚的姿态。弯子有大小、形状（即弯曲的程度）和在树干上的位置及数量之分。通常主干上的弯子由下而上逐渐变小，即下部的弯子较大，上部较小。弯子的弯曲程度影响着树木盆景的气势，因此要根据主题的需要来决定。除了川派的"对拐"、徽派的"游龙弯"、主干上的各个弯子在一个平面上（即左右来回弯曲）外，一般主干上的各个弯子不应在一个平面上，而要有变化，以增加画面的生气。

弯子的数量可多可少，可以是一个，也可能是数个，还要看画面的需要，要与弯子大小、形状、位置相呼应。

不论何种形式的树木盆景，其主干都是在正和欹、直和曲四个因素的综合作用下，使树干（或枝条）产生了动和静、平和奇、稳和险、刚和柔的变化。在制作树木盆景时，要注意调节好这些变化。一盆树木盆景的主干造型的好坏，主要看是否处理好了平中求奇、刚柔相济、动中取静、静中有动、险中有稳等关系。如果再深入研究下去的话，主干的形态和纹理也是影响主干造型的两个因素。它们与"正欹直曲"之间也有一种联系，综合地影响着主干的气势。在某种情况下，形态和纹理可以增强画面的效果，加强正欹直曲四个因素所带的气势。

主干弯曲的方法有棕丝扎法、金属丝扎法、刻曲法、扭曲法等。

较粗的树干（干身），如要弯曲，为防止弯曲时断裂，通常要在树干上缠绕麻皮或布等物，在弯曲处的外侧可加一条麻筋或布条，增加韧度。如树干更粗，弯曲更有难度，可在树干所要弯曲部位的旁侧，用凿子开一个槽，槽的深度为木质部的2/3，然后再按上法包扎麻皮或布。弯曲时可用棕线，也可用金属丝，更粗的主干（干身）可用铁制顶环、吊环等新技术蟠弯树干，所劈之槽，若精心管理，2个月之后会逐渐愈合。较粗的亦有用刻曲的方法来蟠曲主干，弯曲前先在弯背横刻一刀，深达木质部1/3处，然后掰弯开裂。

（2）桩景造型：通常树桩的主干较为粗大，无法直接进行弯曲处理，只能将主干作适当地倾斜处理，以增加树的气势。当然也可采用雕饰手段，调整形态，使之变得更加苍劲、古朴。主干（干身）造型时，首先要根据主题的需要选定观赏面，把符合画面要求的一面朝向作者以供人们欣赏。主干的观赏面应该是在形态、纹理方面都是最佳的一面，或者是经过修饰后，便可成为最佳的一面。

所谓修饰，一是为主干取势，"势"就是树势，取势就是将树桩栽入盆内，可正、可侧、可卧，正者势静，欹者势动，主干所表现出来的气势，影响着整个树势。主干的姿势在画面中起主导作用，左右着整个画面的气势。欹者斜也，斜有不同程度，其势也有不同程度。至于主干采取何种姿势，除了与其形态、纹理有密切的关系外，还要考虑主侧枝条（枝片）的形态、数量及其在主干上的着生位置，以及主干的形态、纹理，进行全盘考虑。总之要以最佳的画面展现在人们的眼前。其次是进行雕饰，通常将主干凿去一部分，或在主干原有的腐朽部分进行加工整理，使之呈现自然枯朽之老态，使树木变得更加苍老古朴，表现枯木逢春，枯荣相生之画面；也有采取剥皮的办法，剥去树干上的部分树皮，露出木质部，表现历经沧桑树木的坚强性格；还有将树木的顶梢部分的树皮全部剥去，露出白色木质部的树顶，表示枯顶老树，剥去树皮的树木形式称"舍利干"，表示剥皮后的白骨。

2.枝片造型。

枝片是枝条与叶片组成的片子，在前面已详细叙述。

（1）枝片的着生方式：枝片在主干上的分布、着生方式，通常有以下两种类型：

①左右分枝型。规则式造型的树木盆景，一般为左右分枝，枝片分布在主干的两侧，即为主干的左右。亦有少数规则式造型，除了左右分枝外，在主干的背后再分一至数个枝片。

②树分四枝型。自然式造型的树木盆景，属树分四枝型。即枝片在主干上前后左右错落分布，亦称四方出枝。

（2）枝片的形态：多采用规则式造型的圆片形和自然形。

①圆片形：枝片为圆形、椭圆形等。先将主枝扎成2~3个弯子，然后再将主枝上的各级侧枝分别扎成1~2个弯子，分布在主枝、侧枝的两侧，除扬派盆景外，上述被扎弯各主侧枝不一定要十分严格地扎在一个平面上，而只要基本在一个平面上即可。然后通过对侧枝上的各细枝修剪，使枝片成为一个比较圆的枝片，其形态可成云头式（云朵式），也可为片状圆片式。圆井通呈水平状态或略呈下垂状态，不宜向上斜生。下垂表示古树、老树，增加树的动势。水平状态的圆片，初扎成时宁可下垂一点为好，因为松绑以后的枝片仍会向上生长至水平状。

②自然形：枝片由自然分枝的主侧各级枝条组成。此式以他剪为主，通过修剪，利用剪口下的芽来改变、控制枝条的方向，使之自然弯曲，并结合枝条的留与弃控制枝片的形态。此式是采用粟取、短截、结台、选留、疏剪等手段来进行造型的，其形式极似自然，宛若天开。

（3）枝片的数量：主干上的枝片数量，规则式造型对其有严格要求。现代盆景较为自由，不一定拘某一格律，但要注意画面上的疏密关系。主干上各枝片均匀分布，但又不能过分匀齐，要有密有疏，有的部位密就密不通风，有些地方疏就疏得可以"跑马"。这就是说，画面中各枝片的分布，该密的地方要密，该疏的地方要疏，要密疏相间，巧妙配合，变化多姿，防止枝片从下到上、从左到右均匀分布。同时也要防止枝片分布过疏或者过密，要处理好疏密关系。

有时因树木生长旺盛，枝繁叶茂，苍翠欲滴，致使各枝片之间相互连接，原来画面中疏的部分，被"密"侵入，造成疏密失调，应根据造型合理疏剪。

3.棕丝法与金属丝法。

中国盆景传统的剪扎方法是"棕丝法"，即用棕丝把树干或枝条扎成弯子。扬派、川派、苏派、通派等都是采用棕丝扎法。各派都创造了许多剪扎方法，这些方法通常称为"棕法"，如扬派的棕法有 11 种之多。现代用金属丝代替棕丝扎缚枝干，在日本也用铝丝、铜丝缠绕枝干进行造型。与棕丝相比，金属丝造型简便、速度快、自由灵活、容易掌握。但因金属丝的颜色和形态与枝干相差很大，所以用金属丝蟠扎过的盆景不能马上用来欣赏，要等数年之后拆去金属丝才能供人赏玩。从目前情况来看，金属丝扎法在花圃进行工厂化生产还是行之有效的。相反，棕丝的色彩和形态与枝干相似，加之所用的棕丝都很纤细，穿插于枝叶之间，往往不引人注意，因此棕丝扎后，树木盆景立即可以观赏。

（1）棕丝扎法：棕丝是从棕皮中抽取的一种韧性很强的纤维丝，橡皮生长在棕榈树干上，可在成熟的棕榈树干上剥取。其拉力、耐磨、耐腐能力均很强，极适宜扎缚树木的干、枝。自古以来，中国树木盆景在造型时，均采用棕丝扎缚，此法称"棕丝扎法"。不同派别的盆景，棕丝扎缚的方法都不完全一样，都有自己的一套比较完整的、行之有效的扎缚技法。一般的棕丝扎法是，先将棕丝捻成棕线，最细的枝条为一根棕线，即用一根棕丝扎缚。较粗的干、枝用两至多根棕丝捻成的棕线。扎缚时，将棕线的一头固定在弯子底部（底），再将两根棕线来回交叉几下，然后再用一股线，将棕线的另一头系在弯子的顶部（顶），打一活结，然后用手将干或枝按预定方向及弯曲的弧度，压弯至预定的位置，再将棕线收紧，打一死结固定，这样一个弯曲就完成了（见图 5-67）。弯子的顶和底就是上下着力点，着力点的位置选定的正确与否是很重要的，因为它决定着弯子的大小（弦的长度）、方向、形状（是自然流畅还是生硬呆板）以及对下一个弯子的影响和在整个画面中的地位。由于干或枝的粗细（包括同一干或枝的各个部位的粗细）不同，干或枝的木质也不同。干或枝上着生的节疤的数量、大小、位置不同，这就给扎缚增加了难度。如果要将一株树木的干或众多的枝条都压弯后扎缚，固定到预定的位置上，非要具有熟练的技艺和能自如地运用各种棕法不可。扬派盆景将一个主枝上的各个侧枝、细枝扎缚至一个水平面上，应该说是一件很不容易的事情。

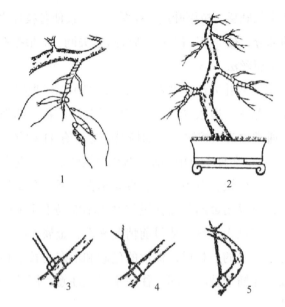

1- 缠绕金属丝；2- 金属丝造型完毕；3- 在弯底（下着力点）打结（双套）；4- 收紧双套固定；5- 弯曲，用棕线在弯子顶部（上着力点）打一个活结，边弯曲枝或干，边收紧棕线，待弯曲至顶定位置，再打一死结固定

图 5-67　金属丝与棕丝扎法

现代树木盆景，形式偏向自由，可采用粗扎细剪的技法制作。即使扎的功夫不到家，仍可采用"细剪"等方法来弥补，往往也能收到一定的艺术效果。但是，作为一个盆景艺术工作者，仍要经过严格的训练，若能够熟练地掌握各种棕丝的扎缚技艺，这对素质的提高和创作出更深层次的盆景是有益的。

（2）金属丝法：金属丝包括铜丝、铝丝、铅丝等，铅丝在市场上容易买到，价格也很便宜，但容易生锈，铜丝、铝丝不易生锈，但价格较高。所用金属丝的粗度通常是被蟠扎的枝干粗度的 1/5~1/3，长度为所要扎缚的枝干长度的 1.2~1.5 倍。造型前一天停止浇水，使枝条柔软，弯曲时不宜折断。尤其是落叶树在蟠扎前一天一定要停止浇水。石榴、枫类树木，枝干的皮薄，扎时易受伤害，所以在扎前要在金属丝外面裹上纸、麻皮或旧布，以防伤及嫩皮。

①主干金属丝造型法：主干用金属丝蟠扎时，先将树木斜栽盆中，将金属丝贴近主干的后方（即观赏面的背面），插入盆中直至盆底，将金属丝

固定在土中，一定要固牢，然后缠绕金属丝，金属丝与主干的角度一般为45°，否则就会造成金属丝太密或太疏。另外，金属丝要紧贴主干，但不能太松或太紧。金属丝另一端缠绕固定在主干梢端小枝上。金属丝绕好后，即可弯曲主干，先弯第一曲，边弯曲边顺着缠绕方向轻轻旋扭，防止金属丝松离主干，直至该曲完成。同法再弯第二曲，直至顶梢（做顶）。

②枝片金属丝造型法：先弯曲主枝，金属丝的一端固定在主枝基部的主干上，注意不要松动。然后同主干一样缠绕金属丝，直至主枝梢端。缠绕时应注意的问题同主干金属丝缠绕法。金属丝绕好后，蟠第一弯，边弯曲边顺着缠绕方向轻轻旋扭，以防枝条断裂。第一曲完成后，再蟠第二曲，再用同样的方法，将主枝上的各级侧枝进行弯曲，形成枝片。

桩景（树桩）的枝片造型时，应先根据树桩的形态进行构图，然后根据构图的需要确定枝片的数量、形态、大小、着生位置等，选留主枝，疏去多余的枝条。较粗的枝条外面可用麻皮、布条等物包裹，以防撕裂。海派盆景用吊环等简单的机械拉弯枝条，效果较好。

经过金属丝造型的树木盆景，随着树木的生长，金属丝会陷入枝干的皮层。必须在未陷入之前及时除去金属丝，称之为松绑。在松绑后，有些枝干弹了回去，恢复成原来形态，此时需再用金属丝缠绑，直至松绑后不弹回为止。常绿树和一些速生树种，由于生长迅速，在生长旺盛季节，3~4个月就要松绑；松柏类生长较慢，约一年后才需拆除金属丝。

4.根部造型（足部处理）。

根部造型有以下四种类型：

（1）露根：又叫提根，即把根系上部的一部分粗状的主侧根系提出土面，其目的：一是显示其苍老古朴；二是使部分根悬爪露，显露其姿态之美。其方法如下：

①上提法：又称换盆法，此法是结合换盆时，把根系逐年向上提一点栽植，然后用水冲去一部分土壤，逐渐使上部根系露出土面。必要时还要根据画面要求对所露出的根系进行处理。如过密或多余的根系要进行删除，或对粗根分布进行适当调整。

②沙培法：将树木栽入较深的盆中，下部填以肥沃土壤，上部填以河沙，把植物的吸收根系引入下部，然后逐年除去上部的河沙，露出粗壮的部分主侧根系，再移入普通的盆内，上部的根即露出来了。根部整理方法同上。

③加套法：适用于花盆的高度不够，在花盆的上部四周加瓦片或其他材

料，如薄木板、塑料片，以提高花盆的高度。栽植树木时，填以土壤，或下部填土、上部填河沙，待树木吸收根系伸入底部后，再逐步去除上部土壤或河沙，取下瓦片等物露出上部根系。

（2）引气生根：榕树和其他容易发生气生根的树木种类，可以进行人工引气生根。其做法是：先在欲发生气生根的枝条部位，用金属丝扎一个圆圈，切断植物向下输送养分的通道，使养分聚集于此地；然后在金属圈外扎一条纱布条，并使之下垂至盆面，再于盆面放一碗清水，将纱布的一端浸入清水之中，水分通过纱面向上渗至金属圈处，造成一个湿度很高的环境，促使该处发生下垂之气生根。还要注意金属圈在陷入皮层前，要及时剪除，避免陷入皮层，影响树木生长和观赏。

（3）引根：幼树造型时，将主根切断，促进发生侧根，并横向伸展，以适应在较浅的盆中栽培。若较大的树，根系较粗，可将根系用金属丝固定，形状根据盆的形状来定，栽入较浅的盆内。也可将根系水平状展开，铺于一块长木板上，并予以固定，然后连同木板一起栽入土中，使根系呈水平状态伸展。此法所培育的根系可适用于栽入仅 1~2cm 深的浅盆之中。海派盆景亦用此法。

（4）附石：附石是将树木的根系附在石块的缝隙中，或将根系穿入石块的洞穴，形成树木抱石而生、穿石而过的形式。造型前要选择好植物材料和石料，植物材料要侧根发达、修长；石料要形态好，纹理好，具有一定的气势，有多缝隙、洞穴。此法将树木的根系固定在缝隙或穿过洞穴埋入土中，然后采取提根的方法，逐步将附石部分的根系连同石材一起露出土面，栽入适当的盆器，即形成附石盆景。

5. 选盆、点景、配几架。

（1）选盆：树木盆景在造型完毕或基本完成之后，就要选择一个适当的盆钵。盆钵在形状、大小、颜色等方面要与树木相呼应，要起好烘托主体的作用，使主体造型艺术特点加倍地焕发出来，不能喧宾夺主，不能让欣赏者的注意力只集中到盆钵上来。

首先，盆的大小要适当，一是因为从植物的生长特点来考虑，若选用的盆钵过大，蓄水过多，影响植物生长。严重的会因长期积水而发生烂根现象。二是因为从画面的构图来考虑，盆的大小与树木之间的关系要协调，不能用盆过大，也不能用盆过小，形成头重脚轻。一般来说，盆的口径应小于树冠的范围，丛林式的宜用浅一点的盆，盆中面积要稍大一点，以表现一定的空间范围。直干式宜用较浅一点的盆，曲干、斜干、卧干宜用中等深度的盆。悬崖式宜用深的千筒盆。其次，盆钵的形状有四方形、长方形、圆形、椭圆形等，所用之盆也要与树木的造型相呼应。如表现苍劲挺拔一类气势的树木盆景，宜采用直线条的盆钵，即四方形或长方形的盆，以表示刚劲有力。如表现姿态柔和的树木盆景，则宜用以曲线条为主的盆钵，即圆形、椭圆形盆，以表现一种柔和之美。斜干式宜用长方形、椭圆形的浅盆，丛林式、合栽式、附石式等宜用长方形或椭圆形的浅盆。盆的色彩要柔和，一般宜暗不宜艳丽，也要与树木所表现的神韵相协调，如四季苍翠的松柏类盆景宜用深色的紫砂陶盆，方能更显其苍劲古朴之气势，红色梅花、火棘、贴梗海棠可配白色盆或淡蓝色盆。盆的质地也要注意，一般树木盆景宜用紫砂陶盆，微型盆景宜用釉陶盆或紫砂盆，大型盆景可用石盆。一般的观花、观果类盆景瓦盆宜采用外套釉盆。盆体的选配也是一种艺术，具体应用时，许多规则不能固定不变，要根据构思来全面考虑，在实践中不断创新。

（2）点景：有点石、贴石、点苔、配件四个内容。

①点石：某些树木盆景可以配置一些石料，构成具有山野情趣之画面。配石要根据构图的要求进行，不能像放牧之羊，满山遍野，毫无规律。石料要选择色彩、纹理体积大小与树木协调者，形态不能怪异。配石要考虑主从关系、疏密关系、虚实关系、呼应关系。石材的数量要根据画面需要来统一安排，一般以奇数为宜，石可立、可卧、可叠，或半埋半露，如同山间嶙峋之岩、林中突兀之石。正如明末清初著名画家龚贤曾在《画诀》中所说："石必一丛数块，大石间小石。然须联络，面宜一向。即不一向，亦宜大小顾盼。"这也是山间林中布石的一个原则。布石要注意大小相间，高低参差，聚散适宜，远近有别，时隐时现，如此方能收到理想的艺术效果。

②贴石：某些树木盆景可能有某些缺陷，如树冠较大，树干（主干）较细，上下不够协调，有头重脚轻之感，或者树木较高过直，刚多柔少，不够自然。若在树下贴石一至数块，可使画面均衡自然，刚中添柔，变丑为美。

③点苔：树木盆景制作完毕后，在盆土表面铺设苔藓植物，表示山间之杂草，增加有生命的物质，使画面更具生气，呈现一片油绿。

④配件：树木盆景有时为了主题的需要，或加强画面的自然气息，可在盆内设置一些配件，如亭、台、楼、阁、动物或人物等。配件有瓷质、陶质、石质、木质等。所选的配件要考虑作品的主题需要，要与树木的造型形式相

呼应，配件的体积、数量及色彩也要考虑整个画面的构图需要，形成一个整体。配件通常放置在盆面上或点石之间，展览或观赏时放置，平时为了便于管理可以不设。

（3）配架：树木盆景在造型、选盆、点景完毕之后，还要配一个几架，到此一件完美的作品才算完成。几架是盆景的一个组成部分，与景、盆一起组成一个画面，因此选择几架也要考虑画面需要，要与景、盆相呼应。

（四）几种树木盆景的制作

1. 针叶树小型盆景制作。

造型形式：现代盆景，主干为曲干式、斜干式，枝片为圆片式。

选材：选择生长较为健壮，分枝（主枝）较多，枝条长度及在主干上的分布比较均匀，最下部一个侧枝比较长的植株。

斜置：将直立的树木斜植，其倾斜程度根据构图需要确定。通常向右方倾斜，第一弯向左；亦可向左斜，第一弯向右。

主干造型（做弯）：先用金属丝从基部向上缠绕主干，然后将主干弯成3~4个不在同一个平面上的弯子。如果树梢太长，可将过长部分弯曲下垂，作为最上部的一个下垂的枝片，另选顶部的一个侧枝（主枝）作为顶片；也可将过长的顶梢剪去，将剪口下的第一个侧枝（主枝）选作顶片。

做枝片：弯子做好后，开始做枝片，通常枝片着生在弯子的背部，一个侧枝作为一个枝片。缠绕较细的金属丝，弯成2~3曲，侧枝上的枝条用同样方法弯曲。枝片通常在主干两侧，在画面较空的地方，可将旁边的侧枝弯过来做成一片，填补过空部位，其余侧枝纯属多余，全部从基部剪去。

修根：剪去部分老根，除去部分旧土。

栽植：选一浅盆，将树植于盆的一侧，并将主干向另一侧倾斜，顶片弯曲方向调到与主干倾斜方向相同，选一下部枝片与主干倾斜方向相反处斜下伸展，以使画面动与静达到平衡。再将所有枝片的伸展方向调好。

点苔配石：栽植完毕后盆面铺设青苔、配石或点以景物，以烘托主体，与之呼应，使画面增加山野情趣。

2. 阔叶树小型盆景制作。

造型形式：现代树木盆景，主干为曲干式、正栽式或斜干式，枝片为自然式。

树种：黄杨、雀梅、六月雪、龟甲冬青等。

选材：选择生长较为健壮，侧枝（主枝）较多且在主干上分布均匀，冠形完整的植株。

造型：先为主干做弯。在主干上，自下而上缠绕金属丝，然后将主干弯曲成数个弯子。再于弯子的背部选定主枝做成枝片。在主枝上缠绕金属丝，将其弯成 2~3 个弯子，主枝上的枝条同样弯曲。枝片通常着生在主干左右的弯背凸出部分或附近。枝片的数量多少根据画面要求来定。一般主干每一个弯子配一个枝片，在画面空虚处亦可增加枝片，以保持画面平衡。

根部整理：选型完毕之后，整理根部，先除去部分旧土，再剪去部分老根，保留的根部大小宜适合盆栽。

栽植：根部整理完毕后的植株，即可栽入盆中。栽植有两种形式：一是正栽式，即树木之顶片与足（根与主干基部的合称）在一个垂直线上；二是斜栽式，则将经过造型的树木斜栽于盆中，其顶片偏向盆的一边，顶片和足不在一个垂直线上，因此要有个与顶片相反方向延伸的足片，使画面处于平衡状态。

3.悬崖式盆景制作（见图 5-68）。

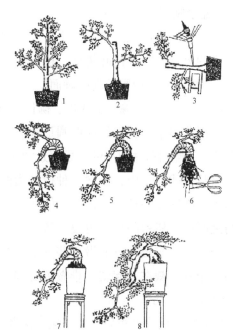

1- 选材；2- 去顶；3- 劈槽；4- 主干弯第一曲；5- 弯第二曲，倒垂；6- 去土，剪根；7- 栽植（上盆）；8- 成形

图 5-68　悬崖式盆景制作

树种：圆柏、黑松、匍地柏、五针松、榔榆、雀梅等。

选材：选择生长健壮，最下两个主枝生长丰满，枝下高（最下面一个主枝距土面的高度）在 20~30cm 的针叶或阔叶树木。

去顶：剪去第二层主枝以上的树冠，留下最下面的两层主枝。

劈槽：若是盆栽树木，需先脱盆方可操作，在主干基部第一个弯曲使主干急速下垂处的一侧纵向劈槽，深达木质部的 2/3~3/4。

弯曲：劈槽之后，在欲弯曲部位包以麻皮或布条之类，然后做第一弯，并进行固定，弯曲程度视树势而定。

倒垂：第一弯做好后，第二层主枝变成主干向下延伸垂悬。第一层主枝则上翘变为树头，然后分别对下垂的主干和上翘的树头做弯，其弯子的方向与形状和第一弯应有所不同。其可用金属丝扎法造型。

根部整理：造型完毕之后，除去部分旧土，剪去部分老根。

上盆：根部整理后，即可栽入盆中，盆要高一点，栽时树木的观赏面要与盆的正面（指具有图案、文字的盆）一致，使主干急剧下垂，经培育数年成形。

4. 丛林式与合栽式盆景制作。

丛林式盆景是表现山野丛林风光的盆景艺术，如果细分，有茂密高耸的大森林，也有别致幽雅的风景林；有针叶树林，也有阔叶树林。合栽式只是数株树木合栽于盆中，不要求具有山野情趣的画面。

树种：六月雪、红枫、圆柏、榔榆、金钱松、柳杉、福建茶、凤尾竹等。

用盆：丛林式盆景用盆多采用长方形或椭圆形浅口盆，也有用圆盆的。浅盆使树木显得雄伟挺拔，椭圆形盆制作的盆景使景物显得更加深远。

树木选择：在一盆丛林式盆景中，以同一种树种为好，画面容易处理，如果采用几种不同树木，必须以一种为主体。主体在数量与体积上要占有绝对优势，客体树种与之呼应。树木的姿态也要一致，如直干者，宜都是直干式的树木，只能在正与斜、高与矮等方面做一些处理；曲干的树木，应都是曲干者，如果直干与曲干树木栽在一起就很难做到协调。树木的株数通常以奇数为好，但也有是偶数的丛林式。

布局：丛林式盆景通常采用分组布局。如一盆 4 株者，3 株组成一组，另 1 株为一组，布置在盆的另一端。一盆 8 株者，5 株为一组，另 3 株为一组。一盆 12 株者，7 株为一组，另 5 株为一组。一盆 15 株以上者，分为三组。如果不分组，只要处理得当，也可以得到较理想的效果。布局时还要注意主从关系，所植树木最忌高矮一致，平头齐脚，也不能等距离栽植，或排列在一条直线上，要有疏有密，疏密相间，交错而立。构图还要考虑刚柔、虚实等变化。通常树木朝向一致，直者基本通直，曲者要同向弯曲。每盆必须有一个主体，主体树木高度应为全林中最高者，粗度也应最粗，形态也应最优，次树应围于周围，与之呼应，相邻两树不能一样高低、一样粗细，要有所变化。主体树木植于盆的一边1/3处，切勿居中，而使画面呆板。主体树木所在的一组，也应是树木数量最多的一组，通常称为中心组。第二组也应有自己的主体树木，其主体树木的高度、粗度要低于中心组。如有第三组通常表示远景树木，因此其主体的高度、粗度又要低于第二组。一盆有三组者，要呈不等边三角形布置，每一组树木要有疏有密，排列多变，高低参差，防止组成整齐的三角形。主体树木的左右两侧所配的树木，不仅要高低参差，而且两侧树木的数量要有所侧重，不能均衡，即主体一边的树木多一些，另一边就要少一些，以形成不等边三角形，避免呆板、没有生气。

栽植：以三组树木为例，选好的树木材料要脱盆，地栽的要起苗，除去部分旧土，整理根系，剪去过长的和枯烂的根系，树干（干身）及主枝也要根据布局（构图）的要求进行整理，必要时进行适当的修剪和扎缚，然后将中心组与第二组的主体树木在盆中试放，调好位置，主树立好后再配各次树，再按构图要求布置第三组树木（若是两组就不设第三组）。树栽好后要全面检查一下树的高矮、枝的疏密等，要使画面齐而不齐、乱而不乱，这样才有风致。

5.附石式盆景制作。

选石，并加工成主、从山体，在主峰背面镶石，构成植树池，在池中填土、植树，再配盆与几架，即制作完毕。

枯木式盆景制作（见图5-69）。

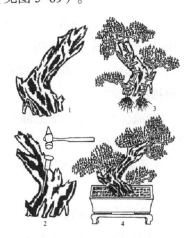

1-选枯木桩；2-凿槽；3-附植物；4-栽植，配几架

图5-69 枯木式盆景制作

（五）树木盆景的养护和管理

　　树木盆景是活的艺术品，是有生命的立体山水画。在艺术创作完成之后，仍在不断地进行着生命活动。随着年龄变化、生长发育变化等，由此而产生外形变化，如枝条的伸长、枝干的增粗。因此，树木盆景在一生中，仍要不断地给它提供生活必需的条件以及不间断的艺术加工。树木盆景的养护主要包括浇水、施肥、修剪、换盆、防治病虫害等。良好的、先进的养护管理技术，不但能维持盆景植物的生命，而且使其更加健壮、丰满、色泽艳丽，盆景的观赏价值就会更上一层楼。

　　下面介绍树木盆景的浇水、施肥、修剪、换盆与翻盆工作。

　　1. 浇水。

　　水是植物生存、生长发育所必需的，不可缺少的一种物质。树木盆景浇水的目的通常有三个：第一个是供给盆土中水分，通常是用浇水的方法，直接把水分浇入盆中；第二个主要是冲洗掉叶片上的灰尘，通常用喷壶喷洒，喷洒也同样提高了空气温度；第三个是用喷雾器对叶面喷雾，以提高叶面的湿度，也就是平常说的空气湿度。不同的植物对土壤的水分、空气湿度的要求是不同的。有的喜湿，有的喜干；有的在生长期间喜湿，在生殖阶段（如花芽分花时）喜干，因此，在浇水之前必须了解植物习性，才能圆满地完成这项工作。

　　小盆比大盆易干，植株大的比小的易干，在露天比在荫棚内的易干，盆土少、植株大的水旱盆景易干，夏季要移入荫棚培养。许多盆栽开花结果植物，如梅花、紫藤、贴梗海棠、迎春、金橘等在花芽分化时，盆土不能太湿，要减少浇水量，才能促进花芽分化，这个方法叫"扣水"。扣水的目的是抑制营养生长，促进生殖生长。如黑松、马尾松等新叶尚未放针时，适当扣水，可使针叶变短，增加盆景植物的观赏性。

　　如果在雨季，盆土被雨淋或浇水过多，地上部分枝叶已有初期反应，如叶黄、叶片生长没有精神，此时将盆搬至避雨、半阴处，或剪去部分枝叶或脱盆、风干土球，亦可去掉湿土重新栽植，可望挽救损失。

　　2. 施肥。

　　氮肥促进植物营养生长，促进叶绿素的形成，使植物枝叶繁茂，叶色浓绿，花朵增大，种子饱满，但如果用量超过植物生长需要就会延迟开花，枝条徒长，降低抵抗病害和抗寒能力。磷肥能促进开花结实，促进根系的发育，增强植物的抗病能力，减少因氮肥施用过多而产生的危害。钾肥能增强茎的坚韧性，促进光合作用和叶绿素的形成，使花色更鲜艳，且能提高植物的抗寒能力和抗病害能力。观叶类盆景如松类、柏类、榆、黄杨、罗汉松等，磷肥不宜过量施用，否则会使观叶类盆景开花过多，影响枝条抽生。但也不能不施，否则会降低植物抗病害能力。观花类盆景如紫藤、海棠、山茶、火棘、石榴、金橘等，要适当多施磷钾肥，才能促进开花结实。总之，所用肥料要全面，用量适宜，不管哪种元素，过量之后总会带来各种危害。

盆景植物施肥是一件很复杂的工作，如盆景树木，采用控肥的方法来抑制生长，但盆中养分有限，若不施肥，则枝叶过分细弱，花果稀少，严重者叶黄枝瘦，冠形不够丰满，有损观赏价值。

3. 修剪、造型。

树木盆景是一种特殊的活的艺术品，不是一次加工就能成形的。即使树木盆景在造型完毕之后，也还需要不断加工，不断造型，也就是通常所说的"再加工"。通常盆景在春暖花开的季节萌芽、抽梢，然后伸长，夏季以后形成了新一代的短枝、长枝，甚至还发生很多徒长枝，这些枝条的出现，搞乱了原来的枝片（即树冠）形态，使原来的规则式树木盆景变得不规则了。自然式树木盆景的树冠也会变得异常杂乱。这种现象随着树木的生长势旺盛而越发严重，这就需要进行修剪整形工作。修剪整形还能提高树木盆景的观赏价值。修剪整形的工作内容通常包括摘心、摘芽、摘叶、修枝等。各类规则式与自然式造型的树木盆景，仍要按自己的规则剪扎。树木的修剪与摘芽（见图5-70）。

（1）摘心：是摘去嫩梢的顶端部分，其目的是抑制枝条伸长，促使嫩梢下部腋芽萌发，增加分枝，缩小枝间距离，使枝片丰满，树冠浓密，这对刚刚造好型的年轻的树木盆景尤为重要。构骨、青枫、瓜子黄杨、金钱松、栀子等发芽后留1~2节摘心，即新梢长到2~4片叶时留1~2叶摘心，再发再摘，可使枝密而短，且能保持原来的形态。真柏、黄金柏，在初夏时(5—6月)要摘去生长过长的嫩梢，摘时只能用手，不能用刀或剪，如用刀剪，则在伤口处会发生锈色痕迹，对盆景的形态不利。

（2）摘芽：是摘去尚未展叶或刚开始展叶的嫩芽。其目的是摘去某些盆景树木未开展的顶芽，促使其发生的枝和叶短而密，从而达到微缩的目的。如黑松、锦松、黄山松芽若任其自然生长，新梢的长度可达几十厘米，破坏了原来的造型。所以在春季主芽尚未展叶时，全部摘去，在其下部定能重新萌发出2~5个副芽。由这些副芽长出的枝和叶均短而密，从而达到了枝短叶细的目的，更显自然、苍老。当然，由于此法产生的枝条过于拥挤，可根据

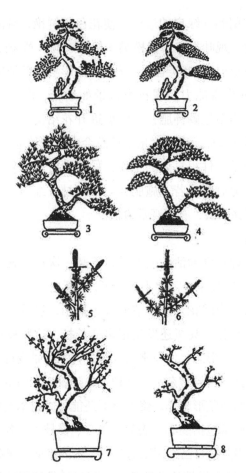

1-阔叶树修剪前；2-阔叶树修剪后；3-针叶树修剪前；4-针叶树修剪后；5-黑树摘芽；
6-五针松摘芽；7-梅花修剪前；8-梅花修剪后

图 5-70　树枝修剪与摘芽

整个画面的情况来进行调整。五针松则不同，通常不将未开展的主芽全部摘去，而是根据芽的强弱与长短摘去芽的 1/3 或 2/3，枝片下部的弱芽不要摘去。五针松摘芽不能太晚，因为芽易发生木质化，而不易摘下，有时容易将叶全部摘去，仅留枯梗。但在树冠上部的壮芽，因生长势较旺盛，可全都摘去，促使副芽萌发。

（3）抹芽：盆景树木的主干和基部，特别是萌芽力强的种类，极易发生许多不定芽，若任其生长，不仅消耗不必要的养分，而且会扰乱树形，破坏原来的造型，所以只要发现有此种芽发生，就要立即除去。

（4）摘叶：目的是摘去较老的叶片，迫使植物重新萌发新叶。由于新叶幼嫩，色泽翠绿，无论在形态上还是在色泽上，都比老叶更具有观赏价值，从而又延长了观赏期。通过摘叶促使叶腋间的芽萌发，由原来的一年一次萌芽变为2~3次，形成枝密叶细的枝片，榔榆、雀梅、石榴、枫树、枸杞、银杏、榕树、朴树等许多树种都可以将叶摘除。老叶摘去以后，盆树的蒸腾量减少，所以要控制浇水量不能过大，防止盆土过湿。同时适当地追施速效性肥料，摘叶后15~20天即可萌发新叶。榆树可一年摘叶2~3次，红枫类盆景树木在伏天（夏末）将老叶摘去，秋后发出嫩叶更红更艳。枸杞在秋初摘去老叶，至深秋叶色翠绿，果实红艳，格外诱人。细叶榕树在夏初将全部叶片和每个芽尖都摘去，适当减少水分，并在阳光下暴晒，长出的新叶既厚又小。

（5）修枝：有疏剪和短截两种形式。疏剪在民间又叫"抽稀"，多在盆景树木休眠期进行，主要是将过密、重叠、交叉、平行、下垂等枝条从基部剪去。短截主要是在生长季节进行。其将伸出枝片以外的枝条（包括徒长枝条），短截到与枝片一样平的位置。疏剪与短截的目的是保持枝片，或欲达到某一造型。五针松不能短截，只能疏剪。黑松可短截，但在剪口下须带有针叶，因在修剪后，针叶间会萌发新枝。

观花类的盆景树木，大多数种类的花芽都是在当年生枝条上形成，所以这类盆景树木的修剪主要是在花后进行。如梅花就是在开花之后结合翻盆进行修剪，一般是在基部留2~3个芽短截，才能促使萌发的新枝更加粗壮并形成更多的花芽。梅花在开花前，只能剪去枝条先端生长不充实没有花芽的部分，当然也要疏去病虫枝、枯枝、过密的枝及没培养前途的营养枝。石榴在结果母枝上抽生结果枝，顶生的花朵容易结果，所以当年的新梢不能摘心或短截。紫薇花朵着生在新梢顶端，盆栽时可在新梢长到约10cm时摘一次心（只能摘一次，否则不开花），可使叶片变小且能开花，提高观赏价值。垂丝海棠、贴梗海棠、火棘等为短果枝开花结果种类，修剪时将其长枝（营养枝）留1~2芽短截，使它能转化为结果枝。枝的疏留与短截要根据盆景树木的构图来确定。要注意疏与密、露与藏、刚与柔等关系的处理。短截时剪口下所留的芽，可以控制枝条转折方向。每一枝的去与留都要经过认真考虑。夏季高温可暂缓修剪，或少剪，以防枝干灼伤，较粗的枝条宜安排在冬季修剪；日常养护中，徒长枝、病虫枝、枯枝、纤弱枝，则可随时进行修剪。徒长枝可以疏去也可留基部1~2个芽修剪，具体要根据构图的要求而定。

4. 换盆与翻盆。

盆景树木由于生长发育的原因，植株的体积不断扩大，在原来的盆中生长受抑，需要更换稍大一点的盆重新栽培。这种由小盆转移至大盆的栽培过程称"换盆"。已经成形的树木盆景没有必要更换大盆或者不可能更换大盆，而只能在原来的盆内或口径相同或相近形式的盆中栽培，但由于多年栽培，盆内的土壤养分已近耗尽，土壤理化性质变劣，吸收根开始老化，因此需要除去部分旧土，加入部分新土，剪去部分衰老的根系，重新栽植于盆中的过程，称为翻盆。应该说"换盆"与"翻盆"还是有区别的。

换盆或翻盆的年限，一般是1~2年一次，大型盆景可2~3年一次。花果盆景消耗养分较多，宜每年进行一次。据传某些地方的盆景每年进行1~2次换盆或翻盆，这可能与这些地方的树木盆景生长极其茂盛有一定的关系。这是值得研究的一个重要问题。

换盆或翻盆的时间一般是在树木的休眠期内进行。初冬和早春是换盆或翻盆的良好季节。隆冬气候严寒，换盆或翻盆宜在温室或其他保护地内进行，要注意冻害。过早进行换盆或翻盆，则树木还未进入休眠，过迟伤口不易愈合，影响生长。若要换盆或翻盆，则要加强管理，采取必要的保护措施。常绿阔叶树可在梅雨季节进行，梅花、桃花、迎春等春天开花的树木，通常在开花后进行换盆或翻盆。总之，在夏季或其他生长季节换盆或翻盆，需要一个保持较高湿度的荫棚环境，还需适当剪去部分枝叶，才能保证成活。

盆栽所用的基质（土壤）种类很多，首先要考虑基质的排水透气能力，能力强者才能保证盆栽成功。弱者则表现基质排水不良，透气性差，盆内易积水，根系腐烂。其次也要考虑具有一定的肥力和保水保肥能力。长江以南各省地山区树林之下的土壤，由于树木枝叶长期堆积和腐烂，并与土壤混合在一起，成为一种肥沃、疏松且呈酸性的山泥（香灰土、兰花土），是一种比较优良的基质，适宜松类和喜酸性土的阔叶类植物使用。国外有用百分之百的粗砂种植松类树木，或用苔藓泥炭加入30%的砂配成的培养土，实际上山泥与泥炭混合，栽植盆景树木也是十分有效的。

换盆或翻盆时，先要提前一天停止浇水，这样盆栽树木才容易脱盆。脱盆后，先除去土球外围的陈土，为1/3~1/2，方法是用竹扦或长条形的铁铲剔去土球四周的陈土，然后再剪去部分丧失吸收能力的根系。若老根多的可多剪去一些，根少的则少剪一点，一般要剪去1/3，促使其发生新的吸收根系。树木处理完毕后，在选好的盆内（盆钵最好消毒一下）排水孔处垫瓦片或塑料网纱，然后在盆底再垫一层排水层，约3cm厚。其上再垫一层粗粒土，3~4cm厚，加强排水通气的能力。再于盆内垫入少量细培养土，放上处理好的树木，注意摆正，然后向盆的四周填入新土，并用木棒沿盆壁四周将土壤捣实，边捣实边填土，同时注意盆景树木站立的姿势是否正确。盆土填至盆口，留水口2~3cm，最后浇足水。通过水的运动将土粒运送到根系的各个空隙部位，使根系与土壤密切接触。土面再覆以苔藓，置避风的荫棚下，养护10~15天，才能恢复正常管理。

第十节　草坪管理

草坪是指由人工建植或人工养护管理，起绿化美化作用的草地；它是一个国家、一个城市文明程度的标志之一。它是以禾本科草及其他质地纤细的植物为覆盖并以它的根和匍匐茎充满土壤表层的地被。它一般设置在屋前、广场、空地和建筑物周围，供观赏、游憩或作运动场地之用。草坪按用途分为游憩草坪、观赏草坪、运动场草坪、交通安全草坪和保土护坡草坪。用于城市和园林中草坪的草本植物主要有结缕草、野牛草、狗牙根草、地毯草、钝叶草、假俭草、黑麦草、早熟禾、剪股颖等。草坪主要用于下述几个方面：

（1）城市绿化、美化和组成园林的绿化地，以其多少、好坏而显示的物质、精神文明。所以，在国际上，将草坪作为衡量现代化城市环境质量和文明程度的重要标志之一。

这些用于城市广场、街道、庭院、园林景点的草坪，要求美观，称为观赏草坪或园林草坪。

（2）足球、网球、高尔夫球等球类以及赛马场的运动竞技草坪，采用耐践踏又有适当弹性的草坪，使雨天少泥泞，晴天少扬尘，青绿宜人，眼感柔和。

（3）绿化环境，保持水土的环保草坪，采用耐瘠薄、耐旱，或耐湿、耐寒，或耐热又耐践踏的各种草种，能在恶劣的环境中生长，如公路、铁路边，或江河、水库边的护坡和护堤草坪，起到保持水土的作用；又与其他的许多草坪一起，发挥调节气候、净化空气、减轻噪声、吸附灰尘、防止风沙等的绿化作用。

俗话说："草坪三分种，七分管。"草坪一旦建成，为保证草坪的坪用状态与持续利用，随之而来的是日常定期的养护管理。对于不同类型的草坪，尽管在养护管理的强度上有所差异，但其养护的主要内容和措施大体是一致的。

草坪在城市绿化中占有重要地位，可以为景物提供绿色背景并具有一定的生态功能。但往往草坪在栽植后（工程验收后）较短的时间内，会因管理不善而致使草坪一片片发黄，甚至出现斑秃的情况，严重影响园林景观效果。

如果不想草坪在一年之中经常出现麻烦，使草坪始终保持良好的外观和功能，那么必须有序做好以下基本养护管理工作：有规律的修剪；在草坪草变褐之前浇水；及时剪切边界；在春季或早夏施以富含氮的肥料；在春季和秋季松耙草皮；当有虫害时及时灭虫；当杂草和地衣出现时及时消灭。此外，还应视草皮状况，因地制宜做好如下辅助工作：草皮通气；在秋季施复合肥；有规律地梳理草皮表面；对杂草、地衣、虫害及病害应进行日常检查和管理；当有褐色斑块出现时，应及时进行处理。在必要的时候，还应进行诸如碾压、施石灰、补播等特殊的养护措施。

一、基本养护

（一）灌溉

草坪栽植后，灌溉是获得好的草坪景观效果的一项重要措施。水分的多少直接影响草坪景观效果，必须做到合理灌溉。

1. 浇好返青水。北方大部分地区冬春季干旱少雨，为使草坪正常返青必须浇好返青水，确保草坪在春季萌动，为草坪的正常生长奠定良好的基础。

2. 生长期正常管理。浇水要严格按照"不干不浇，浇则浇透"的原则。当草坪呈现暗绿色时，说明草坪已经缺水，应立即浇水。浇水时间：春秋两季在每天 8：00~16：00，夏季 10：00~15：00 为宜。浇水深度：要达到 10cm。否则浇水过多会使根系腐烂，浇水过少会使草坪根系只分布在土壤表层（3~5cm 处）形成浅根系，致使草坪生长势弱、抗旱性差。

3. 浇足防冻水。浇足防冻水是保证草坪安全越冬、正常返青的必要措施。因为在北方冬季气温较低、降水少，如果土壤中的水分含量不足，就不利于来年春季草坪的萌动和返青，甚至造成草坪大面积死亡。因此，必须浇足防冻水，浇水深度应在 10cm 以上。

（二）修剪

修剪是为了维护草坪的美观以及充分发挥草坪的坪用功能，使草坪保持一定高度而进行的定期剪除草坪草多余枝条的工作。它是保证草坪质量的重要措施之一。

1. 修剪的作用。

（1）可抑制草坪的生殖生长，使草坪平坦均一。

（2）促进草坪的分蘖，利于匍匐茎的伸长，增大草坪密度。

（3）使叶片宽度变窄，提高草坪质地，使草坪更加美观。

（4）抑制杂草的入侵。

2. 修剪高度（留茬高度）。

草坪修剪高度是指草坪修剪后立即测得的地上枝条的垂直高度，也称留茬高度。适宜修剪高度一般为4~5cm，但依草坪草的生理、形态学特征和使用目的不同而适当变化。遮阴、受损草坪及草坪草受到环境胁迫时修剪高度应适当提高。

草坪草修剪遵守1/3原则，即每次修剪下的茎叶不能超过草高的1/3。例如，修剪高度为4cm，那么当草长到6cm时就修剪，剪去顶端2cm。当草坪草生长很高时，不能通过一次修剪就将草坪草剪至要求的高度。如果一次将草坪草修剪到正常的留茬高度，将使草坪草的根系在一定时期内生长停止。正确的做法是：定期间隔剪草，增加修剪次数，逐渐将草坪降到要求的高度。例如，草坪高度为9cm，要求修剪到4cm，首先把草剪掉3cm，降到6cm，经过一段时间后，将草坪再剪去1/3，将草坪草逐渐降低到4cm。这样做虽然比较费时、费工，但能使草坪保持良好的质量。

留茬高度依品种和用途不同而异：

高尔夫球场果岭（或发球台）草坪＜高尔夫球道和足球场草坪＜观赏草坪＞护坡草坪（见表5-1）。

表 5-1 草坪修剪留茬高度

冷季型草种	留茬高度 /cm	暖季型草种	留茬高度 /cm
匍匐翦股颖	0.5~1.9	巴哈雀稗	5.0~7.6
草地早熟禾	3.8~6.5	普通狗牙根	1.3~3.8
粗茎早熟禾	3.8~5.0	杂交狗牙根	0.6~2.5
邱氏羊茅	2.5~6.5	假俭草	2.5~5.6
硬羊茅	2.5~6.5	纯叶草	3.8~7.6
紫羊茅	2.5~6.5	结缕草	1.3~5.0
高羊茅	5.0~7.6	格拉马	5.0~7.6
一年生黑麦草	3.8~5.0	野牛草	6.4~7.6
多年生黑麦草	3.8~5.0	无芒雀麦	7.6~15.0

3. 修剪时期及次数。

修剪时期：3~10月，晴朗天气。

修剪频率依修剪高度及修剪 1/3 原则确定。草坪的修剪频率主要取决于草坪草的生长速度。在温度适宜、雨量充沛的春秋季，冷季型草坪草生长旺盛，每月需修剪 2~3 次，而在炎热的夏季，每月修剪一次即可。暖季型草坪草则正好相反。

草坪草修剪遵守 1/3 原则，草坪修剪的越低，剪草的频率就越高，如果假定一草坪每天生长 0.3cm，留茬高度为 3cm，草高 4.5cm 时就要修剪，即大约 5 天剪一次。如果留茬高度为 6cm 时，当草高长到 9cm 时才需要修剪，也就是大约 10 天剪一次（见表 5-2）。

表 5-2　草坪修剪频率（次数）

草坪类型	草坪草种类	月修剪频率 / 次			年修剪频率 / 次
		4~6 月	7~8 月	9~11 月	
居住区草坪	细叶结缕草	1	2~3	1	5~6
	翦股颖	2~3	4~5	2~3	15~20
公园草坪	细叶结缕草	1	2~3	1	10~15
	翦股颖	2~3	4~5	2~3	20~30
高尔夫球发球台	细叶结缕草	4~5	8~9	4~5	30~50
高尔夫球果岭	细叶结缕草	13~14	18~20	13~14	70~90
	翦股颖	18~20	13~14	18~20	100~150

4. 修剪方式。

草坪的修剪应按照一定的模式来操作，以保证不漏剪并能使草坪美观（见图 5-71）。修剪之前，先观察草坪的形状，规划草坪修剪的起点和路线，一般先修剪草坪的边缘，这样可以避免剪草机在往复修剪过程中接触硬质边缘（如水泥路等），中心大面积草坪则采用一定方向上来回修剪的方式操作。由于修剪方向的不同，草坪草茎叶倾斜方向也不同，导致茎叶对光线的反射方向发生很大变化，在视觉上就产生了明暗相间的条纹，这可以增加草坪的美观度。

在斜坡上剪草，手推式剪草机要横向行走，车式剪草机则要顺着坡度上下行走。为了安全起见，当坡度高于 15° 时，禁止剪草。

同一草坪，每次修剪应变换行进方向，避免在同一地点、同一方向多次重复修剪，否则草坪将趋于同一方向定向生长，久而久之，使草坪生长势变弱，

图 5-71　草坪机械修剪

并且容易使草坪上的土壤板结。

另外,来回往复修剪过程中注意要有稍许重叠,避免漏剪。修剪过程中可以绕过灌丛或林下等不容易操作的地方。剪草机不容易操作的地方最后用剪刀修剪。

草坪边缘的修剪同样是维持草坪整体景观的重要环节,绝不可忽视。边际草坪由于环境特殊常呈现复杂状态,应根据不同情况,采用相应的方法修剪。对越出草坪边界的茎叶可用切边机或平头铲等切割整齐;对毗邻路边或栅栏,剪草机难以修剪的边际草坪,可用割灌机或刀、剪整修平整。此外,草坪边际的杂草,必须随时加以清除,以免其向草坪内蔓延。

5. 修剪质量。

草坪修剪的质量与所使用剪草机的类型和修剪时草坪的状况有关。剪草机类型的选择、修剪方式的确定、修剪物的处理等均会影响草坪修剪的质量。

6. 修剪物的处理。

由剪草机修剪下的草坪草组织的总体称为修剪物或草屑。对于草屑的处理主要有 3 种方案。第一,如果剪下的叶片较短,可直接将其留在草坪内分解,将大量营养物质返回到土壤中。第二,草叶太长时,要将草屑收集带出草坪,较长的草叶留在草坪表面不仅影响美观,而且容易滋生病害。但若天气干热,也可将草屑留放在草坪表面,以阻止土壤水分蒸发。第三,发生病害的草坪,剪下的草屑应清除出草坪并进行焚烧处理。

（三）施肥

草坪由于经常修剪和浇水,使土壤中的养分流失严重,所以必须合理施肥以保证草坪正常生长的需要。一个好的施肥计划应该在整个生长季保证草坪草健康、均匀地生长，并且保持较好的品质。通过合理地选择肥料类型，制订适宜的施肥量和施用次数、施肥时间，采用正确的施肥方法，等措施，可以达到这一目标。

1. 肥料的选择。

选择合适的肥料是制订高效施肥计划所要考虑的重要内容之一。一般来说，选择肥料要注意以下10个方面：

（1）养分含量与比例。

（2）撒施性能。

（3）水溶性。

（4）灼烧潜力。

（5）施入后见效时间。

（6）残效长短。

（7）对土壤的影响。

（8）肥料价格。

（9）贮藏运输性能。

（10）安全性。

肥料的物理特性好，不宜结块且颗粒均一，则容易施用均匀。肥料水溶性大小对产生叶片灼烧的可能性高低和施用后草坪草反应的快慢也影响很大。缓释肥有效期较长，每单位氮的成本较高，但施肥次数少，省工省力，草坪质量稳定持久，应用前景广阔。此外，在进行草坪施肥时，肥料对土壤性状的影响不容忽视，尤其对土壤 pH、养分有效性和土壤微生物群体的影响等。有些肥料长期施用后会使土壤 pH 降低或升高，从而影响土壤中其他养分的有效性和草坪草根系的生长发育等。综上所述，在具体情况下选择肥料时，必须将肥料各特性综合起来考虑，才能达到高效施肥的目的（见表 5-3）。

表 5-3　不同草坪形成良好草坪的需氮量

冷季型草坪草	年需氮量 / (g/m²)	暖季型草坪草	年需氮量 / (g/m²)
细养芽	3~12	美洲雀稗	3~12
高养芽	12~30	普通狗牙根	15~30
一年生黑麦草	12~30	杂交狗牙根	21~42
多年生黑麦草	12~30	日本结缕草	15~24

续　表

冷季型草坪草	年需氮量 / (g/m^2)	暖季型草坪草	年需氮量 / (g/m^2)
草地早熟禾	12~30	马尼拉	15~24
粗茎早熟禾	12~30	假俭草	3~9
细弱翦股颖	15~30	野牛草	3~2
匍匐翦股颖	15~39	地毯草	3~12
冰草	6~15	钝叶草	15~30

在所有肥料中，氮是首要考虑的营养元素。贫瘠土壤上的草坪，一般应多施氮肥；生长季越长，施肥量越多；使用频繁的草坪，如运动场草坪，应多施氮肥，以促进草坪草的旺盛生长，使其尽快恢复。生长缓慢、草屑量很少的草坪需要补氮，而草坪色泽浅绿转黄且生长稀疏是需补氮的征兆。长满杂草的草坪也应该补氮，但首先应清除杂草，否则会加重草害，降低肥效。

草坪草的正常生长发育需要多种营养成分的均衡供给。磷、钾或其他营养元素不能代替氮，通常使用充足的氮肥应配施其他营养元素肥料，才能提高草坪草对氮肥的利用。目前，国内常用的氮肥品种主要是速效氮肥，而试验证明一些特制的多元复合剂缓释肥在维持草坪质量、降低管理成本等方面也有重要作用。合理的氮、磷、钾配比在草坪施肥中十分重要。据研究，当氮、磷、钾的施用量分别为 45g/m^2、5g/m^2、25g/m^2 时，能有效地阻止多年生黑麦草休眠，促进生长，提高整个草坪冬天的质量。适宜的氮、磷、钾配比也可缓解由于土壤 pH 偏低对草坪造成的不良影响，当氮∶磷∶钾达到 20∶8.8∶16 时，草坪能在 pH5.1 的土壤中保持较好的质量。

钾肥和磷肥用量可根据土壤测试结果，在氮肥用量的基础上，按照氮、磷、钾配合施用的比例来确定。一般情况下，N∶K=2∶1。目前有一种趋势，即加大钾肥的用量，使 N∶K 达到 1∶1，以增加草坪草的抗逆性。而磷肥一般每年施用 5g/m^2，在春季施肥，以满足整个生长季节的需要。在其他追肥中，可采取 N∶P∶K=1∶0∶1 的施肥比例。

微量元素一般不缺乏，所以很少施用。但是在碱性、砂性或有机质含量高的土壤上易发生缺铁。草坪缺铁可以喷 3% 硫酸亚铁溶液，每 1~2 周喷施一次，使用含铁的专用草坪肥。若滥用微量元素化肥，即使用量不大也会引起毒害，因为施用过多会影响其他营养元素的吸收和活性。通常，防止微量元素缺乏的较好方式是保持适宜的土壤 pH，合理掌握石灰、磷酸盐的施用量等。

2. 施肥时间及施肥次数。

健康的草坪草每年在生长季节应施肥，以保证氮、磷、钾的连续供应。就所有冷季型草坪草而言，深秋施肥是非常重要的，这有利于草坪越冬。特别是过渡地带，深秋施肥可以使草坪在冬季保持绿色，且春季返青早。磷、钾肥对于草坪草冬季生长的效应不大，但可以增加草坪的抗逆性。夏季施肥应增加钾肥用量，谨慎使用氮肥。如果夏季不施氮肥，冷季型草坪草叶色转黄，但抗病性增强。过量施氮肥则病害发生严重，草坪质量急剧下降。暖季型草坪草最佳的施肥时间是早春和仲夏。秋季施肥不能过迟，以防降低草坪草抗寒性。

施肥次数要根据生长需要而定。理想的施肥方案应该是在整个生长季节每隔一或两周使用少量的植物生长所必需的营养元素。根据植物的反应，随时调整肥料用量，应该避免过量施用肥料。

一般速效性氮肥要求少量多次，每次用量以不超过 $5g/m^2$ 为宜，且施肥后应立即灌水。一是可以防止氮肥过量造成徒长或灼伤植株，诱发病害，增加剪草工作量；二是可以减少氮肥损失。但施肥的次数却未必越多越好，有人研究了施肥频率对假俭草草坪质量的影响，结果表明：在 4 月和 7 月分别施氮 $50kg/m^2$，草坪质量较仅在 4 月施 $100kg/m^2$ 为好，同时其效应也明显优于 3~4 次施用相同肥量。对于缓释氮肥，由于其具有平衡、连续释放肥效的特性，因此可以减少施肥次数，一次用量可高达 $15g/m^2$。

在实践中，草坪施肥的次数或频率常取决于草坪养护管理水平。对于每年只施用 1 次肥料的低养护管理草坪；冷季型草坪草于每年秋季施用；暖季型草坪草在初夏施用。对于中等养护管理的草坪；冷季型草坪草在春季与秋季各施肥 1 次；暖季型草坪草在春季、仲夏、秋初各施用一次。对于高养护管理的草坪，在草坪草快速生长的季节，无论是冷季型草坪草还是暖季型草坪草最好每月施肥 1 次。

3. 施肥方式。

由于单株草坪植物的根系占地面积很小，所以施肥要均匀。草坪上一片黑、一片绿说明施肥不匀。均匀施肥需要合适的机具或较高的技术水平。草坪施肥常以追肥方式进行，这也是目前国内外主要的施肥方法之一。这种方法包括表施和灌溉施肥两种。

表施是采取下落式或旋转式施肥机将颗粒状直接撒入草坪内，然后结合灌水，使肥料进入草坪土壤中。在使用下落式施肥机时，料斗中的化肥颗粒可以通过基都一列小孔下落到草坪上，孔的大小可根据施用量的大小来调整。对于颗粒大小不匀的肥料应用此机具较为理想，并能很好控制用量。但由于机具的施肥宽幅受限，因而工作效率较低。旋转式施肥机的操作是随着人员行走，肥料下落到料斗下面的小盘上，通过离心力将肥料撒到半圆范围内。在控制好来回重复的范围时，此方式可以得到满意的效果，尤其对于大面积草坪，工作效率较高。但当施用颗粒不均匀的肥料时，较重和较轻的颗粒被甩出的远近距离不一致，将会影响施肥效果。

表施简单，但会造成肥料浪费。国内外许多观察研究认为，草坪采用表施，肥料损失主要源于以下四个方面：

（1）草坪植物吸收后还来不及利用就被剪草机剪去和移走。

（2）肥料本身的挥发。

（3）由于降雨和灌溉的淋洗作用，使养分下移到根系有效吸收层外。

（4）土壤固定作用。结果每次施入草坪的肥料的利用率大约只有1/3。

为了提高肥效，间接地降低草坪养护费用，近年来国内外开始使用灌溉施肥的方法，经过灌溉系统将肥料溶解在灌溉水中，喷洒在草坪上，目前一般用于高养护的草坪，如高尔夫球场。灌溉施肥看起来似乎是一种省时省力的办法，但多数情况下是不适宜的，因为灌水系统覆盖不均一。喷水时，一个地方浇的水是另一个地方的2~5倍时，同样化肥的分布也是这样的。但这种方式在干旱灌水频繁的地区或肥料养分容易淋湿、需要频繁施用化肥的地方是非常受欢迎的。采用灌溉施肥时，灌溉后应立即用少量的清水洗掉叶片上的化肥，以防止烧伤叶片，并漂洗灌溉系统中的化肥以减少腐蚀。

4. 两类不同草坪的施肥建议

（1）冷季型草坪：一年有两个生长阶段。冷季型草包括一年生和多年生的黑麦草、大叶牧草、牛毛草。这些草一年有两个生长期——春季（4~5月）和夏季（9~10月）。施肥季节通常选在春季和晚夏。

建议：春季生长初期施用全年氮肥用量的40%。这可以帮助草坪度过酷夏。也可用高钾型的含缓释氮的氮磷钾复合肥料，这可以帮助草坪抵抗病害。夏季施用全年氮肥用量的35%。这有助于草坪尽快从酷暑中恢复生长。秋季施用全年氮肥用量的25%。当晚上温度变得很低时，这能在草坪休眠前供给根系更多的营养，刺激草坪在第二年春季生长。

（2）暖季型草坪：一年只有一个长的生长期。暖季型草坪包括木薯草、蜈蚣草、结缕草。对于这些草坪通常是从初春到秋季一直施肥。

建议：暖季型草坪从初春开始生长直到秋季，夏季生长最旺盛。这类草坪一开始生长就需要有规律地间断性施肥，直到秋季。10月中旬施肥可以使草坪在冬天长时间生长。但是，这最后一次的施肥会降低寒冬杀死和抑制杂草生长的能力。如果是这样，9月之后就不要施肥了。

二、特殊养护

（一）滚压

滚压能增加草坪草的分蘖及促进匍匐枝的生长；使匍匐茎的节间变短，增加草坪密度；能使铺植草坪的根与土壤紧密结合，让根系容易吸收水分，萌发新根。

滚压广泛用于运动场草坪管理中，以提供一个结实、平整的表面，从而提高草坪质量，一般大面积草坪使用机械滚压（见图 5-72）。

图 5-72　草坪滚压机

（二）表施细土

表施细土是将沙、土壤或沙、土壤和有机肥按一定比例混合后均匀施在草坪表面。在建成草坪上，表施细土可以改善草坪土壤结构，控制枯草层，防止草坪草徒长，有利于草坪更新；修复凹凸不平的坪床可使草坪平整均一。

覆沙或土最好在草坪的萌发期及旺盛生长期进行。一般暖季型草在 4~7 月和 9 月为宜；而冷季型草在 3~6 月和 10~11 月为好。

表施的土壤应提前准备，最好由土与有机肥堆制。在堆制过程中，在气候和微生物活动的共同作用下，堆肥材料形成一种同质的、稳定的土壤。

为了提高效果，在施用前对表施材料过筛、消毒，还要在实验室中对材料的组成进行分析和评价。

表施细土的比例：沃土∶沙∶有机质为 1∶1∶1 或 2∶1∶1。

表施细土的技术要点如下：

1. 施土前必须先行剪草；

2. 土壤材料经干燥并过筛、堆制后方能施用；

3. 若结合施肥，则须在施肥后再施土；

4. 一次施土厚度不宜超过 0.5cm，最好用复合肥料撒播机施土；

5. 施土后必须用金属刷将草坪床面拖平。

（三）通气

通气是指对草皮进行穿洞划破等技术处理，以利于突然呼吸和水分。养肥渗入床土中的作业，是改良草皮的物理性状和其他特性，以加快草坪有机层分解，促进草坪地上部分生长发育的一种培育措施。

1. 打孔：使土壤自然膨胀，以达到土壤结构疏松，同时增加坪床土壤的通透性，使根系易于吸收水分和营养，从而促进草坪的正常生长。

打孔机（见图 5-73）在草坪上打孔是一种中耕方式。孔的直径在 6~19mm，孔距一般为 5 cm、11cm、13cm 和 15cm，孔深可达 8~10 cm。

图 5-73 打孔机

打孔比其他中耕措施深，而且能去除一部分土壤，极大地改变了草坪土壤的容重与表面积，一般可增加表面积 2 倍以上。

打孔应注意如下事项：

（1）一般草坪不清除打孔产生的芯土，而是待芯土干燥后通过垂直修剪机或拖耙将芯土粉碎，使土壤均匀地分布在草坪表面上，使之重新入孔中。

（2）打孔的要避免在夏季进行。一般冷季型草坪在夏末或秋初进行；而暖季型草坪在春末和夏初进行。

（3）要经多次打孔作业，才可以改善整个草坪的土壤状况。

2.划条或穿刺：与打孔相似，划条或穿刺也可用来改善土壤通透条件，特别是在土壤板结严重处。但划条和穿刺不移出土壤，对草坪破坏较小，如图5-74所示为草坪划破机械。

3.垂直修剪：是指用安装在横轴上的一系列纵向排列的刀片来切割或划破草坪。其通过调节垂直切割机的上、中、下3种位置来达到不同的深度，如图5-75所示为垂直切割机。

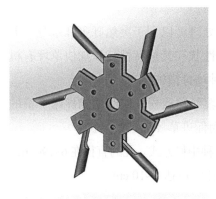

图 5-74 划破机械

图 5-75 垂直切割机

（1）垂直修剪应在土壤和草层干燥时进行，此时草坪受到的伤害最小。

（2）垂直修剪时应避开杂草萌发盛期。

三、病虫害防治

草坪在栽植时，施工单位为了尽快达到景观效果而加大播种量，这样对后期管理十分不利，它会使草坪密度过大，使草坪草根系较浅，长势弱，易徒长，因而抗性弱，易发生病虫害。草坪病虫害的防治应以预防为主。

（一）病害防治

草坪草病害分类根据病原的不同可将病害分为两类：非侵染性病害和侵染性病害。

非侵染性病害主要由草坪和环境两方面的因素造成。如草种选择不当、土壤缺乏草坪草生长必需的营养、营养元素比例失调、土壤过干或过湿、环境污染等。这类病害不传染。

侵染性病害是由真菌、细菌、病毒、线虫等病原微生物造成的。这类病害具有很强的传染性，其发生的三个必备条件是：感病植物、致病力强的病原物和适宜的环境条件。

病害防治方法如下：

1.消灭病原菌的初侵染来源，土壤、种子、苗木、田间病株、病株残体以及未腐熟的肥料，是绝大多数病原物越冬和越夏的场所，故采用土壤消毒（常用福尔马林溶液消毒，即福尔马林：水 = 1：40，土面用量为 10~15L/m² 或福尔马林：水 = 1：50，土面用量为 20~25L/m²）、种苗处理（包括种子和幼苗的检疫和消毒；草坪上常用的消毒办法是：用福尔马林 1%~2% 的稀释液浸种子 20~60min，浸后取出洗净晾干后播种）和及时消灭病株残体等措施加以控制。

2.农业防治：适地适草，尤其是要选择抗病品种、及时除去杂草、适时深耕、及时处理病害株和病害发生地、加强水肥管理等。

3.化学防治：即喷施农药进行防治。一般地区可在早春各种草坪将要进入旺盛生长期以前，即草坪草进入发病期前，喷适量的波尔多液 1 次，以后每隔 2 周喷 1 次，连续喷 3~4 次。这样可防止多种真菌或细菌性病害的发生。病害种类不同，所用药剂也各异。但应注意药剂的使用浓度、喷药的时间和次数、喷药量等。一般草坪草叶片保持干燥时喷药效果好。喷药次数应根据药剂残效期长短而确定，一般 7~10 天 1 次，共喷 2~5 次。雨后应补喷。此外，应尽可能混合施用或交替使用各种药剂。

（二）虫害防治

1.造成草坪草害虫危害的主要原因有以下几点：草坪建植前土壤未经防虫处理（深翻晒土、挖土拾虫、土壤消毒等）；施用的有机肥未经腐熟；早期防治不及时或用药不当、失效；等等。

2.草坪草虫害综合防治：

（1）农业防治：适地适草、播前深翻晒地、深挖拾虫、施用充分腐熟的有机肥、适时浇水管理等。

（2）物理和人工防治：灯光诱捕、药剂毒土等触杀、人工捕捉等。

（3）生物防治：即利用天敌或病原微生物防治。如防治蛴螬有效的病原微生物主要是绿僵菌，防治效果可达 90%。

（4）化学防治：杀虫剂以有机磷化合物为主。一般施药后应尽可能立即灌溉，以促进药物的分散，避免光分解和挥发的损失；对地表害虫常用喷雾法。

四、草坪杂草及其防治

草坪杂草是指出现在草坪中会破坏景观、降低草坪品质、影响使用价值的草本植物。如果草坪中有其他种植物生长和存在，很可能会影响草坪的颜色、质地和密度，进而影响草坪的正常使用。但杂草有一定的时空性。与所有植物一样，草坪中的杂草为了存在和生长要有最低限度的需求。草坪草在最适宜的生长条件下是出色的竞争者，为了必需的资源，它们常常战胜杂草。

（一）杂草对草坪的危害

1.破坏草坪的美观和均一性，影响草坪坪观质量，还会降低环境美观程度，引起草坪退化。

2.与草坪草争光、争营养、争空间，影响草坪草生长发育。马唐、狗尾草、车前等与草坪草竞争，若不加以管理，2~3年内草坪即会完全被杂草侵占。运动场草坪质量受杂草的影响也很严重。一些杂草如马唐、狗尾草等不耐践踏，但它们对草坪草的抗性非常强。有些杂草如荠菜、反枝苋等，在同样的水分和温度条件下，其春季萌发和生长速度快于草坪草；如果春季建植草坪，一旦杂草管理滞后，也会造成建植失败。

3.成为病虫害的寄宿地。草坪杂草的地上部分是一些病虫的寄生地。病虫利用杂草越冬、繁殖，草坪草生长季节被感染，造成草坪草生长缓慢或死亡。如地老虎常在灰菜、车前、刺儿菜等杂草上越冬、繁殖，次年在草坪中造成虫害。

4.影响人畜安全。草坪是人类休闲的地方中，一旦有杂草侵入，若是有毒和有害的杂草，将威胁人们的安全，造成外伤和诱发疾病。如乳汁或气味有毒的杂草，如打碗花、龙葵、曼陀罗、酢浆草等，或者如白茅、针茅等的芒是细而尖的利器，能钻入人的皮下组织中。

（二）草坪杂草的分类

草坪中的杂草种类繁多，据调查发现在我国草坪杂草有近450种，分属45科127属。草坪杂草因种类多，分类方法也不尽相同。

1.按防治目的，草坪杂草可分为：

（1）一年生禾草：如牛筋草、马唐、香附子、狗尾草、稗草、一年生早熟禾等。

（2）多年生禾草：如匍匐冰草、多花雀稗等。

（3）阔叶杂草：如马齿苋、反枝苋、白三叶、车前、酢浆草、蒲公英、独行菜、苦荬菜、酸模、刺菜、繁缕、荠菜等。

2. 按生物学特点，草坪杂草可分为：

（1）单子叶杂草：多属禾本科，少数属莎草科。其形态特征是无主根、叶片细长、叶脉平行、无叶柄。如马唐、狗尾草等。

（2）双子叶杂草（阔叶杂草）：分属多个科的植物。与单子叶杂草相比，一般有主根，叶片较宽，叶脉多为网状脉，多具叶柄。如车前、反枝苋、荠菜等。

（三）草坪杂草的物理防除

1. 播种前防除。坪床在播种或营养繁殖之前，用手工拔除杂草，或者通过土壤翻耕机具，在翻挖的同时清除杂草。对于有地下蔓生根茎的杂草可采用土壤休闲法，即夏季在坪床不种植任何植物，且定期地进行耙、锄作业，以杀死杂草可能生长出来的营养繁殖器官。

2. 手工除草。手工除草是一种古老的除草法，污染少，在杂草繁衍生长以前拔除杂草可收到良好的防除效果。拔除的时间是在雨后或灌水后，将杂草的地上、地下部分同时拔除。

3. 滚压防除。对早春已发芽出苗的杂草，可采用重量为 100~150kg 的轻滚筒轴进行交叉滚压消灭杂草幼苗，每隔 2~3 星期滚压 1 次。

4. 修剪防除。对于依靠种子繁殖的一年生杂草，可在开花初期进行草坪低修剪，使其不能结实而达到将其防除的目的。

（四）草坪杂草的化学防除

化学除草是使用化学药剂引起杂草生理异常导致其死亡，以达到杀死杂草的目的。

化学除草的优点是劳动强度低，除草费用低，尤其适于大面积除草；缺点是容易对环境造成一定的污染和破坏。

化学除草剂依据不同标准，有多种分类方式。

1. 根据杀灭作用与杂草生育期的关系，除草剂可分为：

（1）萌前除草剂。通过土壤对将发芽的萌动的杂草种子造成杀伤，因此必须在目标杂草萌发前施用，施入后要大量浇水，使草坪叶片上的除草剂冲刷到土壤中去。如在温带的中春到末春是马唐的萌发期，此时必须在萌发前几周就应用除草剂才能确保防治效果。此种除草剂可以在土壤中持续作用 6~12 周。其主要用于防治一年生禾草类杂草，如环草隆、地散磷、恶草灵、氟乐灵等。

（2）萌后除草剂。杂草出现后，根据杂草的种类有针对性地施用除草剂。一般通过表施（叶施），叶片吸收，在施用后不能立即喷灌，以使除草剂在叶片保留充足的时间，对杂草产生较大的植物毒性。其药效期较短。常见的有甲胂钠、草多索、百草枯、2，4-D、2甲4氯丙酸、麦草畏等。

2.根据作用范围，除草剂可分为：

（1）选择性除草剂：有选择性地杀死杂草，而对草坪草不产生严重杀伤作用。如2，4-D丁脂、巨星、2甲4氯、麦草畏等。2，4-D类是典型的选择性除草剂，能杀死双子叶杂草，对单子叶植物无效。药液喷洒到枝条或叶片后，阔叶型杂草吸入体内，引起正常生理活动紊乱，最后致死。

（2）非选择性除草剂：是没有选择地杀死或杀伤全部植物体，包括草坪草和杂草。其一般用于草坪建植前处理坪床杂草和用于草坪更新时，杀除所有植物体，常用的有草甘膦、百草枯、茅草枯。

除草剂的种类很多，并且在不断创新。据统计，当代产生的除草剂有1/10的品种可用于草坪。由于除草剂品种浩繁，关于它们的药性、杀灭机制、使用方法有专门著作介绍，在此不再赘述。在实际应用时，要注意根据不同的杂草种类和时间选择不同的除草剂，在确保草坪草安全的前提下，施用有效的除草剂杀除杂草。

（五）化学除草技术

1.一年生禾草的化学防除。

一年生禾草可通过萌前除草剂或萌后除草剂防除。常用的萌前除草剂有氟草胺、地散磷、敌草索、环草隆等。萌前除草剂一般在春季杂草萌发前使用，一次性施用很难取得较好的效果，常需要间隔10~14天进行多次使用。施入时间很重要：过早，除草剂会在杂草发芽高峰之前失去药力；过晚，杂草已经萌发出苗，也不能取得较好的杀伤效果。最佳时机是在一年生禾草杂草萌发前1~2周施入。

常用的萌后除草剂有甲胂钠(MSMA)或甲胂二钠(DSMA)等，在一年生禾草杂草萌发后的早期阶段施入也具有一定的防除效果。一般一次施用不能根除杂草，需要施2次或多次以根除杂草，其间隔为10~14天。但萌后除草剂有两个缺点：一是中毒后慢慢死亡的杂草存留在草坪上，会影响草坪的美观；二是对冷季型草坪草具有一定的毒性作用。

2.阔叶杂草的化学防除。

使用除草剂杀除草坪中的阔叶杂草相对比较容易。因为草坪草一般为单子叶植物，而阔叶杂草为双子叶植物，除草剂容易选择，对草坪草的伤害较小。

大部分阔叶杂草可以用以下几种选择性除草剂杀除：2，4-D、2甲4氯丙酸、麦草畏、巨星，或它们的混合物。

施用时应选择在无风天气下进行，以防除草剂被风吹送到附近其他园林植物上。上述几种除草剂均为萌后除草剂，施用后不要立即喷灌，使其在杂草叶片存留24h以上。施药后两天内不要修剪草坪，以避免除草剂在产生效果前随草屑被排出。杂草死亡需1~4周，因此第二次施药至少在第一次施药后的2周之后。施药后修剪3~4次以后的草屑方可供家畜利用。但钝叶草对2，4-D比较敏感，钝叶草草坪的阔叶杂草常使用莠去津、西玛津杀除。

暖季型草坪中阔叶杂草的防除应在晚春、秋季或冬季草坪草休眠时进行，冷季型草坪则应在春季或夏末秋初进行。

阔叶杂草的除草剂必须小心使用，它们一旦接触草坪附近的树木、灌丛、花果和蔬菜就能产生伤害。药物流失是常见的问题，所以喷施这些药物应在无风、干燥的天气进行。麦草畏可通过土壤淋失，因而不应在乔灌木的根部上方使用。除非用量很低，一般也不应在草坪中对药物很敏感的装饰性植物根部上方施用。

3.多年生禾草杂草的化学防除。

多年生禾草杂草的生理特点与草坪草很相似，因此，利用除草剂防除草坪中的多年生禾草杂草相当困难，没有一种选择性除草剂可以用于防除多年生禾草。草坪中出现多年生禾草杂草时，只能人工拔除。严重时，只有使用非选择性除草剂杀灭全部植被，然后进行补种或重新建坪。一年生禾草中的香附子与多年生禾草杂草相似，很难利用除草剂选择性杀除，一般也常采用人工拔除的方法清除。

第十一节 综合性花展的设计与布置

花卉展览是指以一定数量的优质花卉，采用各种艺术形式在预定的时间和地点集中进行的露天布置或室内陈列。花卉展览一般以观赏为主，兼有科学普及、展品评比、商业贸易等作用。花卉展览是集中展示各种花卉的形态特征、栽培水平、造型技艺、园林艺术的最佳方式，可以归属于博览业的范畴。

花卉展览的形式丰富多样，有综合性花展、主题性花展和专业性花展之分。

其中，综合性花展规模庞大、内容丰富、展览时间长，在行业内和群众中具有较大的影响力。

近几十年来，我国的花卉展览发展十分迅速。1987年，中国花卉协会组织举办第一届中国花卉博览会，掀开了我国当代综合性花卉展览的新篇章。1999年，我国成功举办了A1级别的国际性展览盛会——昆明世界园艺博览会，更是举世瞩目。此后，我国又陆续举办了多届，并且还将举办2019北京世界园艺博览会，这是暨昆明世界园艺博览会后的又一次A1级别博览盛会。

目前，我国每年定期举办的综合性花展中，较有影响力的当属中国国际花卉园艺展览会，该展会每年4~5月在北京、上海两地轮流举办，目前已经成为亚洲最大、最权威的花卉、园艺、园林专业性贸易展览会。现如今全国各地还有很多具有特色的花卉园艺博览会，如上海（国际）花展、中国（夏溪）花木节、萧山花木节等。

一、综合性花展的设计原则

（一）主题突出，把握全局

综合性花展的构思立意和整体布局在整个展区布置中处于举足轻重的地位。要根据展出的意图和规模确定布展的主导思想，通过人工环境与自然环境的交融，现代建筑和传统布局方式的结合，从地形出发对场地进行功能区的布局、交通游线组织以及景观环境规划。各个要素均要围绕主导思想，相互呼应，协调一致，服从整体布局。另外，在花展展区的设计中要突出主题，主次分明，统筹安排各类景观要素，综合考虑布展时的造景手法、材料选择、展台式样、背景处理、道具设计、标牌制作等布展细节，使得花卉展览新颖别致。

（二）形式丰富，和谐统一

综合性花展布展的形式多样与否直接影响该展览最终表现的气氛和效果好坏。因此，在紧扣主题的基础上，要综合运用规则式、自然式和综合式的园林规划形式，合理组织道路、建筑、山石、小品和植物等景观要素，增加游人的参与感，从而为花展注入活力。同时，花卉展览的陈设和布置必须考虑整体的和谐统一以及与周围环境的协调性。根据主题选择不同性质、质地、颜色的植物，根据环境选择湿生、旱生或喜光、喜阴的植物，根据人的需要选择易养护管理或可食用的植物等。例如，将果蔬、香草、药用植物等融入花园设计，创造更加丰富的景观效果。根据花展的规模和场地容量，把握陈设材料的体量和数量，使之与立地环境相适应，空间配置合理，色彩搭配相宜，使整个展览成为一幅完美的画卷。

（三）尊重自然，讲求韵味

花卉展览的展示材料以植物为主。由于植物的生长需要一定的条件，因此，应该根据花展举办的季节、布展地的温度光照等条件以及植物的生长习性，选择适宜的布展花卉。在植物配置中，应根据环境的不同特征，尽可能维持植物的自然生境，以不同的材料组成各种植物群落，形成林缘线和林冠线变化多样、季相丰富多彩，植物与建筑水体相映成趣的美好景致，追求生态性和景观效果的融合。如果展期较长，还要考虑造景布展的植物材料的更换，以达到理想的艺术效果，保证展览期间始终具有良好的景观。

（四）锐意创新，注重特色

综合性花展的陈设布置只有通过锐意创新，体现浓厚的时代特色，才能保证花展的特色和水平。锐意创新应包括以下几个方面：在确立指导思想时应当思路开阔，充分反映时代潮流；布置手法应力求别致出新；施工技术应匠心独运；材料选择应采取全新的视角以物善其用。当然，锐意创新并不是否定传统，更不排斥继承和借鉴，而是博采众长，吐故纳新，在消化吸收的基础上创造性地发展，使传统的富于创意，使外来的适于我用，这样的花展才能不断推陈出新。

二、综合性花展的规划布局

（一）功能布局的划分

综合性花展在整体规划中，应首先根据规划用地，结合地形条件进行功能布局的划分，主要包括前景空间、展览区域、公共服务空间、后勤区域等。

1. 前景空间。前景空间具备停车、售票、检票、集散等功能，应结合现状地形进行合理的布局，形成强烈景观性、导向性和标志性的前景空间。

2. 展览区域。室内展馆根据展览的内容需求，采取综合与专题、集中与适当分散、封闭与开敞相结合的布局方式。室外展区在总体规划阶段应根据场地特征、参展单位数量等，进行适当的区域划分，并确定整体的风格，使展区沿游览主干道成组团式合理布置。展区之间、展园之间既有机联系，又相对独立；景观既有渗透，又有各自鲜明的特色。

3. 公共服务空间。以综合性花展的日平均入场人数确定展览的公共服务设施规模，把就餐、茶饮、医务、环卫、小卖部、保安、问讯、通信、管理等功能按照"大集中，小分散"的原则，布置在参展线路的交叉口，形成方便游人、布局合理的服务网络。

4.后勤区域。根据花卉展览的规模确定后勤区域的大小和组织结构，主要具备接待、植物检疫、消防及苗圃等功能。

（二）观赏路线的组织

综合性花展的观赏路线必须通过科学合理的安排和组织，不仅将参展单位所属展区内的各分区、景区有机地连接起来，同时也要把分区、景区内的各景点和展品陈设的各单元连成一个整体。

观赏路线的组织，要曲折而通畅，避免游人走回头路以造成拥塞，同时防止由于观赏路线过直，使游人一览无余，兴致索然。应运用障景的手法分隔空间，从而使得道路弯曲迂回以增强景深、丰富层次并延伸观赏路线，使整个布展区域内的观赏路线自然流畅。沿弧线道路的切线方向是参观者视野的焦点，所以在组织观赏线路时应尽量使这一方向上有主要景点或展台。另外，沿观赏路线适量点缀一些花卉展品，营造花台、花境等景观，可以起到引导、过渡和衔接的作用。

（三）展览分区设计

合理分隔展区空间，经过虚实对比、抑扬开合和曲折变化的处理，展区空间会产生韵律节奏的变化，增强布展的艺术感染力。同时，展区空间既要有分隔，又要有联系和过渡。分隔材料的选择应因地制宜。根据展区规模大小不同综合运用地形、景墙景窗、植物、篱垣、纱、博古架等分隔空间。

虽然根据花展类型和规模不同，展出的内容差异很大，但一般综合性花展主要包括门区、庭院景区、品种展区、室内展区等部分。

1.门区。门区作为花展的第一部分，首先要留有足够的场地，满足人的集散功能。这一区域在处理手法上应以营造气氛为主，格调简洁、气氛热烈，可以运用大面积的植物色块或花坛、花台等手法，配合花展的主题进行植物布置，营造宏伟和喜庆的场面，引发游人的共鸣，并让人产生先睹为快的愿望。同时该区域应附有花展简介、指示牌、导游路线图等内容，给游人提供信息指导。

2.庭院景区。很多综合性花展的室外展区均是由各参展单位以庭院的形式布置参展的内容，如新品种应用展示、园林设计艺术和技术、材料展示，等，是展会最精彩及群众最喜爱的内容。布置庭院景区时构思要讲求立意，小中见大，体现亮点和特色。

3.品种展区。品种展区往往为一个花展的高潮区，集中展示花卉的优新品种。这一展区的布置应以陈设布置为主，展台设计要有一定层次，分类摆设，展品之间保持一定的距离，以方便参观者近距离观赏。展示品种一般设置标牌。

4.室内展区。室内展区主要包括插花展区、盆景展区和室内植物展区等。插花展区一般为相对独立的区域。插花作品的展台是设计的重点，色调以简单的白色为佳，最能凸显插花作品的艺术魅力。式样多设计成高低错落、形状各异的几何图形，一则可根据现场情况组合陈列，二则可根据作品的构图、体量进行调整。盆景展区以古朴清雅为宜，常配合文房陈设、书画、楹联等营造民族文化氛围，起到烘托展品的作用。此外，一些大型综合性花展有时还开设根艺、观赏鱼、奇石等展区。

当代综合性花展的发展趋势是由单纯观赏性的展览发展为结合贸易性的展览展销。许多花展的室内展区还专门设置贸易展区，进行商品展示、商贸洽谈、咨询及零售，产品涉及花艺装饰、花卉种子、球根、鲜花、园艺机具、肥料、农药、盆钵、用品、种苗、花卉书刊等。

三、世界著名综合性花展简介

（一）英国切尔西花展

地点：英国伦敦。

展品范围：最新园林花卉品种和花艺作品、时尚花园、庭院景观设计等。

展会介绍：该展由英国皇家园艺学会（RHS）主办，是英国传统花卉园艺展会，也是全世界最著名、最盛大的园艺博览会之一。切尔西花展是引领全球花园潮流的盛会，每年都会有几百名全球顶尖的园艺家携最新创意参展。每年还会吸引大量英国本土以及来自世界各地的专业人士、园艺爱好者参加，参观者达数十万人。

花展分为室内、室外两个展区。室内展出最新园艺珍品，如育种家提供的新优花卉、优秀花艺作品以及各式各样的园艺产品等。室外展区主要以花园展览为主，包括展示花园、新鲜花园、工匠花园、感官花园等。

2017年切尔西花展上，中国花园首度亮相：以"中国成都·丝绸之路"为主题的成都花园占地660m²，整体呈三角形。花园中央以"金沙太阳神鸟"为核心和灵魂，并作为表演舞台而设计。设计还融入书法、脸谱、熊猫等主题元素（见图5-76）。

图 5-76　成都花园亮相切尔西花展（2017 年）

（二）美国费城花展

地点：美国费城宾州会展中心。

展品范围：盆栽花卉、鲜切花、插花艺术、花园设计等。

展会介绍：一年一度的费城花展是世界上最大的室内花展。费城花展不仅是花的荟萃，也是园艺交流的平台。费城花展每年都会有一个主题，根据主题不同，展场上的景观花艺作品也会用上不同的创作素材。花展上除了炫丽的霓虹灯光、争奇斗艳的花卉、充满奇思妙想的花艺作品外，还有精彩纷呈的竞赛单元。比赛项目涵盖园艺景观方方面面，大到园林景观，小到微缩盆景盆栽，都可以在这里尽情展示，无愧花卉界"奥斯卡"之称。如今的费城花展已变成整个城市的庆典，主办者鼓励沿街店铺装扮起他们的门廊与橱窗，并评选出最佳奖项（见图 5-77）。

图 5-77　费城花展——"花开全球：荷兰"（2017 年）

（三）墨尔本国际花卉园艺博览会

地点：澳大利亚墨尔本。

展品范围：室内展区包括空间花艺秀、人体花艺秀、餐桌花设计比赛、现场花艺表演、玫瑰花展、盆栽鲜花绿植和鲜切花售卖等。室外展区包括可实现的小花园、景观花园设计作品展、儿童"小房间"挑战赛、ASV 花园雕塑展等。

展会介绍：墨尔本国际花卉园艺博览会每年在被列入世界遗产名录的皇

家展览中心和卡顿公园举行，一直是南半球规模最大的园艺和花卉展。景观花园设计作品展是最让人期待和瞩目的环节。花园由澳大利亚优秀的花园景观设计师和园艺高手精心设计与打造。受人关注的还有MIFGS设计奖项，这是在南半球享有盛誉的园艺奖项（见图5-78）。

图 5-78　墨尔本国际花卉园艺博览会组图

（四）美国西北部花卉与园艺展

地点：美国西雅图。

展品范围：花园艺术和花园用品、盆花、鲜切花、种子、园艺工具、温室设施、雕塑等。

展会介绍：该展是美国西海岸大型的园艺活动之一，始自 1989 年，每年有超过 300 家参展商参加。展会内容包括 20 多座精心设计的展示花园以及各种花卉的场景应用，并且还有多场园艺研讨会和花卉竞赛活动等。在北美，该展规模仅次于美国费城花展。而就整体内容水平而言，在全世界各大园艺展览中，仅次于英国的切尔西花展。

（五）加拿大花展

地点：加拿大多伦多。

展品范围：盆花、鲜切花、盆景、插花、庭院设计等。

展会介绍：尽管加拿大花展 1997 年才首次举办，但如今已迅速成长为加拿大最大的花卉展览，也是北美最大的家居庭院活动。活动主要展出专家和业余爱好者设计的庭院及花艺作品，更有专业机构向园艺爱好者传授艺术原理、摄影技巧、园艺知识和庭院设计创意等。它的宗旨是"通过展出专业以及非专业人员的最佳设计、产品与服务，以增强与提升园艺意识"。

（六）德国埃森国际植物花卉园艺展

地点：德国埃森。

展品范围：盆栽植物、鲜切花、花卉种苗及种子、观赏花卉、基质、花盆、温室设备、园林机械、园艺工具、简易种植创新解决方案、新品种、新技术、园艺和数字化、专业出版物、专业网站等。

展会介绍：世界规模最大、水平最高、最具影响力的国际植物专业展之一。除了展品外，现场还有世界著名花艺师表演、专业技术讲座和论坛等。

（七）荷兰国际园艺博览会

地点：荷兰阿姆斯特丹。

展品范围：设施产品和技术（如连栋温室屋顶、墙面设备等）、设施园艺生产及物流用产品和技术（如蔬菜或花卉的育苗、栽植、水肥灌溉、采收用各种设备和仪器等）、设施园艺蔬菜花卉种子、作物保护和化肥等生产用耗材、设施环境的监测设备和产品等。

展会介绍：荷兰国际园艺博览会两年一届。前身为荷兰著名的 Horti Fair，于 1962 年首次举办，是国际上影响力最为深远、受到国际行业人士一致推崇的顶级商业花卉园艺展览会。2014 年荷兰花卉园艺博览会更名为 Green Tech，由荷兰最大的展览公司 Amsterdam RAI 主办。

第十二节　花卉专类园设计

一、花卉专类园的概念和特点

花卉专类园是指具有特定的主题内容，以具有相同特质类型（种类、科属、生态习性、观赏特性、利用价值等）的花卉植物为主要构景元素，以植物覆集、展示、观赏为主，兼顾生产、研究的植物主题园。花卉专类园既富有观赏性，又有科研、科普功能，融历史与自然于一体，备受人们的喜爱。

在中国，花卉专类园的做法古已有之。《诗经》中"桃之夭夭，灼灼其华"就是桃园的写照；唐长安禁苑中有类似专类园的梨园、葡萄园的布置；北宋《洛阳名园记》记载，天王院花园子有"牡丹数十万本"。

在国外，古埃及园圃已有栽种葡萄、海枣等专圃的布置。中世纪欧洲较大的寺院、庭院内多辟有草药园，其中也栽有观赏价值高的药用植物，如石竹、薰衣草、玫瑰等。这些植物集中栽于一角，开花时花团锦簇，可以说是专类花园的雏形。18 世纪以后，随着社会生产、国际交往和生物科学的发展，现代意义上的花卉专类园开始出现，如月季园、杜鹃园、丁香园等，在园中展出来自世界各地的品种以及近期培育出的新品种。

花卉专类园有两个基本的特点，即科学的内容和园林化的外观。在进行植物资源的收集、保存、杂交育种等研究工作及展示引种和育种成果并进行科普教育的同时，还常常可以在最佳的观赏期内集中展现同类植物的观赏特点，给人以美的感受。科学与艺术的完美结合正是花卉专类园的魅力所在。

二、花卉专类园的分类

随着园林的发展，花卉专类园所表达的内容越来越丰富，大致可以分为以下几类。

（一）以植物分类学上的亲缘关系来组织设计的花卉专类园

专门收集和展示同种、同属或同科（亚科）的花卉，按生态习性、花期早晚的不同，以及植株高低和色彩上的差异等进行种植设计，创造优美的园林环境，构成供游人游览的花卉专类园。常见的有月季园、蔷薇园、梅园、樱花园、丁香园、山茶园、杜鹃园、菊圃、牡丹园、芍药园、百合园、兰园、荷园等。

（二）根据植物的生态习性和环境分类的花卉专类园

花卉专类园主题不是某种植物，而是某一生境类型。用适合在同一生境下生长的花卉植物来造景，体现此生境的特有景观。这一类型的花卉专类园表现主体是花卉，表现主题则是不同类型的生境。如水生花卉专类园，荫生花卉专类园，岩生花卉专类园，沙生花卉专类园等。

（三）根据特定的观赏特点布置的专类园

芳香园：以各种花香四溢的花卉品种为主，从闻香、观色及听风等感官感受，给游人多层次的感官享受。

彩叶园：利用各种彩叶花卉，比如日本黄栌、红枫、鸡爪槭、枫香等，塑造新颖的、有特色的彩叶植物空间。特别到了深秋，色彩斑斓，风景无限。

观果园：一般集果品生产、休闲旅游、科普示范、娱乐健身于一体，包括采摘观光型果园、景点观光型果园和景区依托型果园等类型，突出果树的新、奇、特，展示果园的韵律美和自然美，促进果品生产与旅游业共同发展。

（四）按照植物特定的用途或经济价值来进行专类展示的植物园

如药用植物园、纤维植物专类园、油料植物专类园、香料植物专类园、栲胶植物专类园、能源植物专类园等。

（五）根据植物产地分类的专类园

如澳洲植物专类园、马苏阿拉热带植物馆等。

（六）服务于特定人群或具有特定功能的花园

如盲人花园、儿童花园、康复花园等。

三、花卉专类园的设计要点

花卉专类园根据所收集的花卉种类的多少、设计形式的不同，可以建设成独立的花卉专类园，也可以在风景区或公园里专辟一处，成为一个景点或园中之园。中国的一些花卉专类园还常常用富有诗意的园名点题，如"香雪海"点出了大片梅花怒放的盛况，"曲院风荷"描绘出赏荷的意境。

花卉专类园的面积可从几百平方米到几公顷不等，布局不拘一格，主要考虑种植规模以及与四周环境的协调。平面构图可采用规则式、自然式或混合式。形成的景观应展示出专类花卉的个体美与群体美。花卉专类园通常需要设置完善的宣传标识系统，来向游人传达科普知识、文化典故，提高群众的审美情趣，使专类园真正具有科学的内涵及园林的形式，达到寓学于游的目的。

　　花卉专类园一般有明显的季节性，盛花期的景观效果极好，而在花谢之后就景色全非。为此，可增选早花和晚花品种来延长观赏期，并用其他观赏植物作衬托，以达到既有一时盛景，又是四季如画。

四、花卉专类园案例介绍

（一）岩石园

　　岩石园以岩石及岩生植物为主体，结合地形，选择适当的沼泽、水生植物，展示高山草甸、牧场、碎石陡坡、峰峦溪流等自然景观。

　　1.爱丁堡皇家植物园岩石园。

　　爱丁堡皇家植物园岩石园是世界上最具影响力的岩石园之一，建成于1871年。其采用天然石灰岩，以植物对生态环境的不同要求堆积而成，体现了不同类型植物的水平及垂直分布，为高山植物创造了多种生境。园区收集了5000多种植物，包括高山植物、寒带植物、草原植物和矮生的乔、灌木。在岩石园里，春季可看到番红花、风信子、白头翁、郁金香等开花，夏季能见到来自南北美洲的各色钓钟柳以及来自新西兰的夹竹桃和雏菊开花。岩石园被公认为爱丁堡皇家植物园最经典的园区之一（见图5-79）。

图 5-79　爱丁堡皇家植物园岩石园组图

岩石园地形复杂，高低起伏，变化丰富，总体特征是南高北低，西高东低，中间高、四周低。岩石园高处又形成盆地，创造出多样的景观层次和丰富的空间形态，可以为阴生、阳生、旱生、缓坡、陡坡等多种植物提供适宜的种植环境。

结合地形，自南向北设置水系，分别形成瀑布、潭、溪、涧、塘等多种水体，在丰富景观的同时也为湿生植物提供生境，而且又将岩石园大体分成风格迥异的东、西两部分：东侧以岩石台地形式为主，主要展示高山草本及耐旱植物；西侧以坡地为主，通过草坪创造绿岛，主要展示杜鹃属、枸子属等矮小灌木。

从整体上看，岩石园通过地形、道路、种植的巧妙配合组织空间，形成优美的自然园林景观，良好地再现岩石植物和高山植物群落景观。

2.英国皇家植物园邱园的岩石园。

英国皇家植物园邱园的岩石园建于 1882 年，位于园区东南角，模拟比利牛斯山谷的景观，采用苏塞克斯郡的石灰岩作为材料。岩石园划分为 6 个地理区系，展示各自植物特征，分别为欧洲区、非洲和地中海区、亚洲区、澳大利亚和新西兰区、南美区、北美区（见图 5-80）。

图 5-80　邱园岩石园组图

3.庐山植物园岩石园。

庐山植物园岩石园至今已有80年的历史。这是我国兴建的第一个岩石园，也是庐山植物园的特色园林景观之一。该岩石园是我国著名植物学家、园艺学家陈封怀教授于20世纪30年代在英国爱丁堡植物园留学回国后，沿用西方园林模式特点，应用中西方园林造景方法，取长补短，建立的一个中国式的岩石园。

园区占地面积近10亩。利用地形，移山叠石，做到花中有石，石中有花，花石相夹；沿坡起伏，丘壑成趣，远眺显出万紫千红、花团锦簇，近视则怪石峥嵘，参差连接形成绝妙的高山植物景观。植物配置主要为多年生宿根、球根观赏植物、阴生药用植物和蕨类植物及部分矮小灌木，共有石竹科、报春花科、龙胆科、十字花科等81科600余种。

4.上海辰山植物园岩石和药用植物园。

上海辰山植物园岩石和药用植物园园区面积20000m^2，由废弃的采石矿坑遗迹改造而成。园区将采石坑遗址通过岩石和变化的地形，对裸露岩壁进行景观修复，创造适合岩生、旱生植物生长的地形地势，结合药用植物展示和收集，形成岩石和药用植物园（见图5-81）。

全园分为岩石园、药用植物区、保健植物区、阴生植物区和草丘平台。这里形态各异的岩石本身就是一道亮丽的风景，更有趣的是，在这里可以看到一些从未见过的药用植物、岩生植物和芳香植物。它们有的来自国内近邻——浙、苏、鄂、皖、闽、湘等地，有的从遥远的美国、德国和荷兰等地而来。无疑，它们为石劈山裂的崖壁添上了一抹亮色。

图5-81 岩石和药用植物园（辰山植物园）组图

（二）禾草园

禾草园是以观赏草的收集、展示、造景为主的专类园。其以禾本科植物为主，包括莎草科、灯芯草科、花蔺科、天南星科、香蒲科、木贼科中具有观赏价值的植物，以及竹亚科中低矮、小型的观赏竹。

1982年，英国皇家植物园建立了世界上第一个禾草专类园，也是世界上最大的禾草园。禾草园逐渐发展成为欧美等发达国家景观建设中的新宠。

目前，国内禾草园的设计刚刚起步。南京中山植物园禾草园位于南园东侧三角地块，占地20000m²，收集禾本科100余属400余种植物。其分为四个区域：种质资源圃、华东乡土植物展示区、植物功能展示区、景观展示区。依照现有地形和禾本科的演化过程，依次种植竹亚科、稻亚科等8个亚科的主要代表种类，形象展示了禾本科的系统演化进程。该园配植有大树和花灌木，是植物园禾草研究成果的展示基地和青少年的科普基地。

南京中山植物园禾草园从整体布局看，可分为矮墙小院区、草坪休闲区和品种展示区三个主要部分（见图5-82）。

图5-82 南京中山植物园禾草园

1. 矮墙小院区：南园主入口处有一组由石砌矮墙与绿篱围合而成的小院落，其间并有木板平台与水池等，各种观赏草和地被植物以矮墙为背景、以花境的形式布置在院中。

2. 草坪休闲区：位于禾草园的中部区域，盲人植物园东侧。以大面积较为完整的草坪和树姿优美的散置的乔木形成宁静、安逸的疏林草地景观。大草坪周围安排较为密集的乔、灌、草，立体配置树丛及花境。

3. 品种展示区：禾草园的北部，集中展示国内外禾草植物100余种，以自然弯曲的小径把展示区分为若干小区域，把草坪、牧草、经济作物等不同种类的禾草植物分门别类地安排，同时兼顾观赏性及科学性。

（三）牡丹园

牡丹园是以牡丹为主题、以园林配植为手段建成的集观赏游览、科普教育和科学研究为一体的场所。

牡丹是我国的传统名花，暮春时节，牡丹盛开，花团锦簇，姹紫嫣红，蔚为壮观。牡丹还有着十分丰富的文化内涵，素来为群众所喜爱。中国百姓对牡丹有着特殊的情结，同时我国也是牡丹的分布中心，全世界芍药属牡丹组全部野生种原产我国，现有栽培品种逾千，是世界牡丹的栽培和生产中心。故此，牡丹园一直是我国花卉专类园布置的热门。

1. 北京植物园牡丹园。

北京植物园牡丹园建成于 1993 年，是利用原有墓园的低矮丘陵建立的。园内收集的品种包括中原牡丹品种群、西北牡丹品种群、江南牡丹品种群和部分日本牡丹品种，共有 300 余个品种（见图 5-83）。牡丹园的设计采取自然式手法，因地制宜，借势造园。园内保留原有的油松作为基调树种，古树与灌木、草本共同形成乔、灌、草混交的疏林结构的自然群落。这种设计满足了牡丹越冬和避免夏日曝晒的生物学特性需要。园中的建筑和小品设计形式多样，又呼应主题，有六角牡丹亭、牡丹仙子、牡丹照壁、牡丹观花阁，使该园颇有自然山野之趣。

2. 杭州花港观鱼牡丹园。

杭州花港观鱼牡丹园位于杭州市西湖区花港观鱼公园内，建成于 1954 年，园区面积 1 万余平方米。牡丹园的构图，借鉴中国画的立意和意境，以牡丹为主题，栽种数百株色泽鲜艳、奇香异常的名贵牡丹，如魏紫、姚黄、绿玉、胭脂点玉和娇容三色等，其中最著名的是来自安徽宁国市的"玉楼春"（见图 5-84）。此外，还配置山石和苍松、翠柏、芍药、红枫、紫薇、海棠、杜鹃、梅花等花木，

图 5-83　北京植物园牡丹园

图 5-84　花港观鱼牡丹园

高低错落，疏密得体，虽由人做，但宛如天开。牡丹园的种植结合土山地形，将全园用迂回的园路划分为 11 个尺度合宜的小群落。牡丹亭的园路和花台利用天然的湖石，并用沿阶草作为边缘的镶嵌，自然而富有韵味。游人徜徉其中，既可以俯视牡丹的雍容华贵，又犹如置身于一副立体的国画之中。

（四）月季园

月季园是利用蔷薇属植物布置而成的专类园，以种植现代月季为主，被认为是花园中最美的地方，在西方享有"戒指上的宝石"之称，可见其特殊地位。

国际上有许多优秀的月季园，世界月季联合会于 1995 年开始评选世界优秀月季园并给予颁奖。国外比较著名的月季园有美国波特兰的华盛顿公园国际月季试验园、英国伦敦的英国皇家月季协会月季园、法国巴黎的莱恩蔷薇园等。

美国华盛顿公园国际月季试验园（位于俄勒冈州波特兰市）是美国最古老的专类月季园， 1916 年起开放接待游客，至今已逾百年。当时的华盛顿公园就是月季花节的举办场地，园中有 7500 多株月季，550 多个品种。该月季园同时也是波特兰市最好的月季试验地、全美月季选优实验地和美国月季协会优秀微型月季奖检测地。园内收集了来自世界各地的名优现代月季品种，有新西兰的"水彩"，美国的"无忧"和"零下"，加拿大的"探险者"，英国的"英格兰"，丹麦的"城市乡村"，法国的"美地兰"以及德国的"地毯"等品种，是一个名副其实的国际月季试验园（见图 5-85）。

图 5-85　美国华盛顿公园国际月季试验园组图

（五）蕨类植物专类园

蕨类植物作为观赏目的栽培和应用具有悠久的历史。英国从维多利亚时代开始，就将蕨类植物作为室内的传统摆设，大多数英国儿童对植物知识的了解便是从蕨类植物开始的。20世纪初，美国将蕨类植物研究的热点由在温室中大范围种植热带种转变为在户外园林中种植耐寒种，栽培原产地的乡土蕨类逐渐成为欧美园林的一种时尚。

20世纪80年代，我国在华南植物园建立了蕨类/阴生植物区，这是我国第一个蕨类植物专类园。园区占地约10亩，主要展示了蕨类植物共36科350多种，包括笔筒树、黑桫椤、金毛狗、福建观音座莲等一批珍稀蕨类植物。该园利用乔木、藤本植物、叠山流水结合雾化系统，营造出适应蕨类植物的阴湿生境，石缝流水间郁郁葱葱，如同典型的南亚热带沟谷雨林（见图5-86）。

庐山植物园蕨苑占地约1公顷，在稀疏高大的松、杉林下，引种栽培了长江中下游地区的蕨类植物40科89属185余种，苔藓植物5科7属15种，其中有秦仁昌教授1935年发现的新种——棣氏蹄盖蕨（见图5-87）。此外，还栽种了以庐山地名命名的蕨类植物，如庐山铁角蕨、庐山复叶耳蕨、黄龙鳞毛蕨、庐山蕗蕨、庐山瓦韦、庐山石韦等。

图 5-86　华南植物园
蕨类/阴生植物区

图 5-87　庐山植物园蕨苑